"十三五"国家重点图书出版规划项目

生态系统过程与变化丛书
孙鸿烈　陈宜瑜　秦大河　主编

草地与荒漠生态系统过程与变化

韩兴国　等著

高等教育出版社·北京

内容简介

　　本书集中展示了我国过去 30 年草地、荒漠领域在生态系统过程与变化方面的长期监测成果与科学发现，以及退化生态系统修复与管理方面的研究进展。本书对我国干旱和半干旱区，以及青藏高原的草地、荒漠生态系统的理论发展、科学管理和保护利用具有重要参考价值。本书内容丰富，资料翔实，可供生态学、地学、生命科学、环境科学等相关专业的师生、科研和管理人员参考。

图书在版编目（ＣＩＰ）数据

　　草地与荒漠生态系统过程与变化 / 韩兴国等著. --
北京：高等教育出版社，2019.11
　　（生态系统过程与变化丛书 / 孙鸿烈，陈宜瑜，
秦大河主编）
　　ISBN 978-7-04-052898-5

　　Ⅰ.①草…　Ⅱ.①韩…　Ⅲ.①草地 - 生态系统 - 研究
- 中国②荒漠 - 生态系统 - 研究 - 中国　Ⅳ.①S812.29
②P941.73

　　中国版本图书馆 CIP 数据核字（2019）第 235369 号

策划编辑　李冰祥　柳丽丽	责任编辑　柳丽丽　关　焱　殷　鸽	封面设计　王凌波	版式设计　童　丹
插图绘制　于　博	责任校对　张　薇	责任印制　赵义民	

出版发行	高等教育出版社	咨询电话	400-810-0598
社　　址	北京市西城区德外大街 4 号	网　　址	http://www.hep.edu.cn
邮政编码	100120		http://www.hep.com.cn
印　　刷	北京盛通印刷股份有限公司	网上订购	http://www.hepmall.com.cn
开　　本	787mm × 1092mm　1/16		http://www.hepmall.com
印　　张	22.5		http://www.hepmall.cn
字　　数	550 千字	版　　次	2019 年 11 月第 1 版
插　　页	4	印　　次	2019 年 11 月第 1 次印刷
购书热线	010-58581118	定　　价	268.00 元

CAODI YU HUANGMO SHENGTAI XITONG GUOCHENG YU BIANHUA

生态系统过程与变化丛书编委会

主编

孙鸿烈　陈宜瑜　秦大河

编委（按姓氏笔画排序）

于贵瑞　马克平　刘国彬　李　彦　张佳宝

欧阳竹　赵新全　秦伯强　韩兴国　傅伯杰

秘书

于秀波　杨　萍

主要作者

第 1 章　韩兴国
第 2 章　王　扬
第 3 章　曹广民
第 4 章　张扬建
第 5 章　李玉霖
第 6 章　黄振英
第 7 章　李新荣
第 8 章　何志斌
第 9 章　李　彦
第 10 章　曾凡江

丛 书 序

 生态系统是地球生命支持系统。我国人多地少,生态脆弱,人类活动和气候变化导致生态系统退化,影响经济社会的可持续发展。如何实现生态保护与社会经济发展的双赢,是我国可持续发展面临的长期挑战。

 20世纪50年代,中国科学院为开展资源与环境研究,陆续在各地建立了一批野外观测试验站。在此基础上,80年代组建了中国生态系统研究网络(CERN),从单个站点到区域和国家尺度对生态环境开展了长期监测研究,为生态系统合理利用、保护与治理提供了科技支撑。

 CERN由分布在全国不同区域的44个生态系统观测试验站、5个学科分中心和1个综合中心组成,分别由中国科学院地理科学与资源研究所等21个研究所管理。CERN的生态站包括农田、森林、草原、荒漠、沼泽、湖泊、海洋和城市等生态系统类型。学科分中心分别管理各生态站所记录的水分、土壤、大气、生物等数据。综合中心则针对国家需求和学科发展适时组织台站间的综合研究。

 CERN的研究成果深入揭示了各类生态系统的结构、功能与变化机理,促进了我国生态系统的研究,实现了生态学研究走向国际前沿的跨越发展。"中国生态系统研究网络的创建及其观测研究和试验示范"项目获得了2012年度国家科学技术进步奖一等奖,并被列为中国科学院"十二五"期间的25项重大科技成果之一。同时,CERN已成为我国生态系统研究人才培养和国际合作交流的基地,在国内外产生了重要影响。

 2015年,CERN启动了"生态系统过程与变化丛书"的编写,以期系统梳理CERN长期的监测试验数据,总结生态系统理论研究与实际应用的成果,预测各类生态系统变化的趋势与前景。

2019年6月

目　录

第1章 绪论[*]

我国的草原、沙地和荒漠面积约占国土面积的 50%。这些区域是我国少数民族的主要聚居区和重要的畜牧业基地,也是关系国家生态安全的重要资源和能源区,在我国北方绿色生态屏障建设、牧区社会经济可持续发展和民族团结与社会稳定等方面具有极为重要的作用。近几十年来,人类活动引发的快速全球变化,特别是气候变暖、极端气候事件、生物多样性丧失、草地退化、土地沙漠化等重大生态环境问题极大地影响着草原、沙地和荒漠生态系统的结构、生态系统功能和区域社会经济及生态安全,严重威胁和困扰着人类的生存和社会的可持续发展。因此,开展草原、沙地和荒漠生态系统格局与过程的长期监测、研究和示范,对于推进陆地生态系统对全球变化的响应与适应性研究具有重要的科学意义。

中国生态系统研究网络(Chinese Ecosystem Research Network, CERN)成立于 1988 年,肩负着对中国各类生态系统开展长期监测、科学研究和试验示范的重大使命,是国家创新体系的重要组成部分。目前,生态系统研究网络包括 9 个草地荒漠类生态站,分布在 31°N—44°N,80°E—120°E 的范围内,其中草地生态系统站 3 个,分别位于我国的内蒙古高原、青藏高原东北部和藏北高原;沙地站 2 个,分别位于我国北方农牧交错带的科尔沁沙地和毛乌素沙地;荒漠站 4 个,分别位于腾格里沙漠、巴丹吉林沙漠、准噶尔盆地和塔里木盆地。自 20 世纪 50 年代以来,这些生态站面向国家和区域社会经济和科技发展需求,开展了一系列科学观测和研究工作,取得了许多重大原创性基础研究成果和显著的试验示范成效,对于深入认知我国草原、沙地和荒漠生态系统的结构与功能变化及其对环境变化的响应与适应具有重要的科学意义;同时,为保障国家粮食安全、生态文明建设和重大生态工程建设等提供了重要的科技支撑。

适逢中国生态系统研究网络成立 30 周年,本书以集中展示的方式,系统梳理和总结了近30 年来,我国草地、荒漠生态系统研究领域在长期监测、基础研究和试验示范等方面的研究进展。本书重点关注了不同草地、荒漠生态系统下植物对环境适应的生理生态学机制,生态系统结构、功能的变化及其维持机制,放牧管理、碳水耦合、风沙活动等关系区域生态系统的重要生态学问题,以及退化生态系统修复与管理方面的研究进展。本书对我国干旱和半干旱区以及青藏高原的草地、荒漠生态系统的理论发展、科学管理、保护利用具有重要的推动作用和参考价值。

当前,我国正处于实施创新驱动发展战略的关键时期,我国的生态安全和区域可持续发展也面临着更严峻的挑战。生态站作为国家创新基地的重要组成之一,应进一步面向国际前沿科学问题和国家重大需求,结合区域发展中面临的新问题,以提升国家自主创新能力为目标,从监测、研究和示范等方面增强生态站的科学观测研究综合能力。

---

* 本章作者为中国科学院植物研究所韩兴国。

（1）坚持长期监测

短期观测研究难以建立未来人类活动和气候变化背景下自然生态系统过程和功能变化的预警机制。准确量化生态系统服务功能，综合评估生态服务功能的区域特征和空间格局，以及生态系统承载力依赖于长期观测研究的支持。同时，加强生态系统要素监测手段由以传统地面监测为主向天－空－地一体化的立体监测转变，构建生态要素监测数据云平台，提升台站的长期监测能力和共享服务能力。

（2）加强科学研究和平台建设

围绕我国草原、沙地和荒漠生态系统，面向全球变化、生态系统过程和功能、生物多样性等国际科学前沿和粮食安全、生态文明建设等重大国家需求，开展生态系统生态学、全球变化生态学、生物多样性、生态水文学、流域生态学、生物地球化学循环等方面的研究工作，同时加强地学、生物学、生态学等领域的跨学科交叉研究与学科融合，促进原创性重大科学理论和科技成果产出。

（3）加强科研示范和示范试验推广

围绕生态系统保护和修复、生态系统服务功能评估、生态补偿政策等国家重大科技需求，实现生态修复和合理利用，由单项技术示范为主，向多项技术集成示范转变，建立生态保护与可持续利用技术体系和示范体系。同时，应充分理解自然－社会系统互馈与耦合关系，将"水、土、气、生"为主要研究内容的恢复生态学理论和经济增长、人类福祉提升等社会经济要素结合在一起，推进"生态－社会－经济"三者之间的协同增长，实现"绿水青山就是金山银山"的可持续发展目标。

第 2 章　内蒙古典型草原生态系统过程与变化[*]

　　探求草地生态系统过程与变化,是当代干旱半干旱地区生态学的重要问题之一。内蒙古草原是欧亚大陆草原的重要组成部分,是我国重要的畜牧业基地和重要的水源涵养区,同时也是我国北方的重要生态屏障。由于近几十年的过度利用,该区域有 90% 左右的草地处于不同程度的退化之中,其中严重退化草地占 60% 以上。人为因素和气候干旱,特别是长期的过度放牧是导致内蒙古草地退化的主要原因。长期过度放牧严重地影响了不同时空尺度的草地生态系统功能,加速了草地的退化演替,致使虫鼠害和沙尘暴等自然灾害频繁发生,从而使草地的生态服务功能日益衰减,严重威胁我国北方及其周边地区的生态安全,成为实现区域经济可持续发展、边疆稳定和构建和谐社会的关键制约因素。

　　中国科学院内蒙古草原生态系统定位研究站(以下简称内蒙古站),是我国在温带草原区建立的第一个草原生态系统长期定位研究站。长期以来,内蒙古站围绕草原生态系统生态学基础研究、生态系统长期监测以及生态系统管理等应用研究开展了大量的试验工作,在草原生物多样性与生态系统稳定性的维持机制、放牧对生态系统生产力和生物地球化学循环的影响以及草地生态系统服务对全球变化的响应等方面取得了众多的研究成果。本章围绕内蒙古典型草原生态系统的过程与变化,对内蒙古站近 40 年的研究成果进行介绍,旨在回顾和总结以往的研究成果,进一步促进草原生态科学的发展。

2.1　内蒙古站概况

2.1.1　区域代表性

　　我国草地总面积 4 亿 hm² 左右,约占我国国土面积的 40%。其中,北方草地约 3.13 亿 hm²,约占我国草地总面积的 78%。内蒙古站所在的锡林郭勒草原面积 20.3 万 km²,位于内蒙古自治区中部,是我国中温带半干旱典型草原的核心分布区,由于该区域的植被地貌特征能够较好地反映温带草原的特征与面貌,因而是我国北方草地最具典型性和代表性的区域。锡林郭勒草原可利用的天然草地 1783 万 hm²,居我国 11 片重点牧区之首,是全国 4 亿 hm² 草地中自然条件较好且大面积集中分布的地区,因而也是我国草地畜牧业最具代表性的区域。长期以来,锡林郭勒草

---

　　* 本章作者为中国科学院植物研究所王扬、陈迪马、郑淑霞、应娇妍、陈世苹、白永飞。

原作为我国北方地区重要的绿色生态屏障之一,有效阻止了草原腹地土壤侵蚀、沙化以及来自中亚和我国西部的沙尘侵害,对于维持整个华北地区,特别是京津地区的生态环境安全起着极其重要的作用。然而,近几十年来,由于人类活动干扰和环境自然演变相互交织,锡林郭勒草原发生了严重退化,生产力不断下降,干旱化与荒漠化进程不断加剧,草原的生态服务功能日益衰减,自然灾害事件频繁发生,成为华北地区沙尘暴和扬沙的主要沙源。锡林郭勒草原是我国北方天然草地生态环境问题最为严重也最具代表性的区域,因此国家"沙源治理"工程、"退耕还林(草)"工程、"退牧还草"工程、科技部"防沙治沙"十五攻关项目、中国科学院"西部行动"计划等都把该区域确定为重点实施区域。由此可见,内蒙古站的研究区域在我国北方草地的植被地貌特征、社会经济问题和生态环境问题方面均具有极强的区域代表性。

2.1.2　基本情况

内蒙古站所在的锡林河流域位于 43°26′N—44°08′N, 116°04′E—117°05′E,是我国中温带半干旱典型草原最具典型性和代表性的区域(图 2.1)。该区域特定的地理位置和复杂的地貌条件为地带性草原植被和草原动物种群的形成与分布提供了条件,构成了典型的草原生态系统类型。该区域气候属于半干旱草原气候,年平均气温 0.9 ℃ (1982—2015 年),最高气温 38.7 ℃,最低气温 -51.0 ℃ (1988 年),7 月平均气温 19.3 ℃,1 月平均气温 -21.2 ℃,年降水量 330 mm,无霜期约 200 天。地带性土壤为栗钙土,包括典型栗钙土和暗栗钙土两个亚类。本区种子植物约 625 种,分属于 74 科、291 属。本区植被以草原植被为主,群落中主要植物种类组成有羊草(*Leymus chinensis*)、大针茅(*Stipa grandis*)、克氏针茅(*Stipa krylovii*)、洽草(*Koeleria cristata*)、冰草(*Agropyron cristatum*)、糙隐子草(*Cleistogenes squarrosa*)、变蒿(*Artemisia commutate*)和冷蒿(*Artemisia frigida*)等。本区的动物也反映了草原区系的特点。兽类有黄羊、狍、狐、狼、獾、刺猬、蛇和多种啮齿类动物(黑线仓鼠、达乌尔黄鼠、莫氏田鼠、达乌尔鼠兔、五趾跳鼠等)。鸟类物种主要有百灵、田鹨、云雀、伯劳、鹌鹑和鹰等,多为食虫鸟类。昆虫主要有蝗虫、黏虫、瓢虫、蚜虫、金龟子、叶凤蝶和蚊蝇等 22 种,分属于 4 亚科、13 属,是草原生态学研究的重要对象。

图 2.1　中国科学院内蒙古草原生态系统定位研究站(参见书末彩插)

内蒙古站始建于 1979 年,是我国在温带草原区建立的第一个草原生态系统长期定位研究站。1982 年内蒙古站被接收为国际"人与生物圈计划"(MAB)重点项目示范站,1989 年被批准为中国科学院院级开放站,1992 年被确定为中国生态系统研究网络的重点站,2005 年晋升为国家野外科学观测研究站(暨内蒙古锡林郭勒草原生态系统国家野外科学观测研究站)。2007 年被国家人事部和中国科学院授予"中国科学院先进集体";2009 年被科技部授予"中国野外科技工作先进集体";2001—2005 年、2006—2010 年、2011—2015 年连续三次获得中国生态系统研究网络综合评估"优秀野外台站"称号。

2.1.3 研究方向与建设目标

内蒙古站研究方向主要包含以下三个方面:① 草原生态系统结构与功能、生物多样性与生态系统稳定性、全球变化等方面的生态学基础研究;② 草原生态系统水、土、气、生要素的长期监测和资料积累;③ 生态系统管理特别是退化草地恢复、放牧地和割草地管理、人工草地建设、生物多样性保育等方面的应用研究。

内蒙古站的建设目标是建成国际一流的国家野外科学观测研究站,成为我国温带草原区具有国际先进水平的科学研究基地、培养造就高科技人才的人才基地和高新技术产业化示范的创新基地,为我国草原生态学、资源学、环境科学等相关学科的发展提供野外试验和研究平台,为我国草原生态系统优化管理提供示范模式和配套技术,为我国北方草原地区社会和经济的可持续发展提供决策依据。

2.1.4 研究样地与实验平台

(1)主要研究样地

内蒙古站的试验观测场主要包括综合观测、辅助观测场和气象观测场。综合观测场设在羊草样地,辅助观测场设在大针茅样地,气象观测场设在站区西侧。综合观测场所在的羊草样地于 1979 年围封,面积 24 hm²。辅助观测场所在的大针茅样地于 1979 年围封,面积 25 hm²。综合观测场内主要设置了小气候梯度仪、自动气象站、涡度相关系统、生物节律自动观测系统、土壤温湿盐自动观测系统、径流场、中子仪水分观测点、地下水采样点、土壤监测采样区、生物监测采样区、蝗虫种群动态观测场等。辅助观测场主要设置了生物监测采样区、土壤监测采样区、蝗虫种群动态观测场等。

除了试验观测场的主辅样地外,内蒙古站还设有多个研究样地,主要包括:① 羊草群落系列研究样地(1979 年围封区、1999 年围封区、2001 年围封区和自由放牧区);② 退化草地恢复生态学研究样地(1983 年围封区和外侧自由放牧区);③ 浑善达克沙地大样地(建于 2013 年,位于锡林郭勒盟正蓝旗桑根达来镇以北 30 km 的浑善达克沙地腹地,样地面积为 1000 m × 1000 m)。

(2)主要实验平台

随着生态学研究的不断深入,野外长期定位研究的实验生态学受到各国生态学家的高度重视。以科学问题为导向的大型野外控制试验平台,已经成为内蒙古站基础研究和开展试验示范的主要基地。2000 年以来,内蒙古站设计实施了多个大型生态学实验平台(图 2.2)。

长期养分添加实验平台:自 2000 年开始实施,包括不同水平、不同时期氮素、磷素和有机肥添加的处理 50 个,每个处理 9 次重复,共 450 个实验小区。该实验对于揭示养分驱动的生态系统的响应机理以及草原生态系统的元素生物地球化学循环具有重要意义。

图 2.2 内蒙古站主要实验平台:(a)长期养分添加实验平台;(b)火因子调控实验平台;(c)生物多样性与生态系统功能实验平台;(d)长期放牧实验平台;(e)降水实验平台;(f)凋落物实验平台(参见书末彩插)

退化草地生态系统火因子调控实验平台:该实验平台建于 2005 年,包括 81 个处理,每个处理 8 次重复,共 648 个实验小区。其研究结论有助于了解草原的退化机理、退化草地恢复的驱动因子,并为阐明火因子在草地生态系统结构和功能维持中的作用提供重要的实验依据。

生物多样性与生态系统功能实验平台:该实验平台是由内蒙古站与美国哥伦比亚大学、亚利桑那州立大学等单位的科学家共同设计的,包括 96 个处理,每个处理 8 次重复,共 768 个实验小区,2005 年启动。该实验不仅可以检验现有的众多生态学的重要理论,而且可以深入揭示草原生态系统结构、功能、过程相互之间的关系,特别是对于回答生物多样性与生态系统功能的关系这一颇具争议的科学热点问题具有重要意义。

长期放牧实验平台:长期放牧实验平台是由中国和德国双方科学家于 2004 年共同建成的。平台包括不同地形条件下(平地和坡地)的传统利用(只进行放牧或打草处理)和混合利用(放牧和打草处理隔年交替进行)两种土地利用方式。实验设置 7 个放牧梯度,36 个实验处理,74

个实验小区,总面积 200 余公顷,是迄今世界上最大的长期受控放牧实验平台。该平台主要用于研究不同放牧率对草地生态系统生产力和物质通量的影响,其研究结论对于指导我国北方典型草原生态系统的适应性管理具有重要理论价值。

降水实验平台:该实验平台建于 2013 年,包括大型防雨棚试验区和遮雨架试验区。该实验平台主要用于研究内蒙古典型草原生态系统对极端降水事件的响应阈值和应答机理以及对长期干旱的适应机制。

凋落物实验平台:该实验平台建于 2013 年,设置凋落物移除和添加两种实验处理,每种处理下设置 0、50% 和 100% 三个处理梯度,共计实验小区 126 个。该实验平台主要研究凋落物在维持草地生态系统生物多样性和生态系统功能稳定性方面的机制,为改善草地生态系统以及退化草地恢复提供理论依据。

2.1.5 台站成果简介

建站以来,内蒙古站共发表各类研究论文 2100 余篇,其中在 *Nature*、*Science*、*Ecology Letters*、*Ecological Monographs*、*Ecology*、*Global Change Biology* 等 SCI 期刊发表论文近 700 篇,出版论著 30 余部,研究成果获得国家科技进步奖一等奖 1 项,国家和中国科学院自然科学奖 10 项。取得的重大原创性基础研究成果包括:① 基于近 40 年的长期监测和实验数据,揭示了内蒙古草原生物多样性与生态系统稳定性的维持机制;② 通过长期放牧控制实验,阐明了放牧对生态系统生产力、碳氮循环、温室气体排放和草原蝗虫爆发的调控机理;③ 基于 20 年的控制实验和长期监测数据,揭示了草地生态系统服务对全球变化关键驱动因子的敏感性及其响应和适应机制。

另外,内蒙古站始终坚持把研究成果服务于社会,服务于内蒙古草原的生态环境保护和社会经济的可持续发展。2001 年以来,先后建立了沙地综合治理、退化草地恢复、天然草场合理利用、人工草地建植等多个试验示范区,受到了国家和相关部门及内蒙古自治区的高度重视。取得的重要技术研发和试验示范成果包括:① 围封休牧、延迟放牧与划区轮牧技术体系;② 多年生混播人工草地草种配置与建植技术;③ 浑善达克沙地和沙化草地"三分之一治理,三分之二封育自然恢复"模式。这些试验示范成果为国家"京津风沙源治理工程""退牧还草工程""草原生态保护奖励补助机制"提供了重要的科技支撑。

2.2 植物对环境胁迫的生理生态响应

2.2.1 植物的光合作用和水分利用效率

陆地生态系统通过植物光合作用从大气中固定 CO_2 并形成糖类,植物的光合作用是生态系统生产力形成的生理基础。内蒙古站自 20 世纪 80 年代以来较为系统地开展了锡林郭勒典型草原优势物种和群落光合生理过程的研究。杜占池和杨宗贵(1988,1992,1997)描述了典型草原优势物种羊草、大针茅和冷蒿叶片光合速率的日动态和季节动态,发现了干旱所导致的叶片光合午休现象。戚秋慧等(1989)发现典型草原群落的水平光合作用呈现出与个体光合相似的日变化和季节变化。Chen 等(2005b)研究了放牧对典型草原 6 个主要优势物种光合生理特征的影响,发现放牧显著降低了植物的光合速率,且植物的光合速率与其对群落生物量的贡献明显相关。近年来,利用改进的红外分析仪 – 静态箱法,内蒙古站科研人员陆续开展了典型草原群落水平碳交换过程对氮沉降、降水格局变化及物种多样性改变等全球变化因子的响应研究。基于内蒙古站氮沉降实验平台的研究表明氮添加显著提高了生态系统的光合速率和呼吸速率,随着氮添加强度的增加,生态系统光合和呼吸均表现出饱和现象,阈值出现在 10.5 g N·m^{-2}·年$^{-1}$ 的氮添加处理(Tian et al., 2016),这与生产力的研究非常类似(Bai et al., 2010)。相似的非线性响应过程也出现在降水格局控制实验中,研究发现,生态系统碳通量对降水变化的响应是非线性的,对减水响应的敏感性显著大于增水(Zhang et al., 2017a, 2017b)。植物光合碳固定对降水变化的响应显著高于呼吸过程,并决定了生态系统资源利用效率和生产力。基于春季增雪、夏季增雨和氮添加对生态系统碳交换过程的研究表明,春季增雪对生态系统水平碳交换量的影响是非常有限的,夏季增雨显著提高了生态系统光合与呼吸,氮添加仅在夏季增雨和湿润年份才显著促进生态系统碳通量(Zhang et al., 2015)。在多样性与生态系统功能控制实验平台上的研究发现,功能群数量的减少显著降低了生态系统碳交换速率,不同功能群间存在明显的互补效应(Pan et al., 2016)。以上研究结果对预测未来全球变化背景下,草原生态系统结构和功能稳定性的响应格局具有重要意义。

水分是我国北方干旱 – 半干旱草原生产力的主要限制因子,研究植物光合生理过程对水分可利用性的响应对了解并预测未来全球变化背景下草原生态系统生产力的变化趋势具有重要作用。水分利用效率(water use efficiency, WUE)是生态系统碳水循环耦合关系的重要指标,是连接陆地生态系统碳循环和水循环的关键环节。WUE 是指消耗一定的水量,植物光合作用所固定的 CO_2 或生产的干物质量(或净初级生产力 NPP),大多数情况下应用于叶片水平上的研究。在实际应用中常通过光合速率和蒸腾速率的比值计算瞬时水分利用效率(WUEi)。作为叶片长期水分利用效率的指示指标,叶片稳定性碳同位素比值也被广泛应用于 WUE 的研究。陈世苹等(Chen et al., 2002, 2003, 2005a)从植物种、功能群和群落三个尺度研究了内蒙古锡林河流域主要草原群落中植物对氮、水资源的利用和适应策略及其生理生态学机制。结果表明,随着土壤水分可利用性的下降,羊草、大针茅和黄囊薹草等优势物种的 $\delta^{13}C$ 值显著增大,水分利用效率明显提高,表现出对干旱生境的生态适应性(Chen et al., 2002;陈世苹等,2004)。在不同植物组织和空间尺度上,C$_4$ 植物糙隐子草叶片的碳稳定性同位素判别($\delta^{13}C$ 值)呈现显著差异(Yang et al., 2011)。

以上个体 WUE 的研究表明,随着降水的增多或水分条件的改善,植物的 WUE 明显下降,而生态系统水平上的 WUE 对环境条件变化的响应并没有一致的结论。近几年来,随着生态系统水平碳通量研究方法的改进,对生态系统水平 WUE(WUEe)的研究越来越广泛。目前,WUEe 的研究主要是通过静态箱法和涡度相关法对碳水通量进行直接测量。自 2004 年起,作为 ChinaFLUX 加盟站,内蒙古站在不同围封时间的草原生态系统中陆续建立了多套涡度相关系统,迄今为止,已经收集了 14 年的碳水通量连续监测数据。WUEe 主要通过生态系统总初级生产力(GPP)和生态系统蒸发散(ET)的比值进行估算。长期数据表明,2006—2013 年内蒙古站长期围封的羊草样地平均 WUEe 为 0.72 ± 0.19 g C·mm^{-1},年际变异从 0.40 g C·mm^{-1} 至 1.01 g C·mm^{-1}。退化恢复羊草样地表现出更高的 WUEe,多年平均值为 1.00 ± 0.27 g C·mm^{-1},年际变异从 0.66 g C·mm^{-1} 至 1.34 g C·mm^{-1}。

2.2.2 植物性状对放牧和环境的适应

近年来,植物功能性状的研究为功能生态学,特别是为生物多样性与生态系统功能关系的机理研究注入了新的活力(Diaz and Cabido, 2001; McGill et al., 2006; Kraft et al., 2015)。通过植物功能性状,研究植物对气候变化和人类干扰的响应与适应机制,有助于揭示物种替代和群落演替的机理,对于探明草原退化过程和机制具有重要意义(Diaz et al., 2007)。内蒙古大学的王炜教授团队通过分析 1983—1993 年内蒙古退化草原群落(退化草地恢复生态学研究样地)中 8 个主要植物种群的个体性状变化,揭示了个体小型化是过度放牧下群落生产力衰退的重要表现。个体小型化表现为植株变矮、叶片变小、节间缩短以及植物根系分布浅层化等性状的集合。个体小型化是植物对过度放牧的负反馈机制,是从个体水平上认识退化演替机理的关键(王炜等,2000;王鑫厅等,2015)。此外,植物性状是影响物种对放牧响应的关键。基于放牧实验平台的研究发现,植物的比叶面积和叶片氮含量能够较好地预测植物对不同放牧强度的响应(Li et al., 2017)。

植物功能性状之间的权衡(trade-offs)关系,反映了植物通过自身内部结构与功能的调整,为适应胁迫环境,在资源获取、利用和分配方面的策略,也反映了群落内物种的竞争和共存机制(Sterck et al., 2011)。基于锡林河流域草甸、草甸草原和典型草原三种不同类型草原中植物叶片、个体、物种、功能群(生活型和水分生态型)和群落多个组织水平的研究发现,随着组织水平的上升,放牧对草甸中植物功能性状的影响逐渐减弱,而对典型草原植物性状的影响逐渐增强(图 2.3)。叶片大小和数量之间的权衡关系,以及植物采用躲避型策略和忍耐型策略,是放牧对不同类型草原影响差异的主要原因(Zheng et al., 2010)。

关于物种共存格局和机制的研究,多从地上性状来考虑,往往忽略了根系性状对群落构建的影响。由于叶片和根系所面临的选择压力和在养分竞争中的作用不同,同时分析叶片和根系性状对物种共存作用的异同点,可以丰富我们对半干旱草原物种共存机制的理解(Geng et al., 2017; Ma et al., 2018)。基于蒙古高原样带调查的研究发现,沿着东北—西南方向养分和水分可利用性逐渐减少的环境梯度,植物的比叶面积和比根长在物种水平上表现为适应旱生环境的特征,随着水分减少,比叶面积和一级根的比根长

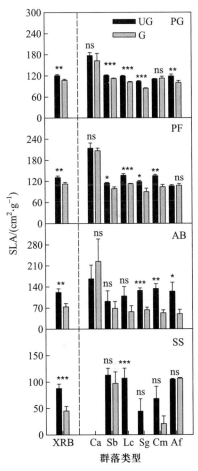

图 2.3 放牧对 6 个群落中不同功能群植物比叶面积(SLA)的影响
(引自 Zheng et al., 2010)

注:UG,代表未放牧;G,代表放牧;PG,代表多年生禾草;PF,代表多年生杂类草;AB,代表一二年生植物;SS,代表半灌木和灌木。Ca, *Carex appendiculata*, 灰脉薹草草甸;Sb, *Stipa baicalensis*, 贝加尔针茅草甸草原;Lc, *Leymus chinensis*, 羊草典型草原;Sg, *Stipa grandis*, 大针茅典型草原;Cm, *Caragana microphylla*, 小叶锦鸡儿典型草原;Af, *Artemisia frigida*, 冷蒿典型草原。XRB,指六类群落的平均值。

均降低；在群落水平上，根系性状对环境筛选更为敏感，而地上性状主要由群落组成和环境因子的交互作用所决定（Cheng et al., 2016）。物种性状之间的权衡与协同关系不仅受环境因子影响，还与其进化过程有关。比叶面积和根系性状均表现出显著的谱系信号，且根系性状的谱系信号高于地上性状。当消除物种谱系关系的影响后，比叶面积与一级根的比根长呈正相关关系，而与二级根和三级根的比根长均呈负相关关系（Cheng et al., 2016）。该研究对于从谱系发育的角度重新认识植物性状间的关系，以及保护我国干旱和半干旱草原的物种多样性和生态系统功能具有重要意义。

养分重吸收是植物营养器官枯萎过程中养分再转移的过程，是植物适应不同养分条件生境的重要策略。养分重吸收的改变，不仅影响植物生长及物种之间的竞争作用，还可以通过对凋落物质量的影响改变生态系统的养分循环。中国科学院沈阳应用生态研究所吕晓涛研究团队通过对内蒙古站长期围封样地内优势物种的研究发现：从叶片中重吸收的氮素占植物地上部分氮素重吸收总量的 64%~83%，从茎中重吸收的氮素占 17%~36%，保留在枯茎中的氮素占地上立枯总氮量的 25%~52%，表明茎秆的枯萎过程对于植物养分保持和凋落物分解具有重要意义，且非叶器官的养分重吸收率明显高于前人的预期。另外，受土壤资源可利用性的影响，凋落物质量在微尺度内也存在较大的变异，凋落物质量可能反馈于土壤资源条件并维持土壤养分的异质性（Lü et al., 2012）。进一步基于氮、磷添加控制实验的研究发现：随着氮添加量的增多，优势物种羊草和大针茅的叶片氮、磷的重吸收率降低，N/P 与氮添加量呈负相关，表明植物与土壤之间可能存在由养分重吸收介导的正反馈作用（Lü et al., 2013）。该研究说明，草地生态系统中氮素和磷素在吸收与周转的循环过程中处于动态耦合状态，植物氮、磷重吸收对氮沉降的趋同性响应，意味着养分重吸收是植物和生态系统面对氮沉降增加而进行主动调节的重要机制。

2.3　内蒙古典型草原的生态系统结构、功能及其维持机制

2.3.1　典型草原的生态系统结构与功能

内蒙古站所在的锡林河流域是我国中温带半干旱典型草原最具典型性和代表性的区域。区内的代表性群落为羊草草原和大针茅草原。内蒙古站的综合观测场即建立在羊草草原群落。群落的优势物种为根茎类禾草羊草和大针茅、冰草、洽草等密丛型禾草。这些禾草的生物量之和占群落总生物量的 60% 以上（姜恕等，1985）。基于 1981—2011 年内蒙古站长期围封样地的观测发现，植物多样性呈现明显的变化，其中 1981—1991 年间呈增加趋势，1992 年后多样性呈下降趋势。植物多样性的变化趋势主要由多年生杂类草的变化引起，占群落生物量主体的禾草类物种的数量保持稳定。不同功能群的相对生物量也呈现明显的时间变化，1992—2011 年，C_3 植物的相对生物量显著降低，而 C_4 植物的相对生物量不断增加（Li et al., 2015）。相比自然围封群落，内蒙古站的退化恢复样地经过 10 余年（1983—1993 年）的围封恢复，群落的植物多样性没有明显变化，但群落的均匀度随着恢复年数的增加不断降低，趋向于综合观测场代表的顶级群落（Li et al., 2008）。

内蒙古典型草原地处半干旱区,水分是草地生态系统初级生产力的主要限制因子。基于内蒙古站的羊草草原和大针茅草原连续24年的长期定位监测发现,1—7月的降水量是影响草原生态系统初级生产力的主要因子(Bai et al., 2004),但其水分利用效率随年降水量的增加而降低(图2.4)(Bai et al., 2008)。在区域尺度上,生态系统初级生产力随年平均降水量的增加而增加,但其变异性则逐渐降低,稳定性逐渐增加;另外,降水利用效率(rain-use efficiency, RUE)在空间和时间尺度上呈相反的变化趋势,沿空间尺度降水利用效率随降水量的增加而增加,与同一生态系统的降水利用效率随年降水量的增加而降低相反;此外,内蒙古高原植物群落的降水利用效率,在最干旱年份和最湿润年份均表现出显著的趋同,分别为1.08 g·m^{-2}·mm^{-1}和0.51 g·m^{-2}·mm^{-1}(Bai et al., 2008)。这些结果对预测未来全球变化背景下草原生态系统结构和稳定性响应格局具有重要的意义。

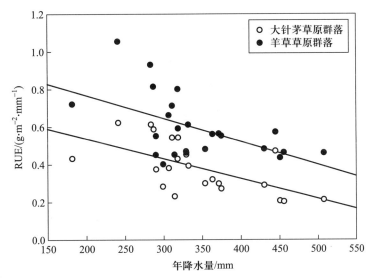

图2.4 内蒙古站大针茅草原群落和羊草草原群落的降水利用效率(RUE)与年降水量的关系
(重绘自 Bai et al., 2008)

甲烷作为仅次于二氧化碳的第二大温室气体,其温室效应是单位质量二氧化碳的25倍(IPCC, 2007)。传统观点认为,陆地植物的甲烷释放是由地下微生物分解产生的甲烷从植物茎部释放到大气中的,植物本身并不释放甲烷。中国科学院植物研究所的王智平研究员通过稳定性碳同位素标记的方法,首次在内蒙古草原证明植物可以释放甲烷,但释放甲烷的植物仅限于木本灌木,所有草本植物均不释放甲烷(Wang et al., 2008)。进一步对内蒙古锡林河流域的甲烷收支估算表明:虽然锡林河流域的草地面积分布很广,但其吸收的甲烷却远低于该区域湿地和动物的释放量。其中放牧和非放牧草地的甲烷吸收速率分别为3.3 kg CH$_4$·hm^{-2}和4.8 kg CH$_4$·hm^{-2},而湿地和放牧家畜的甲烷释放速率分别为791.0 kg CH$_4$·hm^{-2}和8.6 kg CH$_4$·hm^{-2}。基于放牧草地、未放牧草地和湿地分布面积的推算,锡林河流域每年甲烷释放量约为7.29 Gg CH$_4$。从实现甲烷收支平稳的角度分析,当前的放牧强度已超过甲烷零释放的8倍。因此,从我国北方草地的整体状况来看,过去几十年快速增长的放牧压力,已经把我国北方温带草地转变为甲烷的释放源(Wang et al., 2009)。

2.3.2 放牧对典型草原生态系统结构和功能的影响

放牧是我国温带典型草原最主要的土地利用方式。自 20 世纪 50 年代以来,内蒙古地区的人口不断增加,畜牧业生产迅速发展,长期过度利用带来的生物多样性丧失和生态系统功能退化已经严重影响了区域的社会经济发展。研究放牧对生态系统结构和功能的影响,是草地资源可持续利用的重要前提和基础。

(1) 放牧对植物多样性的影响及其机制

过度放牧是导致世界范围内草地生物多样性丧失的主要原因之一(Milchunas et al., 1988; Olff and Ritchie, 1998)。内蒙古草原地处干旱和半干旱区,具有较长的放牧历史,尤其是在当前的重度利用情况下,放牧在很大程度上造成物种多样性的降低。基于内蒙古站放牧实验平台(杨婧等,2014; Li et al., 2015; Li et al., 2017)的研究发现,放牧降低了草原的植物物种多样性(α 多样性和 γ 多样性),而放牧对多样性的促进作用仅在小尺度(李永宏,1993)或轻度利用(杨婧等,2014; Li et al., 2015)情况下才会发生。在内蒙古典型草原区域,放牧往往降低物种多样性,这与部分草甸草原(Liu et al., 2015)以及欧洲、美洲等其他地区(Olff and Ritchie, 1998)放牧对物种多样性显著的正效应不同。另外,放牧对物种多样性的影响还受地形和降水条件调控,平地对放牧的缓冲能力强于坡地,干旱会加剧过度放牧对生物多样性的影响(杨婧等,2014)。因此,在确定合理的放牧强度时,应结合地形和降水条件,有针对性地加强不同生境系统下植物多样性的保护。

(2) 放牧对生态系统功能的影响

放牧是影响草地生产力的重要因素。基于内蒙古站长期放牧实验平台的研究发现,中度和重度放牧降低了从物种、功能群到群落三个组织水平的地上生物量(Wan et al., 2011),但轻度放牧有助于增加地上生物量(李永宏和汪诗平,1999; Li et al., 2017)。此外,生态系统结构和功能往往对放牧强度存在非线性响应(Diaz et al., 2007)。基于内蒙古站的长期放牧实验平台研究发现:当放牧强度超过 3.0 只羊·hm^{-2} 时,典型草原生态系统的生产力下降,群落结构也发生明显改变(图 2.5),其中优势物种组成的变化是引起群落结构和功能改变的主要原因(Li et al., 2017)。根系是植物重要的养分和水分吸收系统。在内蒙古典型草原生态系统中,草地的地下生产力受降水和放牧共同影响(Gao et al., 2011; Bai et al., 2012),其中气候对地下生产力的影响达 25%,放牧的影响达 35%,相比于长期土地利用,地下生物量在面对气候变异时具有更高的弹性。放牧显著降低了草地的地下生物量(放牧群落,1490~1670 g·m^{-2};围封群落,2390~2530 g·m^{-2}),且随着放牧强度的增加,地下根系的分布呈现浅层化现象,但放牧没有改变根系周转速率(Gao et al., 2008)。

不同利用强度下草地群落的空间结构存在差异,其中围封禁牧区和过度放牧下的群落结构均趋向于同质化,而轻度利用下的草地群落结构趋向于非均质,表现为斑块状分布的过度啃食区和拒食区共存,且这种异质性的群落结构只有在轻度利用的情况下才稳定存在(Ren et al., 2015)。传统放牧区呈斑块状分布的群落结构并不一定会降低草地的生态系统功能。基于 6 年的放牧实验发现,具有斑块状结构的群落呈现出更高的生物多样性和更大的凋落物与土壤环境变异,由此形成具有较高水分和养分的沃岛,有助于草地生态系统功能的恢复和最大化(Ren et al., 2015)。

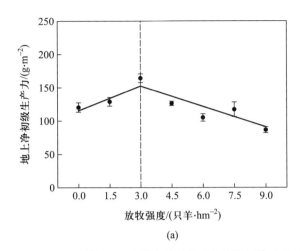
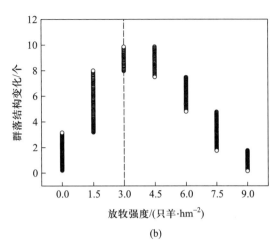

图 2.5　内蒙古站长期放牧实验平台中地上净初级生产力（a）和群落结构变化（b）
与放牧强度的关系（2009 年）（改自 Li et al., 2017）

注:群落结构阈值的变化用群落中物种多度均值和方差的变化表示。通过 *R* 软件包 TITAN 的非参数拐点分析（nonparametric change-point analysis, nCPA）计算群落结构的阈值。拐点被定义为某个特定的放牧强度,它可以将物种多度数据分为两组并且组间的均值或方差的差异最大。

放牧不仅改变了草地生态系统的生产力和结构,对生态系统的氮循环也产生了深刻的影响。中德合作项目成员德国霍恩海姆大学 Marcus Giese 研究团队基于放牧实验平台三年（2014—2016 年）的连续野外实验,通过测定不同放牧强度（长期重度放牧、冬季放牧和围封未利用）下草地的氮通量和氮库,首次系统深入地研究了放牧对内蒙古草原氮收支和氮循环的影响（Giese et al., 2013）。研究发现:影响内蒙古草原氮收支的主导因素是大气氮沉降、风蚀和水蚀。其中,长期重度放牧造成风蚀加剧引起的氮流失（0.4 ± 0.4 g N·m^{-2}）和打草（1.13 ± 0.15 g N·m^{-2}）与夜间羊圈留存的排泄物（0.57 g N·m^{-2}）是草地氮损失的主要途径,而气体形式（N_2O、NO_x、N_2 和 NH_3）的氮损失和以羊毛、肉产品输出的氮损失的量则非常小（表 2.1）。基于氮平衡的计算发现,在重度放牧区,氮的年平均损失量为 0.9 ± 0.8 g N·m^{-2},而长期围封区则表现为氮汇,氮的年输入量为 1.8 ± 1.1 g N·m^{-2},其中氮的主要输入来源为干沉降。另外,重度放牧不仅减少了表层土壤有机氮的氮库,还降低了与植物氮吸收、分解、总微生物氮周转和生物固氮有关的氮通量。气候变化带来的大气氮沉降能显著改变氮库的源汇途径以及氮通量。

牲畜数量的不断增加和施肥被认为是自工业革命以来大气温室气体 N_2O 浓度增加的主要原因。但传统方法中对 N_2O 的估算,多是基于生长季的测量结果,致使不同研究之间存在较大差异。基于中德合作项目连续两年的研究发现:冻融交替期是 N_2O 排放的一个重要时期,其中围封禁牧区在冻融交替时期的 N_2O 的排放占全年的 72%,但重度放牧区的排放量仅占全年排放量的 8%。相比于围封群落,放牧显著地减少了冻融交替时期 N_2O 的排放量,且随着放牧利用强度的增加,草地 N_2O 的排放量减少（Holst et al., 2008; Wolf et al., 2010）。另外,相较于放牧场,在锡林河流域的典型草原生态系统,N_2O 的排放源更多来自羊圈（Hoffmann et al., 2016）。基于牧户的定点研究发现,羊圈的 N_2O 排放量比放牧场的排放量高出三个数量级（Holst et al., 2007;

表 2.1　2004—2006 年间内蒙古典型草原不同放牧强度下草地的年平均氮收支　（单位：$g\,N\cdot m^{-2}$）

氮平衡组分	长期重度放牧	冬季放牧	围封未利用
氮增加			
净干沉降[†]	§	0.3 ± 0.2	1.2 ± 0.8
湿沉降[†]	0.6 ± 0.2	0.6 ± 0.2	0.6 ± 0.2
N_2 固定[‡]	0.05 ± 0.03	0.05 ± 0.03	0.05 ± 0.03
氮流失			
净尘土流失[†]	0.4 ± 0.4	§	§
N_2O 排放[†]	0.01 ± 0.006	0.01 ± 0.006	0.02 ± 0.005
NO_x 排放[†]	0.03 ± 0.006	0.03 ± 0.006	0.03 ± 0.006
反硝化作用（N_2 丧失）[‡]	0.01 ± 0.006	0.01 ± 0.006	0.02 ± 0.005
NH_3 挥发（来自尿斑）[‡]	0.09 ± 0.02	0.001	0
土壤毛细上升和淋溶	§	§	§
湿沉降后的地表径流[‡]	0.06 ± 0.02	§	§
有机氮流失（水蚀和风蚀）[‡]	0.3 ± 0.1	§	§
输出到羊圈的排泄物（尿、粪便）	0.57	0.06	0
羊肉输出	0.08	0	0
羊毛输出	0.05	0.02	0
干草生产（占地上生产力的 60%）	0	1.13 ± 0.15	0
总收入	0.7 ± 0.2	1.0 ± 0.4	1.9 ± 1.0
总流失	1.6 ± 0.6	1.3 ± 0.2	0.05 ± 0.0
收支总量	-0.9 ± 0.8	-0.3 ± 0.6	1.8 ± 1.1

注：对于通过计算或估算所得的氮通量，用 † 和 ‡ 标注，其他与绵羊有关的氮平衡组分的估算由于是基于定量放牧率的实验所得，所以相对稳定。† 表示平均值 ± 标准差；‡ 表示平均值 ± 不确定性的范围；§ 表示没有相关过程（改自 Giese et al., 2013）。

Chen et al., 2011）。当生长季的放牧率超过每公顷 1.5 只羊单位的时候，羊圈的 N_2O 排放量超过区域总排放量的 31%，而散落在放牧场粪尿的 N_2O 排放量仅占区域 N_2O 总排放量很小的一部分（Holst et al., 2007）。

（3）放牧对牧草养分的影响

牧草是放牧家畜最重要的食物来源，牧草的产量和质量是关系畜牧业发展的基础。放牧和水热条件的变化都会影响牧草的养分状况。基于放牧实验平台的研究发现，作为牧草品质的主要指标，粗蛋白质（crude protein, CP）含量和纤维素酶可消化有机物（cellulase digestible organic matter, CDOM）含量无论是在传统放牧还是混合利用情况下，均随放牧强度的增加而增加，而中性洗涤纤维（NDF）和木质素（lignin）在部分年份随利用强度增加而降低（Schönbach et al.,

2009, 2012; Muller et al., 2014; Ren et al., 2016a, 2016b）。虽然放牧会影响牧草的养分含量，但不同物种的养分含量受放牧的影响存在差异。基于 2008 年和 2010 年两个干湿年份的研究发现，放牧显著增加了羊草、根茎冰草（*Agropyron michnoi*）和糙隐子草的养分（CP、CDOM）含量，但对大针茅的影响很小（Ren et al., 2016）。另外，牧草养分含量受生长季的水热分配调控，具有明显的年际和季节变异，大部分植物的养分在湿润年份要高于干旱年份，而且每年生长季早期（7 月）的养分含量最高，生长季末期（9 月）的养分含量最低。由于牧草的生产力主要受优势种而不是物种多样性的影响，所以牧草的养分产量主要由优势物种的 ANPP 决定，而养分含量和物种多样性的影响较小（Ren et al., 2016b）。

（4）过度放牧加剧蝗虫的爆发

在内蒙古草原，蝗虫灾害始终是生产中的一个重要问题。特别是 20 世纪 80 年代以后，随着放牧活动的增加，草地退化严重，蝗虫灾害发生频度有明显增加的趋势。美国亚利桑那州立大学 James Elser 研究组和中国科学院动物研究所康乐院士团队通过分析亚洲小车蝗（*Oedaleus decorus asiaticus*）的饮食结构，发现高氮食物会显著降低亚洲小车蝗的大小和生存能力，而重度放牧由于导致植物含氮量降低而有利于蝗虫的生长和发育（Cease et al., 2012）。该研究证明了过多的蛋白质可能不利于亚洲小车蝗的生长，提出了新观点：过度放牧降低了植物氮素浓度从而加剧了蝗虫爆发的频率，这一成果颠覆了传统的氮浓度增加导致蝗虫爆发的观点（Mattson, 1980）。该研究部分解释了内蒙古草原退化与蝗虫成灾的关系，不仅对内蒙古草原蝗虫的控制具有意义，对世界其他地区草原蝗虫的控制也具有启发和借鉴意义。

2.3.3 氮沉降对典型草原生态系统结构和功能的影响

氮沉降导致的自然生态系统养分增加是全球变化的重要内容。研究表明，氮沉降显著影响干旱区和半干旱区的植物多样性、群落生产力、土壤生物结构和土壤碳氮循环等多个陆地生态系统过程和功能（Suding et al., 2005; Clark and Tilman, 2008; Yang et al., 2012; Hautier et al., 2014）。研究氮沉降对内蒙古典型草原的影响对于我们认识草原生态系统结构和功能至关重要。

（1）氮沉降对植物生物多样性的影响

氮沉降往往降低群落的物种多样性（Hillebrand et al., 2007），但其效应在成熟群落和退化群落中存在差异。中国科学院植物研究所白永飞等研究人员基于长期养分添加实验平台（包括 6 个氮素添加梯度：$0.00 \, \text{g N} \cdot \text{m}^{-2} \cdot \text{年}^{-1}$、$1.75 \, \text{g N} \cdot \text{m}^{-2} \cdot \text{年}^{-1}$、$5.25 \, \text{g N} \cdot \text{m}^{-2} \cdot \text{年}^{-1}$、$10.50 \, \text{g N} \cdot \text{m}^{-2} \cdot \text{年}^{-1}$、$17.50 \, \text{g N} \cdot \text{m}^{-2} \cdot \text{年}^{-1}$、$28.00 \, \text{g N} \cdot \text{m}^{-2} \cdot \text{年}^{-1}$），研究了氮素添加对内蒙古典型草原成熟和退化群落不同组织水平（植物种、功能群、群落）上植物多样性的影响，结果发现：氮素添加显著降低成熟自然群落的物种多样性，其中多年生禾草和杂类草被一年生植物替代，而对退化群落植物多样性的影响较小（Bai et al., 2010）。深入研究引起物种丧失的机制发现，造成物种丧失的氮素添加阈值与物种的丰富度有关，稀有种丧失的阈值低于常见种；氮素添加后，资源消耗型物种（叶片氮素含量高、光合速率高、根冠比低、繁殖输出高等，如灰绿藜、轴藜等）的相对优势度增加，并逐渐取代资源保守型物种（如大针茅、冰草等），而土壤酸化对物种多样性的影响小于竞争作用（图 2.6）（Lan and Bai, 2012）。

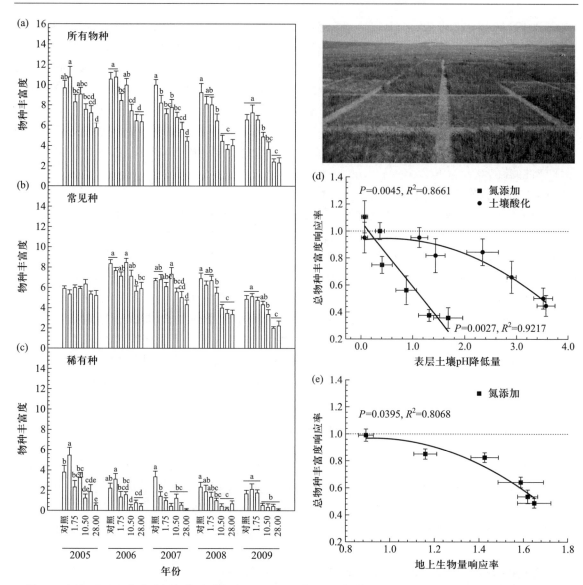

图 2.6 （a）-（c）长期养分添加实验平台（2005—2009 年）的群落所有物种丰富度、常见种丰富度及稀有种丰富度对氮素添加的响应；（d）-（e）氮素添加和酸添加实验引起的表层土壤酸化及地上生物量增加对总物种丰富度响应率的影响。右上角图为内蒙古站的加酸实验平台（改自 Lan and Bai，2012）

此外，以往有关氮沉降对物种多样性的影响多基于样方尺度（0.5～4 m²），而氮沉降的影响往往发生于区域水平。研究不同空间尺度下氮素增加对生物多样性的影响，对于开展氮沉降背景下生物多样性的保护与生态系统管理尤为必要。在不同空间尺度下氮素增加对植物多样性影响的研究表明：氮素增加导致物种多样性降低的程度随着取样面积增加而减小，而导致物种多样性降低的氮素添加阈值随着取样面积增加而增加，其中 1 m² 下的阈值为 1.1 g N·m⁻²·年⁻¹，25 m² 下的阈值为 1.7 g N·m⁻²·年⁻¹（Lan et al.，2015）。

（2）氮沉降对生态系统功能的影响

通过长期氮素添加实验发现，氮沉降有助于提高典型草原的地上生物量，且群落初级生产力对氮素添加响应主要受土壤水分有效性和水分与氮素的耦合作用共同决定（Bai et al., 2010）。

氮素添加可以显著地提高植物群落的降水利用效率，其值可以超过自然状态下群落降水利用效率的两倍以上（Bai et al., 2008）。该实验结论修正了 Travis Huxman 等（2004）提出的最大降水利用效率（RUE_max）不可超越的结论。虽然氮素添加能够提高草地的生产力，但其对生态系统稳定性的影响仍存在很大不确定性。基于内蒙古站两个氮添加平台的研究发现，氮素添加会导致群落生物量对干旱的敏感性增加，从而降低群落生物量的稳定性（包括增加生物量空间的异质性和年际的变异性）（Lan and Bai, 2012），此外氮素增加也会通过降低物种丰富度和种间的异步性，导致群落稳定性下降（Zhang et al., 2016）（图 2.7）。

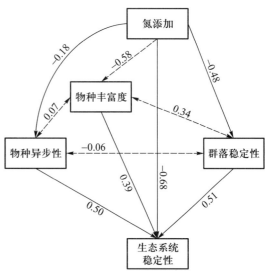

图 2.7　氮添加对内蒙古站羊草草原物种丰富度、物种异步性、群落和生态系统稳定性的影响
（改自 Zhang et al., 2016）

注：图中的数字表示相关系数。实线表示统计显著相关（$P<0.05$），虚线表示统计不显著相关（$P>0.05$）。

　　大量研究证实外源氮素输入能影响群落生产力、植物和土壤生物结构组成、土壤碳氮循环等多个陆地生态系统过程和功能。这种影响主要来源于两个重要机制，其中之一是氮素添加直接增加土壤氮有效性，为植物和土壤生物提供生长所需的养分，从而刺激植物地上、地下部分的生长，而生物量的增加能为地下土壤食物网提供更多的碳输入；另外一个机制是长期氮添加会导致土壤酸化，酸化过程能降低植物生物量和多样性，也能改变土壤生物群落组成和土壤食物网。然而这两种机制在调节生态系统功能对氮素添加响应中的相对重要性还不明确。依托内蒙古站的长期氮素添加实验，结合土壤酸化实验，中国科学院植物研究所的陈迪马等研究人员发现：长期氮素添加和土壤酸化都降低土壤呼吸和土壤有机质分解呼吸但增加根系呼吸，其中有机质分解呼吸的降低主要是由于酸化降低了微生物生物量和真菌细菌比，而根系呼吸的增加是由于酸化增加了根系生物量和物种水平根系呼吸（Chen et al., 2015c）；另外，氮添加对土壤微食物网的影响主要来源于土壤氮添加所导致的土壤酸化过程，而并非由于土壤氮素增加所引起的土壤氮输入增加（Wei et al., 2013；Chen et al., 2016b；Ying et al., 2017），而氮素积累引起的微生物限制因素的转换改变了土壤有效态资源的化学计量比，弱化了植物和微生物间的互利关系，导致了土壤碳氮循环的解耦合（Wei et al., 2013）；此外，土壤酸化实验证实土壤酸化导致的植物多样性和生产力的降低受土壤氮循环直接调控，土壤生物主要起间接调节作用，而土壤毒害离子的增加也并不是导致植物多样性和生产力降低的直接因素（Chen et al., 2013a）（图 2.8）。这些研究成果首次系统评价了土壤生物群落和生态系统功能对氮素添加的响应中"土壤氮有效性"和"土壤酸化"两个机制的相对作用；证实了长期氮素添加导致土壤食物网、土壤呼吸、生态系统生产力和养分循环的变化主要来源于土壤氮添加导致的土壤酸化过程，而土壤氮素增加导致的土壤碳输入并不是主要途径。

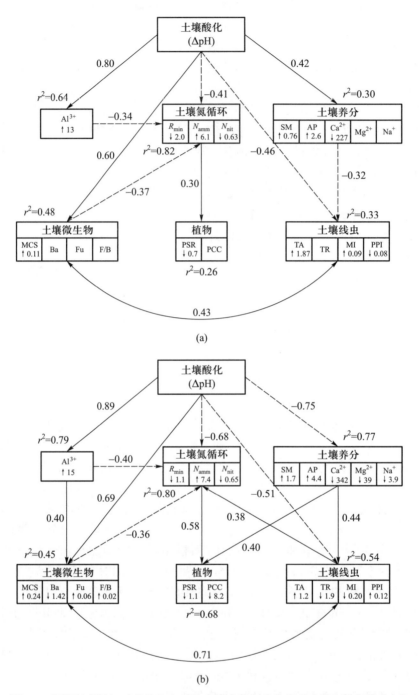

图 2.8　长期氮素添加对草地生态系统土壤食物网生物组分（微生物和线虫）和
植物群落的影响：（a）2010 年；（b）2011 年（改自 Chen et al., 2013a）

注：R_{min}，氮矿化速率；N_{amm}，土壤铵态氮；N_{nit}，土壤硝态氮；SM，土壤含水量；AP，土壤有效磷；MCS，微生物群落结构；Ba，细菌；Fu，真菌；F/B，真菌细菌比；PSR，植物物种丰富度；PCC，群落盖度；TA，线虫丰富度；TR，分类群多样性；MI，成熟度指数；PPI，植物寄生线虫成熟度指数。

（3）氮素对磷素有效性的影响

与氮（N）的生物地球化学循环不同，磷（P）循环属于沉积型循环，其可再生性远低于 N，因此 P 越来越成为植物生产力的限制因子（Elser et al., 2000）。特别是在全球变化的大环境下，人类活动加剧了 N 沉降使得自然生态系统中 N 的有效性加倍（Vitousek et al., 1997），而 N 有效性的增加会改变生态计量化学平衡，导致 P 的相对限制增加（Elser et al., 2009）。目前对生态系统 N 作用的研究远远多于 P（Marklein and Houlton, 2012），且始终未形成统一的 N、P 关系理论体系。由于生态学研究对象在时间、空间上差异很大，对于部分研究，例如，N、P 限制，N、P 添加对生物多样性的影响等均有较大争议；而在养分和水分条件发生显著改变的背景下，生态系统优势物种和生态系统功能对 P 限制的响应是急需了解的。内蒙古站自 2009 年开展 N、P 添加实验，主要研究了在 N 沉降背景下 P 的限制性对物种、群落及生态系统的影响。在自然环境下，单纯的 P 添加处理并不能显著提高植物叶片的 N 及 P 含量（或浓度），也不改变 N/P；但在 N 和 P 同时添加的情况下，植物的 P 含量却显著提高了，说明 P 有效性的增加高度依赖于土壤的 N 含量，这可能与 N 添加造成土壤 pH 降低，从而引起 P 的有效性增加有关（Long et al., 2016）。进一步对 N、P 共同添加在不同组织水平上影响的详细分析表明：在物种水平上，N 添加虽然提高了植物叶片的 N/P，但也加剧了 P 的相对限制；在群落水平上，由于土壤有效 N、P 含量的年际间变异，正常降雨年份群落处于 N 限制，而相对湿润的年份则受到 N 和 P 的共同限制，表明 P 的限制性会受到水分、氮素等因子的调节；此外，从植物叶片、根系到微生物，其 N/P 的稳定性逐渐增加（Zhan et al., 2017）。随着 N 沉降的日益加剧，未来生态计量化学比的平衡会被逐渐打破，而 P 将会成为草地生态系统的主要限制因子。

2.4　区域生态系统重要生态学问题及其过程机制

2.4.1　内蒙古草原区生物多样性和生态系统功能的维持机制

（1）生物多样性与生产力的关系

过去几十年中，人类活动对生态系统影响的速度和广度均超过了历史上任何一个可比时期，引起了全球范围内生物多样性丧失和生态系统服务功能退化，进而对人类福祉产生了深刻的影响。生物多样性与生态系统生产力的关系以及生产力的稳定性维持机制是当前生态学理论研究的核心问题，对生物多样性保护和生态系统管理具有重要意义（Tilman, 1999；Chapin et al., 2000；Loreau et al., 2001；Hooper et al., 2005, 2012）。当前的主流观点认为生物多样性与生产力的关系（productivity-diversity relationship, PDR）属于驼峰型（hump-shaped）关系，即生物多样性在中等大小时生产力最高，生物多样性最高时，生产力反而处于中等水平（Grime, 1973；Huston, 1979；Waide et al., 1999；Mittelbach et al., 2001；Fraser et al., 2015）。然而有关 PDR 的关系是驼峰型还是单调的线性相关，以及影响 PDR 关系的生物学机制等仍存在较大争议。中国科学院植物研究所的白永飞研究员等人基于内蒙古锡林郭勒盟地区 854 个野外样点的调查数据，首次从不同组织层次（群丛、植被亚型和植被型）和不同空间尺度（样地尺度、景观尺度和区域尺度）证实了内蒙古草原的 PDR 存在普遍的线性正相关,而非驼峰型;在区域尺度,PDR 受年平均降水量的影响,降水量越大,PDR 的斜率越小;此外,放牧虽然能够降低草地的生产力和生物多样性,但不会改变 PDR 的线性相关关系(Bai et al., 2007)。研究结果不仅为退化草原的恢复与管理提供了依据,还有助于人们了解未来气候变化对欧亚草原植被的影响。

生物多样性不仅关系到生态系统的生产力,还会影响生态系统的碳固持(Midgley, 2012; Lange et al., 2015)。然而环境因子和人类活动如何在大尺度上影响陆地生态系统多样性 - 生产力 - 土壤碳储量之间的关系,目前学术界仍存在较大争议。内蒙古站依托中科院战略性先导科技专项(碳专项)不同生态系统(草地、森林和灌丛)下 6000 多个野外调查点的调查数据,首次在国家尺度证实了自然生态系统中多样性与生产力和土壤碳储量之间普遍存在正相关关系。其中,土壤碳储量的空间分布格局不仅受气候因子的直接控制,气候因子还能通过影响多样性和生产力对土壤碳储量进行间接调控;适宜气候条件(尤其是高降水量)下生物多样性对固碳的促进作用,有利于抵消氮沉降等人为活动对固碳的负效应(Chen et al., 2018)。该研究表明,通过适当的保护和管理措施,维持高的生物多样性有利于增加土壤碳储量,改善生态系统服务功能。

（ 2 ）蒙古高原土壤生物的分布格局和驱动因子

土壤生物在陆地生态系统元素循环、多样性维持、植物群落构建等过程中扮演重要角色。中国科学院植物研究所的陈迪马研究员等基于中国 - 蒙古样带调查和内蒙古站控制实验平台的研究揭示了蒙古高原土壤微生物和土壤线虫群落的分布格局和驱动因子,其中土壤线虫群落主要受降水影响,而土壤微生物群落主要受降水和土壤环境共同调控;另外,土壤食物网内不同的土壤生物组分对环境因子存在不同适应策略(Chen et al., 2015a, 2015b)。相比土壤微生物,土壤线虫群落对降水有更高的敏感性,从荒漠到草甸草原,降水对土壤线虫群落的影响越来越强,而对微生物的影响逐渐减弱(Chen et al., 2015a)。

目前多样性与生产力关系的理论研究主要用植物作为模式群落,有关土壤生物是否也和植物群落一样,存在类似的多样性与生产力关系或机制还不清楚。基于蒙古高原 220 个样方调查的数据发现,土壤生物的 PDR 与植物群落的 PDR 存在较大差异(Chen et al., 2016a)。其中,土壤线虫生物量与线虫多样性(α 和 γ)存在与植物群落相似的线性正相关关系,但线虫 β 多样性与土壤线虫生物量之间呈负相关关系。另外,土壤线虫多样性 - 生物量之间的关系强于植物群落,当考虑环境因子(气候、土壤环境、土壤养分)对多样性和生物量的共同作用后,植物的多样性 - 生物量关系消失,而土壤线虫的多样性 - 生物量的正相互关系依然存在(图 2.9)。这些结果表明,多样性与生产力的关系在不同生物类群间存在差异,要得到普适性的多样性 - 生物量的关系需要考虑更多的生物类群。

（ 3 ）内蒙古草原区生态系统功能稳定性的维持机制——补偿效应

生物多样性与生态系统功能的关系已成全球范围内倍受关注的重要领域。内蒙古站的研究团队,针对多样性与稳定性的关系这一生态学热点问题,从自然生态系统的不同组织层次入手,系统地分析了羊草草原群落和大针茅草原群落连续 24 年的长期定位监测数据,揭示了不同物种和功能群之间的补偿作用是生态系统稳定性维持的重要机制,生态系统稳定性从植物种、功能群到群落水平逐渐增加(白永飞和陈佐忠, 2000; Bai et al., 2004)。

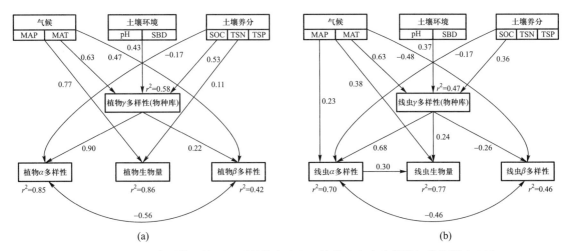

图 2.9 草地生态系统环境因子对植物（a）和土壤线虫（b）多样性组分的影响以及
环境因子和多样性组分对生产力的影响（改自 Chen et al., 2016a）

注：MAP，年平均降水量；MAT，年均温；SBD，土壤容重；SOC，土壤有机碳；TSN，总氮；TSP，总磷。

　　补偿效应源自不同功能群物种间的互补作用，但不同功能群的补偿作用存在差异，因此物种多样性丧失引起的补偿效应对生态系统功能的改变存在较大的不确定性。基于多年人工剔除的生物多样性实验（图 2.10），内蒙古站进一步从自然群落的角度证明了补偿效应能够缓解多样性丧失对生态系统功能的不利影响，但对于没有发育出完好补偿机制的群落来说，多样性的丧失，尤其是建群种的丧失，会对生态系统功能产生较大的影响（Pan et al.，2016）。对于受人为干扰的自然生态系统，补偿作用的表现受利用方式的影响。基于内蒙古站放牧实验平台的多年研究发现（Ren et al.，2018），无论是传统放牧区，还是混合放牧区，生态系统地上生物量在时间尺度上的稳定性相似，但起作用的原因不同，补偿作用仅在传统利用方式下起作用。

　　植物多样性的丧失不仅会影响植被生态系统的稳定性，还会影响土壤食物网及其调控功能。依托内蒙古站的生物多样性与生态系统功能实验平台，中国科学院植物研究所的陈迪马等研究人员探讨了植物群落调控土壤生物群落食物网及其生态系统功能的影响机制，研究发现：植物功能群丧失之所以改变土壤微生物群落，主要是由于植物群落的功能群组成和生物量发生明显的变化，而土壤线虫群落的响应主要受植物功能群组成、生物量，以及线虫食物资源的调控（上行效应）（图 2.11）（Chen et al.，2013b）；相对于次要植物功能群，草地优势植物功能群丧失对土壤食物网的影响更强烈；植物功能群丧失导致土壤食物网由真菌食物网向细菌食物网转变（图 2.12）（Chen et al.，2016c）。研究结果证实草地生物多样性 – 功能群的丧失能导致草地碳储存降低和养分流失，因此在草地生态系统的管理和恢复过程中，人们不仅要关注植物多样性的恢复，同时还要加强土壤生物群落的恢复。

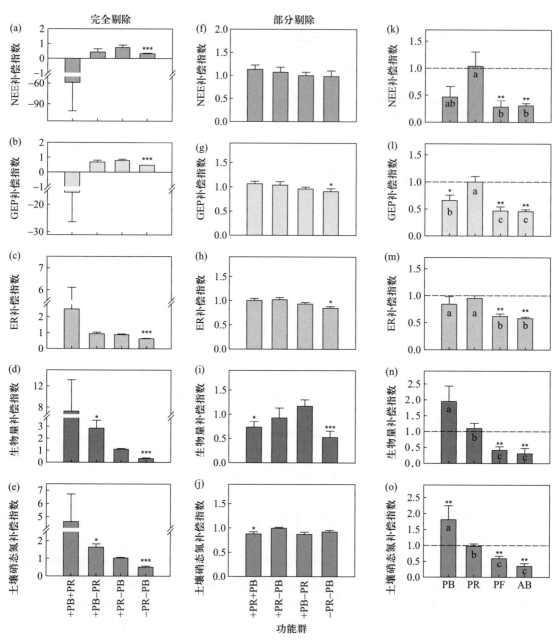

图 2.10　内蒙古站生物多样性与生态系统功能实验平台中完全剔除（a～e）和部分剔除（f～j）单个功能
群对净生态系统碳交换（NEE）、总生态系统生产力（GEP）、生态系统呼吸（ER）、
生物量（biomass）和土壤硝态氮（NO_3^--N）利用率的补偿指数以及不同功能群
对各生态系统功能的补偿效应（k～o）（改自 Pan et al., 2016）

注：+ 表示只保留单个功能群，– 表示剔除单个功能群。

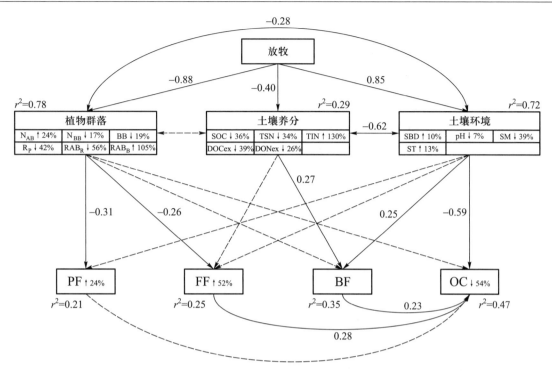

图 2.11 放牧引起的下行效应（top-down effect）导致土壤线虫群落营养级内
存在上行效应（bottom-up effect）（改自 Chen et al., 2013b）

注：N_{AB}，地上植物氮浓度；N_{BB}，地下根系氮浓度；BB，地下根系生物；R_P，植物物种丰富度；RAB_R，根茎禾草；RAB_B，丛生禾草；TIN，土壤无机氮；DOCex，可溶性有机碳；DONex，可溶性有机氮；SBD，土壤容重；SM，土壤含水量；PF，植食性线虫；FF，食真菌线虫；BF，食细菌线虫；OC，杂食＋捕食性线虫。

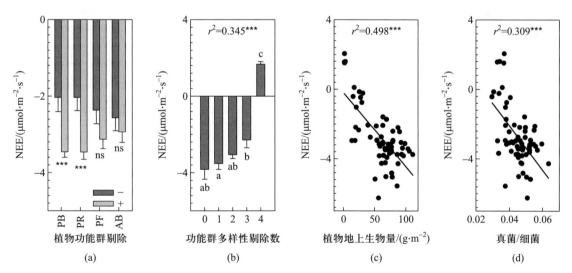

图 2.12 植物功能群丧失对净生态系统碳交换（NEE）的影响及其变化原因：（a）单个功能群丧失；
（b）功能群丧失数量；（c）植物生物量；（d）真菌／细菌（改自 Chen et al., 2016c）

注：PB，多年生丛生禾草；PR，多年生根茎禾草；PF，多年生杂类草；AB，一年生或二年生植物。

（4）内蒙古草原区生态系统功能稳定性的维持机制——化学计量内稳性

化学计量内稳性（环境或者食物中的养分组成发生变化而生物体维持元素相对不变的一种能力）是生物在长期进化过程中，适应环境变化的结果，是生理和生化调节的反映。因此，从化学计量内稳性的角度探讨生态系统结构、功能和稳定性成为近年研究焦点之一。韩兴国研究团队在内蒙古站基于氮磷添加实验，结合 1200 km 的样带调查和内蒙古站 27 年的长期监测数据，首次从时间和空间尺度研究了内稳性与生态系统结构、功能和稳定性的关系，证实了内稳性高的物种具有较高的优势度和稳定性（图 2.13），内稳性高的生态系统具有较高的生产力和稳定性（图 2.14）（Yu et al., 2010）。该研究成果拓展了生态化学计量学研究的范畴和生态系统稳定性的维持机制，同时，也为研究生物多样性与生态系统功能的关系，以及预测植物对全球变化的响应提供了重要的理论基础（Yu et al., 2015）。

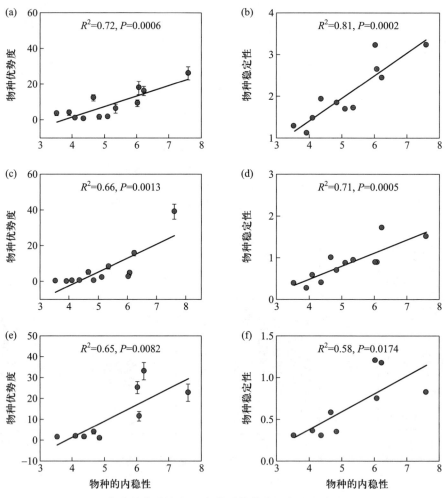

图 2.13　物种的内稳性（H）与物种优势度和物种稳定性的关系：
（a）（b）施肥试验；（c）（d）27 年监测；（e）（f）样带调查

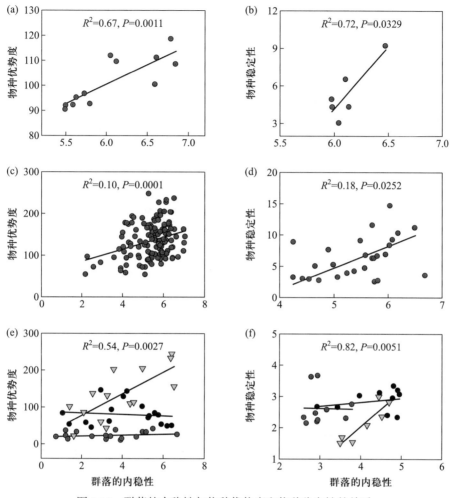

图 2.14 群落的内稳性与物种优势度和物种稳定性的关系：
（a）（b）施肥实验；（c）（d）27 年监测；（e）（f）样带调查

2.4.2 草地生态系统的适应性管理

放牧和打草是天然草原主要的利用方式，能从多个方面影响草地生态系统的结构和功能。内蒙古站自建站以来一直关注该问题，开展了大量有关不同放牧率、放牧方式和放牧季节对生态系统影响的研究。基于传统利用方式（只打草或只放牧）和混合利用方式（打草和放牧隔年轮换）的比较研究发现，混合利用方式下的草地生态系统在中度到重度利用条件下，生产力及其弹性更高，而且在混合利用方式下，放牧强度对草地生产力的影响要远小于传统利用方式，表明混合利用方式有助于减轻放牧对地上生物量的负效应（图 2.15）（Schönbach et al., 2011；Wan et al., 2011）。另外，与传统放牧（每年持续放牧）相比，混合利用的管理方式有助于减轻选择性采食引起的群落组成的变化（Hoffmann et al., 2016），同时，打草有助于土壤种子库的补充和群落多样性的维持（Wan et al., 2011）。

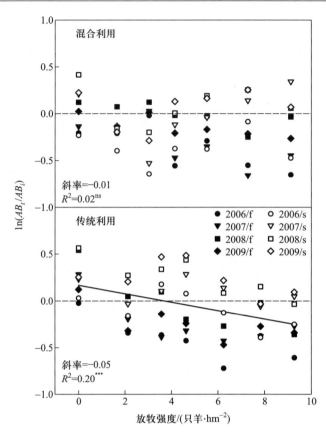

图 2.15　混合利用和传统利用下，群落地上生物量（*AB*）与
不同放牧强度之间的关系（改自 Wan et al.，2011）

注：RI=ln（AB_t/AB_i），*t* 代表 2006 年、2007 年、2008 年和 2009 年，*i* 表示 2005 年，f 表示平地放牧系统，s 表示坡地放牧系统。

　　基于不同放牧强度下绵羊生产性能的研究发现，增加放牧强度并没有明显提高绵羊的消化率和采食量，表明绵羊能够补偿逐渐减少的牧草可食量（Dickhoefer et al.，2014，2016；Muller et al.，2014）。每只羊的增重效果仅在部分降水量较低的年份随利用强度的增加而降低，而其余年份则几乎没有差异（Lin et al.，2012）。因此，绵羊产量作为牧民从牲畜生产中获得潜在收入的表征，在大部分年份均随着放牧强度的增加而显著提高。但由于过度放牧容易造成草地生态系统的退化，不利于长期利用，故开展混合利用和适度舍饲喂养是确保典型草原作为畜牧业生产可持续利用的重要途径（Wang et al.，2007；Bösing et al.，2014）。

2.5　退化草地生态系统修复与生态系统管理

2.5.1　草地生产与生态功能的合理配置

　　针对我国畜牧业正经历着由传统利用管理模式向现代集约化发展模式转型的现状，基于长期定位研究和试验示范，内蒙古站提出了草地生产和生态功能合理配置的概念。在当前的转型过程中,退化草地恢复和天然草地的合理利用是基础,人工草地建设是关键,而草地生产功能和生态功能的合理配置是转型成功与否的标志(白永飞等,2016)。所谓生产功能与生态功能的合理配置,就是在一定的地理区域或行政管理单元内,通过在优质土地上种植一定比例(1/20~1/10)的高产高效人工草地,在优质天然草地上建设基本草牧场,把传统畜牧业对天然草地的依赖转移到人工草地和基本草牧场,由人工草地和基本草牧场承担起主要的生产功能,使大部分天然草地的功能回归到其本来的自然生态属性,恢复和提升其生态功能,从而实现我国草牧业的可持续发展。因此,高效人工草地和基本草牧场建设是实现生产功能与生态功能合理配置的关键,建设人工草地和基本草牧场可以大大提高草地的产草量,并改善牧草品质。例如,苜蓿人工草地的产量可达 22.5 t·hm^{-2},是天然草地的 11 倍左右,羊草人工草地的产量可达 24 t·hm^{-2},是天然草地的 12 倍,青贮玉米的干物质产量可达 45 t·hm^{-2},是天然草地的 23 倍(杜青林,2006)。由此可见,建设优质高效人工草地和基本草牧场可以使饲草产量提高 10~20 倍,有望解决草地的饲草生产问题,并从根本上遏制过度放牧引起的草地大面积退化、生态功能严重衰退等生态安全问题(白永飞等,2016)。

实现天然草地的合理利用,使天然草地发挥其生态功能,是实现生产功能与生态功能合理配置的基础。天然草地的合理利用技术包括:① 退化草地封育技术,即针对退化草地,通过建设围栏或禁止放牧等措施,避免草地继续受到家畜的干扰,依靠其自我修复能力,逐步提高草地生产力、多样性和稳定性。迄今,草地封育是最有效的退化草地恢复技术之一,也是其他恢复技术实施的前提。② 划区轮牧技术,该技术是保护与利用相结合的有计划的放牧利用技术,该技术使得牧场有一个休息恢复的时期,是天然草地合理利用的中心环节(Wan et al.,2011)。③ 季节性休牧技术,该技术包括春季休牧和秋季休牧。其中春季休牧是指每年牧草返青期(4 月下旬—6 月中旬)禁止放牧,使退化草地得以休养生息。秋季休牧是指每年秋季牧草进入结实期,停止放牧,使牧草的种子得以成熟入土,以维持草地土壤种子库具有充足的种源。④ 割草地轮刈技术,该技术有利于保存草地土壤种子库的密度,减缓连续刈割引起的草原群落退化,促进草地的长期利用。⑤ 沙化草地治理的"三分模式",针对占 1/3 面积的风蚀坑、流动沙丘(光头顶)、半流动沙丘等,采取工程措施(生物网格 + 固沙先锋植物)进行治理;对于占 2/3 面积的植被覆盖度较低的沙化退化草地通过围封禁牧,依靠其自我修复能力,加速植被的自然恢复,提升草地的生态功能。

2.5.2 沙化草地生态系统修复技术与示范

内蒙古站背靠浑善达克沙地,在对浑善达克沙地及严重退化沙化草地大量野外调查的基础上,发现该地区流动沙丘、半固定沙丘和风蚀坑的面积约占沙地总面积的 1/3,这类退化沙化草地需要采取人为措施进行治理;其余部分为固定沙丘、丘间平地和丘间低地,约占沙地总面积的 2/3,草地尚有一定量的植被覆盖,土壤中仍保存着一定数量的植物种子库,可以通过围封和休牧的方式,充分利用自然的力量使植被逐渐得以恢复。经过长期的试验研究,我们提出了浑善达克沙地及严重沙化草地生态恢复的"三分模式",即对该类草地采取"三分之一治理,三分之二封育恢复"的技术。对于风蚀坑、流动沙丘(光头顶)等采用工程措施进行治理,补播固沙先锋植物,增加土壤种子库;对于固定沙丘、丘间平地和丘间低地只进行围封和休牧,依靠土壤种子库中的植物种子和现存植被的自我繁殖和更新能力,逐步实现植被的恢复。为了实施治理风蚀坑和流动沙丘的工程措施,我们研究出了"生物网格治沙技术"。即通过播种小麦,扦插黄柳等措施,建立小麦和黄柳生物网格,再在网格内播种柠条、羊柴、沙蒿、沙生冰草、扁蓿豆等固沙先锋植物种。在生物网格的保护下,网格内的先锋植物实现定植,进而促进植被的恢复。实践证明,三年即可使风蚀坑和流动沙丘得到固定。该技术成果提出了依靠植物的自然繁殖策略、自我更新和恢复力实现植被恢复的新思路,不仅大大减少了沙地和严重沙化草地生态治理过程中的人力、物力和财力,同时显著提升了植被的恢复效果和生态效益。该项技术成果于 2007 年获得国家发明专利(专利号:ZL 200310117057.1),并在内蒙古锡林郭勒盟大面积推广。

2.5.3 人工草地种植技术与示范

人工草地建植是我国草原牧区实现草畜平衡,恢复退化草地,发展集约化草产业的基础。在我国干旱、半干旱地区,人工草地生产力低、稳定性差、利用年限短是制约草业发展的瓶颈。内蒙古站基于长期定位研究的科研成果,根据生态位理论、物种补偿作用和植物群落演替理论,在牧草品种选择上实现了四个组合:即长寿命牧草与短寿命牧草的组合,深根系牧草与浅根系牧草的组合,豆科与禾本科牧草的组合,耐旱品种与喜湿品种的组合。在生产管理上实现了旱作条件下的全程机械化。不仅提高了播种质量,通过机械化中耕和雨季施肥,显著提高了对大气降水的利用效率,确保了"肥跟水走",为人工草地高产稳产提供了保障。本项技术不仅显著提高了多年生人工草地的生产力水平和稳定性,而且显著延长了草地的利用年限,同时改善了饲草的营养价值,提高了牧草品质。干草产量在旱作条件下,由 200 kg·亩$^{-1}$ 提高到 450 kg·亩$^{-1}$ 以上,利用年限由 3 年延长到 15 年左右。本项技术于 2007 年和 2008 年获得两项国家发明专利(专利号:ZL 200310117056.7 和 ZL 200310117067.5)。

本项技术的创新之处主要体现在以下几方面:

① 通过长寿命牧草与短寿命牧草组合,以及根茎禾草与丛生禾草组合,充分利用了人工草地群落不同演替阶段各牧草品种的产量优势,解决了目前人工草地在种植早期产草量低和后期衰退现象严重的关键问题,实现了人工草地的长期利用。

② 通过深根型牧草与浅根系牧草组合,以及非固氮的禾本科牧草与固氮的豆科牧草组合,发挥了不同牧草品种在水分和养分利用方面的互补性和互惠性,实现了对水分和土壤养分资源的高效利用。

③ 通过一年生牧草的保护播种,有效抑制了多年生人工草地在种植当年杂草对多年生牧草幼苗的危害,并确保播种当年有一定产草量,提高了经济效益。

④ 通过耐旱品种与喜湿品种间在不同年份的产草量补偿,发挥了各品种的产量优势,降低干旱年份与湿润年份的产草量差异,实现了人工草地的高产和稳产。

⑤ 在牧草品种选择上,根据不同地区的生态环境条件,选择适应性较强的国产优良牧草品种,解决了进口牧草品种抗旱性差,越冬率低等方面的问题,将牧草的越冬率提高到 95% 以上,大大降低了人工草地种植的风险,同时也避免了由于盲目引进外来种可能带来的严重生态灾难。

⑥ 通过豆科牧草(紫花苜蓿、黄花苜蓿)与禾本科牧草(羊草、无芒雀麦、披碱草、冰草等)的组合,显著提高了牧草的营养价值和品质。

⑦ 在人工草地建植过程中,实现了精量播种、杂草防除、中耕、雨季施肥、收获与加工的全程机械化,提高了播种质量和田间管理质量。特别是通过机械化中耕和雨季施肥,提高了大气降水

的利用效率,确保了"肥跟水走",为人工草地实现高产和稳产提供了保障。

　　我们的试验数据表明,本项技术应用后,牧草产量是天然草地的5~10倍,是退化草地的10~20倍,是严重沙化草地的50倍左右。种植1亩高产混播人工草地可以使10亩的退化草地得以恢复,使50亩的严重沙化草地得以封育。该项技术从2000年开始在内蒙古锡林郭勒盟推广,显著的示范效果受到当地牧民和地方政府的热烈欢迎。

2.5.4　天然草原的放牧适应性管理

　　我国北方的天然草原总面积达3.1亿hm²,构成了我国草地的主体部分,是欧亚大陆连片分布面积最大的天然草原,是我国重要的畜牧业基地,同时也是我国北方重要的生态屏障和战略资源接续地。我国北方天然草原按其利用方式,主要分为放牧场和打草场两类。根据各类天然草地的利用现状,在试验研究的基础上,我们提出了"围封休牧、延迟放牧与划区轮牧相结合"的技术集成方案,即对生产力和生物多样性严重下降的退化草地,先实行"围封休牧",使牧草得以休养生息,待草地生产力和生物多样性逐步恢复后采取"划区轮牧"的利用方式,使天然草场的使用进入良性循环,恢复和提升草地的生态功能。

　　根据我们的试验研究和国际畜牧业发达国家的经验,"围封休牧"可以在植物生长的两个关键阶段进行,即"春季休牧"和"秋季休牧"。春季休牧(延迟放牧)期一般为45~60天,从每年的4月中旬(牧草返青期)开始至6月上旬(饱青期)结束。返青期是牧草生长关键时期,对家畜放牧和践踏十分敏感。返青期延迟放牧不仅有利于牧草的返青和生长,使其增加养分贮备,增强放牧后牧草的再生和繁殖能力,大大提高当年的产草量,同时也可以避免畜群跑青,减少能量损失和对草地的践踏,进而有利于家畜生产。秋季休牧(结实期休牧),一般为30天左右,从每年的8月中旬开始至9月中旬结束,其主要目的是保证牧草种子成熟并进入土壤,保持草地土壤种子库有足量的新种子补充,使草地的种子更新能力得以恢复,进而有利于草地生物多样性的维持,提升草地的生态功能和生产功能。对于严重退化的放牧场和连年刈割的打草场,需要采用春季延迟放牧与秋季休牧相结合的技术手段,加速退化草地的恢复。2001年以来,该技术成果在内蒙古自治区各盟/市累计推广3000余万亩,对于遏制草地的大面积退化,转变草地的生产和管理方式起了关键作用,产生了巨大的生态效益,受到了国家和地区有关部门的高度评价。

　　对保护较好或轻度退化的天然草原也可以直接进行"划区轮牧"。我们在典型草原的试验结果表明,轮牧区草地平均可食草产量比自由放牧区提高了31%。同时,由于畜群减少了游走,降低了消耗,增加了休息和采食时间,每只羊在放牧期结束时的平均体重比自由放牧区增加了5~8 kg。目前,该技术体系以"大区轮牧""小区轮牧"和"放牧场轮换利用"等多种方式在不同类型草地上得到广泛的推广应用。

2.6　展　　　望

　　过去50年来,我国在畜牧业生产中过度利用草地的生产功能,忽视其生态功能,导致草地大面积退化,生态功能衰退,土壤养分和水分保持能力下降,水土流失加剧,虫鼠害和沙尘暴等灾害频繁发生。据统计,目前我国约90%的天然草地发生了不同程度的退化,中度和重度退化草地面积达 23 亿亩,其中内蒙古、西藏、新疆、青海、四川和甘肃等牧区省(自治区)的退化草地比例高达 80%~97%。国务院在 2011 年发布的《关于促进牧区又好又快发展的若干意见》中指出,我国草原生态总体恶化趋势尚未根本遏制,草原畜牧业粗放型增长方式难以为继。针对这些严重制约国家生态安全和牧区社会经济发展的核心问题,内蒙古站将从以下几个方面加强科研监测工作。

(1)以大型联网控制实验为研究平台,突出实验生态学和联网研究特色,验证和发展生态学的相关理论

加强现有的野外受控实验平台的管理与维护(长期放牧实验、草地施肥、草原火生态、生物多样性与生态系统功能等实验平台);积极推动野外站点和代表性生态系统类型的联网实验平台建设(极端干旱/降水对生态系统结构、过程和服务功能的影响机制多站联网研究、中国草地生物多样性联网监测与研究),研究极端气候对草地生态系统结构、过程和功能的影响及其机制,并采用天、空、地一体化的监测和研究手段,构建多尺度、多营养级、多组织水平的草地生物多样性监测体系,为我国生物多样性监测和研究提供强大的支撑平台,建立系统的、空间尺度清晰的国家草地生物多样性监测数据库,为我国草地生物多样性保护服务。

(2)依据可持续发展的基本原理,探索自然和社会因素对生态系统的综合作用,为我国北方草原生态系统管理和生态草牧业发展提供理论依据和技术支撑

研发提高人工草地生产力和稳定性、延长草地利用年限的措施与途径;基于长期试验研究,定量确定不同草地类型的合理利用强度、放牧场休牧与轮牧、割草地轮刈与休闲等技术方案;加强针对不同退化草地植被修复与重建技术的研究;建立草地的生产功能和生态功能的合理配置的技术研究与示范体系。

(3)深化实质性国际国内合作,加强人才培养,形成具有国际重要影响力的研究团队

依托现有的长期大型实验平台,吸引国内外优秀科学家参与,形成几个具有重要国际影响力的合作研究团队,力争在生物多样性与生态系统功能、化学计量学、草原生态系统管理等领域有重大突破,促进相关学科的发展。同时,提升科研队伍和人才培养水平,造就一批具有一定国际影响力和竞争力的高素质年轻科研人才,提升中国在草地研究领域的国际地位。

参 考 文 献

白永飞,陈佐忠. 2000. 锡林河流域羊草草原植物种群和功能群的长期变异性及其对群落稳定性的影响. 植物生态学报,24(6):641-647.

白永飞,潘庆民,邢旗. 2016. 草地生产与生态功能合理配置的理论基础与关键技术. 科学通报,61(2):201-212.

陈世苹,白永飞,韩兴国,等. 2004. 沿土壤水分梯度黄囊苔草碳同位素组成及其适应策略的变化. 植物生态学报,28(4):515-522.

杜青林. 2006. 中国草业可持续发展战略. 北京:中国农业出版社.

杜占池,杨宗贵. 1988. 土壤干旱条件下羊草和大针茅光合作用午间降低内因的探讨. 中国科学院内蒙古草原生态系统定位站. 草原生态系统研究(第 2 集). 北京:科学出版社,76-82.

杜占池,杨宗贵. 1992. 羊草光合能力的研究. 中国科学院内蒙古草原生态系统定位站. 草原生态系统研究(第 4 集). 北京:科学出版社,10-15.

杜占池,杨宗贵. 1997. 温度对不同生育期冷蒿枝条净光合和暗呼吸速率的影响. 中国科学院内蒙古草原生态系统定位站. 草原生态系统研究(第5集). 北京: 科学出版社, 131-139.

姜恕,戚秋慧,孔德珍. 1985. 羊草草原群落和大针茅草原群落生物量的初步比较研究. 草地生态系统研究(第1集). 中国科学院内蒙古草原生态系统定位站. 北京: 科学出版社, 12-23.

李永宏. 1993. 放牧影响下羊草草原和大针茅草原植物多样性的变化. 植物学报, 35(11): 877-884.

李永宏,汪诗平. 1999. 放牧对草原植物的影响. 中国草地, 3: 11-19.

戚秋慧,盛修武,姜恕,等. 1989. 羊草和大针茅群落光合速率的比较研究. 植物生态学与地植物学学报, 13(4): 332-340.

王炜,梁存柱,刘钟龄,等. 2000. 草原群落退化与恢复演替中的植物个体行为分析. 植物生态学报, 24(3): 268-274.

王鑫厅,王炜,梁存柱,等. 2015. 从正相互作用角度诠释过度放牧引起的草原退化. 科学通报, Z2: 2794-2799.

杨婧,褚鹏飞,陈迪马,等. 2014. 放牧对内蒙古典型草原 α、β 和 γ 多样性的影响机制. 植物生态学报, 38(2): 188-200.

Bai Y, Han X, Wu J, et al. 2004. Ecosystem stability and compensatory effects in the Inner Mongolia grassland. Nature, 431(7005): 181-184.

Bai Y F, Wu J G, Clark C M, et al. 2010. Tradeoffs and thresholds in the effects of nitrogen addition on biodiversity and ecosystem functioning: Evidence from inner Mongolia Grasslands. Global Change Biology, 16(1): 358-372.

Bai Y, Wu J, Clark C M, et al. 2012. Grazing alters ecosystem functioning and C : N : P stoichiometry of grasslands along a regional precipitation gradient. Journal of Applied Ecology, 49(6): 1204-1215.

Bai Y F, Wu J G, Pan Q M, et al. 2007. Positive linear relationship between productivity and diversity: Evidence from the Eurasian Steppe. Journal of Applied Ecology, 44(5): 1023-1034.

Bai Y F, Wu J G, Xing Q, et al. 2008. Primary production and rain use efficiency across a precipitation gradient on the Mongolia plateau. Ecology, 89(8): 2140-2153.

Bösing B M, Susenbeth A, Hao J, et al. 2014. Effect of concentrate supplementation on herbage intake and live weight gain of sheep grazing a semi-arid grassland steppe of North-Eastern Asia in response to different grazing management systems and intensities. Livestock Science, 165: 157-166.

Cease A J, Elser J J, Ford C F, et al. 2012. Heavy livestock grazing promotes locust outbreaks by lowering plant nitrogen content. Science, 335(6067): 467-469.

Chapin F S, Zavaleta E S, Eviner V T, et al. 2000. Consequences of changing biodiversity. Nature, 405(6783): 234-242.

Chen D, Cheng J, Chu P, et al. 2015a. Regional-scale patterns of soil microbes and nematodes across grasslands on the Mongolian plateau: Relationships with climate, soil, and plants. Ecography, 38(6): 622-631.

Chen D, Cheng J, Chu P, et al. 2016a. Effect of diversity on biomass across grasslands on the Mongolian Plateau: Contrasting effects between plants and soil nematodes. Journal of Biogeography, 43(5): 955-966.

Chen D, Lan Z, Bai X, et al. 2013a. Evidence that acidification-induced declines in plant diversity and productivity are mediated by changes in below-ground communities and soil properties in a semi-arid steppe. Journal of Ecology, 101(5): 1322-1334.

Chen D, Li J, Lan Z, et al. 2016b. Soil acidification exerts a greater control on soil respiration than soil nitrogen availability in grasslands subjected to long-term nitrogen enrichment. Functional Ecology, 30(4): 658-669.

Chen D, Mi J, Chu P, et al. 2015b. Patterns and drivers of soil microbial communities along a precipitation gradient on the Mongolian Plateau. Landscape Ecology, 30(9): 1669-1682.

Chen D, Pan Q, Bai Y, et al. 2016c. Effects of plant functional group loss on soil biota and net ecosystem exchange: A plant removal experiment in the Mongolian grassland. Journal of Ecology, 104: 734–743.

Chen D, Wang Y, Lan Z, et al. 2015c. Biotic community shifts explain the contrasting responses of microbial and root respiration to experimental soil acidification. Soil Biology and Biochemistry, 90: 139–147.

Chen D, Zheng S, Shan Y, et al. 2013b. Vertebrate herbivore-induced changes in plants and soils: Linkages to ecosystem functioning in a semi-arid steppe. Functional Ecology, 27(1): 273–281.

Chen S P, Bai Y F, Han X G. 2002. Variation of water-use efficiency of *Leymus chinensis* and *Cleistogenes squarrosa* in different plant communities in Xilin River Basin, Nei Mongol. Acta Botanica Sinica, 44(12): 1484–1490.

Chen S P, Bai Y F, Han X G. 2003. Variations in composition and water use efficiency of plant functional groups based on their water ecological groups in the Xilin River Basin. Acta Botanica Sinica, 45(10): 1251–1260.

Chen S P, Bai Y F, Lin G H, et al. 2005a. Variations in life-form composition and foliar carbon isotope discrimination among eight plant communities under different soil moisture conditions in the Xilin River Basin, Inner Mongolia, China. Ecological Research, 20(2): 167–176.

Chen S P, Bai Y F, Lin G H, et al. 2005b. Effects of grazing on photosynthetic characteristics of major steppe species in the Xilin River Basin, Inner Mongolia, China. Photosynthetica, 43(4): 559–565.

Chen S, Wang W, Xu W, et al. 2018. Plant diversity enhances productivity and soil carbon storage. Proceedings of the National Academy of Sciences, 115(16): 4027–4032.

Chen W, Wolf B, Brüggemann N, et al. 2011. Annual emissions of greenhouse gases from sheepfolds in Inner Mongolia. Plant and Soil, 340(1): 291–301.

Cheng J, Chu P, Chen D et al. 2016. Functional correlations between specific leaf area and specific root length along a regional environmental gradient in Inner Mongolia grasslands. Functional Ecology, 30(6): 985–997.

Clark C M, Tilman D. 2008. Loss of plant species after chronic low-level nitrogen deposition to prairie grasslands. Nature, 451(7179): 712–715.

Diaz S, Cabido M. 2001. Vive la difference: Plant functional diversity matters to ecosystem processes. Trends in Ecology & Evolution, 16(11): 646–655.

Diaz S, Lavorel S, McIntyre S, et al. 2007. Plant trait responses to grazing—A global synthesis. Global Change Biology, 13(2): 313–341.

Dickhoefer U, Bösing B, Hasler M, et al. 2016. Animal responses to herbage allowance: Forage intake and body weight gain of sheep grazing the Inner Mongolian steppe—Results of a six-year study. Journal of Animal Science, 94(5): 2059–2071.

Dickhoefer U, Hao J, Bosing B M, et al. 2014. Feed intake and performance of sheep grazing semiarid grassland in response to different grazing systems. Rangeland Ecology & Management, 67(2): 145–153.

Elser J J, Andersen T, Baron J S, et al. 2009. Shifts in lake N : P stoichiometry and nutrient limitation driven by atmospheric nitrogen deposition. Science, 326(5954): 835–837.

Elser J J, Sterner R W, Gorokhova E, et al. 2000. Biological stoichiometry from genes to ecosystems. Ecology Letters, 3(6): 540–550.

Fraser L H, Pither J, Jentsch A, et al. 2015. Worldwide evidence of a unimodal relationship between productivity and plant species richness. Science, 349(6245): 302–305.

Gao Y Z, Chen Q, Lin S, et al. 2011. Resource manipulation effects on net primary production, biomass allocation and rain-use efficiency of two semiarid grassland sites in Inner Mongolia, China. Oecologia, 165(4): 855–864.

Gao Y Z, Giese M, Lin S, et al. 2008. Belowground net primary productivity and biomass allocation of a grassland in Inner Mongolia is affected by grazing intensity. Plant and Soil, 307(1–2): 41–50.

Geng Y, Ma W, Wang L, et al. 2017. Linking above- and belowground traits to soil and climate variables: An integrated database on China's grassland species. Ecology, 98(5): 1471.

Giese M, Brueck H, Gao Y Z, et al. 2013. N balance and cycling of Inner Mongolia typical steppe: A comprehensive case study of grazing effects. Ecological Monographs, 83(2): 195–219.

Grime J P. 1973. Competitive exclusion in herbaceous vegetation. Nature, 242(5396): 344–347.

Hautier Y, Seabloom E W, Borer E T, et al. 2014. Eutrophication weakens stabilizing effects of diversity in natural grasslands. Nature, 508: 521.

Hillebrand H, Gruner D S, Borer E T, et al. 2007. Consumer versus resource control of producer diversity depends on ecosystem type and producer community structure. Proceedings of the National Academy of Sciences of the United States of America, 104(26): 10904–10909.

Hoffmann C, Giese M, Dickhoefer U, et al. 2016. Effects of grazing and climate variability on grassland ecosystem functions in Inner Mongolia: Synthesis of a 6-year grazing experiment. Journal of Arid Environments, 135: 50–63.

Holst J, Liu C Y, Brüggemann N, et al. 2007. Microbial N turnover and N-oxide (N_2O / NO / NO_2) fluxes in semi-arid grassland of Inner Mongolia. Ecosystems, 10(4): 623–634.

Holst J, Liu C, Yao Z, et al. 2008. Fluxes of nitrous oxide, methane and carbon dioxide during freezing-thawing cycles in an Inner Mongolian steppe. Plant and Soil, 308(1–2): 105–117.

Hooper D U, Adair E C, Cardinale B J, et al. 2012. A global synthesis reveals biodiversity loss as a major driver of ecosystem change. Nature, 486(7401): 105–108.

Hooper D U, Chapin F S, III, Ewel J J, et al. 2005. Effects of biodiversity on ecosystem functioning: A consensus of current knowledge. Ecological Monographs, 75(1): 3–35.

Huston M. 1979. A general hypothesis of species diversity. American Naturalist, 113(1): 81–101.

Huxman T E, Smith M D, Fay P A, et al. 2004. Convergence across biomes to a common rain-use efficiency. Nature, 429: 651–654.

IPCC, 2007. Summary for policymakers. In Climate Change 2007: The physical science basis contribution of working group i to the fourth assessment report of the Intergovernmental Panel on Climate Change (Solomon, S. et al., eds), Cambridge University Press.

Kraft N J B, Godoy O, Levine J M. 2015. Plant functional traits and the multidimensional nature of species coexistence. Proceedings of the National Academy of Sciences, 112(3): 797–802.

Lan Z, Bai Y 2012. Testing mechanisms of N-enrichment-induced species loss in a semiarid Inner Mongolia grassland: Critical thresholds and implications for long-term ecosystem responses. Philosophical Transactions of the Royal Society B: Biological Sciences, 367(1606): 3125–3134.

Lan Z, Jenerette G D, Zhan S, et al. 2015. Testing the scaling effects and mechanisms of N-induced biodiversity loss: Evidence from a decade-long grassland experiment. Journal of Ecology, 103(3): 750–760.

Lange M, Eisenhauer N, Sierra C A, et al. 2015. Plant diversity increases soil microbial activity and soil carbon storage. Nature Communications, 6: 6707.

Li W, Xu F, Zheng S, et al. 2017. Patterns and thresholds of grazing-induced changes in community structure and ecosystem functioning: Species-level responses and the critical role of species traits. Journal of Applied Ecology, 54(3): 963–975.

Li W, Zhan S, Lan Z, et al. 2015. Scale-dependent patterns and mechanisms of grazing-induced biodiversity loss: Evidence from a field manipulation experiment in semiarid steppe. Landscape Ecology, 30(9): 1–15.

Li Y H, Wang W, Liu Z L, et al. 2008. Grazing gradient versus restoration succession of *Leymus chinensis* (Trin.) Tzvel. Grassland in Inner Mongolia. Restoration Ecology, 16(4): 572–583.

Li Z, Ma W, Liang C, et al. 2015. Long-term vegetation dynamics driven by climatic variations in the Inner Mongolia grassland: Findings from 30-year monitoring. Landscape Ecology, 30(9): 1701–1711.

Lin L J, Dickhoefer U, Muller K, et al. 2012. Growth of sheep as affected by grazing system and grazing intensity in the steppe of Inner Mongolia, China. Livestock Science, 144(1–2): 140–147.

Liu C Y, Holst J, Yao Z S, et al. 2009. Sheepfolds as "hotspots" of nitric oxide(NO)emission in an Inner Mongolian steppe. Agriculture Ecosystems & Environment, 134(1–2): 136–142.

Liu J, Feng C, Wang D L, et al. 2015. Impacts of grazing by different large herbivores in grassland depend on plant species diversity. Journal of Applied Ecology, 52(4): 1053–1062.

Long M, Wu H, Smith M D, et al. 2016. Nitrogen deposition promotes phosphorus uptake of plants in a semi-arid temperate grassland. Plant and Soil, 408(1–2): 475–484.

Loreau M, Naeem S, Inchausti P, et al. 2001. Biodiversity and ecosystem functioning: Current knowledge and future challenges. Science, 294(5543): 804–808.

Lü X T, Freschet G T, Flynn D F B, et al. 2012. Plasticity in leaf and stem nutrient resorption proficiency potentially reinforces plant–soil feedbacks and microscale heterogeneity in a semi-arid grassland. Journal of Ecology, 100(1): 144–150.

Lü X T, Reed S, Yu Q, et al. 2013. Convergent responses of nitrogen and phosphorus resorption to nitrogen inputs in a semiarid grassland. Global Change Biology, 19(9): 2775–2784.

Ma Z, Guo D, Xu X, et al. 2018. Evolutionary history resolves global organization of root functional traits. Nature, 555: 94–97.

Marklein A R and Houlton B Z. 2012. Nitrogen inputs accelerate phosphorus cycling rates across a wide variety of terrestrial ecosystems. New Phytologist, 193(3): 696–704.

Mattson Jr W J. 1980. Herbivory in relation to plant nitrogen content. Annual Review of Ecology and Systematics, 11(1): 119–161.

McGill B J, Enquist B J, Weiher E, et al. 2006. Rebuilding community ecology from functional traits. Trends in Ecology & Evolution, 21(4): 178–185.

Midgley G F. 2012. Biodiversity and ecosystem function. Science, 335(6065): 174–175.

Milchunas D G, Sala O E and Lauenroth W K. 1988. A generalized model of the effects of grazing by large herbivores on grassland community structure. American Naturalist, 132(1): 87–106.

Mittelbach G G, Steiner C F, Scheiner S M, et al. 2001. What is the observed relationship between species richness and productivity? Ecology, 82(9): 2381–2396.

Muller K, Dickhoefer U, Lin L, et al. 2014. Impact of grazing intensity on herbage quality, feed intake and live weight gain of sheep grazing on the steppe of Inner Mongolia. Journal of Agricultural Science, 152(1): 153–165.

Olff H, Ritchie M E. 1998. Effects of herbivores on grassland plant diversity. Trends in Ecology & Evolution, 13(7): 261–265.

Pan Q, Tian D, Naeem S, et al. 2016. Effects of functional diversity loss on ecosystem functions are influenced by compensation. Ecology, 97(9): 2293–2302.

Ren H, Han G, Lan Z, et al. 2016a. Grazing effects on herbage nutritive values depend on precipitation and growing season in Inner Mongolian grassland. Journal of Plant Ecology, 9(6): 712–723.

Ren H, Han G, Ohm M, et al. 2015. Do sheep grazing patterns affect ecosystem functioning in steppe grassland ecosystems in Inner Mongolia ? Agriculture Ecosystems & Environment, 213(213): 1–10.

Ren H, Han G, Schönbach P, et al. 2016b. Forage nutritional characteristics and yield dynamics in a grazed semiarid steppe ecosystem of Inner Mongolia, China. Ecological Indicators, 60: 460–469.

Ren H, Taube F, Stein C, et al. 2018. Grazing weakens temporal stabilizing effects of diversity in the Eurasian steppe.

Ecology and Evolution, 8: 231–241.

Schönbach P, Wan H, Gierus M, et al. 2011. Grassland responses to grazing: Effects of grazing intensity and management system in an Inner Mongolian steppe ecosystem. Plant and Soil, 340（1–2）: 103–115.

Schönbach P, Wan H, Gierus M, et al. 2012. Effects of grazing and precipitation on herbage production, herbage nutritive value and performance of sheep in continental steppe. Grass and Forage Science, 67（4）: 535–545.

Schönbach P, Wan H, Schiborra A, et al. 2009. Short-term management and stocking rate effects of grazing sheep on herbage quality and productivity of Inner Mongolia steppe. Crop & Pasture Science, 60（10）: 963–974.

Sterck F, Markesteijn L, Schieving F et al. 2011. Functional traits determine trade-offs and niches in a tropical forest community. Proceedings of the National Academy of Sciences, 108（51）: 20627–20632.

Suding K N, Collins S L, Gough L, et al. 2005. Functional- and abundance-based mechanisms explain diversity loss due to N fertilization. Proceedings of the National Academy of Sciences of the United States of America, 102（12）: 4387–4392.

Tian D, Niu S, Pan Q, et al. 2016. Nonlinear responses of ecosystem carbon fluxes and water-use efficiency to nitrogen addition in Inner Mongolia grassland. Functional Ecology, 30（3）: 490–499.

Tilman D. 1999. The ecological consequences of changes in biodiversity: A search for general principles. Ecology, 80（5）: 1455–1474.

Vitousek P M, Aber J D, Howarth R W, et al. 1997. Human alteration of the global nitrogen cycle: Sources and consequences. Ecological Applications, 7（3）: 737–750.

Waide R B, Willig M R, Steiner C F, et al 1999. The relationship between productivity and species richness. Annual Review of Ecology and Systematics, 30: 257–300.

Wan H, Bai Y, Schönbach P, et al. 2011. Effects of grazing management system on plant community structure and functioning in a semiarid steppe: Scaling from species to community. Plant and Soil, 340（1）: 215–226.

Wang C J, Wang S P, Zhou H, et al. 2007. Effects of forage composition and growing season on methane emission from sheep in the Inner Mongolia steppe of China. Ecological Research, 22（1）: 41–48.

Wang Z P, Han X G, Wang G G, et al. 2008. Aerobic methane emission from plants in the Inner Mongolia steppe. Environmental Science & Technology, 42（1）: 62–68.

Wang Z P, Song Y, Gulledge J, et al. 2009. China's grazed temperate grasslands are a net source of atmospheric methane. Atmospheric Environment, 43（13）: 2148–2153.

Wei C, Yu Q, Bai E, et al. 2013. Nitrogen deposition weakens plant–microbe interactions in grassland ecosystems. Global Change Biology, 19（12）: 3688–3697.

Wolf B, Zheng X H, Brueggemann N, et al. 2010. Grazing-induced reduction of natural nitrous oxide release from continental steppe. Nature, 464（7290）: 881–884.

Yang H, Auerswald K, Bai Y, et al. 2011. Variation in carbon isotope discrimination in *Cleistogenes squarrosa*（Trin.）Keng: Patterns and drivers at tiller, local, catchment, and regional scales. Journal of Experimental Botany, 62（12）: 4143–4152.

Yang Y, Ji C, Ma W, et al. 2012. Significant soil acidification across northern China's grasslands during 1980s–2000s. Global Change Biology, 18（7）: 2292–2300.

Ying J, Li X, Wang N, et al. 2017. Contrasting effects of nitrogen forms and soil pH on ammonia oxidizing microorganisms and their responses to long-term nitrogen fertilization in a typical steppe ecosystem. Soil Biology and Biochemistry, 107: 10–18.

Yu Q, Chen Q S, Elser J J, et al. 2010. Linking stoichiometric homoeostasis with ecosystem structure, functioning and stability. Ecology Letters, 13（11）: 1390–1399.

Yu Q, Wilcox K, Pierre K L, et al. 2015. Stoichiometric homeostasis predicts plant species dominance, temporal stability, and responses to global change. Ecology, 96(9): 2328–2335.

Zhan S, Wang Y, Zhu Z, et al. 2017. Nitrogen enrichment alters plant N∶P stoichiometry and intensifies phosphorus limitation in a steppe ecosystem. Environmental and Experimental Botany, 134: 21–32.

Zhang B, Tan X, Wang S, et al. 2017a. Asymmetric sensitivity of ecosystem carbon and water processes in response to precipitation change in a semiarid steppe. Functional Ecology, 31(6): 1301–1311.

Zhang X, Tan Y, Li A, et al. 2015. Water and nitrogen availability co-control ecosystem CO_2 exchange in a semiarid temperate steppe. Scientific Reports, 5: 15549.

Zhang Y, Loreau M, He N, et al. 2017b. Mowing exacerbates the loss of ecosystem stability under nitrogen enrichment in a temperate grassland. Functional Ecology, 31(8): 1637–1646.

Zhang Y, Loreau M, Lü X, et al. 2016. Nitrogen enrichment weakens ecosystem stability through decreased species asynchrony and population stability in a temperate grassland. Global Change Biology, 22: 1445–1455.

Zheng S X, Ren H Y, Lan Z C, et al. 2010. Effects of grazing on leaf traits and ecosystem functioning in Inner Mongolia grasslands: Scaling from species to community. Biogeosciences, 7(3): 1117–1132.

第3章 海北高寒草地生态系统过程与变化[*]

 青藏高原是中国最大、世界海拔最高的高原,被称为"世界屋脊"和"第三极",是我国乃至亚洲生态安全的重要屏障。青藏高原的自然历史发育极其年轻,受多种因素共同影响,形成了全世界最高、最年轻的水平地带性和垂直地带性紧密结合的自然地理单元(Zheng et al., 2000)。自20世纪70年代以来,在气候变化和人类活动的双重压力下,青藏高原高寒草地生态系统稳定性发生动荡、失衡乃至丧失(王文颖和王启基,2001;周华坤等,2005;曹广民等,2010)。21世纪以来,国家先后投巨资实施了退牧还草工程,希望实现高寒草地功能的良性恢复。然而由于对高寒草地现代表生过程本质的认识不足,人类施加于草地的压力远大于其承载力,高寒草地退化的强度高于治理的速度,因而退化趋势仍在加剧(邵全琴等,2017)。

 在理解高寒草地结构、功能的基础上,探讨气候变化与人类干扰下高寒草地的演变过程,探索其演变发生的生物学机制,明晰其生态系统的承载力、稳定性维持的阈值区间,控制人为活动强度在高寒草地恢复的阈值之内,对高寒草地进行适应性管理,对退化生态系统寻求有效的恢复措施,建立生产–生态共赢的适应性管理模式,是保障高寒草地可持续发展的关键(赵新全,2011)。本章对青海海北高寒草地生态系统国家野外科学观测研究站(以下简称海北站)近40年的发展历程及学科定位演变进行概述;对现有研究平台与设施给予介绍;对近10多年有关生态系统碳过程、模拟全球变化、生态系统演变、生态系统功能提升及退化生态系统恢复等方面的研究给予归纳总结,旨在为从事青藏高原生态学研究和拟利用海北站平台从事科学研究的学者提供参考。

3.1 海北站概况

 海北站是中国生态系统研究网络中唯一一个以高寒草地为研究对象的长期定位研究站,本节介绍海北站的基本情况和发展历史及近年来承担的项目和人才建设等概况,以期读者对海北站有一个初步了解。

3.1.1 海北站地貌特征和历史沿革

(1)海北站气候、植被和动物基本特征
 海北站地处青藏高原东北隅祁连山北支冷龙岭的南坡,大通河河谷地段,位于37°29′N—

---

* 本章作者为中国科学院西北高原生物研究所曹广民、张法伟、林丽、李以康、郭小伟。

37°45′N，101°12′E—101°33′E，南北两侧耸立着冷龙岭和大坂山，山地平均海拔 4000 m 以上，冷龙岭主峰岗什卡海拔 5254.5 m，发育着现代冰川，终年白雪皑皑。大通河流经海北站南侧，西边以永安河为界与皇城乡相望；东侧以宁张公路为界，与苏吉滩乡接壤。站区以丘陵、低山和滩地为主，滩地海拔 3200~3300 m。行政隶属于青海省海北藏族自治州门源回族自治县门源种马场，距西宁市 160 km（图 3.1）。

图 3.1　海北站远景

海北站气候属高原大陆性气候类型。主要受东南暖湿气流和西伯利亚冷高压控制，无四季之分，只有冷暖季之别，暖季凉温短暂，冷季严寒漫长。据海北站气象站多年的观测资料，年平均气温 −1.68℃，极端日最高气温 27.8℃（2010 年 7 月 31 日），极端日最低气温 −37.1℃（1991 年 12 月 28 日）。暖季由于东南暖湿气流逆大通河谷而上，遇高耸的祁连山阻截而降雨，因而年降水量为 426~860 mm，多年平均降水量为 590.1 mm，降水多集中在 5—9 月，占全年降水的 80%，全年日照时间为 2227.3~2929.6 小时，平均为 2462.7 小时，年日照百分率约为 57%，年总辐射量为 6200 MJ·m^{-2}，年光合有效辐射量为 11300 mol·m^{-2}，这对植物的光合作用十分有利。

站区的土壤主要为高山灌丛草甸土和高山草甸土，其主要特点为：土壤发育年轻，土层薄，表层具有较厚的草皮层，草皮层以下具有较厚的腐殖质层，有机质含量高达 10% 以上。

在上述气候、土壤的综合影响下，海北站主要分布着青藏高原典型的地带性植被高寒灌丛、高寒草甸和高寒西藏嵩草草甸湿地。

高寒灌丛以金露梅（*Potentilla fruticosa*）灌丛为代表。金露梅灌丛主要分布在山地阴坡、山地阳坡和坡麓以及河流低阶地。群落结构比较简单，一般分为灌、草两层。金露梅株高 30~50 cm，生长比较密集，群落总覆盖度可达 70%~80%，以金露梅为建群种，伴生种有山生柳（*Salix oritrepha*）、高山绣线菊（*Spiraca alpina*）等，草本层植物生长发育较好，盖度为 50%~70%，以线叶嵩草（*Kobresia capilliforlia*）、喜马拉雅嵩草（*K. royleana*）、青藏薹草（*Carex moorcroftii*）等为优势种，其他伴生种类有双叉细柄茅（*Ptilagrostis dichotoma*）、太白细柄茅（*P. concina*）、羊茅（*Festuca ovina*）、钉柱委陵菜（*Potentilla saundenrsiana*）、藏异燕麦（*Helictotrichon tibeticum*）、珠芽蓼（*Polygonum viviparum*）、山地早熟禾（*Poa orinosa*）、华马先蒿（*Pedicularis oederi*）、直梗高山唐松草（*Thalictrum alpinum* var. *elatum*）、云生毛茛（*Ranunculus nephelogenes*）等。

高寒草甸类型较多，主要有矮生嵩草（*K. humilis*）草甸、线叶嵩草草甸、高山嵩草（*K. pygmaea*）草甸和西藏嵩草（*K. tibetica*）沼泽化草甸等。其中矮生嵩草草甸分布面积最大，具有代表性。主要分布在站区地势平缓、排水通畅的滩地，土壤为高山草甸土，土壤含水量适中，一般在 28%～40%。以矮生嵩草为建群种，由于植物生长茂密，群落总覆盖度 90% 以上，种类组成较多，结构简单，一般为单层结构，而在保护较好的地段，因异针茅（*Stipa aliena*）、山地早熟禾植株比较高大，可成为双层结构。伴生种类主要有羊茅、紫羊茅（*Festuca rubra*）、垂穗披碱草（*Elymus nutans*）、美丽风毛菊（*Saussurea pulchra*）、麻花艽（*Gentiana straminea*）、摩苓草（*Morina chinensis*）、瑞苓草（*Saussurea nigrescens*）、钉柱委陵菜、青藏扁蓿豆（*Medicago archiducis-nicolai*）、高山豆（*Tibetia himalaica*）、高原毛茛（*Ranunculus tanguticus*）等；线叶嵩草草甸：以线叶嵩草为建群种的草甸，仅分布于站区九道岭、窑沟口和石圈子的山地阳坡，群落生长茂密，总覆盖度 80% 以上，种类组成较少，结构简单，一般为单层，主要伴生种有矮生嵩草，羊茅，紫羊茅，异针茅，披针叶黄华（*Thermopsis lanceolata*）等。

高山嵩草草甸是以高山嵩草为建群种的草甸，主要分布于永安城—菜子湾—风匣口—盘坡一线以北的山地阳坡和口门子里滩。土壤为碳酸盐高山草甸土。高山嵩草株高仅 1～3 cm，但生长极其茂密，群落总覆盖度可达 60%～90%，结构简单，仅单层结构，种类组成很少，除高山嵩草外，常见的伴生种有矮生嵩草、太白细柄茅、美丽风毛菊、钉柱委陵菜、二裂委陵菜（*P. bifurca*）、矮火绒草（*Leontopodium nanum*）、狼毒（*Stellera chamaejasme*）、披针叶黄华等；

西藏嵩草沼泽化草甸是以西藏嵩草为建群种的沼泽化草甸，广布于海北站的乱海子、河流低阶地以及泉水溢出带，土壤为沼泽草甸土。草群生长密集，外貌整齐，群落总覆盖度 90% 以上，草层高 15～25 cm，伴生种有矮生嵩草、华扁穗草（*Blysmus sinocompressus*）、黑褐穗薹草（*Carex atrafusca* subsp. *minor*）、青藏薹草（*C. moorcroftii*）、管状长花马先蒿（*Pedicularis longiflora* var. *tubiformis*）、星状雪兔子（*Saussurea stella*）、条叶垂头菊（*Cremanthodium lineare*）、重冠紫苑（*Aster diplostephioides*）等。

海北站动物种类较多，主要有以下几类。

昆虫：据初步调查，海北站共有昆虫包括 14 目、138 科、420 属、660 种。其中以半翅目、鞘翅目、膜翅目、鳞翅目、双翅目的昆虫为优势。半翅目共计有 14 科 46 种，鞘翅目共计有 20 科 259 种，膜翅目共计有 22 科 94 种，鳞翅目共计有 17 科 87 种，双翅目共有 33 科 269 种。

两栖爬行动物：两栖类主要有大蟾蜍（*Bufo gargarizans*）和中国林蛙（*Rana chensinensis*）。爬行类仅有白条锦蛇（*Elaphe dione*）。

鸟类：海北站鸟类较多，共有 11 目、22 科、61 种。其中常见的有大鵟（*Beteo hemilasius*）、角百灵（*Eremophila alpestris*）、长嘴百灵（*Melanocorypha maxima*）、小云雀（*Alauda gulgula*）、白鹡鸰（*Motacilla alba*）、树麻雀（*Passer montanus*）等。

哺乳类：海北站共有 3 目、12 科、22 种。其中常见的有香鼬（*Mustela altaica*）、艾鼬（*Mustela eversmanni*）、赤狐（*Vulpes vulpes*）、高原兔（*Lepus oiostolus*）、高原鼠兔（*Ochotona curzoniae*）、间颅鼠兔（*Ochotona cansus*）、喜马拉雅旱獭（*Marmota himalayana*）、高原鼢鼠（*Myospalax baileyi*）和根田鼠（*Lasiopodomys oeconomus*）等。

（2）区域代表性

海北站虽然分布于祁连山区,然而从草地发育的气候条件、植被特征、土壤结构等生态系统特征来看,与处于高原腹地 4200 m 的高寒草地特征一致,受高山气候特征和纬度的影响,其海拔比三江源区的同类草地海拔降低了 400 m,在高寒、强紫外线和低氧环境的青藏高原生态系统中具有代表性。曾得到了吴征镒院士等老一辈科学家的认可。

（3）海北站历史沿革

1976 年,中国科学院西北高原生物研究所在我国率先建立了旨在研究青藏高原高寒草甸生态系统结构、功能及以提高生产力模式为目标的定位研究站,按照“人与生物圈”计划的研究目标和方法,以生态系统结构、功能和各组分之间的相互关系而开展研究工作。定名为海北草甸生态系统定位站。

1978 年 9 月 10 日,由中国科学院生物局主持,西北高原生物研究所承办,在西宁召开了首届中国陆地生态系统科研工作会议。会议确定在我国不同生态带建立森林、草地生态系统定位研究站,海北站被确认为中国科学院的野外站,其学科定位不变。

1987 年,中国科学院为了提高我国科学研究水平,加强科研体制改革和结构性调整,坚持改革、开放、流动的科研体制,相继在我国选择一批区域代表性强、具有一定研究基础、基础设施比较完善和科研队伍结构合理的野外台站,晋升为中国科学院的开放台站。海北站于同年晋升为中国科学院的开放台站,海北站定名为中国科学院海北草甸生态系统定位站。

1990 年,随着我国改革开放和国民经济发展需要,中国科学院率先在我国不同气候带建立了包括研究农田、森林、草地和水域各类生态系统结构、功能及以提高生产力优化模式为目标的中国生态系统研究网络（CERN）,旨在为区域发展和全国经济可持续发展提供理论依据。由于海北站的出色工作和所取得的巨大成绩,经专家论证,海北站首批加入了中国生态系统研究网络并成为 10 个重点台站之一。

进入 21 世纪,随着全球知识经济和信息时代的到来,为了加快知识创新的步伐,提高我国经济实力和在国际上的竞争能力,我国政府决定加大科技投入,以期在关系国民经济、国防和重大基础理论研究方面取得重大成果。由中国科学院资源与环境发展局推荐,国家科学技术部批准,2001 年海北站晋升为国家野外科学观测试点站,2006 年经考核成为国家站。名称为青海海北高寒草地生态系统国家野外科学观测研究站。2013 年加入中国科学院高寒区地表过程与环境观测研究网络和中国荒漠—草地生态系统观测研究野外站联盟。

3.1.2　学科定位、研究方向与研究目标

2017 年,随着国家相继启动的包括泛青藏高原考察,三江源、祁连山等公园群的建立,一带一路经济带建设等青藏高原重点研究计划的布设,青藏高原高寒草地的功能将发生从生产功能向生态功能的转变。海北站进行了新的学科定位的调整。

学科定位:瞄准青藏高原国家战略需求和国际高原生物学发展前沿,重点开展高原生态系统演化过程的监测,及系统演化对其功能的影响及其发生的生物学机制,以及生态系统适应性管理及功能提升技术方面具有基础性、战略性、前瞻性的创新研究,为保障青藏高原生态安全和屏障功能的发挥提供科学依据和关键技术。

研究方向:重点开展典型高寒草地生态的长期演变与空间分异;高寒草地演化的代表性生

物种群、形态、功能的生物信息表达;高寒草地对干扰响应的环境 – 生物 – 土壤 – 功能联同机制;基于生态过程的高寒草地适应性分区管理技术;区域水平生态系统功能演变的评估和典型受损生态系统功能提升的关键技术研发与示范。

研究目标:为保障青藏高原屏障功能的发挥和我国生态安全提供理论依据与技术支撑。

3.1.3　台站基础设施及研究平台

(1)模拟水热改变对高寒草地影响过程平台

建立于 2011 年,以高寒矮生嵩草草甸为研究对象,进行了模拟增温与降水改变的长期观测实验。其中,模拟增温采用红外加热法,模拟水热改变采用塑料雨幕遮盖法。

其实验按照区组设计,2 温度水平(对照,增温 2℃)× 3 降水水平(对照,–50%,+50%)× 6 重复 =36 个实验单元。

观测指标:植物功能群、生物量、光合产物的地下分配、土壤温湿度、土壤养分、温室气体排放。

(2)高寒草地养分添加实验平台

该平台于 2009 年建成,以高寒矮生嵩草草甸为研究对象,处理因素包括氮素和磷素的添加。

实验设计:实验设 6 个养分处理,每个处理 5 个重复,完全随机区组设计,共 30 个实验单元,每个实验单元 6×6 m²,实验面积共 1080 m²。氮素和磷素添加处理包括:对照、25 kg N·hm^{-2}、50 kg N·hm^{-2}、100 kg N·hm^{-2}、100 kg P·hm^{-2}、100 kg N·hm^{-2}+100 kg P·hm^{-2}。

(3)旱化对高寒湿地影响过程实验平台

① 高寒湿地温室气体排放实验

该实验平台建立于 2010 年,以高寒矮生嵩草草甸为研究对象,以湿地、沼泽草甸、高寒草甸和高寒西藏嵩草草甸为研究对象。本研究的目的是,比较青藏高原三种植被类型(湿地、沼泽草甸和高寒草甸)三种温室气体 CO_2、CH_4 和 N_2O 的通量及其控制因素,建立适合青藏高原的温室气体排放模型,预测未来全球变化下温室气体的排放规律。从 2010 年开始,逐步建成了由三种方法组成的高寒湿地温室气体监测研究平台。

② 水位对高寒湿地温室气体排放影响的实验

青藏高原高寒湿地近几十年来经历着明显的干化作用,水位下降显著。对于湿地生态系统,水位下降意味着土壤 CO_2 排放的增加,CH_4 排放的减少,但它们的综合温室效应影响如何仍不清楚。本研究的目的是,探讨在长期(植被类型的改变)和短期(植被类型不发生改变)情景下,CO_2 和 CH_4 通量的季节变化规律,水位降低对这两种温室气体通量的影响及其导致的综合温室效应。

实验设计:2 水位水平(对照,–20 cm)× 2 氮沉降水平(对照,+30 kg N·hm^{-2}·年$^{-1}$)× 5 重复 =20 个实验单元。从 2011 年 6 月建成运行至今。

(4)模拟增温及放牧对高寒草地影响实验平台

该实验平台建立于 2006 年,以高寒矮生嵩草草甸为研究对象,处理因素包括模拟增温和放牧干扰。其中,模拟增温采用红外加热法,增温幅度昼夜不对称,生长季的白天和夜间增温幅度分别设置为增温 1.2℃和 1.7℃;而非生长季的白天和夜间分别设置为增温 1.5℃和 2.0℃。

观测因素:碳通量、净生态系统 CO_2 交换、净初级生产力、植物功能群、生物量、物候、形态特征、光合产物的地下分配、土壤温湿度、土壤养分、温室气体排放、微生物、影响碳循环与温室气体排放的微生物及功能基因。

（5）高寒草地生态系统水平的"放牧干扰实验"

本观测场包括高寒矮生嵩草草甸和高寒金露梅灌丛草甸两个实验平台。

高寒矮生嵩草草甸平台,建立于 2005 年,冬季草场,长期的放牧制度,形成了四个放牧梯度,草地处于禾草 - 矮生嵩草群落、矮生嵩草群落、小嵩草群落和杂类草 - 次生裸地四种演替稳态,小嵩草群落包括四种演替亚稳态。

高寒金露梅灌丛草甸平台,建立于 2017 年,作为冬季草场和夏季草场使用,长期的放牧制度,形成了沿山前洪积扇垂直而下的五个典型的放牧梯度,草地分别处于黑土型退化草地、极度灌木退化草地、丛间草地、原生灌木草地和杂类草次生草地五种演替稳态。

科学问题:人类干扰下,典型高寒草地退化演替的过程,遴选表征演替过程的指示因子,量化其阈值范围,建立退化演替的定量化判别体系,明晰高寒草地退化的空间分异特征,为高寒草地的分区管理提供理论依据。

（6）高寒草地碳收支平台

该平台建立于 2002 年,采用涡度相关法,进行高寒草地碳收支和能量收支研究。代表性草地类型包括高寒嵩草草甸,高寒金露梅灌丛草甸、高寒西藏嵩草草甸三种植被类型。以生态系统碳 - 水耦合循环和碳 - 氮 - 水通量计量平衡关系为核心研究内容,揭示不同生态系统冠层 - 大气、土壤 - 大气和根系 - 大气界面碳 - 水通量计量平衡关系及其时间变异的生物控制机制和地理空间格局。

（7）高寒草地山体垂直带谱环境置换平台

建立于 2010 年,以祁连山冷龙岭及干柴滩小流域为研究区域,在海拔 3280 ~ 4200 m 每隔垂直距离 200 m,进行不同环境下的土体（1 m × 1 m × 0.5 m）移栽,代表不同环境之间的置换,进行植物功能群、生物量、光合产物的地下分配、土壤温湿度、土壤养分、温室气体排放量及植被物候特征的测定。

（8）高寒草地典型关键生态水文过程平台

于 2014 年和 2016 年在海北站先后建立了 Li-7500 地表蒸散观测系统和 Lysimeter 系统,用于进行大气 - 草地界面的水气交换和降水在土壤中分配、内循环及深层渗漏等高寒草地关键生态水文过程研究。

（9）小流域水平的"高寒草地水文收支实验"

于 2016 年在海北站建立了小流域水分收支平台,流域面积 0.635 km^2。采用浮子式（徐州伟思 WFX-40）和雷达式（徐州伟思 WLZ 型）水位计进行径流流量测定,设备实现了仪器运行状态的实时监控和数据的远程传输。区域内分布有高寒嵩草草甸、高寒灌丛和高寒湿地三种植被类型。其中高寒嵩草草甸、高寒灌丛为海北站长期观测样地,自 2005 年以来,对植被特征、土壤性状和含水量进行了长期监测。主要用于构建高寒草地水源涵养功能的半机理评估模式和小流域尺度的验证。

（10）啮齿动物种群的自我调节机制研究平台

啮齿动物是高寒草地食物链的一个中间环节,高寒草地的极度退化,无疑伴生着鼠类种群的大爆发及其鼠类对草地的大挖掘活动。草地退化与鼠类种群爆发是如何耦合的,其调控的机制是什么? 认知环境制约与啮齿动物母体繁殖程序化应激的耦合效应及其迟滞性制约的时效,可能成为进行高寒草地鼠害控制的一个切入点。

该研究平台建立于 2011 年,以高寒草甸为研究对象,以田鼠为研究对象,进行环境应激对母体繁殖程序及种群爆发影响的研究。

(11)国家民用空间基础设施陆地观测卫星共性应用支撑平台

该真实性检验站点建立于 2017 年,由中国科学院空天信息创新研究院牵头,被纳入基于国家民用空间基础设施陆地观测卫星共性应用支撑平台网络。海北站代表了青藏高原地区环境观测的真实性检验站之一,被纳入该网络。主要进行地表温度产品、地表土壤水分、植被指数产品、叶面积指数产品、植被覆盖度产品、气溶胶光学厚度产品、大气水汽含量产品等遥感产品的地面验证。

3.1.4 代表性研究项目

2010 年前后,模拟气候变化对陆地生态系统的影响成为国际陆地生态学前沿科学问题,海北站相继布设了一系列包括模拟水热改变、养分添加和放牧干扰对高寒草地生态系统结构功能、草地碳循环过程、代表性生物种群、形态、功能的生物信息表达对自然 – 人类干扰响应的生物学机制等的模拟实验。而在应用基础研究上着重于放牧干扰下高寒草地退化演替的过程、发生机制及其状态的量化判别及功能提升技术。同时进行了矿采对青藏高原高寒草地生态环境及矿采迹地植被的恢复技术体系构建与示范上。代表性研究项目综述如下:

(1)中国科学院知识创新工程领域前沿项目——高寒草地对全球气候变化的响应与适应

本项目为中国科学院知识创新工程"123"学科团组"高寒草地与全球变化"培育项目,依托海北站碳通量观测、放牧干扰对草地生态过程的影响观测等平台,开展高寒草地在地球系统碳循环中的作用、气候变化对高寒草地生态过程的影响等的研究。

(2)中国科学院先导专项——青藏高原草地固碳现状、速率、机制和潜力

本项目为中国科学院战略性先导科技专项"应对气候变化的碳收支认证及相关问题"(XDA05000000)中的"生态系统固碳现状、速率、机制和潜力"(XDA05050000)子课题——"青藏高原草地固碳现状、速率、机制和潜力"(XDA05050300)。通过 500 个面上采样点和 5 个加强点有关碳循环过程的测定,结合时间序列上 2002—2004 年青藏高原草地碳库的测定,准确估算青藏高原草地生态系统的现状、固碳潜力和固碳速率,探讨青藏高原高寒草地生态系统维持的过程与机制,提出维持其碳库增贮的管理对策。

(3)中国科学院百人计划项目——植物对青藏高原极端环境的适应:基于碳、氮经济学的机制

本项目为 2009—2012 年西北高原生物研究所百人计划项目,该项目在海北站建立了全球变化研究的实验平台,包括"增温 – 降水"实验、草地 N、P、K 养分添加实验、湿地温室气体排放监测平台、湿地水位改变实验研究平台。拟解决的科学问题包括:青藏高原极端环境条件下常见植物的功能属性特征如何;土壤 C、N 养分的供应(养分可利用性)如何影响高寒草地生态系统的结构和功能;高寒生态系统如何响应和适应未来气候变化,特别关注对温暖化和降水格局改变的响应及其机理。

（4）国家自然科学重点基金——青藏高原高寒草地固碳功能对人类活动的适应与维持

青藏高原高寒草地生态系统土壤有机质含量高,是地球陆地生态系统一个巨大碳库,然而,利用方式和强度的改变,使天然草地作为地球碳循环中碳汇服务功能作用被减弱或逆转。本项目采用生态系统碳通量观测技术和野外控制试验,研究在人类活动干扰下高寒草地退化过程中系统碳库类型的转化过程、碳在系统内各分室的分布、贮量特征;不同恢复措施下,退化高寒草地的碳累积过程及增汇潜力。探索在保持高寒草地巨大碳汇或碳平衡功能的同时,人类对高寒草地应采取的利用方式及强度。为维系高寒草地生态系统功能,协调生态与生产之间矛盾,提供适宜性管理对策及理论依据。

（5）国家自然科学基金——放牧干扰下生物土壤结皮演化与系统稳定性的协同过程及影响机制

高寒草地退化演替进程中,在小嵩草阶段生物土壤结皮（BSCs）大面积发生,植被生长衰退。随放牧强度加重,其扩张、加厚、老化,地表形成大面积连续黑斑,阻滞降水入渗,加速土壤干旱化进程,是导致高寒草甸退化的主要原因之一。本研究拟选青藏高原主要放牧草场小嵩草草甸,设置 4 个不同放牧梯度实验,研究放牧干扰下小嵩草群落的逆向和正向演替过程中,BSCs 的物种组成、分布特征、水文效应、物质循环、植被生态效应等生态过程及功能变化。探究放牧压力下其与高寒草甸生态系统协同演化关系;BSCs 在土壤－水分－植被系统演变过程中其发生、发展、演替对系统稳定性的影响过程及强度。明晰放牧驱动下 BSCs 生态过程及功能变化,以及 BSCs 对系统稳定性的影响机制。丰富高寒草甸退化理论,为高寒草地可持续利用和区域生态安全的保障提供理论依据和技术支撑。

（6）科技支撑计划课题——干旱沟壑型小流域综合生态治理技术集成

本课题属于国家科技支撑计划项目（2012BA08B00）“祁连山地区生态治理技术与示范”中的第六课题“干旱沟壑型小流域综合生态治理技术集成”的第二专题,专题依据生态学的基本原理,选择青海省祁连县扎麻什乡的局部干旱沟壑型小流域作为研究对象,结合小流域范围内产业结构调整与经济发展的客观需求,利用现有农田及奶牛饲养场,进行优质高产牧草栽培、青贮饲草料加工调制和畜粪无害化处理综合技术集成,建立清洁、高效的农牧耦合优化生产体系,为祁连山区小流域综合生态治理提供技术模式与示范样板。

（7）科技支撑计划课题——高寒草地生态畜牧业关键技术集成与示范

本项目为国家科技支撑计划项目“青藏高原冻土区退化草地修复技术研究与示范”（2014BAC05B00）中的第四课题“高寒草地生态畜牧业关键技术与集成”。通过优良牧草基因筛选,人工草地建植和草产品加工、农副产品等饲草料资源高效利用、藏系绵羊和牦牛冷季补饲及育肥等青藏高原高寒牧区生态畜牧业生产关键技术研发、集成以及示范基地建设,提高高寒草地畜牧业效益,促进高原传统畜牧业经济向生态畜牧业生产方式的转变,达到有效减轻冻土区天然草场放牧压力与提高畜牧业效益共赢、生态屏障环境保护与区域畜牧业经济协调发展的目标。

（8）促进新农村建设计划——家庭制式高寒草地功能提升技术

以家庭为单位,依据高寒草地“被动－主动退化演替过程”理论为指导,通过对其所属草地现状的调查,将其草地划分为 7 种状态,绘制其空间分布格局图谱,以此作为家庭草地功能提升的基准状态。对处于不同演替状态的高寒草地,分别采用轮牧、减牧、间隔休牧、牧草种群的营养调节、草毡表层破解及人工干预恢复技术，进行草地的改良。

考虑草地功能提升的成效（草地生产能力）、牧业产品的收益（家畜生产性能，种群结构调整）、草地改良成本投入（草地改良的人工与物力投入）动态，应用模糊综合评估法建立其投资 – 收益模型和草地功能提升的过程评估模型，估测草地功能恢复的时效，改良措施实施对牧民收益的影响强度与持续时段。提出家庭制式草地功能提升的土地资源配置与家畜结构调整技术。丰富高寒草地可持续发展理论内涵，为维系生态系统功能，协调经济发展与生态环境保护之间的矛盾，提供理论依据与技术支撑。

（9）STS 项目——祁连山南坡矿采区及周边受损生态系统恢复技术研究与示范

通过对祁连山南坡矿采区受损草地生态系统植被恢复技术的实地调研与效果评估，以江仓煤矿为重点示范区域，开展：① 不同立地条件与受损系统的基质特征；② 筛选适宜的土著牧草品种与外来牧草品种的引种驯化；③ 土壤基质改良的措施及适宜牧草品种的搭配组合；④ 受损系统植被恢复与重建关键技术研发与时效评估，并构建示范样板工程。分析祁连山南坡矿区及周边受损高寒草地生态系统植被受损特征、恢复瓶颈和空间格局，提出受损生态系统植被恢复的分区治理方法及其后期管理措施，提供祁连山南坡煤矿矿采地及周边受损高寒草地生态系统的植被恢复的相关咨询建议。

（10）国家自然科学重点基金——构件属性演变对高寒草地水源涵养功能的影响及发生机制

高寒草地是青藏高原"中华水塔"功能发挥的主体，呈现出"多途径、多稳态、重危害"的退化演替特征。草地退化可导致系统水源涵养构件属性和生态水文过程发生重大改变，影响高寒草地水源涵养功能，这一科学问题没有得到足够重视，造成高寒草地在高原水源涵养功能贡献评估的不确定性。本项目以广泛分布于青藏高原的代表性植被，高寒嵩草草甸、高寒灌丛和高寒湿地为研究对象，采用野外观测、实验模拟和多源数据融合的研究手段，对处于多稳态的退化草地，从斑块（样方）、局地（样地）、小流域（样带）和区域（长江源区、黄河源区和祁连山区）不同尺度上，以干扰 – 构件属性 – 生态水文过程 – 水源涵养功能演变为主线，明晰高寒草地生态水文过程与草地演化的耦合关系及协同机制，基于多源数据融合进行大尺度草地水源涵养功能评估，深化高寒草地生态水文学理论，为保障我国水资源的生态安全提供理论依据。

（11）科技基础资源调查专项课题——青藏高原高寒荒漠主要植物群落调查

本课题属于科技基础资源调查专项项目"中国荒漠主要植物群落调查"课题二，针对青藏高原荒漠区的高寒气候特点，以我国青藏高原柴达木盆地为调查核心区，兼顾青藏高原阿里高原谷地、东昆仑山、帕米尔高原等区域，重点调查分布在这些区域的垫状矮半灌木高寒荒漠、多汁盐生矮半灌木荒漠、半灌木 – 矮半灌木荒漠、灌木荒漠等植被类型，调查的主要植被群系包括：藏亚菊高寒荒漠、垫状驼绒藜高寒荒漠、唐古特红景天高寒荒漠、盐爪爪荒漠、小叶金露梅荒漠、帕米尔麻黄荒漠、膜果麻黄荒漠等，开展高寒荒漠主要植物群落类型、种类组成、群落学特性、空间分布及利用现状的综合调查，测定荒漠植物的 DNA 条形码，查清青藏高原荒漠区植被资源现状，提交青藏高原荒漠区群落类型、特征与现状调查报告，为青藏高原荒漠化治理、生物多样性保护、植物资源开发与可持续性利用提供基础数据，为该区社会经济发展和生态文明建设决策提供数据支撑。

3.2　高寒草地在地球碳、水循环中的作用

天然高寒草地碳基本处于平衡状态,保持高寒草地现存碳的稳定,减少由于人类干扰造成碳泄露,有利于减缓气候变化。天然高寒矮生嵩草草甸水分收支基本处于平衡状态,对下游区域的产流供给能力较为有限。

3.2.1　青藏高原高寒草地的碳收支

高寒嵩草草甸和高寒灌丛草甸,是青藏高原的代表性地带性植被,10 多年涡度相关观测表明,高寒嵩草草甸和高寒灌丛草甸是大气温室气体 CO_2 的汇(表 3.1),其汇的大小表现为高寒嵩草草甸 > 高寒灌丛草甸,其碳汇能力大小分别为 113.65 g C·m^{-2}·年$^{-1}$ 和 74.40 g C·m^{-2}·年$^{-1}$(Yu et al., 2013)。

表 3.1　海北站典型植被类型碳汇总表

草地类型	碳汇 /(g C·m^{-2}·年$^{-1}$)	数据来源
高寒矮生嵩草草甸	113.65 ± 93.33(通量数据)	Yu et al., 2013
	164.10 ± 4.27(地上部分)	2002—2014 年监测数据
高寒金露梅灌丛	74.40 ± 12.70(通量数据)	Li et al., 2016a
	64.72 ± 3.30(地上部分)	2002—2014 年监测数据

2002—2014 年高寒草地长期监测数据表明,高寒嵩草草甸和高寒灌丛草甸的地上生产力分别为 164.10 g C·m^{-2}·年$^{-1}$ 和 64.72 g C·m^{-2}·年$^{-1}$(曹广民,2010)。其汇的大小与草地地上初级生产量所固持的碳量基本相当,放牧作用导致草地地表、高寒草地碳收支地上部分几乎被家畜啃食殆尽,考虑到家畜产品碳在人类生活消费中的周转,天然高寒草地的碳在地球碳循环过程中处于平衡状态。而高寒湿地是大气温室气体的源,其源的大小为 42.5 ~ 173.5 g C·m^{-2}·年$^{-1}$(Zhao et al., 2009)。

2003—2012 年高寒金露梅灌丛 10 年的连续 CO_2 通量观测数据显示,高寒金露梅灌丛年平均总初级生产力和年平均生态系统呼吸总量分别为 511.8 ± 11.3 g C·m^{-2}·年$^{-1}$ 和 437.4 ± 17.8 g C·m^{-2}·年$^{-1}$(Li et al., 2016a)。分类回归树分析显示总的生长季天数是影响 NEE 和 GPP 变化的主要因素,同样生长季天数还是决定叶面积指数的决定因素。影响生态系统呼吸的最主要因素为叶面积指数,非生长季土壤温度和生长季天数能分别解释 59% 和 42% 的生态系统呼吸变异。生长季的土壤含水量与系统呼吸表现为正相关(R^2=0.40, P=0.03)。根据本研究推测生长季延长和暖冬现象将会增强高寒灌丛碳汇能力(Li et al., 2016a)。而气温和降水的年际波动对高寒金露梅灌丛的碳收支的直接驱动作用较小(图 3.2)。

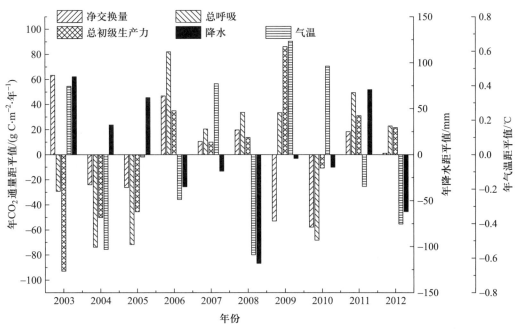

图 3.2 高寒金露梅灌丛生态系统碳收支的年际动态

3.2.2 高寒草地土壤碳对放牧的响应

放牧和放牧造成的碳流失对于整个青藏高原地区碳总量评估有重要影响。基于野外调查与室内分析相结合的方法,在北部青藏高原选择了 99 个研究样点,每个样点选择轻度放牧或未放牧草地与重度放牧草地进行比较。运用线性模型和方差分析得到的主要结果有:退化减少了草地有机碳含量却增加了无机碳含量,特别是在 0~10 cm 深土壤,对于土壤有机碳(SOC)和土壤无机碳(SIC)影响最深的是土壤 pH 和地表生物量,SOC 随着降水和年积温的增加而增加,但SIC 却存在相反的趋势。总的研究结果显示放牧对草地 SIC 和 SOC 在空间分布和总量上有较大影响(表 3.2),青藏高原北部草地 0~100 cm 土壤总碳储量估计为 0.14 Pg(Liu et al., 2017)。

表 3.2 轻度退化(LDG)和重度退化(HDG)的三江源高寒草地土壤有机碳(SOC)和土壤无机碳(SIC)

县域	退化面积 /(×10⁴ hm²)	退化 状态	SOC 密度 /(kg·m⁻²)	SIC 密度 /(kg·m⁻²)	SOC 差异 /(10⁻³ Pg)	SIC 差异 /(10⁻³ Pg)	土壤总碳 /(10⁻³ Pg)
班玛	6.55	LDG	19.08 ± 0.20	0.06 ± 0.00	-2.51	-0.01	-2.52
		HDG	15.25 ± 0.75	0.05 ± 0.01			
称多	75.04	LDG	15.34 ± 0.89	1.49 ± 0.26	21.31	-3.23	18.08
		HDG	18.81 ± 1.54	1.06 ± 0.74			
达日	22.01	LDG	13.36 ± 0.44	0.06 ± 0.00	-6.36	0.97	-5.39
		HDG	10.47 ± 0.44	0.50 ± 0.21			
甘德	10.02	LDG	15.66 ± 1.04	0.04 ± 0.00	-5.28	0.03	-5.25
		HDG	10.39 ± 0.68	0.07 ± 0.01			

续表

县域	退化面积 /（×10⁴ hm²）	退化状态	SOC 密度 /（kg·m⁻²）	SIC 密度 /（kg·m⁻²）	SOC 差异 /（10⁻³ Pg）	SIC 差异 /（10⁻³ Pg）	土壤总碳 /（10⁻³ Pg）
河南	3.6	LDG	16.01 ± 1.09	0.05 ± 0.01	−0.23	0.05	−0.18
		HDG	15.36 ± 2.91	0.18 ± 0.11			
久治	9.38	LDG	18.01 ± 0.71	0.06 ± 0.01	−5.27	−0.01	−5.28
		HDG	12.39 ± 0.77	0.05 ± 0.00			
玛多	10.57	LDG	11.80 ± 0.72	2.18 ± 0.33	−34.34	13.42	−20.92
		HDG	8.55 ± 0.78	3.45 ± 0.49			
玛沁	18.48	LDG	14.32 ± 1.43	0.11 ± 0.02	−4.38	0.17	−4.21
		HDG	11.95 ± 0.79	0.20 ± 0.05			
囊谦	40.25	LDG	16.50 ± 1.84	0.45 ± 0.14	8.25	−1.13	7.12
		HDG	18.55 ± 0.57	0.17 ± 0.28			
曲麻莱	293.22	LDG	8.45 ± 0.87	2.63 ± 0.35	−37.53	8.80	−28.73
		HDG	7.17 ± 0.83	2.93 ± 0.20			
唐古拉	35.47	LDG	7.20 ± 0.62	5.07 ± 0.17	−7.87	2.59	−5.28
		HDG	4.98 ± 0.65	5.80 ± 0.36			
同德	1.91	LDG	13.80 ± 0.97	0.07 ± 0.02	−0.20	0.11	−0.09
		HDG	12.73 ± 1.07	0.63 ± 0.21			
兴海	8.91	LDG	8.72 ± 1.95	2.65 ± 0.08	−0.33	1.83	1.50
		HDG	8.35 ± 0.74	4.70 ± 0.13			
玉树	30.46	LDG	16.50 ± 1.02	0.37 ± 0.16	−0.12	−0.91	−1.03
		HDG	16.46 ± 1.77	0.07 ± 0.00			
杂多	64.9	LDG	12.44 ± 2.61	0.08 ± 0.01	−49.32	19.92	−29.40
		HDG	4.84 ± 0.33	3.15 ± 0.54			
泽库	3.83	LDG	16.66 ± 1.51	0.25 ± 0.06	−2.77	0.55	−2.22
		HDG	9.43 ± 0.93	1.68 ± 0.25			
治多	111.34	LDG	20.48 ± 0.24	0.07 ± 0.01	−98.31	38.30	−60.01
		HDG	11.65 ± 1.80	3.51 ± 0.53			
总计	745.94				−225.26	81.45	−143.81

3.2.3　青藏高原高寒草地的碳增储潜力

青藏高原高寒草地碳库容量巨大，其草地总面积 160 万 km²，总碳储量 26.47 Pg C（表 3.3），占中国植被碳储量的 5.1%，土壤碳储量的 24.33%（Liu et al., 2016a）。高寒草甸、高寒草原生态系统是青藏高原高寒草地碳储的主要贡献者，分别为 41.38% 和 24.71%，土壤是高寒草地生态系统碳储的主要场所，占生态系统总储量的 92.61%（Liu et al., 2016b）。

<table>
<thead>
<tr><th colspan="5">表 3.3　高寒草地的碳储量　　　　　　　　（单位：PgC）</th></tr>
<tr><th>草地类型</th><th>地上植物碳储量</th><th>地下根系碳储量</th><th>土壤碳储量</th><th>生态系统碳储量</th></tr>
</thead>
<tbody>
<tr><td>高寒草甸</td><td>0.0313</td><td>1.0707</td><td>9.8561</td><td>10.9581</td></tr>
<tr><td>高寒沼泽草甸</td><td>0.0036</td><td>0.1358</td><td>1.8859</td><td>2.0253</td></tr>
<tr><td>高寒草甸草原</td><td>0.0028</td><td>0.1009</td><td>1.0827</td><td>1.1864</td></tr>
<tr><td>高寒草原</td><td>0.0148</td><td>0.3713</td><td>6.1569</td><td>6.5430</td></tr>
<tr><td>高寒荒漠草原</td><td>0.0001</td><td>0.0080</td><td>0.0070</td><td>0.0079</td></tr>
<tr><td>高寒荒漠</td><td>0.0009</td><td>0.0372</td><td>0.8415</td><td>0.8796</td></tr>
<tr><td>其他</td><td>0.0134</td><td>0.1740</td><td>4.6894</td><td>4.8768</td></tr>
<tr><td>总计</td><td>0.0669</td><td>1.8979</td><td>24.5195</td><td>26.4771</td></tr>
</tbody>
</table>

青藏高原草地生态系统存在巨大的碳增汇潜力。高寒草地具有巨大的碳增储潜力,其潜力来源于退化草地恢复中对系统植被 – 土壤碳库的重建。退化高寒草地生态系统碳库的恢复与重建及退牧还草,是青藏高原高寒草地碳增储潜力发挥的主要途径。北方实施退牧还草和退耕还草,其土壤 $0 \sim 40$ cm 和 $0 \sim 30$ cm 土层的有机碳固持量,分别为 130.4 g C·m^{-2}·年$^{-1}$ 和 128.0 g C·m^{-2}·年$^{-1}$。高的地上生物量未必导致高的固碳潜力。建植多年人工草地有利于草地生态功能的恢复,退化草地的恢复可以再次固封以前曾经释放到大气中的碳。恢复的前 10 年固碳速率最大,到 30 年左右基本稳定,$0 \sim 10$ cm 表层土壤变化最大(Duan et al., 2013;Zhang et al., 2012)。不同类型生态系统的碳储量和碳增汇潜力有很大差异,原生草甸碳储量最高,退化草甸、人工草地和农田的有机碳汇增加潜力分别为 5637 g C·m^{-2}、3823 g C·m^{-2}、1567 g C·m^{-2}(韩道瑞等,2011)。但由于青藏高原气候严酷,生态系统脆弱而敏感,人类干扰强度较大,其碳增储潜力的发挥漫长而艰难(Luo et al., 2015)。

3.2.4　高寒草地水分收支基本特征

在 2014 年 6 月至 2016 年 12 月的研究时段内,高寒矮生嵩草草甸的日均蒸散速率为 1.7 ± 1.5 mm·d^{-1}(平均值 ±1 倍标准差,下同),其中植被生长季(6 月至 9 月)、过渡期(5 月和 10 月)和非生长季(11 月至次年 4 月)的蒸散速率分别为 2.9 ± 1.3 mm·d^{-1}、1.6 ± 1.0 mm·d^{-1} 和 0.7 ± 0.6 mm·d^{-1}。研究期内的累积蒸散量为 1599.4 mm,大于同期降水的补给(1453.7 mm),但在生长季的蒸散约占全年蒸散的 63%,但其季节变异较小(349.9 ± 12.1 mm)。配对样本 T 检验的结果表明生长季内的逐月蒸散大于基于 FAO-56 公式计算的参考蒸散约 17.4%($P<0.001$,$N=12$),其原因可能由于较高的大气水汽传输导度;而非生长季逐月蒸散则小于最小蒸散约 9.9%($P=0.05$,$N=19$),则是由于冻土导致土壤中可蒸发的水分较少和净辐射较低共同所致。逐日蒸散与环境因子的结构方程表明逐日蒸散的首要控制因素为净辐射,尤其是在生长季。水分供给和植被生长(LAI)对逐日蒸散的驱动作用十分有限(图 3.3)。在年际尺度上,相对较强的白天整体冠层导度($8.25 \sim 10.65$ mm·s^{-1})、较大的解耦系数($0.43 \sim 0.48$)和较高的蒸散与最小蒸散的比率($1.08 \sim 1.33$)表明高寒矮生嵩草草甸的蒸散是受辐射能量限制,而并非水分控制。最后,提出了一个周尺度的蒸散与气温的经验指数方程,该方程具有相对较高的准确度($R^2=0.85$,$P<0.001$),其方程的均方根误差(root mean square error, RMSE)为 3.49 mm·周$^{-1}$。研究结果表

明高寒矮生嵩草草甸蒸散的季节变异主要受净辐射而并非水分状况和植被变化驱动,高寒矮生嵩草草甸的系统蒸散在目前水分供给相对充足的状态下对未来温暖化气候具有正反馈机制,但不利于区域产流,从而降低了对下游水资源的供应量(Zhang et al., 2017)。

卡方=4.12(N=351, P=0.07),近似误差均方根=0.08(P=0.19)

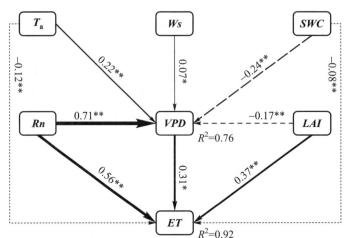

图 3.3　植被生长季的逐日蒸散与环境因子的结构方程

注:实线和虚线分别代表正、负路径系数,其值为标准路径系数。线的粗细程度为标准路径系数的 10 倍。**,表示 $P<0.01$。T_a,空气温度;SWC,土壤容积含水量;VPD,水汽饱和亏;LAI,群落叶面积指数;Rn,净辐射;RnG,辐射有效能;Ws,风速。

3.3　高寒草地对模拟气候变化响应的生物学机制

气候变化对陆地生态系统的影响,主要表现在由于大气温度与降水的改变,由于工业化造成的大气氮沉降的增加,而导致的生态系统热量状况、土壤湿度和土壤养分的改变,造成陆地生态系统植物功能群、生产力及其光合产物分配、土壤微生物类群的改变和系统物质与能量的传输通量受到影响,从而影响到系统的稳定性及功能的发挥。生态系统是一个集生物 – 土壤 – 大气 – 水分于一体的综合体,任何因子的改变,都会引起该综合体的联动与互馈作用,生态系统的过程与功能均会发生相应的自我调整。

3.3.1　碳素的外源添加对高寒草地碳转化的激发效应

利用海北站的长期增温实验平台(图 3.4a),通过添加 ^{13}C 标记葡萄糖的室内培养实验和测定微生物残体氨基糖的 ^{13}C 含量,对比研究了高寒草地表层(0 ~ 10 cm)与底层(30 ~ 40 cm)土壤异养微生物对外源有机碳的累积效率。研究发现,与表层土壤相比,底层土壤微生物将外源添加的葡萄糖优先转化为 CO_2,而仅有极小一部分转化为氨基糖,导致微生物残体碳累积效率(carbon accumulation efficiency)较低(图 3.4b)。同时,外源碳添加在底层土壤中引起了较高的相对激发效应(relative priming)。以上结果表明,高寒草地底层土壤对外源碳添加的响应更加敏感,其动态变化应该受到更多的关注(Yang et al., 2017)。

(a)

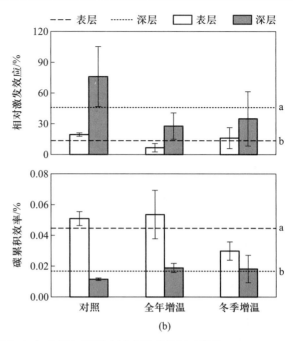
(b)

图 3.4 （a）海北站长期增温实验平台；（b）表层与深层土壤有机碳的相对激发
效应与微生物残体碳累积效率的对比

3.3.2 气候变化对高寒草地生态系统碳、氮循环的影响

气候变暖与人类活动导致的大气氮沉降的增加是微气候变化的主要特征，亦是陆地生态系统与全球变化研究的重点。模拟增温对高寒草地土壤性状和酶活性影响不大，然而模拟增温可以导致土壤 NH_4^+-N 的增加和水分的降低（Duan et al., 2013）。

增温增加了凋落物对土壤碳的输入，显著影响高寒草地有效碳、氮的水平与储量，使生态系统的 NEE 增加 8% 左右（Rui et al., 2011）。

氮素的外源添加致使高寒草地初级生产力提高和激发 CO_2 的排放，其激发效应的大小决定于氮素的形态与添加量。随着氮素含量的增加，其草地的生产力呈现显著增加趋势（Jiang et al., 2013；Fang et al., 2014），而 NH_4^+-N 对土壤 CO_2 的排放激发效应远高于 NO_3^--N，这与植物对氮的利用以 NO_3^--N 形态为主，微生物以 NH_4^+-N 为主有关，30~53 kg·m⁻³ 的根系生物量是植物与微生物氮竞争的平衡阈值区间（Xu et al., 2011）。

利用稳定同位素 ¹³C 标记方法示踪 ¹³C 在植物–土壤系统中的转移与分配，发现光合作用合成的 ¹³C 在植物与土壤系统中转移与分配模式的变化可能是围封下植被群落结构变化的结果。围封对青藏高原高寒草甸碳素分配具有负面效应，利用围封作为草地的恢复和管理措施应综合考虑草地的植被类型、退化程度和放牧历史等因素（Zou et al., 2014）。放牧可加速土壤微生物的分解功能，可以降低 NEE 对增温的敏感性（Lin et al., 2011）。

未来在全球变暖背景下，高寒草甸的 ANPP 不会受到土壤养分的限制，亦不会引起高寒草甸土壤碳储量改变，适度放牧有利于生态系统的碳周转（Wang et al., 2012；Duan et al., 2013；高艳妮等，2014）。

3.3.3　天然草地的开垦对青藏高原氧化亚氮排放的影响

将原生高寒草甸（NAM）或弃耕地（APL）转变为垂穗披碱草人工草地（PEN）、燕麦打草地（施加牲畜粪便肥料 AAS 和施加氮肥 NT）。与原生高寒草甸 NAM 相比，农地的弃耕（APL），或者将 APL 转变为 PEN 或者 AAS 均会显著增加土壤的 N_2O 排放，分别增加 35% 和 75%（图 3.5）。

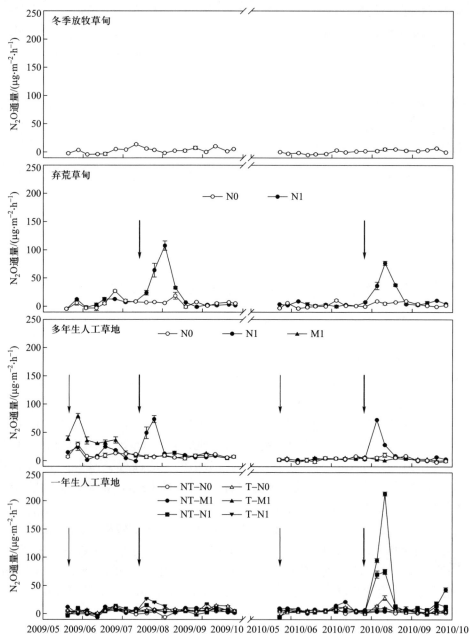

图 3.5　不同土地利用格局下 N_2O 通量变化

注：N，施用尿素；M，使用厩肥；0，不施肥；1，施肥；T，翻耕；NT，免耕；细箭头，施用厩肥时间；粗箭头，施用尿素时间。

养分添加(羊粪或是氮肥)引起的土壤速效氮含量的提高,是刺激土壤 N_2O 排放显著增加的原因。天然草甸的人工耕作对土壤 N_2O 排放的激发效应高于羊粪的添加与氮素的补充(Zhang et al., 2017)。

重度放牧下,通过 N_2O 损失的氮量平均为 8.2 kg N·hm^{-2}·年$^{-1}$,增温能够降低因放牧对草地 N_2O 排放造成的氮损失(Duan et al., 2013)。放牧和增温可降低草地生物地球化学循环对气候变化的敏感性。

3.3.4 高寒湿地温室气体通量对水位降低和氮添加的分子机理响应

通过三年的控制实验发现,水位降低导致 CH_4 排放减少,但对生态系统净 CO_2 交换量和 N_2O 通量无显著影响;外源氮输入增加了生态系统净 CO_2 吸收和 N_2O 排放,但对 CH_4 排放没有显著影响;综合三种温室气体来看,水位降低和氮输入增加均降低了高寒湿地温室气体排放的全球变暖潜势(图 3.6)。宏基因组学分析进一步表明,水位降低处理下,CH_4 产生潜势的降低而不是 CH_4 氧化潜势的增加,是导致净 CH_4 排放减少的原因;硝化潜势的降低和反硝化潜势的增加,共同影响了 N_2O 通量的变化(Wang et al., 2017)。该研究结果强调了在调控生态系统尺度上,温室气体对环境变化响应方面的重要性。该研究成果发表在 *Global Change Biology* 上。

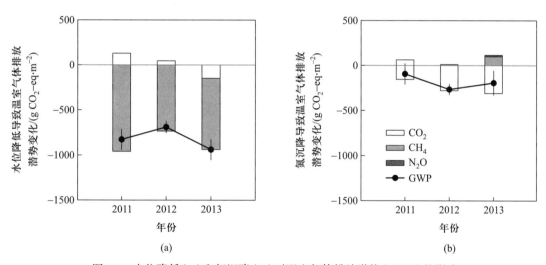

图 3.6 水位降低(a)和氮沉降(b)对温室气体排放潜势(GWP)的影响

3.3.5 "铁门"机制:湿地旱化引起的亚铁氧化减缓了土壤碳组分的降解

通常认为,湿地水位下降将通过增强土壤酚氧化酶的活性而促进有机碳的降解(简称"酶栓"机制)。但是,在野外观测中,湿地土壤碳对水位下降的响应并不一致。海北站高寒湿地水位控制实验(图 3.7a),结合分子有机地球化学手段,发现在湿地水位下降过程中,土壤酚氧化酶的活性主要受到了亚铁离子浓度的影响,并随着水位下降而降低;同时,伴随着亚铁氧化物向铁氧化物的转化,有更多的木质素受到铁氧化物的保护,而被保存在土壤中。基于此,我们提出以土壤亚铁的氧化为核心的"铁门"（iron gate）机制（图 3.7b），该机制可能缓解由氧气含量升高而造成的湿地碳释放，为解释和预测湿地干旱过程中的土壤碳动态提供了新的思路和依据（Wang et al., 2017）。该结果已在 *Nature Communications* 上发表。

(a)

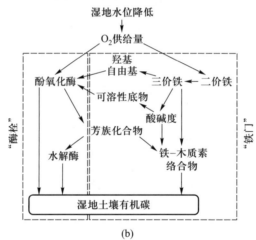

(b)

图 3.7　海北站高寒湿地水位控制实验（a）与湿地土壤有机碳对水位下降响应的
机制概念模型（b）"铁门"与"酶栓"机制

3.3.6　高寒植物物候序列对气候变化的响应

高寒植物开花物候对气候变化的响应因开花物候功能群而不同，即早花和中花植物的初花期对增温和降温的反应均为非对称的，如早花植物开花物候对降温更敏感，但中花植物对增温更敏感（Wang et al., 2014）；相较于其他物候序列相比，结实物候对气候变化的反应相对稳定（Jiang et al., 2016）。植物物候变化包括初始期变化以及不同物候持续期的变化。

通过山体双向移栽试验进一步研究发现，增温主要延长了高寒植物的开花期，进而延长了植物繁殖期和整个生长季；而降温主要缩短了高寒植物的果后营养期和枯黄期，进而缩短了营养期和整个生长季。因此，研究结果表明，高寒植物物候的长度对增温和降温的反应是非镜像关系,低温限制了高寒植物的繁殖期长度(Li et al., 2016b)。该研究结果也为高寒植物共生和多样性形成机制提供了理论支撑(图 3.8)。

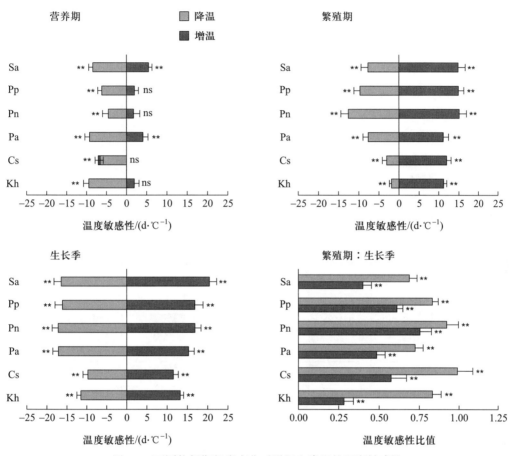

图 3.8　不同物候期长度变化对增温和降温的温度敏感性

注:Kh,矮生嵩草(*Kobresia humilis*);Cs,粗喙薹草(*Carex scabrirostris*);Pa,鹅绒委陵菜(*Potentilla anserine*);Pn,雪白委陵菜(*P. nivea*);Pp,草地早熟禾(*Poa pratensis*);Sa,异针茅(*Stipa aliena*)。正值表示物候期延长,负值表示物候期缩短。

3.3.7　高寒植物果实期对增温和降温的反应相对稳定

基于山体垂直带双向移栽试验,研究发现增温分别提前了三种早期物候(返青期、现蕾期和初花期)和晚期物候(初黄期和枯黄期)4.8 d·℃⁻¹、8.2 d·℃⁻¹ 和 3.2 d·℃⁻¹、7.1 d·℃⁻¹;而降温推迟了它们物候 3.8 d·℃⁻¹、6.9 d·℃⁻¹ 和 3.2 d·℃⁻¹、8.1 d·℃⁻¹,而初果期和终果期的变化则相对较小(图 3.9)。进一步分析表明,无论是初果期还是终果期与土壤温度的变化均无显著的相关性,或者相关性较小。因此,高寒植物可能通过保持结果期的相对稳定来适应气候变化,以便最大限度地保证果实成熟和扩散(Jiang et al., 2016)。

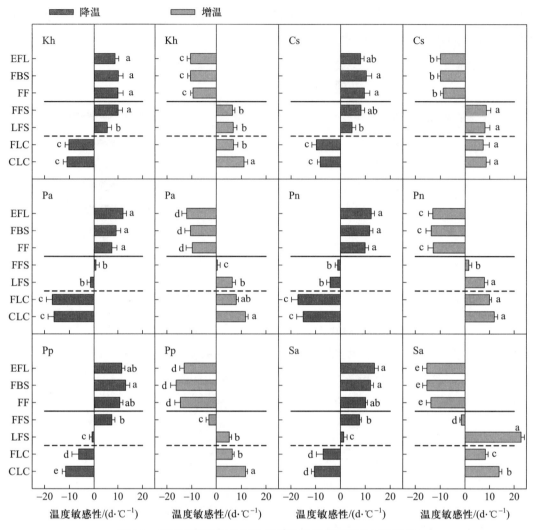

图 3.9 增温和降温条件下物候事件开始和结束的时间比较

注：EFL：第一个叶子出现；FBS：第一个花蕾出现；FF：第一个花出现；FFS：杂类草第一个果实出现或禾草第一个果实出现；LFS：最后一个果实建立；FLC：第一片叶子发黄；CLC：所有叶子变黄。早期物候事件包括 EFL，FBS 和 FF，晚期物候事件包括 FLC 和 CLC。实线以上是早期物候事件，虚线以下是晚期物候事件，果实建立位于实线和虚线之间。温度敏感性代表移栽点（接受植物植入的点）和起源点（移出植物的点）的不同，正负值指移栽点相对于起源点提前或延后的天数。

Kh，矮生嵩草（*Kobresia humilis*）；Cs，粗喙薹草（*Carex scabrirostris*）；Pa，鹅绒委陵菜（*Potentilla anserine*）；Pn，雪白委陵菜（*P. nivea*）；Pp，草地早熟禾（*Poa pratensis*）；Sa，异针茅（*Stipa aliena*）。

3.3.8 三江源区高寒草地对气候变化响应空间分异

青藏高原气候变化的敏感区在草甸与草原的交错带。特别是在青海省西部的曲麻莱约改镇 – 叶格乡一带，高寒草甸草原或高寒草原草甸向高寒草原的演化，面积大，地表景观变化深刻，而土壤性状的演变发生在 5~7 cm 处。气候变化对高寒草地深刻影响的另一大特征是湿地的旱化向高寒嵩草草甸的演化，在巴颜喀拉山一带尤为明显（王建兵等，2013）。在大的空间格局上，高寒草地更多地体现出放牧干扰和退牧还草对草地演化影响的痕迹。

3.4 高寒草地稳定性的维持及其弹性

高寒草地具有较强的稳定性自维持能力,现今人类赋予草地的压力远远超过了草地的自调控之阈值点,这是引起高寒草地退化的主要原因,认知与控制草地在其稳定性维持的阈值区间,是进行高寒草地适应性管理的关键。

3.4.1 气候变化对青藏高原高寒草地稳定性的影响

过去 50 年来,青藏高原气候变暖的速率是全球平均水平的 2 倍以上,并且伴随着降水格局的改变,这种剧烈的气候变化如何影响青藏高原这一敏感的高寒生态系统。

通过连续 5 年的群落调查和生产力数据,研究了高寒草地植物群落生产力对增温和降水改变的响应。研究结果表明,温度增加降低了高寒草地群落稳定性,温度对稳定性的影响主要体现在降低了组成物种生长的不同步性(图 3.10)。研究还发现,尽管温度增加和降水减少都会显著降低植物物种多样性,但是群落稳定性的降低与物种多样性并无显著关系。而降水格局的改变对群落稳定性无显著影响(Ma et al., 2017)。

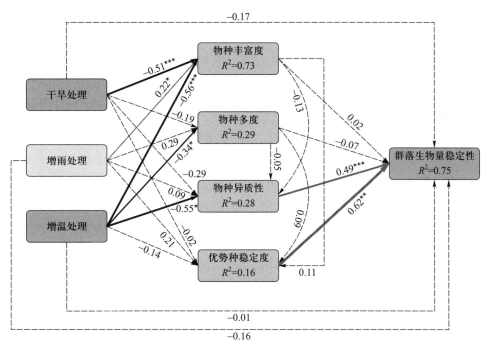

图 3.10 影响群落生产力的环境因子的直接和间接驱动强度

3.4.2 高寒草地生态系统植物功能群及生产力对气候变化的响应

近 50 年来,青藏高原经历了快速的气候变暖和降水格局改变。近 32 年来,海北站地区温度变率为 $0.42\,℃ \cdot 10$ 年 $^{-1}$($P<0.001$),降水变率为 -32.9 mm $\cdot 10$ 年 $^{-1}$($P=0.10$)。监测研究发现,高

寒矮生嵩草草甸对于气候变化呈现出禾草相对多度增加,莎草相对多度降低,杂类草变化不明显的植物功能群演变特征,而对地上净初级生产力无显著影响(图 3.11)。

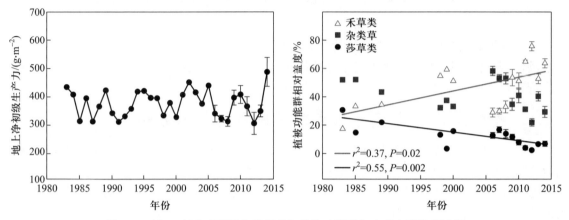

图 3.11　近 32 年来高寒矮生嵩草草甸植物功能群与生产力的演变过程

海北站的"增温 – 降水改变"实验平台的模拟监测结果也显示出,模拟增温和干旱,导致土壤湿度的降低,适度的降低使深根系的禾草增加而使浅根系的杂类草和莎草减少,增加了植物群落的水分获取,从而有利于在气候变化下生态系统初级生产力的稳定。这与青藏高原 9 个站点的 Meta 分析结果一致。研究论文已被 *PNAS* 接收。同时,4 年的模拟实验亦发现,模拟增温对地上、地下以及总初级生产力无显著影响,而模拟干旱没有改变总初级生产力,但增加了光合产物向深层土壤的分配(图 3.12)。

3.4.3　高寒草甸植物类群对氮素添加的响应

高寒植物对养分具有极高的再利用率。高寒草地植物对 N 和 P 的再利用率分别为 65.2% 和 67.4%,在全球水平上这是最高的。莎草属植物活体 N、P 含量最低,16.7 mg·g⁻¹ 和 1.1 mg·g⁻¹,而其再利用率为 69.1% 和 78.7%(Jiang et al., 2012)。放牧和土壤的冻融交替,促进了 N 矿化和硝化基因的增加(Du et al., 2011;Yang et al., 2013),放牧可导致土壤表层 0 ~ 5 cm 养分含量的快速下降,下层土壤反应相对滞后;土壤因素相对植物群落较为稳定,该稳定性一旦被破坏,将成为草地恢复过程的瓶颈因素(Lin et al., 2015)。

不同氮素形态没有引起群落水平物种丰富度的变化,也没有影响豆科和杂草类植物物种丰富度。氮素形态引起禾草和莎草类植物物种丰富度的变化只出现在某些特定年份。高剂量氮引起了豆科植物物种丰富度降低和稀有物种的丢失,最终引起群落物种丰富度降低;不同氮素形态没有引起群落水平物种丰富度的变化,也没有影响豆科和杂草类植物物种丰富度(Xu et al., 2014)。研究养分添加处理 8 年(2005—2012 年)数据发现,不同氮素形态处理没有引起群落地上生物量稳定性的变化。高剂量氮添加显著降低了群落地上生物量的稳定性。尽管高剂量氮素添加降低了群落物种丰富度和均匀度,提高了优势物种的优势度,但是多样性、优势度效应没有解释高剂量氮添加引起的地上生物量稳定性的降低,而高剂量氮添加引起的高寒植物物种间及功能群间补偿效应的降低解释了高寒草甸群落稳定性的降低,也揭示了高寒植物物种共存的内在机制(Song et al., 2015)。

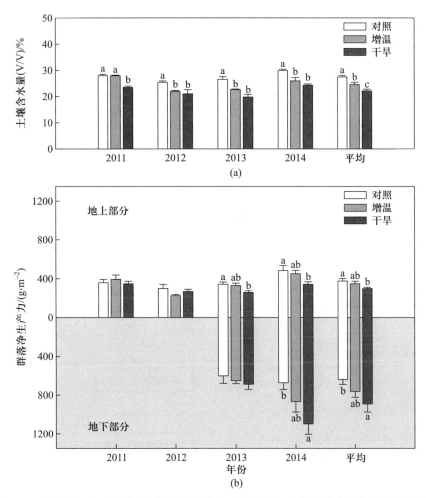

图 3.12 模拟增温和干旱对高寒矮生嵩草草甸土壤水分（a）和群落净生产力（b）的影响

3.4.4 放牧作用对高寒草甸氮素养分的影响

生态系统氮的保留机制在高寒草甸生态系统中还有很大的不确定性,基于草地土壤及植物 ^{15}N 天然丰度（δ^{15}N）来表征放牧作用对高寒草甸碳素营养的研究表明,高寒草甸土壤和主要优势种 ^{15}N 天然丰度出现四种不同的退化阶段（图 3.13）。结果显示土壤 ^{15}N 天然丰度随退化加剧显著减少,放牧使 0～10 cm 土壤开放程度降低,表层土壤 ^{15}N 天然丰度受土壤总氮含量的影响。这个结果表明高寒草甸的氮素限制在放牧作用下变得更加明显（Du et al., 2017）。

3.4.5 影响高寒草地生态系统多功能性的因子

生态系统多功能性受气候 – 生物因子的制约。高寒草地生态系统多功能性受一系列生物、非生物因素的影响,其解释力达到 86%。地上与地下生物多样性共同解释了 45%;地下生物多样性可以显著提高对生态系统多功能性的预测能力（图 3.14）。而区域尺度上的气候及气候变化,在很大程度上决定了生物多样性对生态系统多功能性的影响（Jing et al., 2015）。

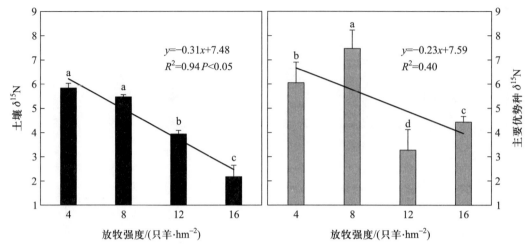

图 3.13 高寒草甸退化演替过程中放牧强度对 $\delta^{15}N$ 的影响

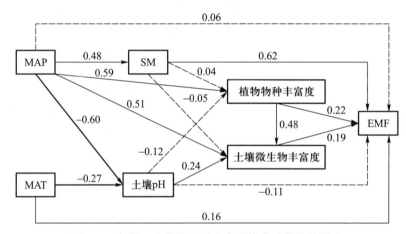

图 3.14 气候–生物因子对生态系统多功能性的影响

注：实线和虚线分别代表正、负路径系数，其值为标准路径系数。线的粗细为标准路径系数的 10 倍。MAP，年平均降水；MAT，年平均气温；SM，土壤含水量；EMF，生态系统多功能性。

3.4.6 高寒嵩草草甸对放牧干扰的响应与适应

高寒草甸是青藏高原的主要植被类型之一，约占青藏高原面积的 49%，主要分布于青藏高原的东部、东南部及高原面上。自 20 世纪 70 年代以来，青藏高原高寒草甸退化呈现出多模式、多途径、重危害的特点，形成大面积的"黑土滩"型退化草地。重度放牧而非增温和氮沉降增加引起的气候变化是引起高寒草地退化的主要原因（Lin et al.，2015）。

在对青海高原南部"三江源"、北部祁连山区和藏北高原高寒嵩草草甸大面积考察基础上，从高寒草甸家畜–植物–土壤–微环境耦合与互馈作用出发，提出了以高寒嵩草草甸退化内外因耦合驱动论述为依据，将放牧干扰下高寒嵩草草甸的退化演替过程概括为"四个时期，三个阶段，两种动力"，并申报了青海省科技成果（2014，证书号：96309866）。

四个时期：分别为禾草 – 矮生嵩草群落、矮生嵩草群落、小嵩草群落和杂类草"黑土滩"次生裸地（图 3.15）。

      （a）   （b）

      （c）   （d）

      （e）   （f）

      （g）   （h）

图 3.15 高寒草地退化地表特征：（a）禾草 – 矮生嵩草群落；（b）矮生嵩草群落；
（c）矮生嵩草 – 小嵩草镶嵌斑块；（d）小嵩草群落；（e）小嵩草群落草毡表层加厚期；
（f）小嵩草群落草毡表层开裂期；（g）"黑土滩"退化草地；（h）"剥蚀型"退化草地（参见书末彩插）

  禾草 – 矮生嵩草群落：可以认为是高寒嵩草草甸的原始状态，其植物群落结构比较复杂，一般可以分为上下两层，上层以异针茅、羊茅、紫羊茅等为优势种，并有垂穗披碱草、藏异燕麦、落草、冷地早熟禾、山地早熟禾、草地早熟禾、湿生蕈蕾、圆萼刺参、瑞苓草、重冠紫菀等；下层草本以矮生嵩草为优势种,伴生种类主要有美丽风毛菊、钉柱委陵菜、矮火绒草、肉果草、海乳草、线叶龙胆、南山龙胆、刺芒龙胆、麻花芃等。禾本科高 25 ~ 35 cm,而矮生嵩草一般高 10 ~ 15 cm。土壤表层有厚 2 ~ 3 cm 的草毡表层。处于禾草 – 矮生嵩草群落时期的高寒嵩草草甸在青海北部祁连山区较多,但多为人工重建或封育恢复之后而形成的。而在"三江源"及藏北高原青藏线地区极为罕见,仅在个别牧户的封育围栏内才可见到。

矮生嵩草群落:其草地植物群落组成与禾草 – 矮生嵩草群落时期基本相同,但禾本科牧草高度、盖度大大降低,草地群落以矮生嵩草为绝对优势种,禾本科高 15 ~ 20 cm,矮生嵩草丛径 4 ~ 5 cm,高不足 2 cm。在该阶段后期,矮生嵩草斑块与小嵩草斑块呈镶嵌分布。作为一个放牧退化演替的中间阶段,是高寒嵩草草甸在长期放牧条件下的偏途演替,这个阶段持续时间较短,一般为 2 ~ 5 年。

小嵩草群落:以小嵩草为绝对优势种,禾本科牧草已经消失。植株高 2 ~ 3 cm,生长密集,覆盖度较大,常形成密集的植毡层,呈绒毡状,颜色黄绿,伴生种主要为矮火绒草、香青、麻花芃、细裂亚菊为主。处于该阶段后期的草地,地表会出现大量的死亡或半死亡斑块,颜色深褐,草皮斑驳、塌陷、裂缝,草毡表层厚达 30 ~ 40 cm。在放牧季节过后,地表立枯物、凋落物基本消失殆尽,如同扫过一般。土壤草毡表层呈现快速发育、加厚的变化趋势。按照小嵩草群落草毡表层发育情况,将小嵩草群落进一步划分为正常小嵩草群落、草毡表层加厚、草毡表层开裂和草毡表层剥蚀四个亚期。

杂类草"黑土滩"次生裸地:是高寒嵩草草甸退化的终极阶段,严格来说,已经不能称为高寒嵩草草甸。主要包括黄帚橐吾、铁棒锤、西伯利亚蓼。按照草地草毡表层的剥蚀状况,将杂类草"黑土滩"次生裸地进一步划分为"黑土滩"次生裸地和"剥蚀型"次生裸地。

三个阶段:分别为被动退化阶段(禾草 – 矮生嵩草群落向矮生嵩草群落的演替)、主动退化阶段(矮生嵩草群落经小嵩草群落到杂类草"黑土滩"次生裸地的演替)和过渡阶段(矮生嵩草群落)。

两种动力:在被动退化阶段,家畜的选择性采食和践踏造成禾本科牧草生长、繁殖受阻,而引起草地植被群落的被动演替是该阶段发生的主要动力。在主动退化阶段,小嵩草植被的极度发育及小嵩草植物特殊的生物学特性(高地下地上比),造成地下根土比的增大,营养元素生物固定的增多,导致土壤 – 牧草间营养供求的失调和生理干旱,进而刺激植物根系向下层土壤的扩张,如此的恶性循环,最终在营养供求崩溃与干旱胁迫下,草毡表层死亡,失去弹性,形成剥蚀、塌陷,在冻融交替、降水冲刷和鼠类活动的作用下,形成杂类草"黑土滩"次生裸地。这个阶段草地表层形成了厚 10 ~ 30 cm 的极富弹性的草毡表层,践踏对它的影响极小。

(1)高寒嵩草草甸地表生物结皮对放牧干扰的响应与适应

放牧干扰下高寒草地发生退化演替,不仅表现在植物群落的演替,同时其地表的土壤生物结皮亦发生演化,进而影响到草地的营养物质与水分循环,进而对草地的稳定性造成影响。研究发现放牧干扰下,高寒嵩草草甸的植被类群发生改变,按照植物种群可划分为植物优势种群:禾草 + 矮生嵩草时期→矮生嵩草时期→小嵩草草毡表层加厚时期→小嵩草草毡表层开裂时期四个阶段,其地表生物结皮的种类则发生由苔藓→苔藓 + 蓝藻 + 地衣→蓝藻 +

地衣→地衣的变化趋势,其地表结皮的形态则表现出薛类、黑斑、菌斑和地衣四类(李以康等,2015)。

(2)放牧对高寒草地光合产物分配比的影响

草毡表层是高寒嵩草草甸的诊断层,是由土壤矿质颗粒、植物活根与死根交织缠结而成的草毡层(简称草毡表层),极为坚韧而富有弹性。它的加厚与放牧活动密切相关,是高寒草甸植物(特别是嵩草类植物)适应牲畜啃食和践踏的一种具体表现。随着高寒嵩草草甸的退化演替,草地植物优势种群由禾草科牧草转变为莎草科植物,在莎草科牧草高地下地上比特殊的生物学特性的驱动下,地下根系极度发育,根土体积比逐渐增大,草毡表层逐渐加厚。从禾草–矮生嵩草群落的 4.03 ± 0.49 cm 发育到小嵩草群落 10.1 ± 0.38 cm,而在"三江源"地区现在草地大部分处于小嵩草群落退化阶段,草毡表层厚度可达 30 ~ 40 cm。杂类草"黑土滩"次生裸地阶段鼠害严重,草毡表层已基本被剥蚀破坏完全(表 3.4)。统计分析表明,禾草–矮生嵩草群落、矮生嵩草群落和小嵩草群落时期草毡表层厚度达到极显著水平(P<0.01)(曹广民等,2010)。

表 3.4 高寒嵩草草甸不同退化演替阶段光合产物分配比

演替阶段	草毡表层厚度 /cm	光合产物地上地下比
禾草–矮生嵩草群落	4.03 ± 0.49	3
矮生嵩草群落	5.95 ± 0.74	8
小嵩草群落	10.1 ± 0.38	13
杂类草"黑土滩"次生裸地	—	—

3.5 高寒嵩草草甸的适应性管理及功能的提升技术

高寒草地功能的提升技术的选择,与其草地所处的演替状态和功能发挥的瓶颈因素有关。放牧制度的改变是高寒草地功能提升最简便、最经济的手段。处于小嵩草群落草毡表层加厚状态的高寒草地是其趋于退化/良化管理的关键点。受损高寒草地功能的恢复是一个漫长的过程,且不可将短期效应的结果,作为评价与判断的标准。

3.5.1 高寒嵩草草甸退化演替状态的量化判别

在青海省"三江源"地区的黄南州、果洛州和玉树州及祁连山地区的海北州及西藏自治区的藏北高原,沿公路线进行调查,每100 ~ 150 km 设置一个调查区,获取土壤样品 420 份,草样1050 份,群落调查样方 152 个。

基于植物功能群(莎草类、禾草类、豆科类和杂类草)的绝对盖度、地上生物量和物种多样性指标构建的(12×11)主矩阵,以表层(0 ~ 10 cm)土壤容重(BD)、有机质含量(SOM)、地下生物量(BGB)、根土容积比(R/S)、土壤含水量(NWC)、饱和持水量(SWC)、群落相对总盖度

（PC）、冠层高度（VH）、地上生物量（AGB）、草毡表层厚度（ME）和降水入渗速率（IR）等生态、水文因子构成的（12×11）环境矩阵，利用 PC-ORD4.2（MjM Software, USA）的非度量多维排序（NMDS）方法，得到 4 个相对独立的类群（图 3.16）。第一轴的贡献率为 70%，主要反映了冠层高度和地上生物量的负作用；第二轴的贡献率为 23%，反映了表层土壤含水量、地下生物量和草毡表层的影响。4 个类群内群落具有相似的植被结构和健康状况，根据群落优势种和地表特征，将高寒草甸退化阶段划分为禾草–矮生嵩草阶段、矮生嵩草阶段、小嵩草开裂期和杂类草"黑土滩"次生裸地 4 个阶段。

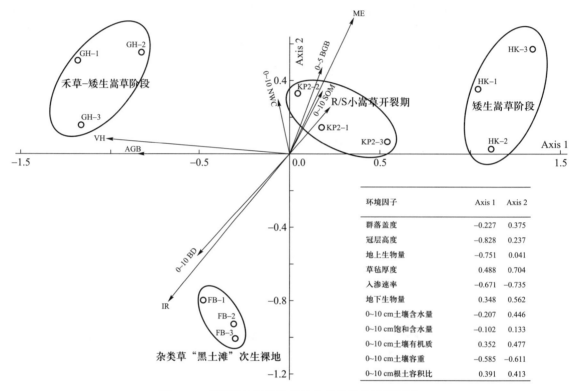

图 3.16　高寒草甸退化阶段的非度量多维排序结果

基于青藏高原高寒草甸退化阶段的分析，选择群落优势种、植被地上生物量、可食牧草绝对盖度、草毡表层厚度、降水入渗速率共 5 个指标，构建高寒草甸退化阶段诊断标准（表 3.5）。

3.5.2　高寒小嵩草草甸退化演替状态的量化判别

高寒小嵩草草甸、原生高寒小嵩草草甸主要分布于山地阳坡。高寒矮生嵩草草甸在长期的超载放牧作用下，发生偏途演替，演化为高寒小嵩草草甸，成为高寒嵩草草甸退化的标志性群落和退化驱动力转化的关键阶段。

在青海省"三江源"地区的黄南州、果洛州和玉树州及祁连山地区的海北州及西藏自治区的藏北高原，沿公路线进行调查，每 100～150 km 设置一个调查区，获取土壤样品 800 份，植物样品 3000 份、调查样方 150 个。

表 3.5 高寒草草甸退化阶段诊断标准

高寒草甸退化阶段	群落优势种	植被地上生物量 /(g·m⁻²)	可食牧草绝对盖度 /%	草毡表层厚度 /cm	降水入渗速率 /(mm·min⁻¹)	草场质量
禾草-矮生嵩草阶段	两层冠层 上层:禾草类; 下层:矮生嵩草	<280	<95	0.5 ~ 3.0	2.0 ~ 3.5	原生植被或轻度退化,草场质量优
矮生嵩草阶段	单一冠层 矮生嵩草	130 ~ 230	60 ~ 90	3.0 ~ 5.0	1.0 ~ 4.0	中度退化,草场质量良
小嵩草开裂期	单一冠层 小嵩草	<110	40 ~ 70	>5.0	<1.0	重度退化,草场质量中
杂类草"黑土滩"次生裸地	单一冠层 兰石草; 细叶亚菊	200 ~ 260	<10	<0.5	>35	极度退化,草场质量差

选取 0~10 cm 土壤有机碳储量(A)、10~20 cm 土壤有机碳储量(B)、20~40 cm 土壤有机碳储量(C)、0~10 cm 根量(D)、10~20 cm 根量(E)、20~40 cm 根量(F)、0~10 cm 容重(G)、10~20 cm 容重(H)、20~40 cm 容重(I)、禾本科功能群地上生物量(J)、莎草科功能群地上生物量(K)、豆科功能群地上生物量(L)、杂类草功能群地上生物量(M)、凋落物量(N)、总盖度(O)、禾本科功能群盖度(P)、莎草科功能群盖度(Q)、豆科功能群盖度(R)、杂类草功能群盖度(S)、根土比(T)、地衣秃斑面积(U)、塌陷坑面积(V)共 22 个项目数据为数据集,进行欧氏聚类分析,以变异度小于 25% 为分界点,将小嵩草草甸退化程度划分成四类,分别为正常小嵩草草甸、小嵩草草毡表层加厚期、开裂期和剥蚀期(图 3.17)。

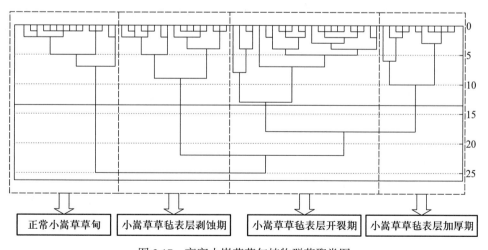

图 3.17 高寒小嵩草草甸植物群落聚类图

选取较易测定的景观指标,且和同一主轴内其他较大载荷指标进行相关性分析,发现莎草科相对盖度、草毡表层厚度、塌陷坑相对盖度和地衣秃斑相对盖度四个指标与同轴内其他指标显著相关,且相关性系数均达到 0.7 以上,作为高寒小嵩草草甸退化程度的诊断标准(表 3.6)。

表 3.6 高寒小嵩草草甸退化阶段诊断标准

退化等级	莎草科相对盖度 /%	草毡表层厚度 /cm	塌陷坑相对盖度 /%	地衣秃斑相对盖度 /%
正常小嵩草草甸	60 ~ 80	3.2 ~ 4.0	0	<5
小嵩草草甸草毡表层加厚期	30 ~ 59	4.1 ~ 7.0	1	5 ~ 10
小嵩草草甸草毡表层开裂期	6 ~ 29	7.1 ~ 9.0	2 ~ 29	10 ~ 30
小嵩草草甸草毡表层剥蚀期	<6	>9	30 ~ 80	>30

3.5.3 不同退化演替状态高寒草甸功能提升的瓶颈分析

处于不同退化演替状态的高寒草甸,其草地稳定性维持及生态 – 生产功能提升的限制因子不同,具体表现为:

(1)禾草 – 矮生嵩草群落状态

禾草 – 矮生嵩草群落状态是青藏高原高寒嵩草草甸的地带性植被,群落上层以植株较高的禾草组成,而下层为低矮植物所组成的两层片层结构。此阶段为可作为退化高寒草甸恢复的基准状态。

(2)矮生嵩草群落状态

过度放牧导致禾本科牧草种子繁殖受抑制,是处于该阶段的草地稳定维持与功能提升的瓶颈。放牧家畜对高寒草甸植物的选择性啃食,导致主要以种子繁殖的禾本科牧草生长与繁殖受到严重限制,甚至逐渐消失。矮生嵩草属地面芽短根茎植物,是资源密集型克隆植物,主要靠克隆生长进而繁殖,耐放牧践踏。而在现今的青藏高原矮生嵩草群落很少存在。禾草 – 矮生嵩草群落在放牧压力下退化为矮生嵩草群落,但矮生嵩草群落存在的时间很短(约 4 年),在放牧压力下进一步退化为小嵩草群落。

(3)小嵩草群落状态

小嵩草植物群落独特的生物学特性,导致土壤营养供应失调和生理性干旱是处于该阶段草地稳定维持与功能提升的瓶颈。放牧压力下,小嵩草群落的补偿性生长,其光合产物由地上较多向地下转移,地下根系急剧发育,致密的草毡表层急剧加厚,直接导致土壤营养供应失调。地表形成老化的土壤生物结皮,对降水的入渗造成阻滞,加剧土壤的干旱化,同时使植物种子的着床和萌发受到影响。

(4)杂类草"黑土滩"次生裸地状态

土壤养分匮乏与种子贫乏是处于该阶段的草地稳定维持与功能提升的瓶颈。由于鼠类挖掘扰动、水土流失、底土层裸露,导致土壤 – 牧草养分供求失调,同时草毡表层的剥蚀导致草地植被层消失,种子库匮乏。

3.5.4 放牧制度的改革是高寒草地功能提升最有效和经济的手段

植物功能群对放牧干扰的响应模式不同,其消长变化对放牧具有一定的指示功能。禾本科、杂类草和豆科功能群为放牧抑制型功能群,莎草科为一定放牧强度促进型功能群,植物功能群在群落中的生态位宽度及生态位重叠度变化同放牧强度具有一定的耦合关系,而植物功能群对放牧干扰的响应类型,决定了其在群落中的地位和作用,是导致植物功能群之间生态位宽度和重叠度变化的根本原因。一方面说明植物群落对外界干扰适应策略是影响未来植物群落演替方向的基础,另一方面反映了植物群落具有利用系统自组织结构改变维持草地相对稳定的能力。

放牧制度(减牧、禁牧)直接影响高寒草地物种盖度、生物量,但不同植物种对放牧强度的响应规律存在较大差异,同时与高寒草地所处的演替状态紧密相关。

禾草 – 矮生嵩草群落状态:减牧抑制了莎草科植物和杂类草的生长,促进了禾本科和豆科植物的生长,随放牧强度降低禾本科植物相对盖度与生物量显著增加,禁牧处理相比自由放牧处理盖度和生物量分别增加 43.4% 和 39.6%。禁牧 2 年后,草地功能大幅度提升,为非常有效的草地管理措施。

矮生嵩草群落状态:适度放牧促进禾本科植物和杂类草生长,禾本科植物相对盖度与生物量最高值均在减牧区,且显著高于自由放牧处理;减牧抑制了豆科植物生长,自由放牧处理豆科植物相对盖度与生物量显著低于减牧和禁牧处理。

减牧增加了莎草科植物相对盖度和生物量,禁牧处理效果相比自由放牧处理达到显著水平。减牧、禁牧是矮生嵩草群落状态向禾草 – 矮生嵩草群落状态恢复的有效途径。从植物群落特征看,减牧、禁牧最佳实施时期在矮生嵩草群落状态。

小嵩草群落加厚状态:减牧、禁牧促进了杂类草生长,禁牧处理牧草相对盖度和生物量显著高于自由放牧处理;减牧、禁牧抑制了禾本科和莎草科植物的生长。因此,在小嵩草群落加厚状态对于草地进行短的减牧、禁牧处理,不能对草地功能提升具有较大效果。

小嵩草群落开裂状态:适度放牧显著促进莎草科和杂类草植物生长;减牧、禁牧促进了禾本科和豆科植物生长,抑制了杂类草生长,但对此三类植物类群影响效果不显著。

因此在小嵩草开裂状态进行短期减牧、禁牧,仅能促使草地由开裂期恢复到加厚期。若从小嵩草开裂期进行减牧、禁牧干预,高寒草地的功能提升可能需要更长的时限。

3.5.5 放牧强度对土壤速效养分的影响

高寒草地速效养分极度匮乏,是高寒草地功能提升的主要限制因子,尤其是对处于小嵩草群落演替状态的高寒草地。放牧家畜的践踏作用可能影响土壤容重、紧实度和矿化作用强度,且家畜带入的大量粪尿斑,同样会影响到草地养分含量。

放牧强度对土壤速效养分含量的影响高于总量及缓效养分(图 3.18)。适度放牧有利于草地速效钾、速效磷的保持,轻度放牧高寒草甸土壤 0 ~ 20 cm 速效钾、0 ~ 30 cm 土层土壤速效磷含量显著高于其他样地。

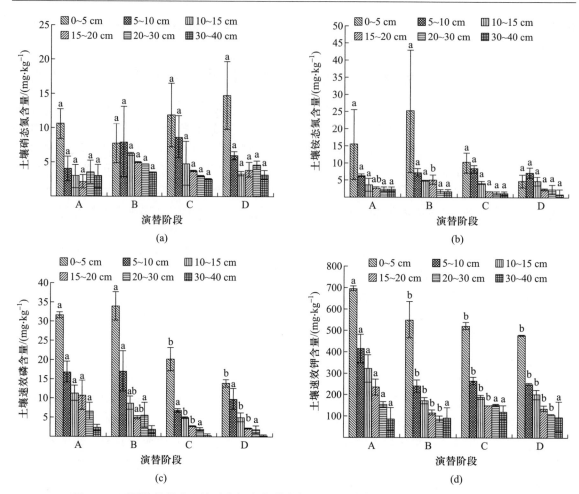

图 3.18　不同放牧强度土壤硝态氮（a）、铵态氮（b）、速效磷（c）和速效钾（d）分层特征

注：A,禾草 – 矮生嵩草群落状态；B,矮生嵩草群落状态；C,小嵩草群落加厚状态；D,小嵩草群落开裂状态。采用的统计方法为单因素方差分析（$P<0.05$）。

放牧强度对土壤硝态氮和铵态氮含量的影响,主要表现在表层以下各土层。基本规律为随着放牧强度增加速效氮含量逐渐减少,其中轻度和重度样地 5 ~ 10 cm 土壤硝态氮含量高于中等放牧强度样地；轻度放牧样地 10 ~ 15 cm 土壤铵态氮含量显著高于其他样地。

3.5.6　老化草毡表层破解

致密的草毡表层严重抑制了水分入渗、种子萌发、土壤氮、磷养分含量和周转速率。外源微生物添加会改善土壤微生物群落特征,土壤生物结皮划破能够提高降水入渗速率,促进种子萌发,为禾本科牧草生长提供适宜生境。

（1）外源有益微生物添加

EM 混合菌、纤维素分解菌、联合固氮菌处理与 CK 相比,没有明显改变 0 ~ 20 cm 土层速效磷含量、速效钾含量和 pH 的剖面分布特征（图 3.19）。但是各处理改变了土壤中速效氮含量的分布特征,其中,EM 混合菌处理提高了土壤表层硝态氮含量,纤维素分解菌处理提高了土壤表层氨态氮含量,EM 混合菌和纤维素分解菌混合处理能够显著提高土壤表层速效氮含量。划破草皮处理只能改变不同形式的速效氮在土壤垂直剖面中的分布格局,不能提高土壤中速效养分含量。EM 混合菌和纤维素分解菌处理,增加了土壤速效氮含量,但对速效钾和速效磷养分的改善作用微弱。因此,需要进一步筛选适应高寒草甸生态系统的微生物菌株,配制菌肥。

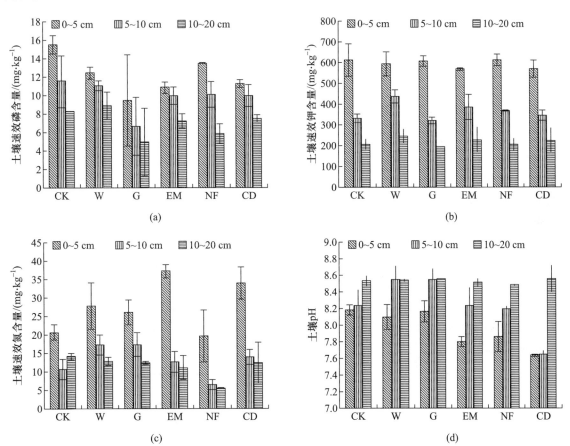

图 3.19　不同处理下退化高寒小嵩草草甸土壤速效磷含量(a)、速效钾含量(b)、
速效氮含量(c)及 pH(d)的分布特征

注:CK,对照处理;G,划破草皮处理;W,划破草皮+水处理;EM,划破草皮+水+EM 混合菌肥处理;NF,划破草皮+水+联合固氮菌肥处理;CD,划破草皮+水+纤维素分解菌肥处理。

（2）生物土壤结皮对种子萌发的影响

生物土壤结皮随着草地退化而发生演替,采集处于 4 个不同演替阶段的典型结皮类型,进行生物结皮对种子萌发影响的研究。结果发现生物结皮类型对种子萌发具有显著影响,结皮类型与种子位置的交互作用对种子萌发影响极显著,不同维管植物种子对结皮类型的响应不同。在小嵩草阶段进行草毡表层的划破能够促进植物种子的萌发。

裂缝形成对种子萌发具有极显著影响,物种和裂缝的交互作用、物种和结皮类型及裂缝的交互作用也存在极显著差异,说明划破草皮,破坏致密结皮层对种子萌发的抑制作用,会促进种子的萌发(表 3.7)。

表 3.7 物种、结皮类型、种子位置等对种子萌发的影响（基于线性模型）

试验 1	F	P	试验 2	F	P
不同物种	154.368	<0.001	不同物种	606.944	<0.001
结皮类型	2.766	0.045	结皮类型	6.851	<0.001
种子位置	92.403	<0.001	裂缝形成	37.499	<0.001
物种 × 结皮类型	1.458	0.198	物种 × 裂缝	1.616	0.149
结皮类型 × 种子位置	11.465	<0.001	结皮类型 × 裂缝	2.286	0.082
物种 × 种子位置	3.064	0.031	物种 × 裂缝	7.967	0.001
物种 × 结皮类型 × 种子位置	0.266	0.952	物种 × 结皮类型 × 裂缝	5.472	<0.001

　　藓结皮和藻结皮的形成对草地早熟禾种子萌发具有抑制作用，而在藓结皮＋藻结皮阶段，萌发率较高。藻结皮的形成也极显著地抑制了高山豆和雪白委陵菜种子的萌发。藻结皮主要发生在小嵩草阶段，所以这一阶段藻结皮的形成和大面积发展会加速草地退化，可以配合划破草皮措施，促进种子的萌发和植被恢复。

（3）外源养分添加

　　对处于禾草－矮生嵩草群落状态的高寒草甸进行外源氮、磷养分添加，会对土壤速效养分和酶活性产生较大的影响（图 3.20）。外源氮、磷养分添加，均使土壤速效氮和磷显著提高。氮素的添加致使表层土壤脲酶活性降低了 69.7%，分别使表层和亚表层中纤维素酶活性降低了 46.5% 和 64.9%。磷素的添加使表层土壤碱性磷酸酶活性降低了 40.0%，而刺激了亚表层几丁质酶活性增加 84.1%，同时亦增加了表层土的纤维素酶活性。纤维素酶活性增加有利于老化草毡表层的破解和草地自身的物质养分循环。

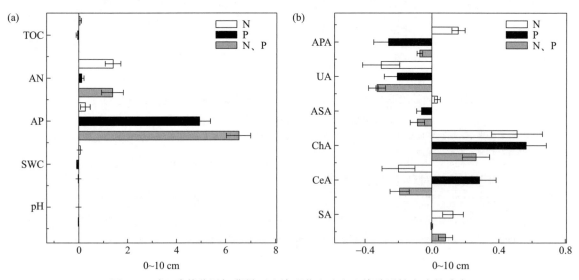

图 3.20 氮、磷养分添加背景下土壤理化（a）和土壤酶活性（b）的响应

注：TOC，AN，AP，SWC，pH 分别代表土壤有机碳、速效氮、速效磷、土壤含水量和土壤酸碱度；APA，UA，ASA，ChA，CeA，SA 分别代表碱性磷酸酶活性、脲酶活性、芳基硫酸酯酶活性、几丁质酶活性、纤维素酶活性和蔗糖酶活性；显著性水平为 $P<0.05$。

外源氮、磷添加降低了土壤脲酶和碱性磷酸酶的活性,可能会影响到草毡表层的有机物质分解,不利于草地自身的物质循环。青藏高原高寒草甸生产力受土壤氮、磷养分的共同限制,从土壤酶活性对人类干扰的响应来看,磷的限制作用尤为严重。

在放牧干扰下,随着草地退化加剧,土壤碱性磷酸酶、纤维素酶和芳基硫酸酯酶活性表现出禾草 – 矮生嵩草群落状态最高,杂类草"黑土滩"次生裸地状态最低,而在小嵩草群落草毡表层加厚状态活性略有抬升的演变特征。土壤脲酶在杂类草"黑土滩"次生裸地状态最高,矮生嵩草群落状态次之。土壤几丁质酶在小嵩草群落草毡表层加厚和开裂状态活性最高,杂类草"黑土滩"次生裸地最低。土壤蔗糖酶活性在表层土表现为禾草 – 矮生嵩草群落状态最高,杂类草"黑土滩"次生裸地状态次之,亚表层恰好相反。

3.5.7 人工草地的建植

杂类草"黑土滩"次生裸地老化草皮残存,鼠类活动频繁,草毡表层塌陷,原生植被消失,底土裸露,毒杂草丛生。进行该类草地的恢复只有通过人工植被的恢复与重建。人工草地可以大幅度提高草地生产力,使牧草产量提高 5 ~ 10 倍,是治理杂类草"黑土滩"次生裸地的重要途径。

人工草地生态系统功能稳定性维持时效一般低于 5 年,之后草地生产力急剧下降。在第 6 ~ 9 年,杂类草甘肃马先蒿发生大面积入侵,草地载畜量降低。通过 8 ~ 11 年持续的封育管理,莎草科等地带性物种入侵,形成稳定的禾草 – 矮生嵩草群落。经过 12 ~ 16 年的持续保护,禾本科、矮生嵩草盖度、生物量及重要值呈增大的变化过程,而杂类草植物所占的比例和重要性降低,矮生嵩草斑块的出现是人工草地向天然地带性植被演化的重要标志(图 3.21)。

图 3.21 杂类草"黑土滩"次生裸地的人工重建(参见书末彩插)

3.6　展　　望

青藏高原的隆升，加强了亚洲季风，成为对地球环境影响范围最广和影响程度最深的高原。青藏高原隆升到现今高度，奠定了被称为"亚洲水塔"的当今亚洲水系地貌格局，孕育了众多河流，是黄河、长江、澜沧江的发源地（郑度和姚檀栋，2006）。其涵养水源、保护生物多样性和固定碳素等生态功能具有不可替代的生态屏障作用，在保护全国生态安全方面具有十分重要的地位，成为国家级生态功能保护的重点区域（刘敏超等，2005）。

在气候变化与人类干扰的双重作用下，青藏高原高寒草地的环境容量和生态承载力目前处于什么状态？其环境容量是否已经饱和，或已经达到极限？未来如何演变？环境容量是一种缓慢的、不断积累的惯性发展趋势，一旦突破临界点，或者说一旦超过环境容量饱和点或承载力极限，势必引发极其严重的环境灾难，这已经在 20 世纪的 70—80 年代有了充分的证明，若要重新恢复，代价高昂而历时漫长。

2017 年，随着国家相继启动的包括泛青藏高原考察，三江源、祁连山等公园群的建立，"一带一路"经济带建设等青藏高原重点研究计划的布设，青藏高原高寒草地的功能将发生从生产功能向生态功能的转变。高寒草地监测、研究、示范与服务的重点亦会发生很大的改变。

学科定位：瞄准实施青藏高原国家战略需求和国际高原生物学发展前沿，重点开展高原生态系统演化过程的监测，创新研究生态系统演化对其功能的影响及其发生的生物学机制、生态系统适应性管理及功能提升技术，为保障青藏高原生态安全和屏障功能的发挥提供科学依据和关键技术。

监测方面：重点开展典型区域高寒草地的家畜放牧制度、草地稳定性现状与现实承载容量；典型高寒草地生态的长期演变与空间分异的监测；在包括高寒草地稳定性的空间分布格局、典型高寒草地适宜承载容量、高寒草地退化演替的过程及定量化判别这些方面着重于自动观测技术的应用和空间区域的拓展。

研究方面：重点开展自然、人为干扰下高寒草地演化的代表性生物种群、形态、功能的生物信息表达；高寒草地对干扰响应的环境 – 生物 – 土壤 – 功能联动机制；高寒草地牧草 – 土壤 – 环境连续体对人类活动干扰的抵抗能力与阈值区间；高寒草地稳定性维持的机制与恢复"记忆"能力。重点内容包括：

① 生态系统的演化特征、趋势及驱动机制

从长期的气候作用和大的空间尺度上，研究高寒草地生态系统地带性植被带的演替趋势；在深刻的人为干扰和区域尺度下，研究高寒草地植被的主要植被群落演替的过程。以空间代时间，探索三江源区生态系统的时空变化特征、发生机制、演替驱动力和演替发生的生物、土壤、环境因子变化的阈值点和定量化判别指标。明晰造成当今三江源生态系统演化的主要驱动力是温度、水分还是人类活动，或者在哪些阶段是以气候变化为主要驱动力，哪些阶段是以人类活动为主要驱动力。为三江源生态系统应对全球变化，进行可持续利用管理模式的选择提供理论基础。

② 气候变化对源区生态水文过程的作用过程与机理

在气候变化和人为干扰增加背景下，以高寒草地分布地区降水变化、下垫面改变对土壤水分蒸发散的应激效应、湿地生态系统的张缩、冻土层变化对源区水涵容量的影响等为切入点,研究源区生态系统水分平衡的变化过程,同时结合冰川融化对区域水溶入量的影响,揭示气候变化对源区水文过程、强度及作用机理。提出水资源变化对源区人类生存环境影响的适应对策。为保障我国水资源的生态安全,以及在全球变化背景下为适合青藏高原可持续发展的宏观科学对策提供理论基础。

③ 全球变化背景下土壤、生物、气候和人类活动的相互耦合关系

以高寒草地生态系统水 – 土 – 气 – 生连续体对气候变化和人类干扰耦合过程、机制为研究切入点,研究"三江源"生态系统的自然承载容量、对外界干扰的抵抗与恢复机制和系统恢复的"记忆"的能力,明晰高寒草地稳定性维持的机制。为保障源区生态系统安全、区域的可持续发展,实现人与自然的和谐提供理论依据。

④ 生态系统生产力和碳、氮、水循环过程对全球变化的响应与反馈机制

应用分室原理,研究高寒草地生态系统演化过程碳、氮、水在大气 – 土壤 – 生物 – 水体中的流通过程、物流强度、分配特征及配合比的变化特征及趋势;分析区域典型生态系统碳、水循环与氮素代谢的耦合关系及其对全球变化的响应;探索这种变化对源区生态系统生产 – 生态服务功能造成的可能影响与环境问题。为降低气候变化和人类干扰对源区生态系统的负面影响提供理论依据,也为我国在国际全球变化公约谈判中的国家立场提供基本参数。

⑤ 生态系统服务功能评价及生态补偿机制的生态学基础

基于生态系统服务功能科学评价建立生态补偿机制,将能有效促进生态环境保护与建设的长效机制的建立。以高寒草地生态系统服务功能价值评估为基础,重点研究生态系统结构与功能、水源涵养特征、生物多样性保育、碳的源 / 汇特征和能力及保障国家生态安全等方面所提供的生态服务功能的潜力。提出服务功能价值评估体系,建立以研究区域主要生态系统类型在特定的社会、经济条件下的生态效益补偿机制,为国家进行三江源区生态补偿政策决策提供科学依据。

示范方面:典型受损生态系统恢复、重建与功能提升的技术研发、技术集成与示范;基于生态过程的高寒草地适应性分区管理技术;区域水平的生态系统功能演变的评估。

服务方面:为从事青藏高原科学研究、人才培养、社会公众和政府咨询提供服务。着重于如下几个方面:

- 数据收集:生态系统长期演变的监测数据及研究基础数据;
- 设施服务:包括实验样地、野外观测和室内分析设备及后勤服务;
- 咨询建议:基于长期研究结果对政府产业政策制定、资源开发、区域规划等提供咨询建议;
- 公众服务:为学生夏令营、研究生及中小学生科普提供服务。

参 考 文 献

曹广民 . 2010. 中国生态系统定位观测与研究数据集 . 草地与荒漠生态系统卷——青海海北站 . 北京 : 中国农业
出版社 .

曹广民, 龙瑞军, 张法伟, 等 . 2010. 三江源地区退化高寒矮嵩草草甸剥蚀坑的成因 . 草原与草坪, 30 (2): 16–21.

高艳妮,于贵瑞,闫慧敏,等 . 2014. 青藏高原净生态系统碳交换量的遥感评估模型研究 . 第四纪研究, 34（4）: 788–794.

韩道瑞,曹广民,郭小伟,等 . 2011. 青藏高原高寒草甸生态系统碳增汇潜力 . 生态学报, 31（24）: 7408–7417.

李以康,欧阳经政,林丽,等 . 2015. 高寒草甸植被退化过程中生物土壤结皮演变特征 . 生态学杂志, 34（8）: 2238–2244.

刘敏超,李迪强,栾晓峰,等 . 2005. 三江源地区生态系统服务功能与价值评估 . 植物资源与环境学报, 14（1）: 40–43.

邵全琴,樊江文,刘纪远,等 . 2017. 基于目标的三江源生态保护和建设一期工程生态成效评估及政策建议 . 中国科学院院刊, 32（1）: 35–44.

王建兵,张德罡,曹广民,等 . 2013. 青藏高原高寒草甸退化演替的分区特征 . 草业学报, 22（2）: 1–10.

王文颖,王启基 . 2001. 高寒嵩草草甸退化生态系统植物群落结构特征及物种多样性分析 . 草业学报, 10（3）: 8–14.

赵新全 . 2011. 三江源区退化草地生态系统恢复与可持续管理 . 北京: 科学出版社 .

郑度,姚檀栋 . 2006. 青藏高原隆升及其环境效应 . 地球科学进展, 21（5）: 451–458.

周华坤,赵新全,周立,等 . 2005. 青藏高原高寒草甸的植被退化与土壤退化特征研究 . 草业学报, 14（3）: 31–40.

Du Y, Cui X, Cao G, et al. 2011. Simulating N$_2$O emission from *Kobresia humilis* serg. alpine meadow on Tibetan Plateau with the DNDC model. Polish Journal of Ecology, 59（3）: 443–453.

Du Y, Guo X, Zhou G, et al. 2017. Effect of grazing intensity on soil and plant delta ^{15}N of an alpine meadow. Polish Journal of Environmental Studies, 26（3）: 1071–1075.

Duan J, Wang S, Zhang Z, et al. 2013. Non-additive effect of species diversity and temperature sensitivity of mixed litter decomposition in the alpine meadow on Tibetan Plateau. Soil Biology and Biochemistry, 57: 841–847.

Fang H, Cheng S, Yu G, et al. 2014. Low-level nitrogen deposition significantly inhibits methane uptake from an alpine meadow soil on the Qinghai–Tibetan Plateau. Geoderma, 213: 444–452.

Jiang C, Yu G, Li Y, et al. 2012. Nutrient resorption of coexistence species in alpine meadow of the Qinghai–Tibetan Plateau explains plant adaptation to nutrient-poor environment. Ecological Engineering, 44: 1–9.

Jiang J, Li Y, Wang M, et al. 2013. Litter species traits, but not richness, contribute to carbon and nitrogen dynamics in an alpine meadow on the Tibetan Plateau. Plant and Soil, 373（1–2）: 931–941.

Jiang L L, Wang S P, Meng F D, et al. 2016. Relatively stable response of fruiting stage to warming and cooling relative to other phenological events. Ecology, 97（8）: 1961–1969.

Jing X, Sanders N J, Shi Y, et al. 2015. The links between ecosystem multifunctionality and above- and belowground biodiversity are mediated by climate. Nature Communications, 6: 8159.

Li H, Zhang F, Li Y. 2016a. Seasonal and inter-annual variations in CO$_2$ fluxes over 10 years in an alpine shrubland on the Qinghai–Tibetan Plateau, China. Agricultural and Forest Meteorology, 228: 95–103.

Li X, Jiang L, Meng F, et al. 2016b. Responses of sequential and hierarchical phenological events to warming and cooling in alpine meadows. Nature Communications, 7: 12489.

Lin L, Li Y K, Xu X L, et al. 2015. Predicting parameters of degradation succession processes of Tibetan *Kobresia* grasslands. Solid Earth, 6（4）: 1237–1246.

Lin X, Zhang Z, Wang S, et al. 2011. Response of ecosystem respiration to warming and grazing during the growing seasons in the alpine meadow on the Tibetan plateau. Agricultural and Forest Meteorology, 151（7）: 792–802.

Liu S, Du Y G, Zhang F W, et al. 2016a. Distribution of soil carbon in different grassland types of the Qinghai–Tibetan Plateau. Journal of Mountain Science, 13（10）: 1806–1817.

Liu S, Tang Y, Zhang F, et al. 2017. Changes of soil organic and inorganic carbon in relation to grassland degradation in

Northern Tibet. Ecological Research, 32（3）: 395–404.

Liu S, Zhang F, Du Y, et al. 2016b. Ecosystem carbon storage in alpine grassland on the Qinghai Plateau. PLoS ONE, 11（8）: e0160420.

Luo C, Bao X, Wang S, et al. 2015. Impacts of seasonal grazing on net ecosystem carbon exchange in alpine meadow on the Tibetan Plateau. Plant and soil, 396（1–2）: 381–395.

Ma Z, Liu H, Mi Z, et al. 2017. Climate warming reduces the temporal stability of plant community biomass production. Nature Communications, 8: 15378.

Rui Y, Wang S, Xu Z, et al. 2011. Warming and grazing affect soil labile carbon and nitrogen pools differently in an alpine meadow of the Qinghai–Tibet Plateau in China. Journal of Soils & Sediments, 11（6）: 903–914.

Song M H, Zheng L L, Suding K N, et al. 2015. Plasticity in nitrogen form uptake and preference in response to long-term nitrogen fertilization. Plant and Soil, 394（1–2）: 215–224.

Wang H, Yu L, Zhang Z, et al. 2017. Molecular mechanisms of water table lowering and nitrogen deposition in affecting greenhouse gas emissions from a Tibetan alpine wetland. Global change biology, 23（2）: 815–829.

Wang S, Duan J, Xu G, et al. 2012. Effects of warming and grazing on soil N availability, species composition, and ANPP in an alpine meadow. Ecology, 93（11）: 2365–2376.

Wang S P, Meng F D, Duan J C, et al. 2014. Asymmetric sensitivity of first flowering date to warming and cooling in alpine plants. Ecology, 95（12）: 3387–3398.

Wang Y, Wang H, He J S, et al. 2017. Iron-mediated soil carbon response to water-table decline in an alpine wetland. Nature Communications, 8: 15972.

Xu X, Ouyang H, Cao G, et al. 2011. Dominant plant species shift their nitrogen uptake patterns in response to nutrient enrichment caused by a fungal fairy in an alpine meadow. Plant and Soil, 341（1–2）: 495–504.

Xu X, Wanek W, Zhou C, et al. 2014. Nutrient limitation of alpine plants: Implications from leaf N : P stoichiometry and leaf delta N-15. Journal of Plant Nutrition and Soil Science, 177（3）: 378–387.

Yang S, Liebner S, Winkel M, et al. 2017. In-depth analysis of core methanogenic communities from high elevation permafrost-affected wetlands. Soil Biology and Biochemistry, 111: 66–77.

Yang Y, Wu L, Lin Q, et al. 2013. Responses of the functional structure of soil microbial community to livestock grazing in the Tibetan alpine grassland. Global Change Biology, 19（2）: 637–648.

Yu G R, Zhu X J, Fu Y L, et al. 2013. Spatial patterns and climate drivers of carbon fluxes in terrestrial ecosystems of China. Global Change Biology, 19（3）: 798–810.

Zhang F, Li H, Wang W, et al. 2017. Net radiation rather than surface moisture limits evapotranspiration over a humid alpine meadow on the northeastern Qinghai–Tibetan Plateau. Ecohydrology, 11（2）: e1925.

Zhang Z, Duan J, Wang S, et al. 2012. Effects of land use and management on ecosystem respiration in alpine meadow on the Tibetan plateau. Soil and Tillage Research, 124: 161–169.

Zhang Z, Zhu X, Wang S, et al. 2017. Nitrous oxide emissions from different land uses affected by managements on the Qinghai–Tibetan Plateau. Agricultural and Forest Meteorology, 246: 133–141.

Zhao L, Li J M, Xu S X, et al. 2009. Seasonal variations in carbon dioxide exchange in an alpine wetland meadow on the Qinghai–Tibetan Plateau. Biogeosciences Discussions, 5（6）: 9005–9044

Zheng D, Zhang Q and Wu S. 2000. Mountain Geoecology and Sustainable Development of the Tibetan Plateau, Springer Netherlands.

Zou J, Zhao L, Xu S, et al. 2014. Field $^{13}CO_2$ pulse labeling reveals differential partitioning patterns of photoassimilated carbon in response to livestock exclosure in a *Kobresia* meadow. Biogeosciences, 11: 4381–4391.

第 4 章　藏北高寒草地生态系统过程与变化[*]

　　青藏高原号称"世界屋脊",是世界上独一无二的生态系统,约占中国国土面积的 1/4。青藏高原是东亚季风的"热泵",由于青藏高原的存在,东亚季风对中国的影响范围从北纬 20° 北扩到北纬 40°;青藏高原是中国乃至亚洲许多大江大河的源头(包括长江、黄河、怒江、澜沧江等主要江河),被称为"中华水塔"或"江湖源";青藏高原是我国的生态屏障,青藏高原削弱和部分阻挡了干热的西风,导致我国东都地区盛行的是东亚季风。因此青藏高原的稳定关乎全国生态环境的稳定,对中国、亚洲乃至世界的生态环境都有着举足轻重的影响,青藏高原的细微变化都将可能对周边地区带来极大的生态冲击。

　　青藏高原 70% 被高寒草地覆盖。分布于青藏高原的高寒草地生态系统的特点是群落结构简单,植被生长季时间短,生产力低;气候特点是高、寒、旱、强辐射及强风。这些要素共同导致高寒草地生态系统极其脆弱,一旦受到干扰和破坏则较难在较短时间内恢复。最近的全球变化和社会经济发展导致的放牧强度加大对藏北高寒草地都带来了某种程度上不可逆转的草地退化。在过去几十年中,青藏高原气候变化比其他地区要明显,升温幅度要明显高于我国内陆地区,过去 30 年中,年平均气温上升了大约 1.8℃。年降水量没有明显变化,但每年降水格局更为集中,夏季降水所占比例明显上升。西藏自治区总人口从 1990 年的 200 万人增长到了 2010 年的 300 多万人。游客数量从 1980 年的几千人增长到了 2010 年的将近 700 万人。牲畜数量从 20 世纪 50 年代的将近 1000 万头增长到了 2010 年的 2000 多万头,这一数量远远超出了西藏草地承载力。在全球变化和人类活动加强的双重驱动下,青藏高原面临着一系列的生态环境恶化问题,具体包括草地退化和生产力下降,鼠害泛滥,水土流失严重等,这些问题不仅严重影响高原畜牧业生产和牧民生活,也直接威胁到区域生态安全和水资源安全,以及当地和其他地区的气候,另外也影响到西藏社会经济的发展与边境地区的社会稳定。

　　为了保护青藏高原、充分发挥青藏高原的生态屏障功能,自 20 世纪末开始,国家在青海和西藏大力推行退牧还草工程,2004—2013 年,国家在西藏自治区下达退牧还草工程建设任务为 9551 万亩,中央预算内投资将近 23 亿元。借助于这些生态工程,西藏自治区鲜草产量 2013 年比 2007 年增长了 18%,草地植被覆盖度由 50% 上升到 58%,这些措施促进了青藏高原高寒草地的恢复。但对这些措施效果的全面评估还存在很多的缺陷。

　　基于青藏高原特殊的重要性及面临的生态环境问题,有必要选择典型区探讨青藏高原高寒草地面对全球变化是如何响应和适应的。藏北高寒草地位于青藏高原的核心,平均海拔都

　　*　本章作者为中国科学院地理科学与资源研究所张扬建,北京大学李军祥,中国科学院地理科学与资源研究所黄珂、朱军涛。

在 4500 m 以上,对藏北高原的认识是揭开青藏高原神秘面纱的基础。由于地处高原及低纬度地区,藏北地区气候特点是寒冷干燥,降水总体趋势由东向西,由南向北递减,年平均降水量 240~500 mm,温度由南向北逐渐降低。藏北地区日照时数高于同纬度的其他地区,全区日照时数达到 2400~3200 小时(西藏自治区土地管理局,1994),导致藏北地区年蒸发量较高(1500~2300 mm)。

藏北高寒生态系统是一个集生态、经济和社会功能为一体的复合生态系统,具有保护生态环境、牲畜草畜产品和维持牧民生活的功能。藏北高寒草地有四个类型,包括 15 个亚类。分别为高寒草原(高寒草原禾草、高寒草原莎草、高寒草原嵩草灌丛、高寒草原山地禾草、高寒草原山地莎草、高寒草原灌丛莎草和高寒草原灌丛禾草),高寒荒漠(高寒荒漠灌丛),高寒荒漠草原(高寒荒漠草原莎草),高寒草甸(高寒草甸禾草、高寒草甸莎草、高寒草甸灌丛禾草、高寒草甸灌丛莎草、高寒草甸沼泽和高寒草甸灌丛盐渍)。

自 2009 年开始中国科学院地理科学与资源研究所拉萨站建立了位于藏北那曲到阿里的东西样带,及拉萨到那曲的南北样带,在样带上布设了自动气象观测,每年在生长季开展生物和土壤方面的样带调查。2011 年,在东西和南北样带的交叉点,建立了那曲高寒草地生态系统定位研究站(以下简称那曲站)。至今,那曲站总体定位是通过站上的定位长期观测和控制实验,揭示高寒草地生态系统对全球变化响应和适应的机理及预测生态系统在未来气候情境下的状态,为区域模型提供优化参数。以那曲站为核心,结合东西和南北样带,对区域模型进行有效验证,从而达到点–样带–区域的有效结合,为全面认识高寒草地生态系统对全球变化响应提供依据,为高寒草地恢复和保护提供政策理论支撑。

4.1　那曲站概况

藏北陆地表层生态系统脆弱,其高寒生态系统对气候变化和人为干扰的响应极其敏感,研究藏北陆地表层生态系统对气候变化和人为干扰的响应机制对人类服务功能的可持续发展及应对未来气候变化具有重要的意义。

4.1.1　区域生态系统概况

地理位置:位于 31°38.513′N, 92°0.921′E,海拔 4585 m,位于那曲市色尼区那曲镇曲果仁毛村境内,距色尼区城约 22 km。那曲地处西藏北部的唐古拉山脉、念青唐古拉山脉和冈底斯山脉之间,位于青藏高原腹地,是长江、怒江、拉萨河、易贡河等大江大河的源头。

气候特征:该地区属于高原亚寒带季风半湿润气候区。平均海拔 4500 m 以上,高寒缺氧,气候干燥,多大风天气。全年大风日 100 天左右,平均风速 2.7 m·s^{-1},最大风速可达 26.3 m·s^{-1};年平均气温为 $-3.3\sim-0.9$℃,年相对湿度为 48%~51%,全年日照时数 2788 小时,年平均降水量 430 mm,集中在 6—9 月,占全年降水量的 85%。过去 60 年间夏季季风平均开始的时间为 5 月 22 日,且具有较强的年际波动。全年没有绝对无霜期。每年的 11 月至次年的 3 月间,是干旱的刮风期,这期间气候干燥,温度低下,缺氧,风沙大,延续时间又长;5—9 月相对温暖,是草原的黄金季节,这期间气候温和,风平日丽,绿色植物生长期全年约为 100 天,全部集中在这个季节。

植被类型:那曲站周边植被为典型的高山嵩草草甸,具有典型的区域代表性(图4.1)。优势种高山嵩草(*Kobresia pygmaea*)为根茎密丛型多年生草本,生活力很强,能耐低温寒冷的气候。其盖度可达40%~60%,甚至可达80%。高山嵩草根系非常发达,致使土壤形成致密的草根盘结层,厚达10 cm以上。一般5月上旬返青,生长期约为5个月。高山嵩草为牦牛、藏绵羊和西藏马所喜食,以高山嵩草占优势的草甸,常作为夏季家畜的主要放牧地之一。常见伴生种有钉柱委陵菜(*Potentilla saundersiana*)、楔叶委陵菜(*Potentilla cuneata*)、二裂委陵菜(*Potentilla bifurca*)、紫花针茅(*Stipa purpurea*)、矮羊茅(*Festuca coelestis*)、无茎黄鹌菜(*Youngia simulatrix*)、高山风毛菊(*Saussurea alpina*)、早熟禾(*Poa annua*)、矮火绒草(*Leontopodium nanum*)等,植被覆盖度可达60%~90%。土壤类型为高寒草甸土,土层薄,一般仅40~50 cm。河流、湖泊、滩地等低洼湿地分布有藏北嵩草(*Kobresia littledalei*),为密丛生大型草本湿中生植物;植株高20~30(40)cm,茎秆粗硬,适口性和营养成分均低于细小型嵩草。

图4.1 那曲站周边典型草甸(参见书末彩插)

4.1.2 区域代表性

那曲站位于西藏自治区北部,北与青海省接壤,西北与新疆维吾尔自治区毗邻。那曲市辖1个市辖区、10个县,即色尼区、嘉黎县、比如县、聂荣县、安多县、申扎县、索县、班戈县、巴青县、尼玛县、双湖县。地处唐古拉山南坡和念青唐古拉山北麓,位于羌塘高原的东端,山地连续分布,被众多湖盆分割,湖泊星罗棋布。多数县以畜牧业为主,个别县为半农半牧县。那曲站所处位置是典型的高寒草甸,在藏北高原东部草甸区域有高度的代表性。

4.1.3 台站的历史发展沿革

那曲站是经过多位院士专家论证通过的由中国科学院地理科学与资源研究所承建的所级研究站,已于2011年建成并投入运行,并于2013年加入中国高寒区地表过程与环境观测研究网络,那曲站作为生态屏障监测站具有得天独厚的条件。

4.1.4 学科定位、研究方向与目标

总体目标:围绕青藏高原面临的重大科学问题,开展长期监测、定位研究、试验示范等科研工作。通过对青藏高原生态环境要素的长期定位监测(水、土、气、生等要素),研究在高原独特的自然环境条件下高寒生态系统的结构和功能,发展和构建青藏高原国家生态安全屏障保护与建设的理论和技术体系,建立高寒草地植被恢复重建和农牧业可持续发展试验示范基地,探索高原农牧业可持续发展优化模式,为青藏高原生态安全屏障保护与建设及农牧业可持续发展提供理论指导和技术支撑。

学科定位:建站以来,那曲站围绕青藏高原国家生态安全屏障保护与建设的理论和技术体系及高原农牧业可持续发展等重大科学问题,开展了一系列科研工作,力争将那曲站建成高原生态环境数据积累基地、高原生态学理论研究的实验基地、高寒退化生态系统恢复与重建的实验示范基地、高原农牧业结合发展试验示范基地、高原生态学研究的人才培养基地和国内外生态学研究的科学交流基地。

研究方向及目标:

- 遥感生态学,通过站点的实验观测和区域样带调查,对模型参数进行本地优化,并提出数据融合的新方法,在摸清机理、优化参数及更新方法的基础上,探讨青藏高原生态系统对全球变化的响应机理和格局,对高寒生态系统响应全球变化提出新的认知。

- 全球变化生态学,利用野外观测和控制实验等手段,研究生态系统结构、功能对全球变化的响应和适应,尤其关注植物物候、群落系统多维多样性和生态系统多功能性等对全球变化的响应,为高寒生态系统应对全球变化提供科学依据。

- 恢复生态学,从草地退化机理入手,研发退化草地恢复重建技术,构建高寒退化草地生态系统恢复重建技术体系,建立高寒退化生态系统恢复与重建的实验示范基地,优化草地的生产和生态功能。

4.1.5 台站基础设施

仪器设备:那曲站现有监测设备主要有固定气象站2套,碳通量2套,小气象站30套,土壤呼吸系统1套(16个chamber),甲烷排放观测系统1套,根系监测系统1套,能见度监测系统1套,辐射监测系统1套,Li-Cor6400光合作用仪1台。自动监测指标有:空气温湿度、降水、风速风向、土壤5 cm、15 cm、30 cm、50 cm深度的温湿度、有效光合辐射、四分量辐射、土壤呼吸、碳通量、能见度等(图4.2)。

监测样地及实验平台:

(1)地空遥感对接实验平台(图4.3)

从2011年开始,在围栏1000亩的样地内架设了一套CO_2 Flux自动监测系统,在自由放牧地也架设了一套CO_2 Flux自动监测系统。通过研究,可以比较在放牧和禁牧两种状态下藏北草地生态系统生物地球化学循环的差别。自由放牧地可以看作是由气候变化和人类放牧干扰两个因素驱动,而禁牧地可以看作是由纯气候变化驱动的。通过对比这两种处理下的生态过程,我们就可以把气候变化和人类活动干扰对藏北草地生态过程的驱动效应区分开。

图 4.2　那曲站基建设施（参见书末彩插）

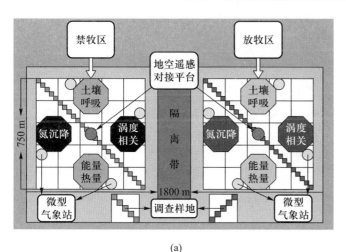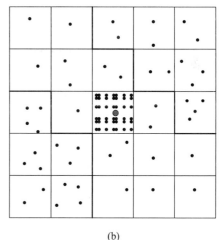

(a)　　　　　　　　　　　(b)

图 4.3　地空遥感对接实验平台：(a) 空间遥感和地面观测对接示意图；(b) 地面样方分布图

（2）退化梯度实验平台（图 4.4）

开始时间：2016 年 8 月

实验设计：依托中科院地理科学与资源研究所那曲站建立的不同退化系列高寒草甸样地，分为极重度、重度、中度、轻度、无明显退化 5 个梯度，每个梯度重复 5 次，共计 25 个样方。

（3）CO_2 加富和模拟氮沉降交互作用实验平台（图 4.5）

开始时间：2014 年 5 月

实验设计：采用 Semi-FACE（free air CO_2 enrichment）的方法，通过 CO_2 压缩钢瓶提供 CO_2 气体，生长季维持植物冠层 CO_2 浓度 500 ppm；采用裂区实验，施氮和不施氮，在 6 月中旬添加 $5\,g\,N\cdot m^{-2}$。实验设置 3 个重复，共计 12 个样方。

（4）增温梯度实验平台（图 4.6）

开始时间：2013 年 9 月

实验设计：采用 OTCs 增温的方法，OTCs 的开口大小一致，通过 OTCs 的高度设置 5 个增温梯度，全年增温，实验设置 4 个重复，共计 20 个样方。

图 4.4　退化梯度实验平台

图 4.5　CO$_2$ 加富和模拟氮沉降交互作用实验平台

图 4.6　增温梯度实验平台

（5）模拟氮沉降实验平台（图 4.7）

开始时间：2012 年 5 月

实验设计和处理：一是不同 N 水平施肥，2.5 g N·m^{-2}·年$^{-1}$、5 g N·m^{-2}·年$^{-1}$ 和 10 g N·m^{-2}·年$^{-1}$，分别表示为 N$_{2.5}$、N$_5$ 和 N$_{10}$；二是 N、P、K 不同组合施肥，施肥量均为 10 g·m^{-2}·年$^{-1}$，表示为 N$_{10}$、P$_{10}$、K$_{10}$、N$_{10}$P$_{10}$、N$_{10}$K$_{10}$、P$_{10}$K$_{10}$、N$_{10}$P$_{10}$K$_{10}$；另外，加上对照（Control），共 10 种处理。采用完全随机

区组设计,每种处理重复 5 次,共计 50 个样方。每个样方大小为 6 m×6 m。N、P、K 添加的分别是尿素、过磷酸钙、硫酸钾。

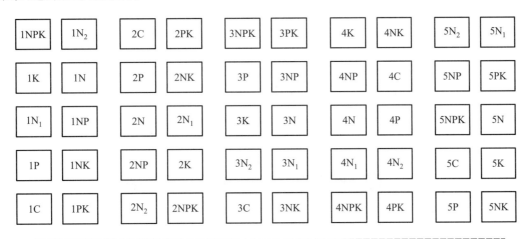

1NPK	1N$_2$	2C	2PK	3NPK	3PK	4K	4NK	5N$_2$	5N$_1$
1K	1N	2P	2NK	3P	3NP	4NP	4C	5NP	5PK
1N$_1$	1NP	2N	2N$_1$	3K	3N	4N	4P	5NPK	5N
1P	1NK	2NP	2K	3N$_2$	3N$_1$	4N$_1$	4N$_2$	5C	5K
1C	1PK	2N$_2$	2NPK	3C	3NK	4NPK	4PK	5P	5NK

注：每个样方为 6 m×6 m；每组实验内,样方间距离为 1 m,各实验组之间样方间距为 2 m；C 为对照；N 为施10.0 g N·m^{-2}·年$^{-1}$；P 为施10.0 g P·m^{-2}·年$^{-1}$；K 为施10.0 g K·m^{-2}·年$^{-1}$；N$_1$ 为施2.5 g N·m^{-2}·年$^{-1}$；N$_2$ 为施5 g N·m^{-2}·年$^{-1}$；NK 为施N+K；NP 为施N+P；PK 为施P+K；NPK 为施N+P+K。

图 4.7　模拟氮沉降实验平台

（6）围栏封育实验平台（图 4.8）

开始时间：2011 年 5 月

实验设计：采用随机区组设计,在 1×1 km^2 的区域内,从 2011 年开始,每年围封 60×60 m^2 的样地,在每个样地对角线方向选择 6 个 2×2 m^2 的固定样方,共计 36 个样方。该实验已持续了 7 年。

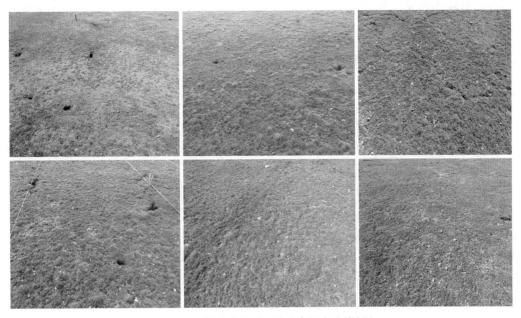

图 4.8　围栏封育实验平台（参见书末彩插）

4.1.6 成果简介

结合青藏高原生态屏障保护与建设所面对的关键问题,近 5 年,那曲站主要通过遥感、模型、地面监测和控制实验等多种方法技术和研究手段,开展青藏高原生态系统对全球变化响应和适应方面的研究。研究人员着眼于探索新的研究方法,结合地面控制实验优化模型参数,采用创新方法和参数优化的模型,并展了一系列原创性工作,揭示高寒生态系统对全球变化的响应格局及其环境效应。研究成果在 *PNAS*、*Global Ecology and Biogeography*、*Environmental Science and Technology*、*Agricultural and Forest Meteorology*、*Journal of Vegetation Sciences* 等国际期刊上发表。近 5 年,共发表 SCI 论文 30 多篇。

4.2 藏北高寒草地对环境胁迫的生理生态的响应和适应

青藏高原平均海拔高于 4000 m,被称为世界的"第三极",位于我国的干旱及半干旱区域,是全球气候变暖的敏感区域及大气温室气体的启动区(张金霞等,2003)。目前,青藏高原地区对全球气候变化的响应敏感而迅速已成为不争的事实,自 19 世纪 50 年代以来增温显著,每 10 年温度升高约 0.32℃,高于北半球及全球平均增温速率(Liu and chen,2000),与此同时降水与积雪也表现出增加的趋势(韩国军等,2011)。作为对全球气候变化敏感而脆弱的区域,在人类活动和气候变化的影响下,青藏高原区域植被不断发生变化。近年来,自然资源的不合理利用和人类活动的增强,进一步加剧该区域植被生态系统的变化(郑度等,2002)。因此,研究气候变化和人为活动对植物的生理生态影响,有助于了解草地生态系统结构与功能、不同植物物种的功能作用和植物体本身受环境胁迫影响的机制,也是制定草地生态系统预防、恢复与重建的理论基础。

4.2.1 高寒草地生态系统对增温的生理生态响应

温度是影响植物体能量流动和物质循环的主要因素之一,也与植物的生长和发育有着密切的联系。温度直接影响植物光合、呼吸等诸多植物生理过程,而光合作用和呼吸作用所需要的各种酶、次级代谢产物的合成及同化物的运输等又都与温度密切相关(李娜等,2011)。植物在生长和发育的过程中,温度过高或者过低都会对植物的生长和发育产生影响,主要影响有蛋白质变性、生物膜结构破损、体内生理生化代谢紊乱等(潘瑞炽,2004)。

在藏北高寒草甸生态系统中,温度升高对植物的形态和生长产生了显著的影响,且影响的效果与植物种类密切相关。例如,对于高寒草甸的典型物种,小幅度的增温后小嵩草和风毛菊的株高、基径、叶长和相对含水量都增加。大幅度增温后不同物种响应不一致,小嵩草的株高显著增加,但增加量低于小幅度增温的株高增加量,叶长和相对含水量继续显著增加,且增加量高于小幅度增温;而大幅度增温后风毛菊的株高、叶长和相对含水量增加量均高于小幅度增温(李娜等,2011)。

温度升高促进了高寒草甸植物群落的生长和发育,同时对群落中的典型物种的生物量在各组分中的分配格局也产生了显著的影响。例如,优势种小嵩草和伴生种风毛菊,小幅度增温后根生物量／总生物量增加,叶生物量／总生物量和茎生物量／总生物量降低,这是由于根部生物量分配比例的显著增加和叶茎生物量分配比例的减少,才导致了地下部分生物量／地上部分生物量变高。大幅度增温作用促进了小嵩草根茎叶分配格局的进一步向根系层中转移;而对于风毛菊,大幅度增温后,叶生物量／总生物量显著增加,而茎生物量／总生物量和根生物量／总生物量在增温后降低,导致地下部分生物量／地上部分生物量相比对照样地降低(李娜等,2011)。

温度升高到一定程度后,高寒草甸植物群落中部分物种消失,且增温幅度越大物种消失的越多(李娜等,2011;姜炎彬等,2017)。例如,在中国科学院地理科学与资源研究所那曲站的多梯度增温(W1<W2<W3<W4)实验表明,在2016年生长季,与对照相比,增温处理(W1、W2、W3、W4)少了物种蒲公英(*Taraxacum mongolicum*)和甘肃雪灵芝(*Arenaria kansuensis* Maxim),增温处理(W3、W4)少了物种附地菜(*Trigonotis peduncularis*)和藏西风毛菊(*Saussurea stoliczkai*),且增温处理(W4)少了物种紫花针茅(*Stipa purpurea*)和无茎黄鹌菜(*Youngia simulatrix*)。其可能原因是从形态学和生态学上高寒植物已经进化出吸热的形态,而增温导致植物组织的温度超过了有些高寒植物的耐热极限,最终导致群落的演替(Klein et al.,2004)。

植物物候作为气候变化的"指纹",对温度升高的响应尤为敏感,且不同功能群植物的物候(早花和晚花植物)及物候的各个阶段(现蕾、开花和结实等)对气候变暖的响应不同(朱军涛,2016)(图4.9)。基于物候的长时间序列观测(Wolkovich et al.,2012)、模拟增温实验(Jiang et al.,2016)及遥感监测(Piao et al.,2006)的结果显示增温显著提前了藏北草地群落植物的返青期,推迟了枯黄期(Jiang et al.,2016)。同时不同功能群的植物对增温的响应也不完全一致,由于增温导致的表层土壤水缺乏,因此推迟浅根－早花物种高山嵩草的繁殖期,并且减少其花序数量(Dorji et al.,2013),提前浅根－中花植物钉柱委陵菜和深根－晚花植物紫花针茅和矮羊茅的繁殖时间,对浅根－中花植物楔叶委陵菜和深根－晚花植物无茎黄鹌菜的繁殖时间没有显著影响(朱军涛,2016)。

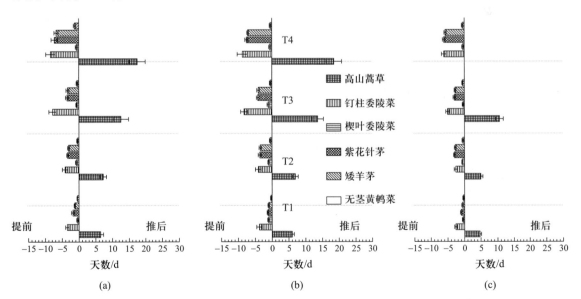

图4.9 增温处理对各物种的现蕾(a)、开花(b)和结果(c)时间的影响(朱军涛,2016)

注:图中正值代表与对照相比推后的天数,负值代表与对照相比提前的天数。

4.2.2 高寒草地生态系统对水分的响应和适应

水分是影响植物生存、生长和分布的重要环境因子之一,而干旱被认为是世界上诸多地区生态系统在全球气候变化背景下所面临的主要威胁(Walter et al., 2011)。目前,随着全球暖干化,干旱胁迫普遍存在,而且呈加剧的趋势(Wassmann et al., 2009)。因此,研究植物对干旱胁迫的响应机理和适应策略尤为重要。植物对水分胁迫的抗性是经过遗传变异和自然选择而逐渐形成的,这种胁迫抗性与植物的内部结构、生理状况有密切的关系(潘昕等,2014)。在干旱胁迫下,植物会通过降低光合作用、关闭气孔以及提高水分利用效率来减少体内水分丧失(罗青红等,2017),并且通过增加渗透调节物质以维持膨压,从而维持正常的生理活动(叶松涛等,2015;王林龙等,2015),同时植物关闭气孔后会形成大量过剩激发能,这些激发能会对植物造成过氧化伤害(周芙蓉等,2013;靳军英等,2015)。

在青藏高原高寒草甸生态系统中土壤水分的有效性是限制植被生长及生态系统生产力的主要因素之一(Chen et al., 2015),而降水对土壤水分有决定性作用,生长季降水的差异导致了土壤水分有效性的差异。草地生态系统对气候变化极其敏感,同时草地生产力具有较高的年际差异(Knapp and Smith, 2001;Fang et al., 2001)。研究表明降水量多的年份草地生态系统的植被生产力远大于干旱年,其原因是干旱年降水少,导致其土壤水分的有效性偏低,植物体内水分亏缺程度因土壤水分的减少而逐渐加剧,干旱胁迫严重,草地生态系统通常以减少生物量作为代价,提高水分利用效率来适应环境(Grime, 2001;李娜等,2011),而降水量多的年份,降水提高了土壤水分有效性,促进了植物的新陈代谢及营养的吸收使其增强了植物的光合能力(Hutchison and Henry, 2010;Hoeppner and Dukes, 2012),促进了植物的生长。在草地生态系统中,浅根植物受土壤水分的限制最严重(朱军涛,2016),而深根植物的抗旱能力强,对干旱胁迫较其他物种不敏感,较浅根植物更容易存活。例如在藏北高寒草甸生态系统中,高幅度的增温抑制了植物的生长,减少了地上和地下生物量的累积(李娜等,2011;姜炎彬等,2017),其主要原因是在增温和水分胁迫的环境中,植物通常以减少生物量生产,提高水分利用效率来适应环境(Grime, 2001;李娜等,2011)。

4.2.3 高寒草地生态系统对养分的响应和适应

植物细胞的生长、分化和各种代谢过程,N、P、K 都起着重要的作用。植物生长发育过程中,充足的 N 有利于细胞生长和分裂形成新细胞(潘瑞炽,2004)。缺 N 易造成植物矮小,分枝、分蘖少,叶面小而薄,叶片发黄,花果少且易脱落;N 过多则叶片大而深绿,嫩而多肉;含水量高,但不耐旱;细胞内酰胺积累,体液呈碱性,易引起病原菌危害;糖类相对不足,茎秆中的机械组织不发达,易造成植物倒伏(高俊飞,2013)。适量的 P 可促进植物生长发育,提高植物产量和品质。当 P 缺乏时,会影响细胞分裂,抑制芽的分化,使分蘖、分枝少,幼叶生长停滞,茎、根纤细,生长矮小,花果脱落。同时,缺 P 会导致蛋白质合成下降,糖的运输受阻,营养器官中糖的含量相对提高。但 P 素过多时则会引起其他元素的失调,妨碍铁和锌的吸收,同样会对植物的产量和品质产生负作用(沈其荣,2008)。K 是植物体内含量较多的元素,以离子形式(K^+)由根系进入体内,参与代谢过程(Consuelo et al., 2002;冯茂松和张健,

2003）。K 在植株中主要起催化作用，包括酶的活化等（李荣霞，2007）。K 充足时，植物能有效地利用水分，并保持在体内，减少水分的蒸腾作用（Heakal et al.，1990；黄立华等，2009）。缺 K 时，叶片失水，蛋白质和叶绿素受到破坏。

元素添加是补给土壤营养和维持地上生产力的主要措施，因此许多研究探讨了植物群落生产力对元素添加的响应（Elser et al.，2007；LeBauer and Treseder，2008）。在藏北高寒草甸生态系统中，N 肥、P 肥处理显著影响了地上生物量及不同功能类型的生物量，K 肥的影响不显著，而 NK、NP、NPK 处理提高了地上生物量，且地下生物量有随 N 添加降低的趋势，这说明施肥促进了生物量向地上转移（席溢，2015）。且高寒草甸地上生物量对施肥的响应比物种多样性等指数的响应滞后（蒋靖，2014）。因此，随着实验处理时间的增加，响应可能会更显著。

物候期的早晚综合反映了气候、养分、水分等环境因子的变化，是植物的功能特征变化的重要指示性指标（竺可桢和宛敏渭，1979）。在藏北高寒草甸生态系统中，施肥对浅根系植物物候的影响大于对深根系植物的影响。施 N 推后了优势种高山嵩草的开花时间，提前了生殖生长开始时间，延长了其生殖期（图 4.10）；$N_{10}K_{10}$ 提前了高山嵩草的生殖生长开始时间，延长了其花期、结实期和生殖期；K_{10}、$N_{10}P_{10}$、$N_{10}P_{10}K_{10}$ 提前了高山嵩草的生殖生长开始时间。施 N 提前了伴生种楔叶委陵菜的开花时间，推后了结实时间和生殖生长结束时间；$N_{10}K_{10}$ 提前了楔叶委陵菜的开花时间；$N_{10}K_{10}$、$N_{10}P_{10}$、$N_{10}P_{10}K_{10}$ 推后了楔叶委陵菜的生殖生长结束时间；不同水平 N 添加及 P_{10}、K_{10}、$N_{10}K_{10}$、$N_{10}P_{10}$、$P_{10}K_{10}$、$N_{10}P_{10}K_{10}$ 均延长了楔叶委陵菜的花期、结实期和生殖期，提前了其生殖生长开始时间。施肥处理趋于延长植物生长季，有可能提高高寒草甸生态系统生产力（席溢，2015）。

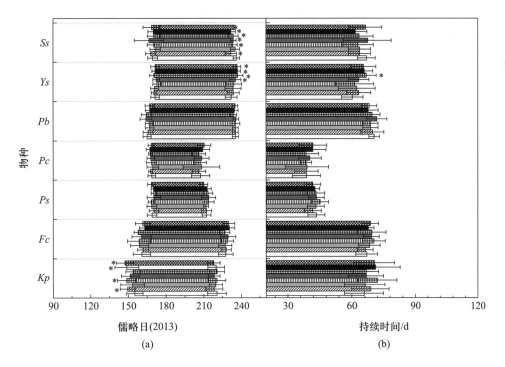

(a) 儒略日(2013)　　(b) 持续时间/d

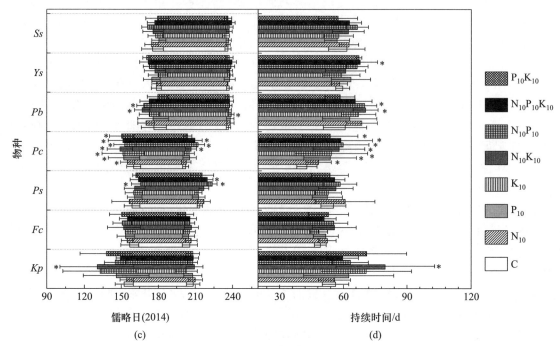

图 4.10　N、P、K 不同组合施肥对高山嵩草（*Kp*）、矮羊茅（*Fc*）、钉柱委陵菜（*Ps*）、
楔叶委陵菜（*Pc*）生殖期开始时间和结束时间（a，c）及生殖期持续时间（b，d），
以及对二裂委陵菜（*Pb*）、无茎黄鹌菜（*Ys*）、藏西风毛菊（*Ss*）营养期开始
时间和结束时间（a，c）及营养期持续时间（b，d）影响（席溢，2015）

注：* 表示处理与对照间的统计学差异（$P<0.05$）。

4.3　藏北高寒草地生态系统结构、功能及其维持机制

生态系统是在自然界一定的空间内，由生物与非生物相互作用结合而成的结构统一有序的整体。20 世纪 70 年代以来，在全球气候变暖、人口急增、放牧等因素的影响下，草地生态系统的结构、功能发生了变化。植物群落结构变化主要包括物种组成、物种丰富度、植被生产力和生物量结构的变化。对气候变化、放牧所造成的植物群落的变化的演替研究，有助于了解草地生态系统结构与功能、不同植物物种的功能作用和生物多样性受气候变化和放牧影响的机制，也是制定草地生态系统恢复与重建的理论基础。

4.3.1　增温对植物群落结构的影响

气候变化主要表现在全球气温升高、CO_2 富集、氮沉降增加和降水格局改变等（Collins，2009；Shaw et al.，2002）。自工业革命以来，全球平均气温以 0.65℃ /100 年的速度上升（IPCC，2013；Ma et al.，2017），而化石燃料的燃烧、化肥使用量的成倍增加及不合理使用（Tilman et al.，2001），也使陆地生态系统中的养分含量大幅度增加（Horner-Devine and Martiny，2008）。

全球范围内的气候变化已经成为一个重要的生态环境问题,严重影响着生态系统的结构和功能,威胁着生态系统生物多样性(Sala et al.,2000;Stevens et al.,2004;Vourlitis et al.,2007)。

增温对植物的影响可分为直接和间接两种作用。首先,温度直接影响植物光合、呼吸等诸多植物生理过程,而光合作用和呼吸作用所需要的各种酶、次级代谢产物的合成及同化物的运输等又都与温度有关(李娜等,2011)。增温将直接改变植物的光合能力和生长速率,从而改变植物的物候(朱军涛,2016),并延长植物的生长期。间接的影响主要包括改变土壤含水量和对营养物质的利用(Hutchison and Henry,2010;Hoeppner and Dukes,2012),因此植物的生长、生物量生产及分配、群落演替方向及速度都将随之发生相应的改变(李娜等,2011)。此外,气候变化对植物生长的影响还取决于植物本身的特性,如相比抗旱能力差的植物,抗旱能力好的植物可以减少增温引发的干旱胁迫的限制(Ward et al.,1999),同时增温促进豆科植物氮的固定,增加土壤速效氮,促进植被生物量的生产(Gundale et al.,2012;Whittington et al.,2012)。

(1)增温对草地物种组成及物种多样性的影响

随着气候变化,藏北高寒草地生态系统中,禾草类、莎草类等优质牧草比例下降,而杂类草所占比例明显改变,以莎草和禾草为优势类群的原生植被逐渐出现演替。例如,李娜等(2011)研究发现,在藏北高寒草甸中,小幅度增温使禾草和莎草的分盖度显著降低,杂类草的分盖度显著增加,但大幅度增温使这种减少或增加的程度有所降低,且群落组成由小嵩草、黑褐穗薹草、小报春占据绝对优势的群落物种组成,经小幅度增温后,演变为由小嵩草、黑褐穗薹草占据绝对优势的群落物种组成,经过度增温处理,演变为由小嵩草、三裂碱毛茛、黑褐穗薹草和小报春共同占优势的群落物种组成。

气候变化对植物生长的影响还取决于植物本身的特性,对于任何一个植物群落来说,总有一些物种比另一些物种对温度升高的响应更为敏感,从而破坏种间竞争关系,引起群落优势种和组成改变(Klein et al.,2004;Niu and Wan,2008;Post and Pedersen,2008;李娜等,2011)。如:在藏北高原高寒草甸生态系统中,高山嵩草属于典型的高寒草甸群落中的浅根植物(朱军涛,2016),抗旱能力差(李娜等,2011),增温减少了土壤水分的有效性,加剧了干旱胁迫,严重威胁了该物种的生长(图4.11);委陵菜属植物抗旱能力强(韦梅琴和李军乔,2003),受干旱胁迫的影响较弱;除建群种(高山嵩草和委陵菜属植物)外的其他物种中几乎全是逃逸种,增温加剧了干旱胁迫,严重影响了逃逸种的生长(Mariotte,2014)。增温导致高寒草甸植物群落部分物种的消失,且增温幅度越大物种消失的越多(Klein et al.,2004;李娜等,2011)。因此,气候变化引起的植物群落内植物竞争力和物种的改变,进一步使得植物群落进行演替(李英年等,2004;李娜等,2011)。

多样性指数则是群落物种的丰富度和均匀度的综合反映,是评价生态系统结构和功能以及生态异质性的参数。良好的生物多样性能提高生态系统中的资源利用效率,在环境变异时起到稳定生态系统的作用,在极端环境下,多样性可为生态系统功能执行提供抵御变化的屏障。研究表明实验增温导致藏北高原物种丰富度减少了26%~36%(Klein et al.,2004),物种消失最多的地区主要是由于氮的限制,同时热胁迫和增温引起的凋落物的累积潜在地影响了物种对增温的响应。

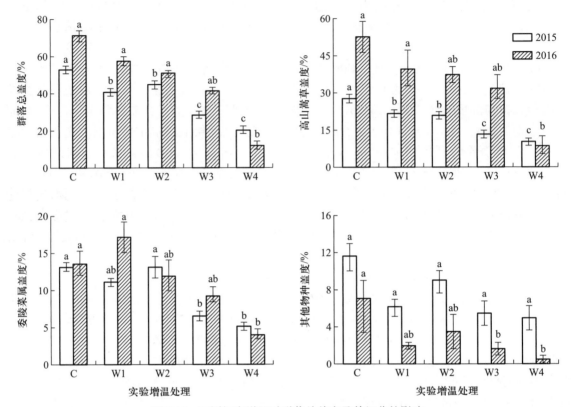

图 4.11　不同幅度增温对群落总盖度及其组分的影响

注: 不同大写字母表示在相同增温处理下, 2015 年与 2016 年差异显著($P<0.05$),不同小写字母表示同一年不同增温处理间差异显著($P<0.05$),相同字母之间不显著。

(2) 增温对草地生产力以及生物量结构的影响

气候变化与生态系统初级生产力的变化有着密切的联系(Wang et al., 2012),尤其在两极及高寒地区表现为最强(Corlett, 2011)。低温是限制高寒植物生长的关键因素之一(Rudgers et al., 2014),而对于青藏高原腹地的高寒植物来说,植物所处的环境温度普遍低于植物生长所需的最适温度(李娜等, 2011),增温改善了植物群落的小气候环境,一定程度上满足了植物对热量的需求,有利于植物的生长和发育,对群落结构产生一定的影响。与此同时,温度的变化也将影响植物对水分和养分的吸收,间接影响植物的生长和生物量的积累(Niu and Wan, 2008; Hutchison and Henry, 2010; Ma et al., 2017)。生态系统生产力的变化对地球表面生态系统的结构和功能(Garcia et al., 2014; Seddon et al., 2016)及对人类服务功能的可持续发展极其重要(Oliver et al., 2015)。

在全球变暖的背景下,有大量的研究通过遥感监测及田间试验模拟陆地生态系统地上生产力对增温响应,经过 Meta 分析发现在增温幅度为 1.0 ～ 6.0℃,沿着增温梯度增温先是有效地促进了植物的生长再到抑制植物的生长(Lin et al., 2010; Wu et al., 2011),表明一定程度的升温会促进植物的生长,但温度升高超过一定幅度时,会导致植被生产力的下降,进而加剧草地的退化。例如,在藏北高寒草甸生态系统中,姜炎彬等(2017)利用多梯度增温实验表明,对整个群落而言,增温幅度较低时,增温对群落的生长和生物量的积累以及多样性都会有明显的促进作用,当温度升高超过一定值,这种促进作用会逐渐减弱甚至变成抑制作用(图 4.12)。李娜等(2011)研究表明在高寒草甸生态系统中,小幅度增温样地内地上和 5~20 cm 土层的生物量分别增加了 26.7% 和 39.5%,而高幅度增温地上生物量的变化不明显,但地下生物量出现了显著的减少趋势。这是由于高寒草甸较干旱的土壤环境,在增温后同时受到土壤温度和水分条件的限制,生物量的分配格局在增温后发生改变(Wu et al., 2011;李娜等,2011;李军祥等,2016)。同时在增温和水分胁迫的环境中,植物通常以减少生物量生产,提高水分利用效率来适应环境(Grime, 2001;李娜等,2011)。

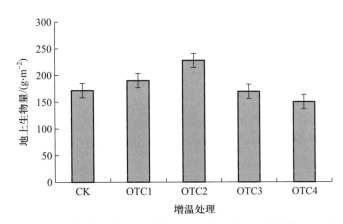

图 4.12 不同增温梯度下群落的地上生物量(姜炎彬等,2017)

4.3.2 氮沉降对植被群落结构的影响

氮是植物生长的必需元素之一,是植物体内蛋白质、核酸、磷脂的主要组成成分,是构成叶绿素的必需成分,是植物体内维生素和能量系统的组成部分(武维华,2003)。大气氮沉降大幅的增加,导致陆地生态系统土壤或水体酸化、富营养化以及植被生产力、生物多样性变化等危害,严重威胁着陆地和水体生态系统的健康发展。氮沉降增加不仅影响陆地生态系统的结构和功能指标以及生理生态过程,而且还会产生一系列的生态和环境问题,例如,改变物种多样性等(Clark and Tilman, 2008)。

(1)氮沉降对草地物种组成和物种多样性的影响

陆地生态系统中,外源性氮的输入,会引起群落组成改变,物种多样性降低。随着氮等养分的增加,光合产物的 C/N 或组分间的分配会发生变化,引起群落物种组成发生变化,进而引起生态系统结构和功能的改变(Norby, 1998;Wedin and Tilman, 1996)。施肥对植物群落物种组成的影响的研究很多,大部分研究认为元素添加引起物种多样性下降(Clark and Tilman, 2008;Yang et al., 2012)。而在藏北高寒草甸生态系统中,群落多样性指数、均匀度、物种丰富度都未对施肥处理有显著响应,而 NP、NPK 处理增加了群落平均高度,NK、NP、NPK 处理增加了群落盖度(席溢,2015;Ren et al., 2010)(图 4.13)。Ren 等(2010)研究了 N、P、K 不同元素组合添加对高寒草甸植物群落物种多样性的影响,结果表明随着不同组合元素添加量的增加,物种多样性呈现线性降低趋势。其高度的变化,可能会引起物种间对光资源的竞争,进而降低物种丰富度(Moles et al., 2009）。高寒草甸的研究结果显示低剂量的 N 和 P 配合添加对物种丰富度的影响不显著,而高剂量添加显著降低了物种丰富度（Wang et al., 2010; 沈振西等, 2002）。

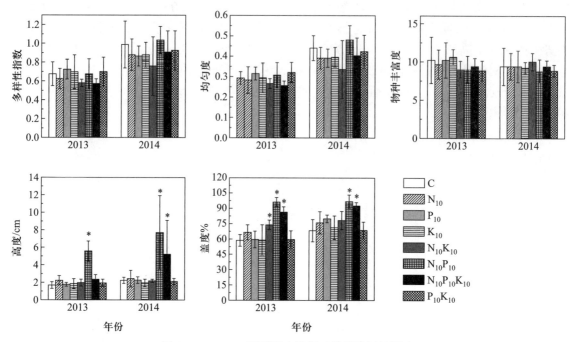

图 4.13　N、P、K 不同组合施肥对群落指标的影响

这些研究主要围绕光竞争假说和随机物种丧失假说讨论。光竞争假说认为元素添加后,植物对地下养分的竞争转为对地上光资源的竞争。在光竞争条件下,植物个体大小的不同引起物种的竞争排除,因此光竞争的增强使得在光资源竞争中较弱的物种从植物群落中丧失（Hautier et al., 2009）。随机物种丧失假说认为元素添加增加了土壤中植物可利用养分的含量,提高了土壤营养,进而增加了植物群落生产力,生产力的增加使得植物个体大小得到增加,伴随着植物个体大小的增加,植物群落个体密度降低,植物多度下降,从而导致植物群落中稀有物种的随机丧失,最终降低植物群落物种的多样性（Stevens et al., 2004）。

（2）氮沉降对草地生产力以及生物量结构的影响

通常情况,植物群落生产力与生物量呈正相关。因此,常以生物量作为生产力的一个指标。植物群落生产力受时间（持续的富营养化影响）和空间（固有的生境）等因素的影响。不同植物功能型对施氮的响应有所差异,例如施氮增加了高寒矮生嵩草草甸地上生物量,但施氮量为 300 kg·hm^{-2}·年$^{-1}$ 时,禾草生物量增加,杂类草生物量降低（沈振西等, 2002）。在藏北高寒草甸生态系统中,N 肥、P 肥处理显著影响了地上生物量及不同功能型的生物量,K 肥的影响不显著（席溢, 2015）（图 4.14）,而 NK、NP、NPK 处理提高了地上生物量,但地下生物量有随氮添加降低的趋势,但不显著。且高寒草甸地上生物量对施肥的响应比物种多样性等指数的响应滞后（蒋靖, 2014）。

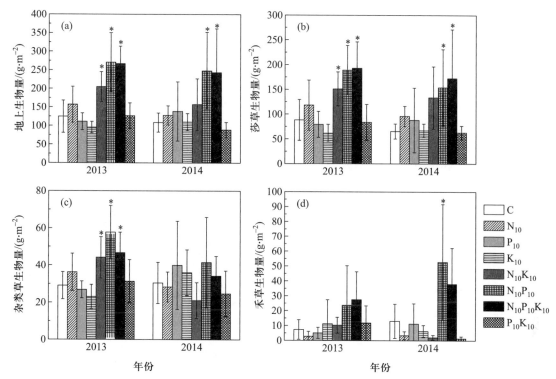

图 4.14　N、P、K 不同组合施肥对地上生物量（a）、莎草生物量（b）、
杂类草生物量（c）和禾草生物量（d）的影响（席溢，2015）

注：* 表示处理与对照间的差异显著（$P<0.05$）。

4.3.3　放牧对植被群落结构的影响

放牧是草地利用的最主要方式（Qiao et al.，2012），也是人类施加于草地最主要的干扰类型之一。研究表明，放牧对草地群落结构和生物量有重要的影响，长期不合理的放牧会导致草地生产力下降、盖度降低，草地群落组分发生变化，毒草比例增加，土壤肥力下降，草地水源涵养能力降低，水土流失加剧（Qiao et al.，2012；罗久富等，2017）。同时，过度放牧还可导致土壤的理化性质发生改变，土壤微环境被破坏，土壤微生物的数量减少，致使草地出现严重退化，减弱了天然草地作为生态屏障的功能（林斌，2013；高英志等，2004）。据研究，全世界退化草地中约有 35% 是由于过度放牧所引起的（苏淑兰等，2014）。

（1）放牧对草地物种组成及多样性的影响

随着放牧强度的加剧，禾草类、莎草类等优质牧草比例下降，而杂类草所占比例明显升高，在群落中占据优势地位，以莎草和禾草为优势类群的原生植被逐渐变成以杂类草为主，草地出现逆向演替。如：高凤等（2017）在藏北古露高寒草地研究中表明，短期（3 年）围栏，围封与放牧区的优势种群没有发生变化，而高寒草地植物群落高度和盖度都出现了显著的变化，围栏内的植被平均高度、地上生物量明显高于围封外，植被总盖度也高于围栏外。这说明围封修复的方式可以有效促进植被的生长，而放牧则直接影响群落结构。苏淑兰等（2014）研究表明，封育 5 年后，高寒草甸和高寒草原的禾本科植物比例较放牧地均显著增加，分别增加了 343.9% 和 33.9%；高寒草甸杂类草比例较放牧地显著降低,降低了 30.1% ;莎草科和豆科植物的比例无显著性差异;围封对温性荒漠草原各功能群植物比例无显著性影响。

　　研究表明长期围栏一定程度上会降低草地群落的物种多样性,而短期围栏封育对退化高寒草原植被群落多样性影响不显著,但是生产力显著提高。例如封育 3 年后,围栏内植被的Shannon-Wiener 指数显著低于围栏外(高凤等,2017),而封育 5 年后,围封对高寒草甸、高寒草原和温性荒漠草原的物种多样性无显著性影响(苏淑兰等,2014),这可能是在围封前退化高寒草地处于过度放牧的状态,草地植被长期被践踏,生长发育受到抑制,降低了优势种的优势度,为非优势物种拓宽了生存空间,物种在种类数量结构上发生变化。在藏北高寒草甸的围栏封育实验结果表明(图 4.15),围栏封育 1 年和 2 年的植被 Shannon-Wiener 指数低于围栏外,而围栏封育 3 年、4 年、5 年、6 年的植被 Shannon-Wiener 指数与围栏外无差异,同时围栏内外的 Pielou 均匀度指数间无差异,这说明围栏封育 3～4 年后,高寒草甸群落的多样性可能就会自然恢复。同时物候的研究表明,围封禁牧 5 年将延迟高山嵩草的繁殖时间和成功率,并与围栏禁牧 3 年和 4 年相比,围栏禁牧 5 年样地中的高山嵩草和钉柱委陵菜花的最多种子数量显著降低,因此围封禁牧 3 年和 4 年可能是一种有效的治理高寒草甸退化的措施(Zhu et al., 2016)。

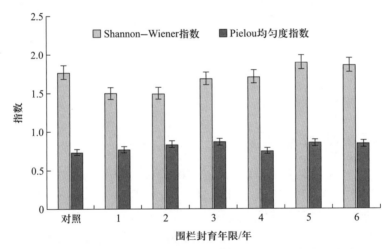

图 4.15　不同围栏封育年限对植被群落多样性和均匀度的影响

(2)放牧对草地生产力以及生物量结构的影响

　　放牧干扰对草地的直接影响主要体现在对其生产力及群落结构的改变。围栏封育作为修复退化草地的有效手段被广泛采用,并形成良好的生态效益,主要表现在围栏封育可明显提高草地群落的地上生物量,草地植被的高度和盖度增加,有效控制草地的沙化程度、土壤的养分流失。例如李君勇(2016)发现,放牧显著降低了 27.2% 的群落地上生物量,降低了禾草类物种 29.9%的地上生物量,降低了豆科物种 70.8% 的地上生物量,但是对杂类草的地上生物量没有显著的影响,说明围封对植被生长有显著修复效果,对草地生产力有促进作用。如图 4.16 所示,在藏北高寒草甸生态系统中,围栏封育促进了群落总生物量和地下生物量的累积,围栏封育 1～5 年促进群落地上生物量的累积,且围栏封育 4 年时达到最大值,地上生物量的比重也在围栏封育 4 年时达到最大值,这说明围栏封育 4 年可能是一种有效的治理高寒草甸退化的措施。

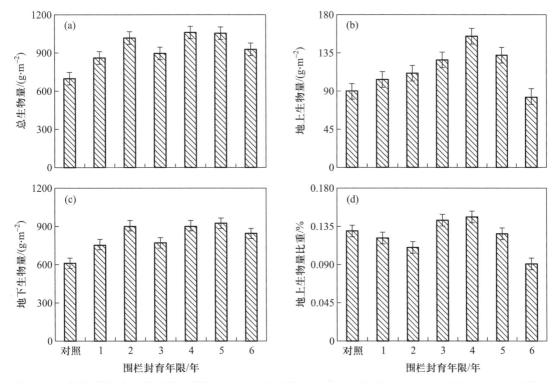

图 4.16 不同围栏封育年限对总生物量（a）、地上生物量（b）、地下生物量（c）、地上生物量比重（d）的影响

由于受海拔、气候和植被组成等因素影响,高寒草原和高寒草甸群落盖度和高度对围栏封育响应相对较为缓慢,而高寒荒漠植被群落盖度和高度对围栏封育响应较快;高寒草地生态系统中地上生物量对围栏封育均响应较快,且不同功能群的地上生物量变化存在差异。例如苏淑兰等（2014）发现围栏封育 5 年后,高寒草甸、高寒草原和温性荒漠草原草地植被地上总生物量分别显著增加了 48.1%、10.8%、34.5%;禾本科类植物生物量在高寒草甸、高寒草原和温性荒漠草原分别增加了 566.3%、48.3% 和 40.6%;莎草科类植物生物量仅高寒草甸显著增加了 226.6%;杂草类植物生物量仅在高寒草原显著降低了 13.5%;围栏封育对豆科类植物生物量无显著影响。

4.4 退化生态系统修复与生态系统管理

藏北地区处于青藏高原腹地,高寒草地对高原及周边的生态环境具有重要的调节和控制作用,具有十分重大的环境保护与生态意义。藏北草原是中国的五大牧场之一,在支撑高原畜牧业发展、维持民族团结和社会稳定方面具有重要的作用。藏北草原相比于干旱半干旱地区的其他草原生态系统而言,寒冷、多风、积雪和冻土等特殊的环境导致其生长季相对较短,具有高度的脆弱性和敏感性。全球变化下,青藏高原的温度和降水格局正在发生显著的变化。同时,改革开放以来,藏北地区人口增长速度较快,畜牧经济发展迅速。气候变化和掠夺式粗放经营管理使藏北草地资源和人口、环境的矛盾加剧,导致高寒草地呈现退化的趋势。而高寒草地系统一旦遭到极度干扰和破坏,将严重制约西藏地区的经济发展,更将对国家的生态安全和社会稳定造成严重威胁。因此,充分考虑草地的自然、社会和经济属性,针对不同成因导致的高寒草地退化进行恢复和生态系统重建及管理,加强草地生态环境的建设已经刻不容缓。

4.4.1 高原生态系统退化成因认知

研究和探讨草地退化的成因,有助于深入认识和了解草地退化的原因、特征和趋势,以便为草地退化恢复治理提供科学依据。藏北地区的高、寒、旱特征使得该地区的高寒生态系统极为脆弱,在自然和人为因素的影响下极易发生退化。气候变化、冰川退化和冻土消融、过度放牧和鼠虫害是藏北高寒草地退化的主要原因。

首先,藏北地区的植被生长基质本身具有易退化的劣势。藏北地区由于温度低、降水少,成土速度缓慢,土层相对浅薄,沙砾化严重,土壤结构性差。又由于土壤的冻融作用和风力侵蚀作用强烈,在动力学上和成土过程中都很易发生土壤退化(中国科学院青藏高原综合科学考察队,1982,1983)。高原土壤的生物和化学作用强度低,土壤矿质养分匮乏导致植被的生长一旦受到干扰就难以恢复。其次,高原地区受全球气候变化的影响比平原地区更为严重。研究表明,过去30年间,高原年均温持续升高,增幅达1.5℃左右,降水格局也发生了很大的改变,使得藏北地区出现冻土厚度减少,冰川和湿地面积萎缩(Yao et al., 2015),湖泊水面减小、水位持续降低等一系列生态环境变化(Zhang et al., 2017),融雪自然灌溉的面积减少对藏北地区草地的生长造成了更加不利的影响(Sun et al., 2016)。另外,高寒草地的生产力相对较低,生态系统结构比较简单,植被对外界的干扰具有高的敏感性。藏北的畜牧业是当地主要的经济支撑产业,近几十年来,藏北高原畜牧业的发展规模和发展速度不断扩大和提高。研究表明,自1993—2010年,那曲地区牲畜存栏总数翻倍,牲畜平均占有草地面积减少了2/3,严重超过该地区天然草地的理想承载能力(拉巴,2014)。超载过牧导致草地土壤养分大量输出,表土层养分持续短缺致使牧草生长受到严重影响,不利于高寒草地的持续利用。退化和裸露的草地更加难以抵抗鼠害和虫害的影响,多种毒杂草的繁衍能力和竞争能力不断强化,更加速了高寒草地的退化演替。

4.4.2 高原生态系统退化表征及监测

藏北高寒草地主要以草甸、草原为主,那曲地区牧业产值占其国民生产总值的70%以上,牧业收入占那曲农牧民总收入的80%以上(俞联平等,2004)。由于藏北的环境相对恶劣,高寒草甸生态系统脆弱,抗干扰能力差,草甸的退化尤为明显(高清竹等,2005;Gao et al., 2006)。草地退化不仅是植被和土壤系统的退化,也是两个子系统耦合关系的丧失和系统相悖所致,并进一步导致草地生态功能和生产功能失调(侯扶江等,2002)。监测草地退化和诊断草地退化程度是生态系统恢复和重建的前提与基础。综合生态压力和生态结构及生态功能指标,能够进行很好的生态退化诊断识别。

植被退化是一种植被的逆行演替(李明森,2000),在生态系统结构(群落结构、生产力、植被覆盖度、碳交换量)和功能上都会显现一系列变化(徐玲玲等,2005),因此监测这些指标的变化能够指示草地的退化状况。自20世纪80年代开始,AVHRR遥感监测植被绿度的研究表明,2000年前,那曲地区草地退化的面积占总原生草地的43.1%,西部地区的退化面积大于其他地区,潜在蒸散量对草地退化面积的影响最大(毛飞等,2008)。MODIS-NDVI数据的植被覆盖度数据研究表明2002—2010年那曲地区草地共退化628.7万hm²,且以轻度退化为主。那曲地区草地退化的面积表现出先增加后减少再增加的一个变化趋势,2002—2005 年是那曲地区草地退化的主要阶段(戴睿等,2013)。基于 AVHRR 和 MODIS-NDVI 生长季 NDVI 结果表明,20 世纪80 年代以来,藏北中部的草地退化程度较低,而在 2000 年以后,藏北的退化趋势已经得到有效遏制,而西藏南部和中部生产力较高地区的草地退化则比较剧烈(Huang et al.,2016)。

　　草地的主要生态服务功能之一为放牧,研究表明,草地在退化阶段群落的结构组成也会发生变化。在高寒草甸沙化演替系列上,植物种群的分布呈明显的更替现象,表现为随沙化程度严重化,禾草类紫羊茅和豆科类花苜蓿等营养较高,适口性较好的物种的重要值和优势度逐渐减少(戚登臣等,2011)。有研究调查发现,禾草 – 矮生嵩草群落、矮生嵩草群落、小嵩草群落、杂类草"黑土滩"次生裸地是退化演替过程中的 4 个典型过程(曹广民等,2007)。禾本科、莎草科等可食牧草逐渐减少和杂类草盖度急剧增加的趋势反映了高寒草甸退化演替过程植被变化的基本特征,草地退化造成了土壤容重增加,且表层土壤对放牧的敏感性高于底层土壤(王建兵等,2013)。随着高寒草甸退化程度加大,植被盖度、草地质量指数和优良牧草地上生物量比例逐渐下降,草地间的相似性指数减小,而植物群落多样性指数和均匀度指数在中度退化阶段最高,随着退化程度加大,出现单峰式曲线变化规律,地上总生物量在轻度退化阶段最高,在极度退化阶段最低,随着退化加剧,土壤腐殖质含量降低(蔡晓布等,2008),土壤酶活性也降低(彭岳林等,2007)。杂类草生物量显著增加(周华坤等,2005)。植被的群落结构和土壤的理化特征可以作为退化诊断的重要指标。在藏北建立基于样方尺度的草甸生态系统不同退化梯度的研究表明,植被在不同退化梯度上,明显呈现植被覆盖度越来越低的特征,植被的生物量也越来越低,裸露的土壤侵蚀非常明显(图 4.17)。

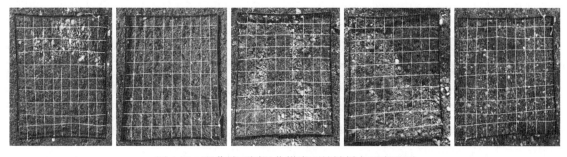

图 4.17　那曲站不同退化梯度下植被样方尺度监测

　　退化的过程中,一般会伴随着鼠兔洞密度的增加、虫害的频发,土壤养分和草毡层的变薄(陈涛等,2011)。在藏北退化草地的研究表明,中度退化草地高原鼠兔平均密度较高,鼠兔密度和对草地的危害程度呈显著的正相关。"黑土滩"次生裸地的形成是一个长期的、连续的过程,草地退化则是诱发这一过程的主要因子,高原鼠兔挖掘洞道,破坏草皮及植被,又加剧草地的进一步退化,最终导致了"黑土滩"次生裸地的形成和不断扩大(刘伟等,1999)。在藏北地区,放牧强度的变化可在一定程度上反映草地的退化趋势,适度的放牧压力可以使得牧草进行补偿生长,而过度的放牧则会促使草地生态系统的退化。在气候变化的条件下,草地生态系统受到温度升高和降水格局及放牧的共同影响,草地生长的驱动因子可以从成因的角度反映草地退化的动态,并且指示草地恢复的关键措施。研究表明,西藏东部的放牧强度持续增加,同时气候条件也出现暖干化,相比于 2000 年前,在温度和降水相对适宜的情况下,放牧对藏南高原草地的作用不太明显,2000 年后,在超载的放牧压力和严峻的气候条件下,藏中部和南部的草地退化程度加剧

（Huang et al., 2016）。

4.4.3　高原退化生态系统修复和管理

为了遏制藏北高寒草地的退化趋势,协调人口、资源、环境和经济发展的关系,生态系统的恢复需要考虑气候条件、土壤理化性质、植被盖度、物种组成、人类活动、社会发展现状及趋势等多种因素的综合影响,优化自然生态。针对藏北草地的退化成因分析和退化程度的准确评估,调和草地的生态服务功能和经济服务功能需要采取一定的生态修复和管理手段。

（1）退化草地生态修复

生态修复主要是针对草地生长环境和调节草地生态系统自身的结构出发,针对不同问题的退化草地进行草地生态系统修复工程,提高草地的生态服务功能和自身的稳定性。退化草地的生态修复工程主要包含:人工选育草种、施肥及灌溉和土壤改良。

曲广鹏（2015）对 10 个牧草品种进行"窝圈"栽培的筛选研究表明,那曲垂穗披碱草、巴青垂穗披碱草、那曲草地早熟禾、饲用青稞 4 个乡土草种应作为当前藏北人工种草大面积推广应用的首选草种,另外引进草种小黑麦、加拿大草地早熟禾、青海燕麦也可以与本土草种进行混播,能够获得较好的人工种植效益。武建双等（2009）在藏北高原高寒草甸退化区施肥试验发现,建植早期施氮处理能促进人工草地群落植被对土壤氮、磷的吸收。蔡晓布等（2004）在西藏退化草地的研究表明,有机 – 无机肥配合施用在协调土壤环境,促进以细菌为主导的土壤微生物繁殖以及土壤有机质、土壤团粒结构形成和土壤养分转化等方面具有重要作用,一定程度上可以改善土壤物理化学特性,反映出高原高寒以及干旱、半干旱条件下退化土壤具有在相对较短的时间内实现肥力恢复及结构重建的可能性及其潜力。张宪洲等（2016）针对那曲高寒草甸退化严重且恢复重建难度大,拟采用构建有机肥和氮、磷耦合施肥体系及光伏节水灌溉技术进行中度退化草地的综合整治技术,但这些技术在藏北大区域的实用性有待提升。在气候变化下,藏北草地季节性干旱频繁,适当进行生态补播可能对草地的生产力提升有一定的作用。针对高原鼠兔对高寒草甸的干扰作用,李苗等（2016）尝试用 D 型肉毒毒素颗粒对不同退化高寒草甸的高原鼠兔进行控制,发现对高原鼠兔进行控制后,中度退化和重度退化高寒草甸草地中的植物盖度、地上植物生物量、禾本科牧草都有所提高。

从生态服务功能的理念出发去恢复重建和经营草地是实现退化草地恢复的基本保障,盲目地进行人工干预可能更不利于藏北草地的可持续发展。徐瑶和陈涛（2016）基于高分辨率遥感影像,采用生态经济学评估模型对申扎县的草地资源进行了退化过程中的服务功能价值损失评价。结果表明:藏北草地提供生物量价值不到生态系统服务功能总价值的 10%,草地生态服务功能远大于其提供的生物量价值。高寒草甸土地退化及其恢复措施对植被及土壤有机质的研究表明,矮生嵩草草甸是退化演替中碳储能力、经济生产服务能力及生态系统稳定性配比最合理的阶段（林丽等,2013）,在退化植被恢复重建生态系统研究中充分考虑重建措施对土壤碳库的影响（王文颖等,2006）,更尊重藏北生态环境脆弱性的适宜性碳容量管理方法。

（2）退化生态系统管理

藏北草地的主要经济服务功能是畜牧业,因此在利用牧场的过程中需要合理进行规划和管理,应该充分尊重草地生长的规律,兼顾生产和生态,针对不同的退化阶段和不同的生产需求,退化草地的管理主要包含合理禁牧、轮牧、休牧（张伟娜等,2013;杨汝荣,2004）和围栏封育。

从植物生长的生理机制上看,牧草具有两个关键生长时期。一是秋季结籽和根部贮存养料时期;二是春季消耗根部贮存的养料进行萌发时期。牧草在这两个时期最难以抵抗放牧干扰,又称为忌牧时期。因此在利用草地资源进行放牧的过程中,应该完善草地双承包制,在暖季充分使用牧草资源,冬春季围栏封育,减少冷季草场的利用时间和强度,配合政府的补给措施,逐步延长冬季圈养舍饲的时间(李明森,2000)。刘兴元和龙瑞军(2013)根据那曲高寒草地的生产力、季节放牧重要性、生态服务价值等功能建立的功能分区模型,针对划分出的减畜恢复区和禁牧封育区提出不同的生态补偿方案,能在提高高寒草地的生态保护能力同时增加牧民的经济收入。

在藏北地区的短期围栏试验表明,高寒荒漠植被对封育的响应最为迅速,高寒草甸和草原的盖度和植被高度有所恢复,封育后凋落物量也有一定提升,提高了水土保持能力(宗宁等,2013),但围栏封育对退化高寒植被群落多样性影响不显著(赵景学等,2011),建议对退化高寒草甸和高寒草原可进行短期围栏与施肥相结合的草地恢复方式。同时围栏封育需要充分考虑恢复的目标差异性,需要针对目标制订合理的恢复时间和计划,从而提高恢复的可持续性及降低恢复成本(左万庆等,2009)。林丽等(2013)的研究发现,杂类草"黑土滩"次生裸地建植人工草地后围栏禁牧,可以明显提高草地的生态及生产服务能力。

针对退化严重和畜牧业生产低效的问题,需要将藏北草地的产草量进行精准估计,需进一步考虑不同的牲畜结构(牦牛、藏绵羊等)和其代谢率的差异开展草畜平衡研究,使用正确的牲畜采食量和生产力之间的有效模型衡量合适的放牧强度。毛绍娟等(2015)的研究发现,即便是进行 3～5 年的禁牧封育,群落已经进行明显的正向演替,恢复后的放牧强度依然不能超过 1.23 只羊·hm^{-2}。因此,有效考虑草畜平衡可以在兼顾退化生态系统恢复的同时进行合理的退化草地管理和资源利用。

目前在藏北地区开展小范围样点试验的退化草地恢复技术相对丰富,但许多技术和管理手段并没有进行草地可持续发展的模式集成和示范,也缺乏应对气候变化下兼顾生态和经济效益的有效模式,更难以在藏北开展大规模推广。因此,进一步加强对藏北典型高寒草地植被的恢复综合诊治技术和模式的研发,是未来西藏生态文明建设的重要解决问题。

4.5　展　　望

藏北高原地处青藏高原腹地,是青藏高原的核心,由于自然条件恶劣,历史上有关全球变化方面的研究还偏少。在过去几十年中,随着交通条件的改善及遥感技术的发展,有关藏北高原全球变化生态学方面的研究逐渐增多,但还存在很多资料缺乏区,同时也有几方面的问题亟待解决。

(1)区分人类活动和气候变化对生态系统动态的相对贡献率

藏北地区增温幅度明显高于北半球平均值,高寒草地生态系统对全球变化也极其敏感。但藏北高寒生态系统时空动态主要受人类活动还是气候变化驱动是一个亟待解决的问题。只有厘清气候变化和人类活动对生态系统动态的相对贡献率,才能更好地治理和管理生态系统。如果气候变化是主要驱动要素,那就要在适应方面多付出努力;如果人类活动是主要驱动要素,那就要制定政策减少人类活动的影响。

（2）冻土融化对生态系统生物地球化学循环的影响

藏北地区存在有大范围的冻土。显著的冻土融化会导致冻土中长期封存的大量有机碳暴露在地-气循环中被微生物分解,造成大量温室气体排放,从而形成对气候变暖的强烈正反馈。此外,土壤有机碳的释放速率取决于不同组分有机碳的周转率,然而目前各组分的周转率估算仍存在很大的不确定性。为了深入认识不同组分土壤碳的周转率以及冻土碳变化对气候的反馈关系,必须先研究清楚冻土碳库的大小及其空间分布特征。近几十年来各国科学家针对高纬度、高海拔地区冻土变化进行了大量勘探采样工作。与此同时,随着遥感技术的发展,干涉合成孔径雷达(InSAR)等技术被应用于冻土面积、活动层厚度等冻土变化的监测。然而,通过遥感手段对冻土面积、活动层厚度的监测主要集中在北极地区,针对藏北地区高海拔冻土的遥感监测仍非常缺乏。在冻土碳库估算方面,国内及国际同行也已做了大量的研究工作。最初的有关冻土碳库估算的研究其深度大多限于 1 m 以内并且剖面数量较少。这些研究奠定了冻土碳库估算的研究基础,同时也指出基于更多的观测数据来评估深层冻土有机碳库的必要性。总之,这些研究增加了学术界以往对于冻土碳储量及其在全球碳循环中所起作用的认识,推动了有关冻土碳循环及其与气候变化反馈关系的研究。然而,由于缺乏足够的地面土壤剖面的观测资料验证(Li and Yu, 2008;Hugelius et al., 2014)以及有效的尺度转换方法(Tarnocai et al., 2009),目前学术界对于藏北冻土有机碳库大小及空间分布的估算仍存在很大的不确定性,对于藏北土壤碳库储量、动态及对碳循环影响方面的研究也缺少地面数据的支持。

（3）禁牧围栏工程对藏北野生动物栖息地景观破碎化的影响

退牧还草工程极大改善了藏北地区的生态环境,遏制了草地退化的趋势,野生动物数量也稳步上升。在藏北高原南部边缘,藏羚羊数量由 1991 年的 3900 只上升到了 2003 年的 5890 只。在实施退牧还草工程中,用围栏保护草场是最常用的方式。围栏在保护草场被过度放牧,及对脆弱草地的保护方面发挥了很重要的作用。另外,由于实行草场合同制,围栏也被广泛应用到农户之间草场边界的划定。第三方面,藏北地区普遍实行冬场和夏场的轮牧制,在圈定冬场和夏场时,围栏也是最常用的手段。到目前,在藏北地区的羌塘自然保护区,有大概 2000 km 的围栏。整个西藏自治区在 2011—2015 年间,有围栏的草场面积达到 30000 km^2。围栏在短期内发挥了保护和恢复草场的作用,但在长期看来,围栏对野生动物栖息地的破坏作用也很明显,并且这些负面作用是长时间的。围栏在建造过程中,普遍用了钩刺,这些钩刺能直接导致野生动物的死亡,很多野生动物也会被围栏困住而饿死。更加广泛而又间接的破坏来自于围栏对草地景观的破碎化。围栏经常会位于野生动物迁徙或寻找水源的沿途上,这样导致野生动物难以绕开围栏而找不到熟悉的水源地和迁徙地,从而增加风险。围栏也会阻挡野生动物逃跑,从而增加被捕食的风险;由于栖息地的破碎化,导致物种之间基因交换的机会降低,也会导致濒危野生动物灭绝的概率上升。藏北高原还有着和其他环境不同的独特性,其地处环境恶劣区域,生态系统生产力极低,野生动物为了维持生存,必须扩大寻食面积,因此野生动物必须要有高度的迁移性和机动性,但围栏会对野生动物的迁移和机动带来极大的障碍。综合围栏的负面效应以及围栏在藏北高原大面积的分布现状,有必要在区域尺度上厘清围栏的分布地点及对野生动物栖息地破碎化的程度。在野生动物关键觅食、水源寻找和迁移的通道上拆除或尽量少布设围栏,减少对景观的破碎化,为藏北高原生态环境保护提供理论依据。

（4）通过区域农牧耦合，发挥区域联合优势，对退化草地进行治理

藏北草地是我国重要的生态安全屏障，草地是生态安全屏障的主体，其生态价值远远大于生产价值。以生态优先，以生态和生产功能协调优化为目标的退化草地恢复和重建是生态安全屏障建设的关键和核心。在区域性生态和生产功能协调优化配置的基础上，通过改进传统的恢复技术和模式，在有条件的牧区就地适度发展人工种草，采取跨区农牧耦合的方法，减压增效，实现双赢，间接达到退化草地治理的目的。要达到这些目的，首先要明确在哪些地区适合种草，能高产；其次明确哪些地区是脆弱区和敏感区。只有在回答清楚这些问题之后，才能为区域农牧耦合提供有效的理论支撑。

（5）藏北地区环境恶劣，地面监测数据极度缺乏

藏北地区环境恶劣，地面监测数据极度缺乏，比如在藏北的西部和北部气象站点数据都极度缺乏，这些都严重制约了我们对于藏北高原生态系统的认识及研究。在生态系统模型参数方面，由于缺乏针对于藏北高原生态系统的控制实验及长期监测，很多机理方面的认识及模型参数都是借鉴其他类似的生态系统。这些生态系统和藏北高原生态系统有很大的差异，不能反映藏北高原生态系统的特点，因此相关模型也不能准确模拟和预测。针对这些弱点，藏北高原在监测方面要做到：① 长期性：在典型区域，布设永久性站点，对水、土、气、生进行长期固定的监测；② 补缺性：在数据缺失严重的区域，要加强相关数据的采集；③ 针对性：重点针对一些生态过程，进行监测和控制实验，揭示其机理，为区域模型研究提供优化服务。

参 考 文 献

蔡晓布，张永青，钱成，等．2004．西藏中部退化土壤在不同培肥措施下的肥力特征．生态学报，24（1）：75–83．
蔡晓布，张永青，邵伟．2008．不同退化程度高寒草原土壤肥力变化特征．土壤学报，28（6）：1110–1118．
曹广民，杜岩功，梁东营，等．2007．高寒嵩草草甸的被动与主动退化分异特征及其发生机理．山地学报，25（6）：641–648．
陈涛，杨武年，徐瑶．2011．那曲地区不同退化程度的草地土壤养分特征分析．中国农学通报，27（9）：227–230．
戴睿，刘志红，娄梦筠，等．2013．藏北那曲地区草地退化时空特征分析．草地学报，(1)：37–41．
冯茂松，张健．2003．巨桉纸浆原料林施肥效应研究．四川农业大学学报，21（3）：221–266．
付刚，周宇庭，沈振西，等．2011．藏北高原高寒草甸地上生物量与气候因子的关系．中国草地学报，33（4）：31–36．
高凤，王斌，石玉祥，等．2017．藏北古露高寒草地生态系统对短期围封的响应．生态学报，37（13）：4366–4374．
高俊飞．2013．不同施肥配方对榉树幼苗生长和生理的影响．南京：南京农业大学，博士学位论文．
高清竹，李玉娥，林而达，等．2005．藏北地区草地退化的时空分布特征．地理学报，60（6）：965–973．
高英志，韩兴国，汪诗平．2004．放牧对草原土壤的影响．生态学报，24（4）：790–797．
韩国军，王玉兰，房世波．2011．近50年青藏高原气候变化及其对农牧业的影响．资源科学，33（10）：1969–1975．
侯扶江，南志标，肖金玉，等．2002．重牧退化地的植被、土壤及其耦合特征．应用生态学报，13（8）：915–922．
黄立华，梁正伟，马红媛．2009．苏打盐碱胁迫对羊草光合，蒸腾速率及水分利用效率的影响．草业学报，18(5)：25．
姜炎彬，范苗，张扬建．2017．短期增温对藏北高寒草甸植物群落特征的影响．生态学杂志，36（3）：616–622．
蒋靖．2014．青藏高原高寒草甸生物多样性与碳循环对外源养分输入的响应．北京：中国科学院大学，博士学位论文.

靳军英, 张卫华, 袁玲. 2015. 三种牧草对干旱胁迫的生理响应及抗旱性评价. 草业学报, 24 (10): 157-165.

拉巴. 2014. 西藏那曲地区草地资源保护与可持续发展建议. 畜牧与饲料科学, 35 (6): 48-51.

李军祥, 曾辉, 朱军涛, 等. 2016. 藏北高原高寒草甸生态系统呼吸对增温的响应. 生态环境学报, 25 (10): 1612-1620.

李君勇. 2016. 青藏高原高寒草甸群落结构和功能对环境干扰的响应. 兰州: 兰州大学, 博士学位论文.

李苗, 马玉寿, 李世雄, 等. 2016. 控制高原鼠兔对不同退化高寒草甸植物群落特征的影响. 青海大学学报, 34 (3): 41-47.

李明森. 2000. 藏北高原草地资源合理利用. 自然资源学报, 15 (4): 335-339.

李娜, 王根绪, 杨燕, 等. 2011. 短期增温对青藏高原高寒草甸植物群落结构和生物量的影响. 生态学报, 31 (4): 895-905.

李荣霞. 2007. 不同施肥水平对紫花苜蓿产量、营养吸收及土壤肥力的影响. 乌鲁木齐: 新疆农业大学, 硕士学位论文.

李英年, 赵亮, 赵新全, 等. 2004. 5 年模拟增温后矮嵩草草甸群落结构及生产量的变化. 草地学报, 12 (3): 236-239.

林斌. 2013. 当雄高寒草甸草原土壤生物学特性对不同放牧措施的响应. 合肥: 中国科学技术大学, 硕士学位论文.

林丽, 李以康, 张法伟, 等. 2013. 人类活动对高寒矮嵩草草甸的碳容管理分析. 草业学报, 22 (1): 308-314.

刘伟, 王启基, 王溪, 等. 1999. 高寒草甸"黑土型"退化草地的成因及生态过程. 草地学报, 7 (4): 300-307.

刘兴元, 龙瑞军. 2013. 藏北高寒草地生态补偿机制与方案. 生态学报, 33 (11): 3404-3414.

罗久富, 周金星, 赵文霞, 等. 2017. 围栏措施对青藏高原高寒草甸群落结构和稳定性的影响. 草业科学, 34 (3): 565-574.

罗青红, 宁虎森, 何苗, 等. 2017. 5 种沙地灌木对干旱胁迫的生理生态响应. 林业科学, 53 (11): 29-42.

毛飞, 张艳红, 侯英雨, 等. 2008. 藏北那曲地区草地退化动态评价. 应用生态学报, 19(02): 278-284.

毛绍娟, 吴启华, 祝景彬, 等. 2015. 藏北高寒草原群落维持性能对封育年限的相应. 草业学报, 24(1): 21-30.

潘瑞炽. 2004. 植物生理学. 北京: 高等教育出版社.

潘昕, 邱权, 李吉跃, 等. 2014. 干旱胁迫对青藏高原 6 种植物生理指标的影响. 生态学报, 34 (13): 3558-3567.

彭岳林, 钱成, 蔡晓布, 等. 2007. 西藏不同退化高寒草地土壤酶的活性. 山地学报, 25 (3): 344-350.

戚登臣, 陈文业, 刘振恒, 等. 2011. 黄河首曲——玛曲县高寒草甸沙化演替进程中群落结构及种群生态位特征. 西北植物学报, (12): 2522-2531.

曲广鹏. 2015. 适宜藏北"窝圈"栽培的牧草筛选研究. 西藏科技, (11): 52-54.

沈其荣. 2008. 土壤肥料学通论. 北京: 高等教育出版社.

沈振西, 周兴民, 陈佐忠, 等. 2002. 高寒矮嵩草草甸植物类群对模拟降水和施氮的响应. 植物生态学报, 26 (3): 288-294.

苏淑兰, 李洋, 王立亚, 等. 2014. 围封与放牧对青藏高原草地生物量与功能群结构的影响. 西北植物学报, 34 (8): 1652-1657.

王建兵, 张德罡, 曹广民, 等. 2013. 青藏高原高寒草甸退化演替的分区特征. 草业学报, 22 (2): 1-10.

王林龙, 李清河, 徐军, 等. 2015. 不同来源油蒿形态与生理特征对干旱胁迫的响应. 林业科学, 51 (2): 37-43.

王文颖, 王启基, 王刚. 2006. 高寒草甸土地退化及其恢复重建对土壤碳氮含量的影响. 生态环境学报, 15 (2): 362-366.

韦梅琴, 李军乔. 2003. 委陵菜属四种植物茎叶解剖结构的比较研究. 青海师范大学学报: 自然科学版, 2003 (3), 48-50.

武建双, 沈振西, 张宪洲, 等. 2009. 藏北高原人工垂穗披碱草种群生物量分配对施氮处理的响应. 草业学报,

18（6）：113–121.

武维华.2003.植物生理学.北京：科学出版社.

西藏自治区土地管理局.1994.西藏自治区土壤资源.北京：科学出版社.

席溢.2015.氮磷钾肥对藏北高寒草甸生态系统生产力的影响.北京：中国科学院大学,博士学位论文.

徐玲玲,张宪洲,石培礼,等.2005.青藏高原高寒草甸生态系统净二氧化碳交换量特征.生态学报,25（8）：1948–1952.

徐瑶,陈涛.2016.藏北草地退化与生态服务功能价值损失评估——以申扎县为例.生态学报,36（16）：5078–5087.

杨汝荣.2004.关于退牧还草的意义和技术标准问题探讨.草业科学,21(2):41–44.

叶松涛,杜旭华,宋帅杰,等.2015.水杨酸对干旱胁迫下毛竹实生苗生理生化特征的影响.林业科学,51（11）：25–31.

俞联平,高占琪,杨虎.2004.那曲地区草地畜牧业可持续发展对策.草业科学,21（11）：44–47.

张金霞,曹广民,周党卫,等.2003.高寒矮嵩草草甸大气–土壤–植被–动物系统碳素储量及碳素循环.生态学报,23（4）：627–634.

张伟娜,干珠扎布,李亚伟,等.2013.禁牧休牧对藏北高寒草甸物种多样性和生物量的影响.中国农业科技导报,15(3):143–149.

张宪洲,王小丹,高清竹,等.2016.开展高寒退化生态系统恢复与重建技术研究,助力西藏生态安全屏障保护与建设.生态学报,36（22）：7083–7087.

赵景学,祁彪,多吉顿珠,等.2011.短期围栏封育对藏北3类退化高寒草地群落特征的影响.草业科学,28（1）：59–62.

郑度,林振耀,张雪芹.2002.青藏高原与全球环境变化研究进展.地学前缘,9（1）：95–102.

中国科学院青藏高原综合科学考察队.1982.西藏自然地理.北京：科学出版社.

中国科学院青藏高原综合科学考察队.1983.西藏地貌.北京：科学出版社.

周芙蓉,王进鑫,杨楠,等.2013.干旱和铅交互作用对侧柏幼苗生长及抗氧化酶活性的影响.林业科学,49（6）：172–177.

周华坤,赵新全,周立,等.2005.青藏高原高寒草甸的植被退化与土壤退化特征研究.草业学报,14（3）：31–40.

朱军涛.2016.实验增温对藏北高寒草甸植物繁殖物候的影响.植物生态学报,40（10）：1028–1036.

竺可桢,宛敏渭.1973.物候学.北京：科学出版社.

宗宁,石培礼,蒋婧,等.2013.施肥和围栏封育对退化高寒草甸植被恢复的影响.应用与环境生物学报,19（6）：905–913.

左万庆,王玉辉,王凤玉,等.2009.围栏封育措施对退化羊草草原植物群落特征影响研究.草业学报,18（3）：12–19.

Chen J, Shi W, Cao J. 2015. Effects of grazing on ecosystem CO_2 exchange in a meadow grassland on the Tibetan Plateau during the growing season. Environmental Management, 55（2）：347–359.

Clark C M, Tilman D. 2008. Loss of plant species after chronic low-level nitrogen deposition to prairie grasslands. Nature, 451：712–715.

Collins S L. 2009. Biodiversity under global change. Science, 326：1353–1354.

Consuelo Q, Silvia H, Juan F, et al. 2002. Sulphur balance in a broad leaf non-polluted, forest ecosystem（central–western Spain）. Forest Ecology and Management, 161：205–214.

Corlett R T. 2011. Impacts of warming on tropical lowland rainforests. Trends in Ecology & Evolution, 26：609–616.

Dorji T, Ørjan T, Moe S R, et al. 2013. Plant functional traits mediate reproductive phenology and success in response to experimental warming and snow addition in tibet. Global Change Biology, 19（2）：459–472.

Elser J J, Bracken M E, Cleland E E, et al. 2007. Global analysis of nitrogen and phosphorus limitation of primary producers in freshwater, marine and terrestrial ecosystems. Ecology Letters, 10: 1135–1142.

Fang J, Piao S, Tang Z, et al. 2001. Inter-annual variability in net primary production and precipitation. Science, 293: 1723.

Gao Q, Li Y E, Wan Y, et al. 2006. Grassland degradation in Northern Tibet based on remote sensing data. Journal of Geographical Sciences, 16(2): 165–173.

Garcia R A, Cabeza M, Rahbek C, et al. 2014. Multiple dimensions of climate change and their implications for biodiversity. Science, 344(6183): 1247579.

Grime J P, & Grime J P. 2001. Plant strategies, vegetation processes, and ecosystem properties. Journal of Vegetation Science, 13(2): 294.

Gundale M J, Nilsson M, Bansal S, et al. 2012. The interactive effects of temperature and light on biological nitrogen fixation in boreal forests. New Phytologist, 194: 453–463.

Hautier Y, Niklaus P A, Hector A. 2009. Competition for light causes plant biodiversity loss after eutrophication. Science, 324: 636–638.

Heakal M S, Modaihsh A S, Mashhady A S, et al. 1990. Combined effects of leaching fraction, salinity, and potassium content of waters on growth and water-use efficiency of wheat and barley. Plant and Soil, 125(2): 177–184.

Hoeppner S, Dukes J. 2012. Interactive responses of old-field plant growth and composition to warming and precipitation. Global Change Biology, 18(5): 1754–1768.

Horner-Devine M C, Martiny A C. 2008. Biogeochemistry—News about nitrogen. Science, 320: 757–758.

Huang K, Zhang Y J, Zhu J T, et al. 2016. The influences of climate change and human activities on vegetation dynamics in the Qinghai-Tibet Plateau. Remote Sensing, 8(10): 876.

Hugelius G, Strauss J, Zubrzycki S, et al. 2014. Improved estimates show large circumpolar stocks of permafrost carbon while quantifying substantial uncertainty ranges and identifying remaining data gaps. Biogeosciences Discussions, 11(3): 4771–4822.

Hutchison J, Henry H. 2010. Additive effects of warming and increased nitrogen deposition in a temperate old field: Plant productivity and the importance of winter. Ecosystems, 13: 661–672.

IPCC. 2014. Climate Change 2013: The Physical Science Basis: Working Group I Contribution to the Fifth Assessment Report of the Intergovernmental Panel on Climate Change. Cambridge University Press.

Jiang L L, Wang S P, Meng F D, et al. 2016. Relatively stable response of fruiting stage to warming and cooling relative to other phenological events. Ecology, 97(8): 1961.

Klein J A, Harte J, Zhao X Q. 2004. Experimental warming causes large and rapid species loss, dampened by simulated grazing, on the Tibetan Plateau. Ecology Letters, 7: 1170–1179.

Knapp A K, Smith M D. 2001. Variation among biomes in temporal dynamics of aboveground primary production. Science, 291: 481–484.

LeBauer D, Treseder K K. 2008. Nitrogen limitation of net primary productivity in terrestrial ecosystems is globally ditributed. Ecology, 89: 371–379.

Li J P, Yu S. 2008. Analysis of the thermal stability of an embankment under different pavement types in high temperature permafrost regions. Cold Regions Science and Technology, 54(2): 120–123.

Lin D, Xia J, Wan S. 2010. Climate warming and biomass accumulation of terrestrial plants: A meta-analysis. New Phytologist, 188: 187–198.

Liu X D, Chen B D. 2000. Climatic warming in the tibetan plateau during recent decades. Climatology, 20(14): 1729–1742.

Ma Z, Liu H, Mi Z, et al. 2017. Climate warming reduces the temporal stability of plant community biomass production. Nature Communications, 8(8): 15378.

Mariotte P. 2014. Do subordinate species punch above their weight？Evidence from above- and below-ground. New Phytologist, 203（1）: 16–21.

Moles A T, Warton D I, Warman L, et al. 2009. Global patterns in plant height. Journal of Ecology, 97: 923–932.

Niu S L, Wan S Q. 2008. Warming changes plant competitive hierarchy in a temperate steppe in northern China. Journal of Plant Ecology–UK, 1: 103–110.

Norby R J. 1998. Nitrogen deposition: A component of global change analyses. New Phytologist, 139: 189–200.

Oliver T H, Isaac N J, August T A, et al. 2015. Declining resilience of ecosystem functions under biodiversity loss. Nature Communications, 6: 10122.

Piao S, Fang J, Zhou L, et al. 2006. Variations in satellite-derived phenology in China's temperate vegetation. Global Change Biology, 12（4）: 672–685.

Post E, Pedersen C. 2008. Opposing plant community responses to warming with and without herbivores. Proceedings of the National Academy of Sciences of the United States of America, 105: 12353–12358.

Qiao C L, Wang J H, Shi-Dong, G E, et al. 2012. Comparison of soil properties under fencing and grazing in alpine meadow on Qinghai–Tibet Plateau. Pratacultural Science, 29（3）: 341–345.

Ren Z, Li Q, Chu C, et al. 2010. Effects of resource additions on species richness and ANPP in an alpine meadow community. Journal of Plant Ecology, 3: 25–31.

Rudgers J A, Kivlin S N, Whitney K D, et al. 2014. Responses of high-altitude graminoids and soil fungi to 20 years of experimental warming. Ecology, 95（7）: 1918–1928.

Sala O E, Chapin F S, Armesto J J, et al. 2000. Biodiversity-global biodiversity scenarios for the year 2100. Science, 287: 1770–1774.

Seddon A W, Macias-Fauria M, Long P R, et al. 2016. Sensitivity of global terrestrial ecosystems to climate variability. Nature, 531: 229–232.

Shaw M R, Zavaleta E S, Chiariello N R, et al. 2002. Grassland responses to global environmental changes suppressed by elevated CO_2. Science, 298: 1987–1990.

Stevens C J, Dise N B, Mountford J O, et al. 2004. Impact of nitrogen deposition on the species richness of grasslands. Science, 303: 1876–1879.

Sun J, Qin X, Yang J. 2016. The response of vegetation dynamics of the different alpine grassland types to temperature and precipitation on the Tibetan Plateau. Environmental Monitoring and Assessment, 188（1）: 20.

Tarnocai C, Canadell J G, Schuur E A G, et al. 2009. Soil organic carbon pools in the northern circumpolar permafrost region. Global Biogeochemical Cycles, 23: GB2023.

Tilman D, Fargione J, Wolff B, et al. 2001. Forecasting agriculturally driven global environmental change. Science, 292: 281–284.

Vourlitis G L, Pasquini S, Zorba G. 2007. Plant and soil N response of Southern Californian semi-arid shrublands after 1 year of experimental N deposition. Ecosystems, 10: 263–279.

Walter J, Nagy L, Hein R, et al. 2011. Do plants remember drought？Hints towards a drought-memory in grasses. Environmental & Experimental Botany, 71（1）: 34–40.

Wang C T, Long R J, Wang Q L, et al. 2010. Fertilization and litter effects on the functional group biomass, species diversity of plants, microbial biomass, and enzyme activity of two alpine meadow communities. Plant and Soil, 331: 377–389.

Wang, S P, Duan J C, Xu G P, et al. 2012. Effects of warming and grazing on soil N availability, species composition, and ANPP in an alpine meadow. Ecology, 93: 2365–2376.

Ward J Y, Tissue D T, Thomas R B. 1999. Comparative responses of model C_3 and C_4 plants to drought in low and elevated CO_2. Global Change Biology, 5: 857–867.

Wassmann R, Jagadish S V K, Heuer S, et al. 2009. Climate change affecting rice production: The physiological and agronomic basis for possible adaptation strategies. Advances in Agronomy, 101 (08): 59–122.

Wedin D A, Tilman D. 1996. Influence of nitrogen loading and species composition on the carbon balance of grasslands. Science, 274: 1720–1723.

Whittington H R, Deede L, Powers J S. 2012. Growth responses, biomass partitioning, and nitrogen isotopes of prairie legumes in response to elevated temperature and varying nitrogen source in a growth chamber experiment. American Journal of Botany, 99: 838–846.

Wolkovich E M, Cook B I, Allen J M, et al. 2012. Warming experiments underpredict plant phenological responses to climate change. Nature, 485 (7399): 494.

Wu Z, Dijkstra P, Koch G W, et al. BA. 2011. Responses of terrestrial ecosystems to temperature and precipitation change: A meta-analysis of experimental manipulation. Global Change Biology, 17: 927–942.

Yang H, Jiang L, Li L, et al. 2012. Diversity-dependent stability under mowing and nutrient addition: Evidence from a 7-year grassland experiment. Ecology Letters, 15: 619–626.

Yao T, Wu F, Ding L, et al. 2015. Multispherical interactions and their effects on the Tibetan Plateau's earth system: A review of the recent researches. National Science Review, 2 (4): 468–488.

Zhang G, Yao T, Shum C K, et al. 2017. Lake volume and groundwater storage variations in Tibetan Plateau's endorheic basin. Geophysical Research Letters, 44 (11): 5550–5560.

Zhu T, Zhang J, Liu J. 2016. Effects of short-term grazing exclusion on plant phenology and reproductive succession in a Tibetan alpine meadow. Scientific Reports, 6: 22781.

第5章 科尔沁沙地生态系统过程与变化*

中国北方农牧交错带是遭受土地沙漠化危害最为严重的地区之一。该区域面积约 65 万 km²，涉及 110 个市县，土壤贫瘠，侵蚀严重，降水不足且变率大，生态系统十分脆弱。长期以来，在人口压力和发展需求驱动下，水土与植物资源过度利用，使得该区域成为"人地矛盾突出、土地退化严重"的代表性区域之一。自 20 世纪 70 年代以来，中国开始大规模实施以土地沙漠化治理为核心的退化生态系统恢复工程，经过近 50 年的努力，土地沙漠化出现逆转。但是，由于人口、发展和耕地保障的需要，该地区耕地面积持续增加，导致"人地矛盾依然突出，退化风险依然存在"和"水资源可利用性持续减小"等问题。这些问题也是当前生态学、社会经济学的研究热点和政府、民众关注的焦点，也是中国生态系统研究网络奈曼沙漠化研究站（以下简称奈曼站）长期以来努力解决的重点科学问题和坚持的技术服务方向。

5.1 奈曼站概况

5.1.1 台站区域生态系统特征

奈曼站位于内蒙古通辽市奈曼旗境内，（120°42′E，42°55′N）海拔 358 m，主要从事中国北方农牧交错带土地沙漠化防治与沙漠化土地恢复的理论研究、技术研发与示范以及科学普及与教育。主要研究区域是位于内蒙古东部的科尔沁沙地，辐射浑善达克沙地、呼伦贝尔沙地和毛乌素沙地。同时，在中国西北沙区开展一定规模的沙漠化过程研究和防治技术示范。

科尔沁沙地为欧亚草原区与东北亚阔叶林区的过渡区，行政区划上包括内蒙古通辽市、赤峰市的红山区、敖汉旗、翁牛特旗、林西县、巴林左旗、巴林右旗、阿鲁科尔沁旗和吉林省的白城、通榆、长岭及辽宁省的彰武县、康平县和阜新市北部地区。由于水、热、土壤条件较好，从经济地理学的角度科尔沁沙地被划分为具有一定现实基础和潜力的农牧交错区。该区具有半干旱大陆性季风气候特点。多年平均气温 3～7℃，≥ 10℃年积温为 2300～3200℃，无霜期 90～140 天。多年平均降水量 350～500 mm，年均蒸发量 1500～2500 mm。年均风速 3.5～4.5 m·s⁻¹，大风日数 20～60 天。该区主要土壤类型包括栗钙土、暗栗钙土、部分沙质山前冲积平原具有盐渍化草甸土与黑垆土，优势土类是风沙土。南部浅山丘陵区分布有类黄土，中部和北部浅山丘陵区分布有

* 本章作者为中国科学院西北生态环境资源研究院奈曼沙漠化研究站李玉霖、赵学勇、张铜会、罗永清。

类黑钙土。总体景观特征为农田、疏林草地、湖泊湿地镶嵌的平缓沙地和沿河密集型流动沙丘区（图 5.1）。地带性栗钙土有逐渐被风沙土取代的趋势。由于气候与土地利用变化的影响,沙漠化土地面积由 20 世纪 50 年代占总面积的 20%,增加到 70 年代的 50%。在过去的 40 多年,有近40 万 hm^2 的草地和 27 万 hm^2 的农田被流沙掩埋。

图 5.1　科尔沁沙地主要景观图片（参见书末彩插）

　　科尔沁沙地的原始植被为榆树（*Ulmus pumila*）稀疏分布的草原景观,沙地的东北部分布有蒙古栎（*Quercus mongolica*）稀疏草原植被。主要植物有榆树、小叶锦鸡儿（*Caragana microphylla*）、黄柳（*Salix gordejevii*）和差不嘎蒿（*Artemisia halodendron*）等乔灌木;此外还有芦苇（*Phragmites australis*）、冷蒿（*Artemisia frigida*）和狗尾草（*Setaria viridis*）等草本植物。

5.1.2　区域代表性

　　科尔沁沙地面积约 12.7 万 km^2,其中沙漠化土地面积约 6 万 km^2。科尔沁沙地是山前冲积平原植被遭受气候变化与人类活动影响后形成或扩展的结果,是中国北方沙地的代表区域,代表了包括位于大兴安岭西侧海拉尔河与伊敏河冲积平原上的呼伦贝尔沙地、位于燕山北麓蒙古高原的锡林河冲积与湖积平原上的浑善达克沙地和位于鄂尔多斯高原的黄河支流（乌兰河）冲积平原上的毛乌素沙地等沙地。四个沙地合计面积约 20 万 km^2,构成了中国北方典型的生态脆弱带。土地沙漠化及其恢复是该类区域迫切需要解决的问题。

奈曼沙漠化研究站是中国第一个以沙漠化土地治理研究和资源持续开发利用技术研发为核心的野外台站,其研究区的代表性在很大程度上涵盖了上述四个沙地和类似地区。

5.1.3 台站的历史发展沿革

奈曼站正式建立于1985年,但是早在1966年,应中华人民共和国铁道部锦州铁路局的邀请,在科尔沁沙地开展了沙漠化成因、过程、分布及其危害等方面的考察与研究,并在此基础上开始防沙与治沙技术试验,为北京—通辽铁路横穿科尔沁沙地的奈曼旗区段铁路防沙设计提供科学和技术支撑。此后,与奈曼铁路林场合作,开展了1 km的铁路防沙体系设计与技术试验。通过引种樟子松(*Pinus sylvestris var. mongolica*)和乡土树种种植相结合的方法,成功示范了沙地铁路风沙灾害防治技术体系,并提出了"乔、灌、草相结合""防、治、用相协同"的沙地工程生态防护理论体系。1985年,以奈曼旗大柳树国有林场小学教室为居住点,以奈曼旗尧勒甸子村为示范村,开展以沙漠化土地治理、农村牧区种养技术示范和沙地生态恢复为主的研究、示范和推广。这三大任务逐步成为奈曼站建立和发展的基础。

鉴于奈曼站的区位优势、学科特点以及在研究和技术成果及沙地监测数据方面的积累,奈曼站于1988年首批加入中国生态系统研究网络的台站之一。1999年加入国家林业局荒漠化研究与监测网络和第三世界科学组织网络。2005年成为首批加入国家野外科学观测研究网络的台站之一。

5.1.4 学科定位、研究方向与目标

奈曼站的学科定位是恢复生态学、沙漠学与沙漠化科学;主要研究方向是半干旱农牧交错区土地沙漠化及其治理,包括以下任务:① 沙漠化成因、过程及其逆转机理研究;② 沙地生态系统的结构功能与管理;③ 退化生态系统恢复重建的生物学基础和机理;④ 沙地生态系统对气候变化的响应及其对碳素汇源变化的影响;⑤ 沙地综合治理和高效开发利用技术与模式;⑥ 资源与环境变化的长期监测。

奈曼站的研究目标是开展农牧交错带土地沙漠化与恢复的研究、示范与变化监测,揭示科尔沁沙地土地沙漠化及其逆转机理,为研究区域和国家有关土地沙漠化防治、生态环境保护、资源持续利用决策提供服务。

5.1.5 台站基础设施

基础设施:奈曼站拥有各类仪器近320台(套)(图5.2)。实验室配有原子吸收光谱仪、元素分析仪、紫外分光光度计、光温自动控制气候室和必需的分析仪器与设备;野外配置有大型蒸渗仪1套,植物 - 土壤质能过程观测系统1套(2200 m²),涡度相关系统3套、自动气象站1座、微气象站系统1套、沙尘过程监测系统1套。

监测样地:奈曼站严格按照CERN的要求,建立了规范的长期定位监测样地,包括农田生态系统综合监测样地和辅助样地、沙地生态系统综合监测样地和辅助监测样地(约3000亩[①])。所有这两类样地均可以满足连续100年取样。同时,根据学科要求和研究需要,奈曼站建立了超过100年尺度的监测、试验、示范区和样带。

_____

① 1 亩 =0.067 hm²。

(a)　　　　　　　　　　　　　(b)

(c)　　　　　　　　　　　　　(d)

图 5.2　奈曼站主要设施和站区景观:(a)站区鸟瞰图;(b)站区景观鸟瞰图;
(c)主要基础设施;(d)植物 – 土壤系统观测室(参见书末彩插)

5.1.6　成果简介

建站以来,奈曼站先后获得联合国环境规划署和联合国粮食及农业组织颁发的"拯救干旱土地成功业绩奖"1 项,"国家八五攻关重大科技成果奖"1 项,"中国科学院科技进步奖二等奖"1 项,国家科技进步奖二等奖 1 项和一等奖(主要参加)1 项,甘肃省科技进步奖一等奖 2 项、甘肃省科技进步奖二等奖 1 项,内蒙古自治区自然科学二等奖 1 项,内蒙古自治区科技进步奖三等奖 1 项。获得专利 9 项,其中发明专利 2 项。截至 2017 年,出版专著 6 部,论文集 6 集,发表论文 580 余篇,其中 SCI 论文约 260 篇。

截至 2017 年,奈曼站科研人员现承担各类科研项目 41 项,其中国家自然科学基金 13 项,国家重大基础调查专项 1 项、重点研发计划课题 3 项、中国科学院 STS 项目和"百人计划"等项目 3 项,其他项目 21 项。

5.2 植物对环境胁迫的生理生态的响应和适应

5.2.1 风和风沙流

在沙漠化严重的干旱半干旱地区,生态环境脆弱,风沙活动频繁。严重的风沙活动阻碍当地植物的生长甚至导致其死亡,使当地沙漠化程度进一步加剧(董治宝和杨振山,1998)。风沙流是指含有沙粒的运动气流。当风吹过疏松的沙质地时,由于风力作用使沙粒脱离地表进入气流中而被搬运,导致沙地风蚀的发生,产生风沙运动,出现风沙流(段争虎等,1996)。在气流作用下的沙粒有蠕移、跃移和悬移 3 种运动形式。沙粒跃移是最重要的运动形式,这不仅是因为跃移沙粒占全部输沙量的 75% 以上,而且它也是导致蠕移和悬移的重要原因(黄宁和郑晓静,2001)。另外,粒径较大的沙粒在蠕移过程中会对土壤表面产生连续不断的磨蚀作用,也加大了对地表结构的破坏,使土壤变得更易风蚀。风沙流吹袭会对植物产生机械刺激。赵哈林等(2004)把沙漠化过程中风沙流对植物、植被生存生长的影响归结为以下几个方面:① 风蚀沙埋;② 风沙的割、打、磨;③ 沙地表面形成高温,对植物造成灼伤;④ 水分养分供给不足,造成植物生长不良。因此,风沙流对植物具有严重的影响。

(1)风沙流对土壤风蚀的影响

风沙流直接导致土壤风蚀的发生。而不同组分、粒径组成、团粒结构、含水率的土壤对风蚀的响应不同(胡孟春等,1991;董治宝和杨振山,1998)。对处于农牧交错带科尔沁沙地的农田沙壤土和流动风沙土来说,其风蚀特性也有差异(徐斌等,1993;张华等,2002)。移小勇等(2005,2006a,2006b)使用便携式风洞对科尔沁沙地两种典型风沙土的风蚀特征进行了对比研究。结果发现:① 流动风沙土的起沙风速高于农田沙壤土,两种土样的风蚀率随风速的增加呈幂函数关系增加,风蚀率的差值随风速的增加而增大;② 土壤含水量的增加可以提高风沙土的起沙风速,流动风沙土的起沙风速与含水量之间存在线性关系,而农田沙壤土的起沙风速与含水量之间呈二次函数关系;③ 增加土壤含水量能大大降低风蚀量。流动沙丘土样和农田土样的风蚀率与含水量之间均存在负幂函数关系;④ 对于不同粒径的均匀沙质,0.10~0.071 mm 粒径的沙粒起沙风速低,风蚀率高,属易风蚀的土壤颗粒,当土壤颗粒的粒径大于或小于此粒径范围时,起沙风速相应提高,风蚀率降低。

净风(风速 <20 $m \cdot s^{-1}$)对有一定植被盖度的土壤基本不产生风蚀,只有挟沙风作用于地表时才会发生风蚀现象(邹学勇等,1994)。采用实验室模拟方法进行挟沙气流对地表影响作用的研究发现:挟沙气流中沙粒对地表的磨蚀和撞击作用破坏了土壤表面结构,导致土壤风蚀量的增加。与净风相比,风沙流作用下农田土样的风蚀量可增加 4 倍多。由于各高度层的沙通量分布随风速的不同而变化,因此风沙流因子所导致的风沙量在不同的风速段表现出不同的特征。在低风速段,风沙流因子所导致风蚀量的增加随风速的加大增长较为缓慢;在 8~9 $m \cdot s^{-1}$ 的风速区间,风蚀量显著增加。风沙流的出现不同程度地降低了土壤的起沙风速,使不可蚀土壤结构具有可蚀性。

(2)风沙流胁迫对沙地植物光合和蒸腾耗水特征的影响

利用自制小型风洞人工模拟野外风沙条件,通过一系列风吹实验深入研究沙地常见灌木及草本蒸腾特征对风沙环境的响应状况。研究结果表明:在风沙流胁迫下,植物自身适应性调节使气孔导度降低、蒸腾速率下降、净光合速率下降。风速越大,对植物的正常生长的影响越显著(图 5.3)。

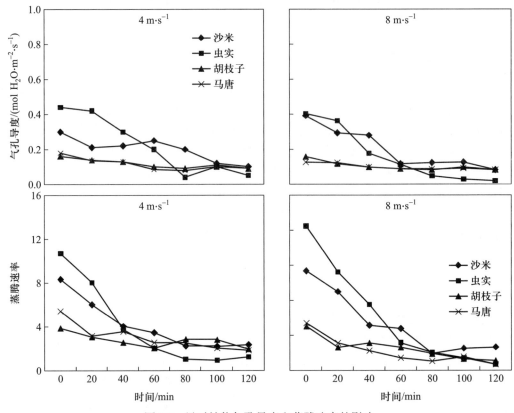

图 5.3 风对植物气孔导度和蒸腾速率的影响

为了阐明风沙胁迫环境下植物水分生理特征,岳广阳等(2006;2008)对自然条件下生长的黄柳和小叶锦鸡儿进行不同风吹处理,研究结果发现:① 风吹强度和时间、间隔等均是影响植物生理生态特征的重要因素,对植物的物质积累与生长发育造成影响(表 5.1),长期频繁的风沙吹袭会阻碍植物的碳同化作用,减少植物营养物质积累;② 风吹胁迫对黄柳叶片净光合速率和蒸腾速率产生了明显的抑制效应;③ 风吹显著促进了黄柳的茎干液流传输,却对小叶锦鸡儿液流活动产生限制作用;灌木各生理指标因风吹胁迫而改变的程度比草本及半灌木要小,说明灌木在风沙环境下具有更强的适应性。

(3)风沙流胁迫对植物叶片生理特征的影响

以樟子松、狗尾草和玉米(*Zea mays*)为对象,研究其幼苗在净风和风沙流吹袭下叶片生理特征变化。结果表明:① 净风和风沙流处理下,高速、频繁的净风吹袭均可使樟子松和狗尾草幼苗出现严重的水分胁迫,频繁和长时间强吹袭导致其显著的膜脂过氧化作用,细胞膜受损严重。② 不同强度 60 min 净风吹袭下樟子松幼苗渗透调节物质含量明显增加,可溶性糖起到显著的渗透调节作用。对于狗尾草幼苗,高风速净风和风沙流吹袭下脯氨酸均起到渗透调节作用,可溶性糖只在高风速风沙流胁迫下发挥了明显的渗透调节作用。对于玉米幼苗,20 min 净风吹袭下可溶性糖起到明显渗透调节作用(李瑾,2015)。

表 5.1　灌木净光合速率和蒸腾速率对不同风速条件的响应变化

实验对象	时间	模拟风速 /(m·s⁻¹)	净光合速率		蒸腾速率	
			降幅 /μmol CO₂·m⁻²·s⁻¹	降低比率 /%	降幅 /mmol H₂O·m⁻²·s⁻¹	降低比率 /%
黄柳	9：00—11：00	2	6.2	31.6	3.57	28.2
	12：20—14：20	4	6.8	27.6	5.2	23.3
	15：00—17：00	6	5.7	34	5.5	42.4
	13：00—15：00	8	2.3	15	2.9	36.6
小叶锦鸡儿	9：00—11：00	2	1.6	16.6	1.1	21.8
	12：20—14：20	4	0.3	2.6	0.5	13.9
	15：00—17：00	6	−2.3	−48.8	−0.8	−24
	9：00—11：00	8	−3.2	−71.1	−0.9	−42

5.2.2　沙埋

因气候干旱、风沙活动强烈,沙埋现象普遍存在于我国北方的沙漠、戈壁和沙地(王涛,2002)。沙埋是一种复杂的环境变化过程,可以改变土壤的温度、湿度、硬度、养分含量、透光率等指标,进而影响到植物的生理生态过程(Poulson,1999;曲浩等,2015)。鉴于此,本节以生活在风沙活动强烈的科尔沁沙地不同生境的两种常见灌木为例,探讨当地优势植物对于沙埋的生理生态响应,以期对揭示沙生植物在极端环境下的生存机制,促进沙区植被恢复,为选择防风固沙物种提供一定依据。

(1)植物对沙埋的生态响应

叶片表征:对照及 A、B 处理下两种灌木的叶片均未出现萎蔫。C 处理下胡枝子叶片在沙埋后的第 7 天出现萎蔫,而差不嘎蒿无叶片萎蔫。D 处理下差不嘎蒿在沙埋后的第 12 天有叶片出现萎蔫,而胡枝子在沙埋后的第 6 天全部死亡(表 5.2)。

存活率:沙埋深度未超过苗高的 3/4 时,差不嘎蒿的存活率有所下降,但同对照的差异不显著($P>0.05$)。随着埋深的增加,其存活率显著下降,在 D 处理下存活率为 17.54%,H 处理下只有 2.04%,I 处理下全部死亡。胡枝子忍耐沙埋的能力不如差不嘎蒿,当埋深增至 C 处理时,其存活率骤降至 12.5%,随着埋深增大至 D 处理时全部死亡。

株高:沙埋抑制了差不嘎蒿幼苗的高生长,除 A 处理的 15.5 cm 与对照差异不显著外,其余各处理下的株高均显著低于对照的 18.7 cm。沙埋同样对胡枝子的株高产生了负面影响,C 处理下的株高仅为 7.9 cm,显著低于对照水平。

表 5.2　不同深度沙埋处理方式及沙埋后两种灌木的叶片表征

沙埋处理	差不嘎蒿		胡枝子	
	出现萎蔫时间	全部死亡时间	出现萎蔫时间	全部死亡时间
CK（不沙埋）	—	—	—	—
A（埋至苗高 1/4）	—	—	—	—
B（埋至苗高 1/2）	—	—	—	—
C（埋至苗高 3/4）	—	—	第 7 天	—
D（埋至苗高 100%）	第 12 天	—	第 3 天	第 6 天
E（埋至苗高之上 2 cm）	第 12 天	—	第 3 天	第 6 天
F（埋至苗高之上 4 cm）	第 12 天	—	第 3 天	第 4 天
G（埋至苗高之上 6 cm）	第 8 天	—	第 3 天	第 4 天
H（埋至苗高之上 8 cm）	第 3 天	—	第 2 天	第 4 天
I（埋至苗高之上 10 cm）	第 3 天	第 5 天	第 2 天	第 4 天

注："—"表示在试验期间内未观察到。

（2）植物对沙埋的生理响应

抗氧化酶：差不嘎蒿的 SOD 活力在 H 处理下达到峰值，其 POD 活力随着沙埋深度的增加呈现上升－下降－上升－下降的趋势，其 CAT 活力在处理 C 和 D 下达到峰值，随后剧烈下降。沙埋未对胡枝子的 SOD、POD 及 CAT 活力产生显著影响，对照及 A、B、C 处理下的差异未达到显著水平（$P > 0.05$）。

渗透调节物质：差不嘎蒿的脯氨酸含量在沙埋深度未超过 C 处理时保持在较低的水平，其含量维持在 $1.44 \sim 2.48 \ \mu g \cdot g^{-1}$ FW，当埋深达到 D 处理时，其含量升高到 $6.18 \ \mu g \cdot g^{-1}$ FW，显著高于对照，而当埋深继续增加到 E 处理，其含量下降了 74.8%。沙埋后差不嘎蒿的可溶性糖含量变化不明显，与对照差异显著的仅为 C 处理和 F 处理。不同于差不嘎蒿，沙埋后胡枝子的脯氨酸含量和可溶性糖含量均未发生显著变化。

光合生理：随着埋深的增加，差不嘎蒿的净光合速率在第 10 天和第 15 天均明显下降，由对照至 H 处理，沙埋后第 10 天和第 15 天分别下降了 72.3% 和 70.1%。当埋深增至 C 处理后，差不嘎蒿的净光合速率均随着时间的延长显著下降，其中，降幅最大的是 H 处理，由第 5 天的 $13.6 \ \mu mol \cdot m^{-2} \cdot s^{-1}$ 到第 10 天的 $3.8 \ \mu mol \cdot m^{-2} \cdot s^{-1}$。由第 10 天至第 15 天，各处理下差不嘎蒿的净光合速率均有不同程度的回升，但在埋深大于 C 处理时，仍显著低于第 5 天的水平。沙埋后第 5 天，A、B 处理下胡枝子的净光合速率分别为 $15.0 \ \mu mol \cdot m^{-2} \cdot s^{-1}$ 和 $16.1 \ \mu mol \cdot m^{-2} \cdot s^{-1}$，显著高于对照，而 C 处理与对照差异不显著。沙埋后的第 10 天和第 15 天，胡枝子的净光合速率随着埋深的增加而降低，但只有当埋深增加至苗高的 3/4 时，其与对照的差异才达到显著水平。随着沙埋时间的延长，各埋深处理下胡枝子的净光合速率也显著降低，但与差不嘎蒿不同，其在第 10 ~ 15 天中没有出现回升。其中，下降幅度最大的是 B 处理，由第 5 天的 $16.1 \ \mu mol \cdot m^{-2} \cdot s^{-1}$ 降为第 15 天的 $8.45\,\mu\mathrm{mol}\cdot\mathrm{m}^{-2}\cdot\mathrm{s}^{-1}$。

随着埋深的增加,差不嘎蒿的气孔导度变化也表现比较平稳,3 次测定时间内,各处理下的气孔导度均与对照差异不显著。随着沙埋时间的延长,差不嘎蒿的气孔导度变化略有下降,各处理下第 10 天和第 15 天的气孔导度均低于第 5 天的值。另外,随着埋深的增加,胡枝子的气孔导度在第 5 天和第 15 天呈现出先升高后降低的趋势,A 处理下的气孔导度显著高于对照及其他处理。沙埋后第 10 天的情况有所不同,胡枝子的气孔导度随着埋深的增加一直降低。

差不嘎蒿的蒸腾速率没有随着埋深的增加而明显变化,在第 5、10、15 天,各处理之间及它们与对照之间的差异均未达到显著水平。胡枝子的蒸腾速率随着沙埋时间的延长而降低,A、C 处理下第 5 天的蒸腾速率均显著高于第 10 天和第 15 天的值,B 处理下的差异未达到显著水平。

综上所述,沙埋越深或时间越长,对植物的存活和生长影响越大。不同的植物对沙埋的忍耐能力差异较大,生活在流动沙丘的差不嘎蒿忍耐沙埋的能力显著高于生活在固定沙丘的胡枝子。耐沙埋的物种较不耐沙埋的物种具有更好的生理适应机制,如通过提高体内抗氧化酶活力、渗透调节物质来对抗沙埋造成的损害,或通过提高净光合速率、减少蒸腾以增强水分利用效率等方式来适应沙埋胁迫。

5.2.3　干旱胁迫

受全球气候变化和人类活动的影响,区域干旱化问题将更加突出。干旱可以使植物从内到外发生一系列形态、生理乃至分子水平上的响应,这方面已有大量研究(Xue et al., 2017;Yan et al., 2017;Avolio et al., 2018)。基于奈曼站多年来对干旱条件下植物生长特性和生理调节策略等植物生长适应机制的研究,提出了沙地植被演替过程中沙生植物对干旱的适应机制,沙生植物对土壤干湿交替的生理适应性等,以指导半干旱沙地的植被重建,遏止半干旱沙地沙漠化的趋势。

(1)沙地植被演替过程中沙生植物的干旱适应机制

在科尔沁不同类型沙地上选择了几种优势植物,测定自然脱水和复水过程中抗逆生理指标和叶形态。结果表明欧亚旋覆花(*Inula britannica*)和沙米在处理 6 小时后细胞膜透性增大(表5.3),SOD 和 POD 活性对逆境能做出快速反应,但未能抑制住体内膜脂过氧化作用而导致 MDA 增加,膜受伤严重,植株枯死(表 5.4 和表 5.5)。差不嘎蒿和狗尾草随脱水处理细胞膜透性增大,MDA 含量增加,复水后趋于下降,尤其是狗尾草在自然脱水处理中膜透性增加幅度较大但复水后细胞很快恢复吸水力,膜透性下降,细胞膜表现出较好的弹性(表 5.4),差不嘎蒿 SOD、POD 活性略上升,但活力较低(表 5.5)。而固定沙地白草细胞膜透性在自然脱水处理 6 小时后略有增加外,一直表现比较稳定,细胞膜稳定性较强,胁迫前 SOD 和 POD 活性较高,胁迫后 SOD、POD 活性增幅较大(表 5.3 ~表 5.5)。

综上所述,在生境从流动沙地向固定沙地演变过程中,植物抗逆性在植被演替序列中起重要作用,其演替规律为,从躲避干旱向生理抗旱发展,其中流动沙地上的沙米、欧亚旋覆花以种子形式躲避逆境,固定沙地的白草以生理抗旱为主。

表 5.3　干旱胁迫处理中沙生植物叶形态变化

沙地演替阶段	植物	自然脱水和复水			干旱处理和复水		
		6 h	12 h	复水 12 h	6 d	9 d	复水 10 d
流动沙地	沙米	△	○	¤	移栽后部分死亡		
	欧亚旋覆花	△	○	¤	移栽后死亡		
半固定沙地	差不嘎蒿	△	⊙	◎	—	△ + ⊙	△ + ⊙
	芦苇	△	△	¤	移栽后死亡		
固定沙地	白草	—	△	◎	—	△ + ⊙	◎
	狗尾草	—	△	◎	—	△ + ⊙	◎

注：△，轻度萎蔫；⊙，下部叶变黄；○，重度萎蔫；¤，枯死，叶变脆；◎，复水叶恢复生长；—，正常。

表 5.4　自然脱水和复水中沙生植物膜透性和膜脂过氧化

沙地演替阶段	植物	膜透性 /%				丙二醛（MDA）/（μmol · g^{-1}FW）			
		0 h	6 h	12 h	复水 12 h	0 h	6 h	12 h	复水 12 h
流动沙地	沙米	7.32	71.71	58.33	61.91	0.89	1.13	1.24	1.42
	欧亚旋覆花	15.04	25.56	40.74	45.79	1.01	1.27	1.33	1.56
半固定沙地	差不嘎蒿	12.28	32.07	29.68	25.73	1.23	1.53	1.83	1.47
	芦苇	4.24	18.97	2.90	2.06	0.67	0.78	0.93	1.27
固定沙地	白草	7.16	22.46	24.46	23.89	0.72	1.05	1.19	0.89
	狗尾草	12.77	37.54	51.29	47.62	0.36	0.72	1.33	1.06

表 5.5　自然脱水和复水中沙生植物抗氧化酶活性

沙地演替阶段	植物	SOD 活力 /%				POD 活力 /（μg H$_2$O$_2$ · min^{-1}）			
		0 h	6 h	12 h	复水 12 h	0 h	6 h	12 h	复水 12 h
流动沙地	沙米	32.35	36.5	63.66	62.5	0.16	0.53	0.55	0.89
	欧亚旋覆花	41.68	52.51	51.38	49.3	0.09	0.15	0.16	0.19
半固定沙地	差不嘎蒿	0.73	0.60	0.56	0.70	0.07	0.08	0.07	0.05
	芦苇	82	63	48	62	0.11	0.13	0.14	0.21
固定沙地	白草	79.66	86.50	87.63	89.31	0.17	0.22	0.29	0.26
	狗尾草	34.86	37.51	59.17	76.32	0.28	0.38	0.85	0.79

（2）沙生植物对土壤干湿交替的生理适应性

植物遭受极端干旱后能否随着土壤水分的恢复而恢复其生长过程决定了植物抵御干旱胁迫的能力（Zhang et al., 2014；Carvalho et al., 2017）。对一年生植物狗尾草和毛马唐（*Digitaria chrysoblephara*）经受三次干湿交替的生理适应性进行研究，结果表明，随着干旱的持续，植物相对电解质渗漏和丙二醛含量呈增加趋势，但是复水 4 天后均降低并接近对照水平。随着土壤干旱次数的增加,相对电解质渗漏和丙二醛含量增加的水平减少。

土壤干旱导致一年生植物狗尾草和毛马唐 P_n、g_s 和 WUE 持续降低,复水 4 天后均又恢复到对照水平。随着土壤水分的减少,C_i 呈现增加趋势,尤其是在干旱周期的最后一天,复水 4 天后也恢复到对照水平。另外,P_n、g_s 和 WUE 在第一个干旱周期中迅速降低,降低的速度明显快于在随后的干旱周期中。

干旱导致两种植物的 SOD、CAT 和 POD 活性增加,并且在整个实验过程中,干旱胁迫植物的三种抗氧化酶活性均高于对照水平。土壤干旱使得这两种植物的蛋白质和脯氨酸含量增加,但是复水 4 天后均降低到对照水平。在干旱过程中期可溶性蛋白质和脯氨酸含量轻微增加,在干旱过程后期增加显著。

综上,干旱胁迫植物复水后继续生长,水分亏缺引起的植物生理状况的变化具有可逆性。复水后抗氧化酶 SOD、CAT 和 POD 活性相对对照仍然维持在较高水平。随着干旱次数的增加,膜透性和膜脂过氧化增加的程度降低,而且相对于第一次干旱胁迫,净光合速率在之后的干旱过程中降低得更慢。这些变化表明两种一年生植物经历反复的土壤干旱时产生了一定的生理适应性,有利于他们在反复干旱的环境下产生较多的碳同化。

（3）短期极端干旱事件对沙丘一年生植物群落结构与功能的影响

随着全球气候变化的加剧,极端干旱事件的强度和频率正在增加（Stocker et al., 2013）。极端干旱事件会强烈地改变植被演替的随机性或延长生态系统恢复期（Smith, 2011）。研究发现,短期极端干旱事件对半干旱沙地一年生植物群落有显著的影响,但影响程度取决于干旱事件的发生时间。例如,5 月、6 月和 7 月干旱处理显著降低了植物群落地上生物量（$P<0.05$）,而 4 月干旱处理对植物群落的地上生物量无显著影响。同样,7 月干旱处理显著增加了一年生植物群落的地下生物量 / 地上生物量。短期极端干旱事件对沙地一年生植物群落的 Shannon–Winner 指数无显著影响,而对物种丰富度有显著影响（Yue et al., 2016）。

5.3　生态系统结构、功能及其维持机制

5.3.1　科尔沁沙地植被格局及其影响因素

随着全球气候变化和人类对资源利用强度的加深,植被退化与土地沙漠化问题已经成为我国半干旱农牧交错带最突出的生态环境问题。土地沙漠化或退化土地恢复重建都会改变原有生态系统植被组成、分布格局、生产力和土壤有机质以及养分循环等,进而影响到区域生态系统的结构和功能（Carrera et al., 2009; Sousa et al., 2012; Zuo et al., 2009）。因此,在人类活动和气候变化背景下,深入认识科尔沁沙地生态系统的结构和功能对区域环境变化响应及适应,揭示科尔沁沙地生态系统结构与功能的关系及其维持机制,是维持科尔沁沙地生态系统服务功能及其可持续发展需要解决的重大科学问题,对于综合研究北方典型陆地生态系统对全球气候变化的响应与影响具有重要的科学意义。

（1）科尔沁沙地植物群落和环境特征变化

从河漫滩草地到流动沙丘,物种丰富度、盖度、优势度（D）、多样性（SH）指数、均匀度（J）指

数和生物量差异显著（$P<0.01$），其中盖度和生物量依次递减，物种丰富度和多样性（SH）指数波动递减，优势度（D）波动增加（表 5.6）。河漫滩草地由于水分条件最好，丰富度、盖度和生物量要高于草甸植被和沙丘植被。在草甸植被中，湿草甸植被盖度、多样性指数和生产力均高于干草甸植被。在沙丘植被中，由固定沙丘、半固定沙丘到流动沙丘，物种丰富度、盖度、多样性指数和地下生物量依次减少，群落物种优势度逐渐增加（Zuo et al., 2012a）。

表 5.6　科尔沁沙地主要植物群落类型及其特征变化

植被类型	群落数	丰富度	盖度 /%	D	SH 指数	J 指数	地上生物量 /(g·m^{-2})
河漫滩草地	7	15.57 ± 4.20	90.62 ± 3.40	0.16 ± 0.06	2.17 ± 0.32	0.80 ± 0.06	439.36 ± 145.86
湿草甸	10	13.11 ± 3.14	77.67 ± 7.79	0.24 ± 0.09	1.88 ± 0.32	0.74 ± 0.07	356.20 ± 104.46
干草甸	5	14.20 ± 5.72	74.20 ± 5.12	0.18 ± 0.04	1.84 ± 0.75	0.77 ± 0.05	182.72 ± 31.21
固定沙丘	12	14.83 ± 3.64	69.25 ± 2.81	0.13 ± 0.02	2.30 ± 0.20	0.86 ± 0.04	130.16 ± 47.24
半固定沙丘	15	8.60 ± 4.55	41.42 ± 14.20	0.27 ± 0.09	1.58 ± 0.41	0.78 ± 0.05	109.21 ± 64.42
流动沙丘	7	4.14 ± 2.19	9.14 ± 1.69	0.58 ± 0.23	0.80 ± 0.48	0.56 ± 0.28	28.17 ± 12.50

注：D，优势度；SH，多样性；J，均匀度。

科尔沁沙地不同植被类型中的环境特征分析表明，各生境中除了粗砂（CS）含量不显著外（$P>0.05$），其余环境因子均存在显著差异（$P<0.01$）。从河漫滩草地到沙丘植被，土壤有机碳（C）、总氮（N）和电导率（EC）依次减小，pH、极细砂（VFS）、黏粉粒（SC）和土壤水分含量（SW1，SW2，SW3）波动减小，海拔高度（H）波动增加。河漫滩草地、草甸植被和沙丘植被的生境条件存在明显的差异，导致形成不同的植被群落类型及其分布格局。

（2）科尔沁沙地植被分布格局与环境的关系

从应用典范对应分析（CCA）得到群落分布与环境因子的 CCA 二维排序图（图 5.4）中可以看出，第 1 轴是土壤理化性质和地形的组合因子，反映出了沿 CCA 第 1 轴从右到左，也就是随着生境由河漫滩草地、草甸植被到沙丘植被，土壤水分、养分、pH、电导率和极细沙含量逐渐降低、海拔逐渐增加的趋势；第 2 轴反映了群落沿土壤养分梯度的变化趋势。第 1 轴解释方差为 29.20%，第 2 轴解释方差为 17.30%，表明沙地土壤水分、养分、pH、电导率、极细沙和海拔的组合因子及其变化决定着科尔沁沙地主要植物群落的组成及分布（Zuo et al., 2012a）。

（3）科尔沁沙地植物群落结构与功能的关系及其影响机制

由科尔沁沙地物种多样性、群落组成与生产

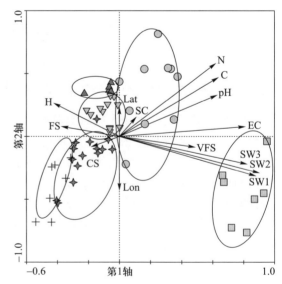

图 5.4　科尔沁沙地植被群落分布与环境因子的 CCA 二维排序图

力的相关关系表明（图5.5），物种丰富度和Shannon多样性指数均与群落生产力表现出正相关关系（$P<0.01$）。由非参数多维尺度分析（NMDS）得到能够代表群落组成的NMDS1和NMDS2。基于代表群落组成的NMDS1和NMDS2与生产力也有显著的正相关关系（$P<0.01$），表明植物群落的组成变化（NMDS1和NMDS2）对生产力有着重要的影响（$P<0.01$）。

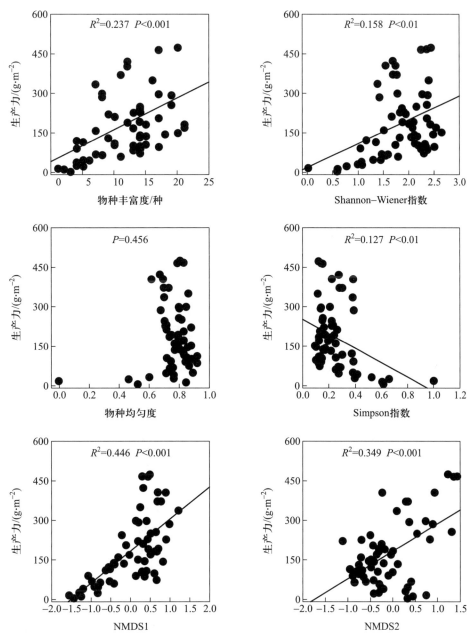

图5.5　沙质草地植物多样性、群落组成与生产力的关系（$n=60$）

通过构建科尔沁植物多样性、群落组成、生产力和环境因子之间直接和间接影响关系的最优结构方程模型（图5.6），表明物种多样性与生产力之间的关系并不显著（$P>0.05$），区域上地形和土壤因素组成的环境梯度影响着植物群落组成,而群落组成又驱动植物多样性和生产力同向变化,间接导致了植物多样性和生产力的正相关关系(Zuo et al., 2012b)。因此,科尔沁沙地地形和土壤变化决定物种多样性和生产力的变化及其相互关系,进而影响沙地生态系统的结构和功能。

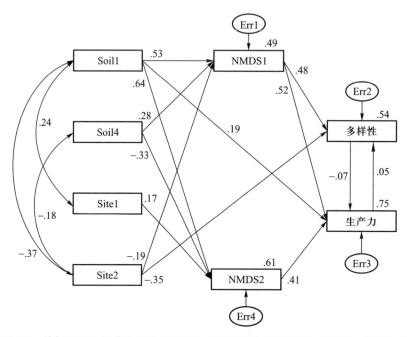

图 5.6   科尔沁沙地物种多样性与生产力关系及其影响因素的最优结构方程模型

注:箭头表示路径。Err1、Err2、Err3、Err4 表示未能解释的误差。沿着双箭头给出相关系数。NMDS1、NMDS2、多样性和生产力右上角给出最优模型的解释方差。

5.3.2 科尔沁沙地土壤生物及其影响因素

土壤是沙地生态系统中一个重要的生物库,是土壤生物生活栖息的主要场所。土壤生物主要包括土壤动物和土壤微生物,它们在沙地生态系统物质循环和能量流动方面起着不可或缺的作用。狭义上的土壤动物指蚯蚓、蜘蛛、蚂蚁、甲壳虫、昆虫等生活在土壤中的动物,它们对动植物残体的破碎化和初级分解起着重要作用;土壤微生物包括土壤细菌、真菌、放线菌和藻类等类群,它们对凋落物分解、土壤结构的形成、土壤养分的转化等方面起着不可替代的作用。土壤中一系列的理化性质,比如土壤水分、温度、养分、土壤结构、pH、电导率等均深刻影响着土壤生物的种群类型、生物活性、存在状态和分布特征。

(1)土壤动物

① 沙漠化土地恢复过程中土壤动物群落组成

通过调查科尔沁沙地退化植被不同恢复阶段沙丘生境,共获得大型土壤动物 45 类 397 只,隶属于 2 纲 9 目 39 科,其中昆虫纲的种类和数量最多,占总数的 85.64%;优势类群为拟步甲科及幼虫和蚁科,占总个数的 44.68%;常见类群 23 类,占总类群的 48.04%,稀有类群有 19 类,占 7.1%。

② 科尔沁沙地土壤动物与环境因子的关系

不同的生境条件决定了特殊的土壤动物类群的存在,通过对科尔沁沙地土壤动物类群与环境因子(土壤因子和植被因子)的相关分析结果表明(表5.7):猫蛛科与土壤电导率显著正相关,狼蛛科、猫蛛科、土蝽科、拟步甲科幼虫与土壤有机碳、植被盖度均呈显著正相关,狼蛛科、猫蛛科、土蝽科与土壤总氮、植物物种丰富度均呈显著正相关,蚁科与土壤pH呈显著负相关,蚁科与植物密度呈显著正相关。

表5.7 土壤动物类群与环境因子的相关系数

动物类群	土壤pH	土壤电导率	土壤有机碳	土壤总氮	植物物种丰富度	植物密度	植物盖度
狼蛛科	−0.458	0.666	0.915**	0.846**	0.858**	0.619	0.912**
猫蛛科	−0.582	0.808*	0.819*	0.833*	0.844**	0.459	0.806*
土蝽科	−0.427	0.621	0.854**	0.790*	0.801*	0.587	0.851*
拟步甲幼虫	−0.376	0.547	0.753*	0.696	0.706	0.509	0.750*
蚁科	−0.755*	0.525	0.657	0.649	0.616	0.801*	0.676

注:* 和 ** 分别表示在0.05和0.01水平上显著相关。

综上所述,不同类型的沙丘代表了沙漠化恢复的不同阶段,伴随着土壤条件的改善和植被覆盖的增加,从流动沙丘到固定沙丘,土壤肥力逐渐增加,植物数量和盖度逐渐增加,从而吸引了大型土壤动物前来栖居和活动。流动沙丘土壤动物结构简单,多样性最低,固定沙丘多样性最高。在科尔沁沙地,土壤肥力条件和植被覆盖情况是影响大型土壤动物分布的主要因素。

(2)土壤微生物

① 沙漠化土地恢复过程中土壤微生物类群组成

在沙漠化土地恢复过程中,不同类型沙丘中土壤微生物数量差异显著。以细菌数量最多,占微生物总数的77.90%～87.11%;真菌最少,所占比例不到总数的0.5%;放线菌居中,占微生物总数的20%左右。细菌、真菌、放线菌的数量均是固定沙丘>半固定沙丘>半流动沙丘>流动沙丘。固定沙丘、半固定沙丘和半流动沙丘的微生物总数分别是流动沙丘的12.1倍、2.8倍和2.5倍,细菌分别是12.9倍、2.7倍和2.5倍,真菌分别是9.6倍、7.4倍和5.8倍,放线菌分别是8.5倍、3.4倍和2.8倍。

② 科尔沁沙地土壤微生物与环境因子的关系

对科尔沁沙地土壤真菌群落组成和环境因子(土壤和植被)的RDA分析表明,土壤和植被因子显著影响沙地土壤真菌群落组成(图5.7)。通过Monte Carlo算法检验得出土壤与植被因子在四个排序轴的相关性均达到显著水平($P=0.002$),其中第1轴与土壤容重和粗砂含量呈显著正相关,与土壤总碳、总氮、碳氮比、pH、电导率、极细砂、黏粉粒、植被盖度、物种丰富度和地上生物量呈显著负相关;第2轴与土壤pH、电导率、黏粉粒和土壤含水量呈显著正相关,与土壤容重呈显著负相关。土壤碳氮比和地上生物量为影响沙地生态系统土壤真菌群落的主要环境因子。

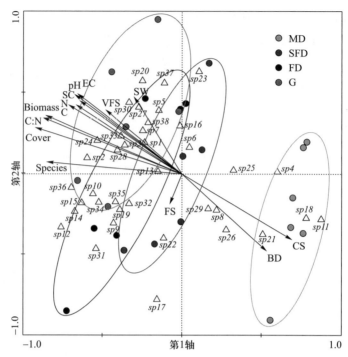

图 5.7　土壤真菌群落组成与环境因子的 RDA 排序图：圆圈表示沙丘类型（MD，流动沙丘；SFD，半固定沙丘；FD，固定沙丘；G，草地），三角形表示真菌物种，箭头表示环境因子

5.3.3　科尔沁沙地生态系统功能及其驱动因素

（1）生物量变化

从丘间草地到流动沙丘，地上活体、立枯物、地表凋落物和地上总生物量分别下降 82.2%、96.3%、99.3% 和 90.1%。从丘间草地到流动沙丘 5 个生境，地上活体占地上总生物量的比例分别为 50.6%、57.4%、67.9%、87.1% 和 90.5%，灌木与草本生物量之比分别为 0.63、0.40、4.96、21.82 和 0.24。

从丘间草地到流动沙丘，地下总生物量、活根系和地下凋落物分别下降 90.4%、88.2% 和 91.7%。地下凋落物占地下总生物量比例较高，从丘间草地到流动沙丘分别为 64%、69%、49%、54% 和 55%。丘间草地、固定、半固定、半流动和流动沙丘 0~20 cm 层活根占活根总生物量的比例分别为 70.1%、72.1%、74.3%、58.3% 和 45.9%。

地上地下总生物量（单位：g·m⁻²）为丘间草地（1019）＞固定沙丘（749）＞半固定沙丘（474）＞半流动沙丘（208）＞流动沙丘（99）。地上地下生物量的比值，丘间草地为 0.50，固定、半固定、半流动和流动沙丘分别为 0.51、0.91、0.68 和 0.53。

（2）植物 – 土壤碳、氮储量变化

地上生物量有机碳和碳储量从丘间草地的 137.49 g·m⁻² 和 4.49 g·m⁻²，下降到流动沙丘的 12.52 g·m⁻² 和 0.57 g·m⁻²。从丘间草地到固定、半固定、半流动和流动沙丘，地上生物量碳储量分别下降 25.1%、30.9%、73.8% 和 90.9%，氮储量下降 27.6%、46.5%、80.6% 和 87.3%。地上活体碳占地上总碳量的比例从 52.3% 增加到 90.7%，氮占地上总氮量的比例从 69.6% 增加到 96.9%。立枯物与凋

落物碳占地上总碳量的比例从 47.7% 下降到 9.3%,氮占地上总氮量的比例从 30.4% 下降到 3.1%。

从丘间草地到固定、半固定、半流动和流动沙丘,地下生物量碳分别下降 27.2%、62.0%、81.8% 和 91.0%,氮下降 35.9%、74.9%、90.0% 和 95.5%;从丘间草地到流动沙丘,活根碳占地下生物量总碳量的比例从 39.3% 增加到 46.0%,活根氮占地下生物量总氮量的比例从 30.7% 增加到 54.5%;地下凋落物 + 死根的碳、氮量从丘间草地到流动沙丘呈现明显下降趋势。

地上地下生物量碳和氮总量(单位:g·m⁻²)为丘间草地(388.13 和 16.05)>固定沙丘(285.53 和 10.66)>半固定沙丘(190.14 和 5.31)>半流动沙丘(81.62 和 2.02)>流动沙丘(35.05 和 1.09)。从丘间草地到固定、半固定、半流动和流动沙丘,地上地下生物量碳总量分别下降 26.4%、51.0%、79.0% 和 91.0%,氮总量下降 33.6%、66.9%、87.4% 和 93.2%。

从丘间草地到固定、半固定、半流动和流动沙丘,土壤有机碳分别下降 52.2%、75.9%、87.0% 和 90.1%,土壤总氮下降 43.5%、71.0%、81.3% 和 82.7%。0 ~ 20 cm 深土壤有机碳和氮分别占 100 cm 深储量的比例,丘间草地为 27.3% 和 27.4%,固定沙丘为 31.0% 和 29.4%,半固定沙丘为 33.5% 和 31.4%,半流动沙丘为 29.0% 和 25.5%,流动沙丘为 29.1% 和 24.5%。

从丘间草地到流动沙丘植物 – 土壤系统有机碳下降 90.2%,氮下降 83.1%。地上有机碳占系统碳的比例,丘间草地为 2.6%,固定、半固定、半流动和流动沙丘分别为 3.9%、6.9%、5.0% 和 2.4%;地上氮占系统氮的比例丘间草地为 0.8%,固定、半固定、半流动和流动沙丘分别为 1.1%、1.5%、0.9% 和 0.6%。土壤有机碳占系统碳的比例丘间草地为 92.6%,固定、半固定、半流动和流动沙丘分别为 89.1%、86.1%、88.6% 和 93.2%;土壤氮占系统氮的比例丘间草地为 97.0%,固定、半固定、半流动和流动沙丘分别为 96.5%、96.6%、98.0% 和 98.8%。

(3)土壤呼吸特征

除受突然降水与高温的影响,7 月土壤呼吸速率日动态出现无规律变化外,其余月份的最大值总是出现在 11:00—15:00,最小值总是出现在 3:00—6:00。土壤呼吸的日变化幅度,流动沙丘为 0.262 ~ 0.658 μmol CO_2·m⁻²·s⁻¹,半固定沙丘为 0.538 ~ 2.293 μmol CO_2·m⁻²·s⁻¹,固定沙丘为 0.478 ~ 3.323 μmol CO_2·m⁻²·s⁻¹。土壤呼吸的昼夜波动变化趋势,与气温和土壤温度的昼夜变化有着较好的一致性。

无论以哪种温度为依据,土壤呼吸对温度的敏感性指数 Q_{10} 值均表现为半固定沙丘 > 固定沙丘 > 流动沙丘。高温环境下 Q_{10} 值较低,而低温环境下 Q_{10} 值较高。

季节变化上土壤呼吸速率出现两次峰值(6 月 22 日和 8 月 3 日),变化幅度上流动沙丘明显小于半固定和固定沙丘(图 5.8)。土壤呼吸的季节峰值并没有与气温的峰值所对应,但与土壤水分的峰值变化趋势接近(图 5.9)。不同类型土壤呼吸的季节变化存在显著差异,表现为固定沙丘 > 半固定沙丘 > 流动沙丘。

(4)土壤氮矿化特征

土壤氮矿化速率从丘间草地到流动沙丘逐级递减,比较相邻两类生境,可供给植物吸收的有效氮总量分别减少 18.5%、39.3%、75.1% 和 23.3%。无论是矿化总量还是硝化总量,都是从丘间草地到流动沙丘递减(表 5.8)。从丘间草地到固定、半固定、半流动和流动沙丘,净矿化氮分别减少 28.8%、52.3%、91.4% 和 95.5%,净硝化氮分别减少 25.3%、51.3%、90.0% 和 94.5%。各生境土壤净硝化氮占净矿化氮的比例都为 100%,这说明土壤矿化出的所有 NH_4^+–N 都转化成了 NO_3^-–N,导致所有无机氮库都是以 NO_3^- 形式存在。

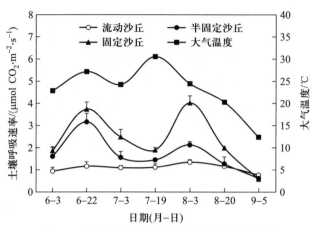

图 5.8   土壤呼吸速率与大气温度的季节动态

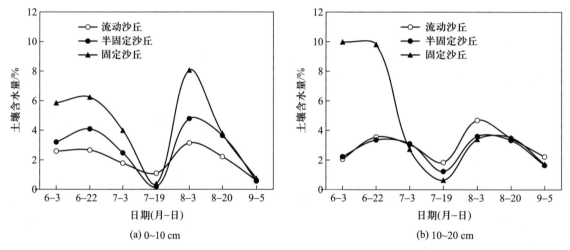

图 5.9   0～10 cm（a）和 10～20 cm（b）土壤含水量的季节动态

表 5.8   不同生境土壤（0～30 cm）净矿化/硝化氮量

生境	总氮（TN）		总净矿化氮（Min）		总净硝化氮		
	/(g·kg⁻¹)	/(g·m⁻²)	/(mg·m⁻²)	/% TN	/(mg·m⁻²)	/% TN	/%Min
流动沙丘	0.064 ± 0.007	31.6	329.3	1.04	409.1	1.29	100
半流动沙丘	0.070 ± 0.013	34	632.8	1.86	744.6	2.19	100
半固定沙丘	0.129 ± 0.045	61.7	3487.5	5.65	3616.2	5.86	100
固定沙丘	0.260 ± 0.034	124.4	5209.7	4.19	5543.5	4.46	100
丘间草地	0.466 ± 0.103	188.3	7316.2	3.89	7419	3.94	100

5.4　区域生态系统重要生态学问题及其过程机制

　　土地沙质荒漠化(沙漠化)和沙地植被 – 水分关系是科尔沁沙地生态系统最为重要的两个生态学问题。本节就近 40 多年来中国科学院奈曼沙漠化研究站以及国内相关科技工作者,在科尔沁沙地对土地沙质荒漠化的产生原因、发展过程以及影响机制等研究方面开展的工作进行部分综述与总结,以期指导相关研究内容不断走向深入和系统,为国家防沙治沙工作以及生态屏障建设服务。

5.4.1　科尔沁沙地土地沙漠化

(1)沙漠化发展

① 沙漠化类型及面积

　　表 5.9 是 2000 年对科尔沁沙地不同类型沙漠化土地的监测结果。监测面积 105573.13 km²,其中沙漠化土地面积 50197.52 km²。在所监测的 13 个旗县中,以科尔沁左翼后旗沙漠化面积最大,达 9056.79 km²,其次是阿鲁科尔沁旗为 7010.31 km²,以通辽市沙漠化面积最小,为 634.64 km²。

表 5.9　2000 年科尔沁沙地各种类型沙漠化土地面积　　　　　(单位:km²)

旗县名称	区域总面积	严重沙漠化	重度沙漠化	中度沙漠化	轻度沙漠化
巴林左旗	6271.74	0	7.39	162.09	1086.43
巴林右旗	9909.97	217.93	934.10	1708.84	2344.35
扎鲁特旗	13501.43	175.89	231.32	745.12	2753.42
翁牛特旗	11839.33	1934.11	1008.29	826.98	1260.56
敖汉旗	5744.39	129.65	128.93	156.47	356.66
阿鲁科尔沁旗	12985.84	134.55	1026.52	1372.66	4476.58
奈曼旗	8234.22	919.18	680.71	924.67	1981.28
科尔沁左翼中旗	6954.66	63.26	400.80	462.01	4644.42
科尔沁左翼后旗	11020.84	651.32	713.74	1125.5	6566.23
开鲁县	4423.57	16.38	207.28	541.38	770.62
科尔沁区	3619.61	0	52.33	111.86	460.45
科尔沁右翼中旗	6325.41	0	19.55	485.61	3125.91
库伦旗	4742.12	431.72	404.46	385.6	872.41
合计	105573.13	4673.99	5815.42	9008.79	30699.32

② 沙漠化发生阶段

　　对科尔沁沙地典型地区,利用 1958 年、1974 年、1985 年、1991 年、1996 年和 1998 年 6 个典型时期航空相片和卫星图像的解译研究表明:(ⅰ)固定沙丘的面积呈波动式下降趋势,1958 年时固定沙丘为 13035.6 hm²,到 1998 年时仅为 7321.4 hm²;(ⅱ)半固定沙丘的总体变化情况与固定沙丘相反,从 1958—1998 年间呈增加趋势,由 1958 年的 5082.6 hm² 增加到 1998 年的 11972.1 hm²,增加了 1 倍多。半固定沙丘的面积由占总面积的 10.2% 减少到 3.3%;(iii)流动沙丘的变化总趋势与固定沙丘一致,呈波动式减少。

(2)土地沙漠化发生机理与过程

① 沙漠化成因

科尔沁沙地普遍具有丰富的沙源物质,其主体是松辽沉降带的组成部分,形成了东西长达 400 多 km 的沙地(朱震达,1994;王涛等,2004a,2004b)。在风力、水力作用下可就地起沙,造成土地的沙漠化。另外,过牧和樵采是引起草地沙漠化的重要原因。同时,干旱是科尔沁地区主要的自然现象,且干旱的发生频率高,影响范围广,持续时间长,从自然方面对土地沙漠化也起了推波助澜的作用(王涛等,2004b)。

② 沙漠化的几个重要过程

风沙动力学过程:风沙动力学过程主要包括 3 方面内容:(i)风力作用下沙质地表形态的发育过程:即风在运行过程中,与裸露地表相互作用,使地表颗粒发生蠕移、跃移和悬移形成风沙流,对地表进行侵蚀、搬运和堆积形成风蚀地貌和风积地貌的过程。(ii)固定沙丘活化过程:由于人为活动破坏了原始沙丘的植被,使得挟沙风直接作用沙丘表面,其过程可表现为在沙丘迎风坡出现活化缺口 – 风蚀窝 – 风蚀陡坎 – 风蚀坑 – 风蚀坑迎风坡变缓;在沙丘相应下风向则发生风积过程,表现为斑点草灌丛沙堆—小片状流沙 – 半流动片状流沙 – 流动沙丘及流动草灌丛沙堆—典型流动沙丘景观。(iii)风力作用下的沙丘前移过程:即裸露的沙丘或原来是固定的、由于植被的破坏而重新裸露的沙丘,在上风向足够沙源供给或迎风坡不断风蚀的情况下,背风坡沿主风向连续堆积,造成沙丘的整体移动。因此,由于人为破坏地表覆盖导致地表粗糙度降低从而加剧风沙流活动是沙漠化风沙动力学过程的根本原因(赵哈林等,2003,2007)。

物理过程:沙漠化的物理过程主要就是人为作用破坏植被后的风沙动力学过程,其加剧土壤的风蚀过程,导致表土流失、土壤理化性质恶化和生产力下降(王涛等,2004b)。根据野外的观测和风洞实验,风蚀的发生与风蚀率的大小主要同植被盖度和土壤含水量有直接紧密的关系(王涛等,2004b)。

初级生产力过程:沙漠化对生态系统初级生产力的影响非常明显(表 5.10),无论草地还是沙地,轻度沙漠化时生产力水平即已下降 41.1% ~ 50.6%,严重沙漠化时其生产力已只有非沙漠化的 3.3% ~ 10.4%。虽然农田生产力在实施耕作管理措施下的下降幅度小于天然植被,但下降总幅度也在 57.4%。但在一些沙地植被中,由于存在喜适度沙埋植物如差不嘎蒿等,在半流动沙丘其生长旺盛,生物量反而高于固定、半固定沙丘。

表 5.10　沙漠化过程中地上生物量的下降过程

土地类型	非沙漠化土地		轻度沙漠化土地		中度沙漠化土地		严重沙漠化土地	
	B	r	B	r	B	r	B	r
旱作农田	235	1	199	−1.18	162	−1.45	100	−2.35
放牧草地	543.7	1	268.5	−2.20	74.2	−7.33	18.1	−30.04
沙地植被	127.8	1	75.2	−1.70	42.1	−3.04	13.3	−9.61

注:B 为生物量(单位:g·m⁻² 干物质);r 为各类沙漠化土地生物量相对于非沙漠化土地的倍数。

在科尔沁地区奈曼旗沙质草地进行为期 5 年的放牧试验结果表明,过度放牧对草地生态系统的危害很大。连续 5 年的过度放牧啃食和践踏,使草地生物多样性、植被盖度、高度和初级生产力分别较禁牧区低 87.9%、82.1%、94.0% 和 57.0%,草地现存生物量仅为禁牧区的 2.1%。特别是次级生产力从第 3 年开始转为负增长,使草地终极产出功能完全受到破坏(赵哈林等,2003;王涛等,2004a)。

③ 开垦的沙漠化机理

大规模的草原开垦,首先毁灭性地破坏了地表植被。一次翻耕,即可造成被翻耕草场植被的彻底破坏。翻耕后,土壤结构破坏,水分蒸发加快,内聚力降低,并使得土壤表层裸露于风沙活动之中。特别是在多风的冬春两季,没有任何覆盖物的耕地被强烈地风蚀,土壤细小颗粒和养分大量损失,肥力迅速下降。农田土壤的风蚀,不仅导致本身土地的沙化,也引起下风向流沙的堆积和形成吹扬灌丛沙堆,使下风向也遭到大面积风沙活动的影响。这种农田土壤风蚀和下风向流沙不断堆积的过程,也是科尔沁沙地风沙地貌形成的主要过程之一,也是科尔沁沙地土地沙漠化的最主要形式。

(3)土地沙漠化的影响机制

① 植物生长与植被演替

沙地生态系统生命物质的绝大部分是由植被构成的。土地沙漠化过程中植物群落的受损将会导致生态系统的不稳定。稳定性与受损是互为因果的,一方面,群落的受损引起生态系统稳定性下降,另一方面,稳定性差的群落和系统又容易受损。

随着草地沙漠化的加剧,草地植被盖度、密度明显下降(表 5.11)。然而这种下降的比例并不是均匀的,下降的比例越小,说明这一阶段越稳定,反之则越不稳定。显然,在沙漠化初中期草地植被的盖度和密度下降幅度相对较小,后期明显增大。不同草地间盖度、密度差异显著,说明各草地间虽然盖度、密度变化幅度不同,但均受到了沙漠化的严重影响(赵哈林等,2003)。

表 5.11 不同沙漠化草地群落特征的变化(赵哈林等,2003)

	原生植被	潜在沙漠化	轻度沙漠化	中度沙漠化	重度沙漠化
群落盖度 /%	40	30	25	15	5
密度 /(株·m^{-2})	388 ± 60.15	241 ± 52.7	186 ± 28.1	116 ± 12.2	50 ± 6.11
物种丰富度	98	90	76	72	28
频度	0.67	0.58	0.63	0.65	0.46
每平方米种数 /(种·m^{-2})	/	14.39	11.41	8.69	4.28
地上生物量 /(g·m^{-2})	/	95.6	89.06	106.64	70.33
地下生物量 /(g·m^{-2})	/	201.43	169.16	186.23	131.96
地上生物量 / 地下生物量	/	0.47	0.53	0.57	0.53

随着沙漠化的进展,不同草地 1 m^2 所包含的植物种数量也是随着草地沙漠化程度的加剧而降低(表 5.11)。潜在沙漠化阶段 1 m^2 样方内平均有 14.39 个种,而中度阶段,1 m^2 样方内平均仅有 8.69 个种。从轻度阶段到中度阶段转变的不均匀性很明显。中度阶段以后的变异系数相对较高,表明其稳定性较低。从表 5.11 中不难判断不同阶段物种丰富度的变化也是不均匀的,在中度阶段以前,阶段之间的转化过程比较平缓,中度阶段以后的变化比较显著(赵哈林等,2003)。

沙漠化过程中,不同沙漠化草地共有种群密度的变化与其株高的变化基本一致。羊草密度、密度百分比均随着沙漠化草地的增加而减少,中度沙漠化草地密度百分比仅为原生植被草地的9%。糙隐子草、冷蒿和扁蓿豆 3 种群密度百分比的变化,由原生植被向中度沙漠化草地过渡时,糙隐子草、冷蒿和扁蓿豆的种群密度均为先增后减,其中糙隐子草和扁蓿豆均表现为"先升后降再升",冷蒿则为"先升后降",而在进一步向重度沙漠化草地过渡时,3 个物种的种群密度一致表现为下降的趋势(赵哈林等,2003)。

沙漠化过程中这 4 个共有种群总体上对有性生殖的生物量分配减少。不同植物表现又有所不同,羊草先大幅下降后略增,糙隐子草逐渐减少后略增,而冷蒿先增后减,扁蓿豆为降—升—降的趋势。随着沙漠化的发展,植物对无性生殖的生物量分配也不尽相同。其中羊草对茎、叶的分配量减少,且不同草地间的同一构件资源分配差异显著。如扁蓿豆对茎的分配量增加,而对叶的分配量趋于减少,这说明扁蓿豆在沙漠化过程中加大了对储藏器官的投资而减少对光合器官的投资,以便提高其适合度,获得较高的生存力(赵哈林等,2003)。

② 土壤环境

无论风蚀还是积沙,土地沙漠化都会导致表层土壤的粗粒化、养分贫瘠化以及土壤状况的恶化,使得土地生产力下降或丧失。而这一土壤环境的恶化进程,往往决定于沙漠化的发展阶段和程度。这里分析和讨论了沙漠化农田和草地土壤内部属性,包括土壤物理化学性状的沙漠化演变特征和规律,以及土壤属性变化与土地沙漠化的关系。

土壤颗粒组成及理化性质:

粒级分布:随着草原沙漠化的加剧,土壤颗粒组成发生了明显的粗化现象。与潜在沙漠化草地相比,轻度、中度、重度和极度沙漠化草地的黏粒含量分别减少 61.2%、80.1%、82.5% 和 93.6%,砂粒含量分别增加了 168.3%、171.4%、183.9% 和 188.6%。显然,从潜在沙漠化草地到轻度沙漠化草地土壤黏粒含量损失幅度最大。这说明,在草地沙漠化初期土壤的粗化速度最快,随着土壤可风蚀颗粒的减少和土壤的粗化,土壤风蚀速度下降。土壤黏粒的减少将抑制土壤的膨胀、可塑性及离子交换等物理性质。

容重:随着沙漠化的加剧,草地土壤容重呈上升趋势。尤其是 5~10 cm、20~30 cm 和 30~50 cm 的土层容重增加明显。其中,0~20 cm 土壤容重从潜在沙漠化草地到中度沙漠化草地增加,到重度沙漠化草地有所下降。

碳氮状况:草原沙漠化过程中,土壤有机质、C 含量和 N 含量也明显下降(表 5.12)。土壤 N 的衰减速率要快于 C。土壤 C/N 呈增加趋势,特别是在重度和极度沙漠化阶段,这说明伴随着土壤质地变粗和 C、N 的显著下降,植物 N 素供应不足更为突出(赵哈林等,2007)。

表 5.12　不同沙漠化草地土壤养分含量变化

沙漠化草地	土壤有机质 /%	C/%	N/%	C/N
潜在沙漠化	2.29	1.33 ± 0.83	0.16 ± 0.063	8.11
轻度沙漠化	1.84	1.06 ± 0.58	0.08 ± 0.034	13.96
中度沙漠化	1.41	0.82 ± 0.48	0.07 ± 0.042	12.36
重度沙漠化	1.15	0.66 ± 0.44	0.03 ± 0.017	19.96
极度沙漠化	0.51	0.30 ± 0.14	0.01 ± 0.005	28.17

土壤属性变化与土地沙漠化的关系：

在沙漠化过程中,细粒物质的吹蚀直接导致了土壤有机碳和养分的衰减。有机碳和总氮因土壤黏粉粒吹蚀而衰减的定量程度可以用线性关系进行表征,即土壤黏粉粒含量吹蚀 1%,土壤有机碳和总氮含量分别下降 0.169 $g \cdot kg^{-1}$ 和 0.0215 $g \cdot kg^{-1}$。

不同生境条件下的土壤中土壤黏粒、有机碳和总氮含量均随着土地沙漠化程度的增加而明显下降,且它们之间的差异极为显著(表 5.13)。其中,流动沙地土壤有机碳和总氮含量仅是固定沙地的 7.2% ~ 10.1% 和 14.8% ~ 17.5%。在同一生境下,灌丛下和灌丛外土壤性状也表现出显著的差异,灌丛下黏粉粒含量和有机碳、总氮的积累明显高于灌丛外,表现出半干旱沙地典型的"肥岛"现象(赵哈林等,2004)。

表 5.13　不同样地生境的土壤性状

生境	取样位置	土壤粒级分布 /($g \cdot kg^{-1}$)				有机碳 /($g \cdot kg^{-1}$)	总氮 /($g \cdot kg^{-1}$)
		中粗砂	极细砂	粉粒	黏粒		
流动沙地	A	972 ± 9.2	16.4 ± 3.3	7.2 ± 4.2	4.4 ± 2.2	0.42 ± 0.04	0.078 ± 0.006
	B	957.1 ± 7.9	33.8 ± 6.7	4.1 ± 1.3	5 ± 1.9	0.61 ± 0.10	0.096 ± 0.012
半固定沙地	A	907.7 ± 25.8	58.5 ± 14.0	25.4 ± 11.3	8.4 ± 2.9	2.22 ± 0.28	0.284 ± 0.035
	B	883.1 ± 18.5	75.9 ± 9.2	34.5 ± 9.4	6.5 ± 1.7	2.78 ± 0.37	0.303 ± 0.028
固定沙地	A	814.9 ± 31.0	105.5 ± 18.7	57.2 ± 8.2	22.4 ± 5.2	2.56 ± 0.50	0.288 ± 0.028
	B	777.8 ± 29.0	135.3 ± 25.1	70.8 ± 13.4	16.1 ± 4.1	3.54 ± 0.53	0.361 ± 0.05
丘间低地	A	625.3 ± 19.3	254.5 ± 17.0	96 ± 6.1	24.2 ± 5.9	5.85 ± 0.22	0.526 ± 0.029
	B	580.1 ± 27.5	233.2 ± 21.7	128.6 ± 21.4	28.1 ± 2.37	6.05 ± 0.45	0.549 ± 0.027

注:A,灌丛下;B,灌丛外。

5.4.2　科尔沁沙地植被 – 水分关系

水是科尔沁沙地生态系统结构与功能稳定维持的关键因素(赵文智和程国栋,2001;Eldridge et al.,2011),植被 – 水关系问题的研究是科尔沁沙地生态环境保护和植被恢复重建必须面对的基础科学问题。

(1)降水

降水是科尔沁沙地土壤水分的主要补给来源,不仅是影响植被生长发育的主要限制因子,而且决定着沙地土壤的发生、演化和土地生产力(Harper et al.,2005;Heisler-White et al.,2008)。科尔沁沙地降水的分布特征空间变异较大,以奈曼旗 1961—2017 年的降水数据为例(图 5.10),该地区年平均降水量为 345.9 mm,降水量介于 300 ~ 350 mm 的年份最多,占 29.8%。年降水 300 mm 以上的概率为 70%,而大于多年平均降水量的概率仅为 40%;降水年际变率较大,变异系数为 24.7%,总体趋势是降水逐年减少,有趋向于更干旱化的特点(刘新平等,2011)。高频的小降水事件是该地区降水事件的主要组成部分,而低频率的大降水事件是总降水量的主要贡献者(岳祥飞等,2016)。

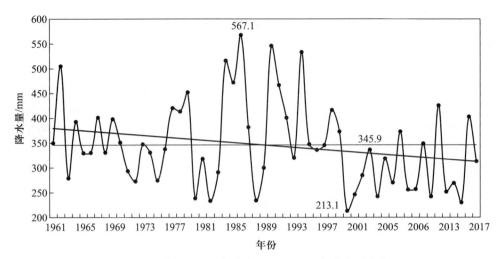

图 5.10　科尔沁沙地奈曼旗 1961—2017 年降水量变化

　　降水特征的年际变化对一年生植物的影响更为显著。无论是单个降水事件还是累积降水，8 mm 的降水对一年生植物种子萌发是一个关键阈值。总降水量为历年平均条件下，沙地一年生植被密度比对照呈现显著降低的趋势，但在总降水量加倍的情况下，沙地一年生植物密度比自然对照略有增加。表明总降水量加倍对沙地一年生植物在苗期的密度并无显著影响（Ma et al.，2015）。

　　降水量和降水特征对一年生植物生物量、植物生长特征和植物根系生物量的垂直分布具有显著影响。降水总量决定了能完成生活史的沙地一年生植被数量。极端降水事件能显著提高沙地一年生植被的生物多样性指数，但是极端降水事件则显著降低了沙地一年生植物的水分利用效率。表明科尔沁沙地一年生植被的生物多样性不是由年降水量单一特征决定，而是由每次降水量与降水次数的分布共同决定的（马赟花等，2015）。

　　在季节内总降水量保持不变的情况下，降水次数减小、单次降水强度增加和降水间隔期延长的极端降水类型显著影响一年生植物群落的地上生物量、盖度、高度、密度、生物多样性和地下生物量的垂直分布（Yue et al.，2016）。

　　降水增减变化对生长季植物群落高度有显著影响，植被平均高度随着降水量的增加而增加；植被盖度亦随着降水量增加而增大。当年的降水增减变化对半干旱沙地植被的多样性和均匀度均没有显著影响，但降水可显著增加物种的丰富度。随着降水量的增加，地上生物量逐渐增大。随着降水量的降低，地下与地上生物量的比值增加，同时，降水量的增加也促进了不同深度地下生物量的增加（张腊梅等，2014）。

　　（2）土壤水

　　降水是沙地土壤水分补给的主要来源。研究结果表明：科尔沁沙地流动沙地 0～40 cm 土层土壤水分受降水的影响最大。降水入渗深度与降水量和降水强度线性相关。在相同降水量条件下，强度高的降水其入渗深度更大（表 5.14）。13.4 mm 对于科尔沁流动沙丘土壤是区分有效降水和无效降水的关键阈值。研究结果表明科尔沁流动沙地最大蒸发影响层为土壤层以下 60 cm 深度（刘新平等，2006）。

表 5.14 不同降水量条件下流动沙地水量平衡计算

P/mm	E/mm	Pr/mm	$\sum \theta_{ti}$/mm	$\sum \theta_{ei}$/mm	ΔS/mm	E/P/%	Pr/P/%
5.7	4.15	0	98.7	100.2	1.5	72.8	0
11.8	7.51	0	112.6	116.8	4.2	63.6	0
13.4	7.66	0	104.8	110.5	5.7	57.2	0
20.4	8.26	0	113.5	125.6	12.1	40.5	0
31.4	8.67	0	107.2	129.9	22.7	27.6	0
39.3	8.79	0	101.6	132.1	30.5	22.4	0
39.8	8.53	0	103.5	134.7	31.2	21.4	0
52.3	9.02	21.13	112.3	134.4	22.1	17.2	40.4
62.1	8.94	28.75	106.1	130.5	24.4	14.4	46.3
69.1	8.83	34.27	108.8	134.8	26	12.8	49.6
110.1	8.58	60.31	115.4	156.6	41.2	7.8	54.8

注:P,降水量;E,11天内土壤表明累积蒸发量;Pr,深层土壤水分补给量;$\sum \theta ti$,初始土壤储水量;$\sum \theta ei$,结束土壤储水量;ΔS,土壤储水增量。

相关性分析显示,0~100 cm 土壤水分与降水量显著相关,0~40 cm 土壤水分与降水强度显著相关,此外,降水间隔时间与0~20 cm 土壤水分显著负相关。当降水量大于30 mm 时,深层渗漏量显著增加(图 5.11)。深层渗漏量与降水量和降水强度显著相关,但是与降水间隔时间相关性不显著(Liu et al., 2015a, 2015b)。

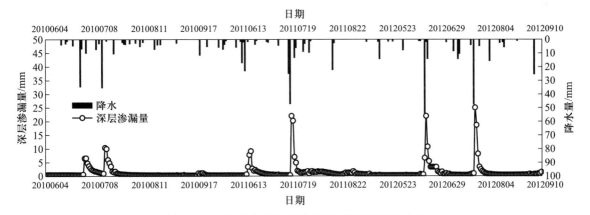

图 5.11 生长季流动沙地降水量与深层渗漏量变化

固定沙地小叶锦鸡儿灌丛下土壤水分与降水量密切相关,最大的土壤水分变异系数出现在20~40 cm(Yao et al., 2013)。研究表明虽然小叶锦鸡儿在沙地固定方面具有一定的优势,但是随着小叶锦鸡儿的生长年限的增加,其耗水量明显增大,从而影响了深层土壤水的补给乃至地下水的补给(Liu et al., 2016)。

（3）地下水

在科尔沁沙地,近二三十年来由于人类活动加剧和气候干旱,出现了河流断流、湖泊萎缩甚至消失,引起了地下水埋深下降等一系列生态环境问题（赵哈林等,1993a;1998）。研究结果表明,沙地芦苇的形态特征受地下水埋深的影响表现出了其强大的适应性,200 cm 以下的水位条件更利于沙地芦苇的株高的增长。较深水位的干旱胁迫更会影响到芦苇生物量的积累。沙地芦苇生物量分配表现为当地下水埋深在 40～120 cm 时随着水位深度的增加,根冠比逐渐增加（图 5.12）。当水位在 80 cm 与 120 cm 时,沙地芦苇整株的粗、细根的长度最长,而且粗、细根的根长密度在地下水埋深为 80 cm 时最大（马赟花等,2013）。

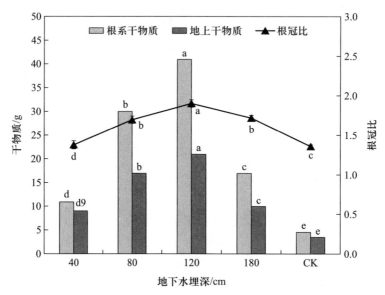

图 5.12　不同地下水埋深条件下芦苇的生物量

地下水埋深 40 cm 条件下,小叶锦鸡儿一年生幼苗和两年生植株的株高和冠幅在接近饱和的水分条件下受到了抑制,在水位 120 cm 的条件下株高、冠幅最大。小叶锦鸡儿的垂直根长将与地下水深度呈正相关,粗根是根系生物量的决定性因素,而细根是根长度的决定性因素（表 5.15）,地下水埋深越深,根的生物量占总生物量的比例越小（Ma et al.,2015）。

表 5.15　小叶锦鸡儿的根系特征

水位 /cm	根系质量 /g		根系长度 /cm		根长密度 /（cm·cm⁻³）	
	细根	粗根	细根	粗根	细根	粗根
40	0.13[d]	0.91[d]	52.00[e]	10.22[e]	18.40[c]	7.08[c]
80	14.14[b]	13.96[c]	5195.53[c]	179.67[d]	919.24[a]	31.79[b]
120	17.85[a]	34.35[a]	7172.70[b]	461.40[b]	846.04[a]	54.42[a]
180	17.45[a]	24.01[b]	11068.20[a]	534.20[a]	870.34[a]	42.01[b]
CK	2.81[c]	25.07[b]	2159.50[d]	264.50[c]	509.44[b]	62.40[a]

注:不同小写字母表示在 0.05 水平上存在显著差异。

5.5 退化生态系统修复与生态系统管理

5.5.1 科尔沁沙地退化土地治理措施及其效应

生态恢复就是通过修复生态系统功能并补充生物组分，使受损的生态系统从远离其初始状态的方向回到干扰、开发、破坏前的初始状态所作的努力。生态系统完全恢复是相当困难的，因为它有太多的组分，而且组分间存在非常复杂的相互作用，需要更好地了解生物与非生物因子间、种间的因果关系。尽管如此，生态恢复依然是社会关注的热点，原因是目前全球范围内的生态系统普遍退化，直接或间接的影响人类的生存和生活质量。

退化生态系统修复要根据自然、社会、经济条件以及生态系统退化的成因，科学地制定退化生态系统修复方案与措施。为了有效遏制土地沙漠化的发展势头，修复退化生态系统的基本服务功能，自 20 世纪 70—80 年代以来，国家和地方政府先后在科尔沁沙地实施了三北防护林体系、退耕还林还草等一系列重大生态治理工程，其中具体的生态治理措施主要包括营造防风固沙林、封育等。为了配合实施国家和地方政府在科尔沁沙地重大生态治理工程，以中国生态系统研究网络奈曼沙漠化研究站为首的研究团队对各项生态治理措施的生态效应进行了深入的研究，分析各种生态恢复措施的防风固沙效果以及土壤和植被的恢复过程，有效支撑国家北方防沙治沙工程建设的重大需求。

（1）生态恢复措施的防风固沙效应

① 营造防风固沙乔木林

营造防风固沙林目的是为了降低风速，防止或减缓风蚀，阻止流动沙地移动，保护农田、牧场等免受风沙侵袭，促进退化生态系统快速恢复，林木的选择主要包括乔木林和灌木林两大类型。

由于乔木林植株高大，明显改变了近地层气流的流速和流场结构，使风速廓线发生位移或改变，因而能有效地减弱风速。对营造 24 年的小叶杨（*Populus simonii*）杨树片林动态观测发现，在主风向方向上，杨树林背风区不同风向风速的减弱系数（背风区和迎风区同一高度平均风速的比值）最高可达 65% 左右。无论是何种风向，杨树片林对近地表 0.25 m 高度的风速减弱程度要大于其他高度，特别是大于 1 m 和 2 m 高度。

乔木林的防风效应受环境风速、林分结构的影响较大。一般情况下，乔木林对风速的减弱效应随风速的增加而增大，但是当风速超过 10 m·s⁻¹ 后，平均风速减弱效应明显下降。并且，乔木林的叶面积指数、冠层郁闭度等通过改变林地枝叶之间的孔隙而影响林地的透风状况及防风效果。研究发现，乔木林叶面积指数与 0.25 m、0.5 m、1 m 和 2 m 高处平均风速减弱系数呈显著正相关，说明叶面积指数变化直接影响防风固沙乔木林的生态防风功能。

由于乔木林对风的显著阻挡作用，防风固沙林迎风区、林地中央、林地背风区林缘地表输沙量存在一定差异，这与防风固沙林不同位置风速大小存在显著相关性。研究发现，当防风固沙林外空地 2 m 高度平均风速为 5.67 m·s⁻¹ 时，对应的地表输沙量 28074.2 g·m⁻²，但是营造 24 年的小叶杨杨树片林迎风区、林地中央、林地背风区林缘 2 m 高度的平均风速为 3.88 m·s⁻¹、1.93 m·s⁻¹ 和 2.14 m·s⁻¹，对应的地表输沙量分别为 2771.9 g·m⁻²、129.6 g·m⁻² 和 29.0 g·m⁻²。

这进一步表明,防风固沙乔木林之所以能够显著减少地表风蚀量,主要原因是林地削弱了近地层气流的速度,缩短了侵蚀风的持续时间,从而减弱了风蚀强度。

② 营造固沙灌木林

小叶锦鸡儿、黄柳和差不嘎蒿是科尔沁沙地生态恢复重建中广泛使用的优良固沙灌木及半灌木,具有良好的降低风速、阻固流沙,改良土壤的功能。研究表明,与地表裸露的流动沙地比较,固沙灌木林地摩阻系数增加了 1.87 ~ 2.22 倍,粗糙度增加了 7.29 ~ 8.54 倍。相应地,近地表层 20 cm 高度的平均风速减弱 44.1%,地表侵蚀时间减少 43.2%。流动沙地和灌木林地近地表 0 ~ 20 cm 气流层内的总输沙量分别为 88.8 g·h⁻¹·cm⁻² 和 1.6 g·h⁻¹·cm⁻²,存在明显的差异。流动沙地 81% 的总输沙量集中在 10 cm 以下的高度,灌木林地约 67% 的总输沙量集中在 10 cm 以下的高度。流动沙地和灌木林地 0 ~ 20 cm 气流层内输沙量 Q 与高度 H 的关系均可用负指数函数来描述。

固沙灌木林除了可以增加地表粗糙度,降低风速,减少地表起沙等作用外,其较大的基部直径还可以通过积沙来阻止沙尘移动。但由于灌木的生物学特性及形态特征不同,不同灌木阻固沙尘的能力及改良土壤结构、富集土壤养分的功效也有差别。在科尔沁沙地,小叶锦鸡儿单株灌木的积沙(尘)量为 0.49 m³,分别是差不嘎蒿和黄柳的 18 倍和 3 倍。引起灌木种类之间阻固沙尘能力差异的主要原因是不同灌木种的生物学特性各有所别。通过分析发现冠幅直径对积沙(尘)量的影响最大,其次为基部分枝数,分枝直径和丛高的影响较小。其中小叶锦鸡儿和差不嘎蒿的冠幅直径显著影响着灌丛阻固沙尘效应,冠幅与积沙(尘)量之间的关系可以通过指数方程进行描述(图 5.13)。

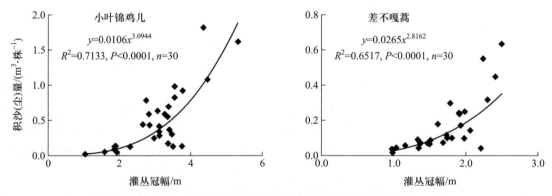

图 5.13　灌丛基部积沙(尘)量与冠幅的曲线回归关系

(2)生态恢复措施对土壤质量的影响

① 营造防风固沙乔木林对土壤质量的影响

在科尔沁沙地,流动沙地种植杨树人工林后,土壤粗颗粒含量降低,细粒和黏粉粒含量显著增加。研究发现,营造 6 年和 16 年杨树林 0 ~ 5 cm 层土壤中粗砂含量比流动沙地减少了 15.98% 和 25.05%,5 ~ 15 cm 层分别减少了 13.28% 和 16.28%。6 年和 16 年杨树林 0 ~ 5 cm 层土壤黏粉粒含量分别是流动沙丘的 12.71 倍和 27.12 倍,5 ~ 15 cm 层分别是流动沙丘的 10.46 倍和 25.31 倍。与流动沙丘相比,杨树林地土壤容重显著降低,说明林地土壤变得疏松,透气性增加。

在科尔沁沙地,营造6年和16年杨树人工林0~5 cm层土壤有机碳(SOC)含量分别是流动沙地的9.03倍和21.36倍,5~15 cm层分别是流动沙丘的5.82倍和14.46倍。土壤总氮(TN)含量的变化趋势与SOC的相同,营造杨树防风固沙杨树林后,0~15 cm层TN含量随造林年限的增加而增加。与流动沙地相比,6年和16年杨树人工林0~5 cm层轻组有机碳(LFOC)含量分别增加了138.55%和142.93%,5~15 cm层分别增加了155.23%和129.74%。同样,6年和16年杨树人工林0~5 cm层土壤微生物量碳(SMBC)含量分别是流动沙丘的6.31倍和8.73倍,5~15 cm层SMBC含量分别是流动沙丘的1.87倍和4.06倍,人工林地各土层SMBC含量随造林年限的增加而增加。

② 防风固沙灌木造林对土壤质量的影响

流动沙地在建立小叶锦鸡儿人工群落后,经多年的固定,土壤物理性状逐渐得以改善,表现为表层(0~5 cm)土壤黏粉粒含量随种植年限的增加而显著增加,相应地,持水性能提高,而容重显著降低(表5.16)。此外,灌丛下土壤物理性状的改善明显高于灌丛间地。

表5.16 不同年龄小叶锦鸡儿灌丛土壤物理性状的比较

土壤性状	取样部位	种植年限/年					LSD0.05
		0	5	13	21	28	
砂粒/%	A	97.3 ± 1.1ᵃ	93.7 ± 0.6ᵇ	87.8 ± 1.3ᶜ	85.6 ± 0.7ᵈ	83.3 ± 1.3ᵉ	1.85
	B	97.3 ± 1.1ᵃ	93.4 ± 1.2ᵇ	89.7 ± 0.4ᶜ	87.4 ± 1.1ᵈ	85.7 ± 0.6ᵈ	1.72
粉粒/%	A	2.0 ± 0.8ᵈ	4.6 ± 0.6ᶜ	8.3 ± 0.3ᵇ	11.1 ± 1.5ᵃ	12.2 ± 2.1ᵃ	2.22
	B	2.0 ± 0.8ᵈ	4.6 ± 1.1ᶜ	7.9 ± 0.3ᵇ	10.5 ± 1.4ᵃ	11.1 ± 1.0ᵃ	1.79
黏粒/%	A	0.6 ± 0.3ᶜ	1.7 ± 0.5ᵇᶜ	3.9 ± 1.1ᵃ	3.3 ± 1.7ᵃᵇ	4.5 ± 1.1ᵃ	1.95
	B	0.6 ± 0.3ᶜ	2.0 ± 0.9ᵇ	2.5 ± 0.3ᵃᵇ	2.1 ± 0.7ᵃᵇ	3.3 ± 0.7ᵃ	1.14
容重/(g·cm⁻³)	A	1.70 ± 0.02ᵃ	1.54 ± 0.02ᵇ	1.45 ± 0.05ᶜ	1.38 ± 0.06ᵈ	1.31 ± 0.05ᵉ	0.062
	B	1.70 ± 0.02ᵃ	1.57 ± 0.04ᵇ	1.51 ± 0.07ᵇᶜ	1.48 ± 0.07ᶜ	1.51 ± 0.07ᵇᶜ	0.074
最大持水量/%	A	20.5 ± 0.4ᶜ	23.0 ± 1.6ᶜ	26.8 ± 0.7ᵇ	28.8 ± 1.8ᵇ	32.0 ± 3.6ᵃ	2.59
	B	20.5 ± 0.4ᵇ	21.4 ± 0.7ᵇ	23. ± 0.07ᵃᵇ	26.1 ± 4.2ᵃ	25.4 ± 3.3ᵃ	3.29

注:砂粒粒径1~0.05 mm,粉粒粒径0.05~0.002 mm,黏粒粒径<0.002 mm;A,灌丛内;B,灌丛外。不同小写字母表示种植年限之间差异显著(P<0.05)。

小叶锦鸡儿的建植和发育导致了土壤有机碳和总氮的显著积累(图5.14)。在建植5年、13年、21年和28年后,灌丛下0~5 cm表层土壤有机碳含量分别比流动沙地土壤有机碳增加了4.6倍、13.3倍、16.5倍和20.5倍,而在小叶锦鸡儿行间中间部位也相应提高了1.9倍、8.1倍、11.1倍和15.3倍。土壤总氮的积累与土壤有机碳有相同的趋势,但增加幅度低于土壤有机碳。在0~28年的时间序列上,土壤有机碳和总氮的含量随种植年限的增加而显著增加,但积累的速率在早期阶段(0~13年)高于后期阶段(13~28年)。

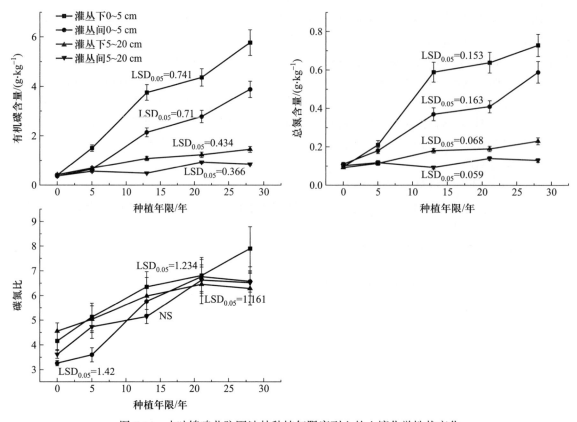

图 5.14　小叶锦鸡儿防固沙林种植年限序列上的土壤化学性状变化

③ 封育措施对土壤质量的影响

流动沙地封育后,随着植被的恢复土壤粒级组成发生了明显的变化,表现为土壤粗颗粒含量明显减少、极细沙和黏粉粒含量显著增加,这主要是由于围封恢复了地上植被,植被的增加在有效阻止土壤细颗粒物质流失的同时,也促进了细粒物质的沉积。同时土壤容重显著降低,0~15 cm土层土壤田间持水量明显增加。

退化草地围封能有效改善土壤养分,减少土壤侵蚀。在科尔沁沙地,流动沙地封育后,SOC含量和TN含量明显提高。封育14年和26年样地0~5 cm层SOC含量是流动沙丘的6倍和20倍,5~15 cm层分别是流动沙丘的2.42倍和7.21倍。TN含量与SOC含量的变化相似,与流动沙丘相比,封育14年和26年样地0~5 cm层TN含量分别增加了150%和700%,5~15 cm层分别增加了22%和244.44%;同样,14年和26年围封样地0~5 cm和5~15 cm深度土壤LFOC和SMBC含量均有较大幅度提升。

（3）生态恢复措施对植被结构与功能的影响

生态恢复的目的是恢复生态系统固有的结构和功能,其中,群落中的物种多样性、物种丰富度和生物量是生态恢复的核心指标,因此,植被结构与功能的恢复是生态系统恢复的关键。

① 营造防风固沙林对林下植被的影响

建设防风固沙林可以明显改变植被的群落结构。在科尔沁沙地,流动沙地上一般只有10种植物,且多为一年生草本植物,群落内的优势种主要有沙米、狗尾草和大果虫实;防风固沙林林下群落的物种丰富度为 17 个种,优势种为黄蒿、狗尾草、画眉草、糙隐子草和马唐。与流动沙地相比,防风固沙林迎风区、中央及背风区的物种丰富度提高了 3~16 个种;Shannon–Wiener 指数提高了 1.39~2.76;植物覆盖度增加了 42.6%~53.6%;地上生物量增加了 72.0~381.2 g·m^{-2};地下 0~30 cm 层根量增加了 276.0~920.8 g·m^{-2}(表 5.17)。

表 5.17　科尔沁沙地各观测点植物群落特征值

群落特征	流动沙地	防风固沙林迎风区	防风固沙林中央	防风固沙林背风区
种丰富度 / 个	10	14	17	26
Shannon–Wiener 指数	1.03 ± 0.66	2.42 ± 0.17	3.26 ± 0.30	3.79 ± 0.25
盖度 /%	35.4 ± 2.4	85.8 ± 7.3	89.0 ± 4.9	85.2 ± 9.0
高度 /cm	18.8 ± 2.8	19.7 ± 4.2	20.3 ± 2.2	20.8 ± 1.4
地上生物量 /(g·m^{-2})	68.9 ± 12.6	450.1 ± 92.6	192.5 ± 33.4	140.9 ± 29.2
0~30 cm 层根量 /(g·m^{-2})	42.8 ± 16.9	318.8 ± 124.1	621.2 ± 490.5	963.6 ± 680.5
枯落物重量 /(g·m^{-2})	45.2 ± 33.2	69.5 ± 23.5	570.1 ± 23.1	837.9 ± 64.0

② 营造固沙灌木林对植被的影响

由于流动沙地风沙活动强烈,沙地植物种类很少。营造固沙灌木林以后,对风沙活动起到了抑制作用,其他植物种开始侵入。研究发现,自然条件恶劣的流动沙丘上只适合先锋沙生植物(如沙米)的生长,其他物种很难生存;而在灌木的遮蔽下,一些一年生的先锋植物首先侵入,随着灌木发育时间的增长,物种数量、植被盖度增加,群落经历了由简单到复杂的演变过程。在建植 5 年的小叶锦鸡儿林中,一些浅根型的一年生植物种如小画眉草、雾冰藜(*Bassia dasyphylla*)、狗尾草和猪毛菜(*Salsola collina*)侵入,但这些种主要存在于灌丛下;在建植 13 年的小叶锦鸡儿群落中,物种丰富度达到了 8 个种,但仍以一年生的浅根型植物为主;种植 21 年后,物种数增加到了 13 个种,多年生的胡枝子、扁蓿豆等出现,个体数量达到最大;建植 28 年的小叶锦鸡儿群落中,侵入的草本植物种有 15 个种,多年生的胡枝子和糙隐子草占一定的优势。可见,由灌木创造的较为温和的微气候条件促进了侵入种的萌发和生长。

③ 封育对植被结构与功能的影响

过度放牧是科尔沁沙地植被退化的主要诱因,封育措施通过排除放牧干扰,促进植被结构与功能的自我修复,是目前广泛采用的生态系统恢复措施。但是在科尔沁沙地,连续封育措施对不同程度退化草地植被结构与功能的影响并不一致。研究发现,对重度退化草地连续封育,植物物种丰富度呈波动增加的趋势,尤其是在封育初期,植物多样性增加较快,但连续封育中度退化草地和轻度退化草地,物种多样性随时间的推移呈波动下降趋势。总体来讲,连续封育重度退化草地,最大物种丰富度和多样性指数出现在放牧后 2~5 年,而中度退化草地和轻度退化草地最大物种丰富度和多样性指数出现在放牧后第 1 年。封育过程中,退化草地植被盖度随恢复时间推移呈波动变化。一般在恢复的初期植被总盖度持续升高,中后期植被总盖度呈波动变化趋势。

科尔沁沙地退化植被封育过程中,植被生活型组成也相应发生变化。封育初期(1~3 年),重度退化草地多年生植物的比例持续上升,相应的一年生植物的比例持续下降,后期(4~8 年)多年生植物比例小幅下降并保持稳定,多年生植物和一年生植物的比例保持在 40% 和 60% 左右。并且在封育初期,不论是重度退化草地或中度和轻度退化草地,C_3、C_4 及豆科植物在沙质草地恢复过程中所占比重的变化趋势分为两个阶段。第一阶段(1~4 年),C_4 植物比例随恢复演替逐渐降低,而 C_3 植物比例逐渐升高。第二阶段(4~8 年),C_4 植物比例比第一阶段显著增加,C_3 植物比例比第一阶段相对降低。可见退化沙质草地封育恢复过程中 C_3 植物对于维持植物群落的稳定意义较大。

5.5.2　技术模式

沙漠化整治模式和技术研究是沙漠化科学研究的重要内容。我国沙漠化科学紧紧围绕国家经济发展和生态环境建设需求,研究开发了一些沙漠化土地综合治理模式和技术。其中,应用范围比较广的有适于半干旱农牧交错区的奈曼"小生物圈"模式、"多元系统"整治模式以及有机混合物诱导生物土壤结皮快速生成技术。

（1）"小生物圈"模式

"小生物圈"模式是奈曼旗白音他拉苏木以户为单位治理沙漠化,开发坨间低地,发展农业生产的一种模式,广泛适用于以牧为主的坨甸交错区(宋广智,1999)。该模式要求牧民分散居住,每户划定一个生产保护区。生产保护区分为三个层次,基本模式为:① 中心区:围封条件较好的坨间低地 20~50 亩,栏内外圈栽植乔灌林带 5~10 亩,内圈种植牧草 5~20 亩,中心建设塑料管机井 1 眼和基本农田 5~10 亩;② 保护区:在中心区的外围用铁丝围建数十公顷的草库伦,进行流沙固定和草场补播改良,实行半封育,牧舍和牲口棚圈舍在这一区内(图 5.15);③ 缓冲区:在保护区外围再划定一定范围,只对其中流动沙丘进行封育,其余进行放牧。

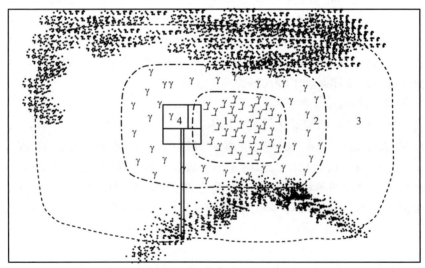

1. 中心区(全封育);2. 保护区(半封育);3. 缓冲区(局部封育);4. 居住区(住房、棚圈)

图 5.15　"小生物圈"模式层次平面分布示意图

中心区主要用于提供粮食和燃料,区内农地由于有林草保护和水源灌溉,不发生风蚀;保护区的作用主要是提供冬春补饲的饲草和对居住区及中心区的环境进行保护;设立缓冲区主要是为了控制流沙向内部蔓延(图 5.16)。这种"小生物圈"模式较好地解决了开发与保护、农业与牧业、生产与生活的关系,因而生态效益和经济效益都很好。农户周围环境得到了明显改善,收入显著增加,原来的贫困户大部分脱贫。

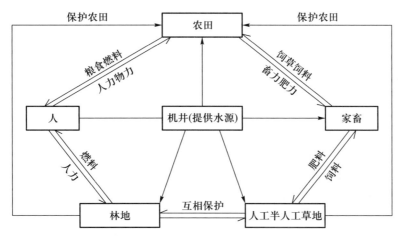

图 5.16　"小生圈"模式结构图

(2)"多元系统"整治模式

这是以奈曼旗昂乃乡尧勒甸子为代表的,以村为单位进行沙漠化整治和发展农牧业的一种模式,显示了沙漠化最为严重的农牧交错区综合治理开发的一种有效途径(刘新民和赵哈林,1993)。主要适用于以农为主具有较大甸子地的坨甸交错区。

该村总土地面积 1300 hm²。治理前,流沙面积 1000 hm²,耕地面积 200 hm²,植被总盖度低于15%;粮食平均单产每公顷只有 1125 kg,总产 150 t,人均年收入 190 元,是全旗最穷的村子之一。从 1984 年这个村开始了对沙漠化土地的"多元系统"整治工作。主要做法:一是调整土地利用结构,将原有农田压缩到 67 hm²,其余的退耕还牧;二是整治流沙,围封村子周围的 467 hm² 流沙,使其植被覆盖率增加到 24%,在农田周围栽植差不嘎蒿和黄柳 15 hm²,建立防护林带长 2000多米,用黏土覆盖道路 2 km;三是平整土地,打井灌溉,使压缩后的 67 hm² 农田都成为旱涝保收的基本农田,每公顷粮食单产由原来的 1125 kg 提高到 3750 kg,高产田可达 8750 kg;四是引进葡萄(Vitis vinifera)、苹果(Malus pumila)、西瓜(Citrullus lanatus)等经济作物,推广种植小麦(Triticum aestivum)和水稻(Oryza sativa),改变了原来单一大秋作物的种植结构。1989 年全村种植西瓜 213 亩,仅此一项就可收入 7.56 万元,还建成果园 4.5 hm²,预计结果后每年可收入 7 万~10 万元;五是增加对农田的投入,以前因为贫困农田很少施肥,现在每年每公顷农田化肥施入量达到 300 kg 以上,单位面积投入的劳力也大大增加,经过几年的治理,这里的生态环境和生活面貌有了明显变化,过去风起沙扬,沙进人退的现象基本消除了。全村粮食总产增加了 70%,人均收入增加了 1.26 倍,解决了温饱问题,并有节余的钱用于扩大再生产。

尧勒甸子的"多元系统"整治模式,是一个多途径的系统整治模式。从封沙固草入手,从劣质农田退耕还牧起步,围绕着基本农田建设,引进技术,增加收入,逐步恢复生态环境和土地生产能力,最终实现了治理沙漠化、发展生产的目的。

（3）半干旱区有机混合物诱导土壤生物结皮快速生成技术

本技术集成了高效纤维素分解菌群的筛选与定向培养技术、有机混合物发酵与制备技术、有机混合物对沙丘和黄土裸斑的快速稳定修复技术。

① 高效纤维素分解菌群的筛选与定向培养技术

利用特异性碳源物质纤维素秸秆粉培养液（碳源为 CMC-Na 和秸秆粉），将含有纤维素分解菌的生物土壤结皮加入特异性微生物培养液中进行定向培养，3 d 后，将初级培养液取 10 mL 转接入纤维素培养液（碳源为 CMC-Na）中，30℃水浴中摇瓶培养 15 d,筛选出具有分解纤维素能力的高效纤维素分解菌群。筛选出的纤维素分解菌群对秸秆的分解率在 15 d 内达到 50% 以上。

② 有机混合物发酵与制备技术

将草地及农牧业生产冗余物质（包括秸秆与饲草利用后的残留物、厩肥等）粉碎（<5 cm），按照一定比例（秸秆：厩肥的干重比为 2:1）混合后加入沙土进行微生物分解和有氧发酵，沙土的加入为有机混合物发酵提供孔隙和充足的氧气，每隔 5 d 搅拌一次，以保证纤维素分解菌群的正常生长繁殖。发酵温度控制在微生物活性较高的 30~35℃,混合物维持约 200% 的持水率（质量含水量），发酵腐熟的有机混合物具有一定肥力、黏着性和结构疏松等特点。

③ 有机混合物对沙丘和黄土裸斑的快速稳定修复技术

利用发酵腐熟的有机混合物对沙丘和黄土裸斑创面进行修复，在风沙活动较弱的 5 月底到 6 月初，将裸斑创面整理和顺坡平整，按行施法播撒差不嘎蒿和大果虫实等固沙植物种子，密度为 50~100 粒·m^{-2},将有机混合物添加到裸露创面表层，用遮阴网将喷撒有机混合物的创面进行覆盖，诱导沙丘和黄土裸斑创面快速生成结皮，固沙植物种子萌发和定植后，逐步建立灌木 - 草被 - 结皮固沙体系，促使退化土地稳定恢复。1 年后试验地土壤侵蚀创面植被盖度由 6% 提高到 26%,保水率提高 20%~40%,抗侵蚀力提高 5~8 倍，快速构建灌（乔）木 - 草被 - 结皮立体植被建植技术体系，实现了沙丘和黄土裸斑创面的快速稳定恢复。

5.6 展 望

奈曼站是唯一在中国北方农牧交错带从事土地沙漠化防治与农田生态系统监测与研究的野外台站。根据奈曼站承担的定位监测、科学研究和技术研发示范的综合任务及国家未来对粮食安全、生态安全和民生改善的迫切需要，进一步提升对区域土地沙漠化、土地利用变化和适应性管理对策相关研究、监测、示范、教育的能力建设和服务水平，以应对生态环境脆弱条件下面临的人口压力增大、土地利用强度增加、关键资源承载力下降和生态风险加剧诱发的一系列挑战。

在监测方面，充分发挥依据中国生态系统研究网络建立的沙质草地、沙质农田百年样地的监测基础，强化监测人员的能力建设，每年定期参加 CERN 举办的培训会议并组织 2~3 次监测人员交流培训会；购进 2~3 台套全自动植被 - 土壤系统过程综合监测设备，以提升仪器设备全时监测水平，构建固定样地以及能够反映区域生境变化的样带的监测网络。持续推动与研究区域内相关研究与管理机构的监测体系的合作，逐步建立辐射全研究区的沙地生态系统定位监测平台体系，综合提升奈曼站的监测能力与水平，为研究区生态过程监测、风险评估和预测及对策体系构建提供服务。

在研究方面,针对全球变化条件下土地利用压力持续增加的问题,深入开展沙地生态系统特征、格局、演变规律及其驱动机理的研究,探索气候与水资源可利用性变化条件下沙地植物资源、土壤资源、水资源及热力资源等多要素综合作用规律及沙地生态系统资源承载力。

在技术研发与示范方面,继续集成和创新沙地资源持续利用技术与模式,特别注重民间技术的挖掘与筛选,并进行优化组合,以期为促进沙地生态系统的良性演变和资源持续利用提供技术与模式支撑。针对沙地资源利用的多样性,逐步完善联户或互助组体系,逐步拓展规模,引入新型沙产业企业,探索资源的有效利用技术与模式优化途径。

在继续强化现有科学普及教育基地、示范户与示范村建设的基础上,加强示范户、示范村与相关地方政府管理部门技术人员的专业能力建设,充分发挥示范户、示范村和区域示范产业体系的构建及示范、引领作用,有效提升农牧民、产业所有者(或管理者)对奈曼站研发技术信任程度和采纳程度,强化其生产技能、管理水平及其所需基础知识的教育普及程度,调动其"学知识,懂技术、善管理、求进步"的积极性。每年举办3~5次有关生态知识、生产技能和管理对策的培训班、讲座和讨论会,以多种形式推动台站技术转化、提升受众技术认知和接受能力。

在科技服务方面,在现有基础上,进一步构建奈曼站、农牧民、企业与政府相关部门技术人员四位一体的"知识与技术生产、技术示范与应用、技术管理与政策制定"平台,持续推动奈曼站的可持续发展与区域"学产研用"体系的和谐共进。利用现有共享平台,扩展奈曼站研究、监测和示范成果的普及与应用。

参 考 文 献

董治宝,李振山.1998.风成沙粒度特征对其风蚀可蚀性的影响.土壤侵蚀与水土保持学报,4(4):1-5.
段争虎,刘新民,屈建军.1996.沙坡头地区土壤结皮形成机理研究.干旱区研究,13(2):30-36.
胡孟春,刘玉璋,乌兰.1991.科尔沁沙地土壤风蚀的风洞实验研究.中国沙漠,11(1):22-29.
黄宁,郑晓静.2001.风沙跃移运动中的Magnus效应.兰州大学学报,37(3):19-25.
李瑾.2015.风吹沙埋对樟子松等沙地植物的生理影响及响应.北京:中国科学院大学,博士学位论文.
刘清泗.1994.中国北方农牧交错带全新世环境演变与全球变化.北京师范大学学报(自然科学版),4:504-510.
刘新民,赵哈林.1993.科尔沁沙地生态环境综合整治研究.兰州:甘肃科学技术出版社.
刘新平,何玉惠,赵学勇,等.2011.科尔沁沙地奈曼地区降水变化特征分析.水土保持研究,18(2):155-158.
刘新平,张铜会,赵哈林,等.2006.流动沙丘降雨入渗和再分配过程.水利学报,37(2):166-171.
马赟花,张铜会,刘新平,等.2015.春季小降雨事件对科尔沁沙地尖头叶藜萌发的影响.生态学报,35(12):4063-4070.
马赟花,张铜会,刘新平.2013.半干旱区沙地芦苇对浅水位变化的生理生态响应.生态学报,33(21):6984-6991.
曲浩,赵哈林,周瑞莲,等.2015.沙埋对两种一年生藜科植物存活的影响及其光合生理响应.生态学杂志,34(1):79-85.
宋广智.1999.兴隆沼的可持续发展之路.中国沙漠,19:146-148.
王涛.2002.中国沙漠与沙漠化防治.石家庄:河北科技出版社.
王涛,吴薇,薛娴,等.2004a.近50年来中国北方沙漠化土地的时空变化.地理学报,59(2):203-212.

王涛,吴薇,赵哈林,等.2004b.科尔沁地区现代沙漠化过程的驱动因素分析.中国沙漠,24(5):519-528.

徐斌,刘新民,赵学勇.1993.内蒙古奈曼旗中部农田土壤风蚀及其防治.水土保持学报,7(2):75-80.

移小勇.2006.土地沙漠化过程中的风蚀效应研究.北京:中国科学院大学,博士学位论文.

移小勇,赵哈林,崔建垣,等.2006a.科尔沁沙地不同密度(小面积)樟子松人工林生长状况分析.生态学报,29(4):204-210.

移小勇,赵哈林,李玉霖,等.2006b.科尔沁沙地不同风沙土的风蚀特征.水土保持学报,20(2):10-13.

移小勇,赵哈林,张铜会.2005.挟沙风对土壤风蚀的影响研究.水土保持学报,19(3):58-61.

岳广阳.2008.科尔沁沙地主要植物种蒸腾耗水特性及尺度转换.北京:中国科学院大学,博士学位论文.

岳广阳,张铜会,赵哈林.2006.科尔沁沙地黄柳和小叶锦鸡儿茎流及蒸腾特征.生态学报,26(10):3205-3213.

岳祥飞,张铜会,赵学勇,等.2016.科尔沁沙地降雨特征分析——以奈曼旗为例.中国沙漠,36(1):118-123.

张华,李锋瑞,张铜会.2002.科尔沁沙地不同下垫面风沙流结构与变异特征.水土保持学报,16(2):20-24.

张腊梅,刘新平,赵学勇,等.2014.科尔沁固定沙地植被特征对降雨变化的响应.生态学报,34(10):2737-2745.

赵哈林,刘新民,李胜功.1998.科尔沁沙地脆弱生态环境的基本属性特征和成因分析.中国沙漠,18(2):10-16.

赵哈林,赵学勇,张铜会,等.2003.科尔沁沙地沙漠化过程及其恢复机理.北京:海洋出版社.

赵哈林,赵学勇,张铜会,等.2007.沙漠化的生物过程及植被恢复机理.北京:科学出版社.

赵哈林.赵学勇,张铜会,等.2004.沙漠化过程中植物的适应对策及植被稳定性机理.北京:海洋出版社.

赵哈林,赵雪.1993.中国北方半干旱地区生态环境的退化及其防治.干旱区研究,4:44-48.

赵文智,程国栋.2001.干旱区生态水文过程研究若干问题评述.科学通报,46(22):1851-1857.

朱震达.1994.中国土地沙质荒漠化.北京:科学出版社.

邹学勇,刘玉璋,吴丹.1994.若干特殊地表风蚀的风洞实验研究.地理研究,13(2):41-48.

Avolio M L, Hoffman A M. Smith M D. 2018. Linking gene regulation, physiology, and plant biomass allocation in *Andropogon gerardii* in response to drought. Plant Ecology, 219: 1-15.

Carrera A L, Mazzarino M J, Bertiller M B, et al. 2009. Plant impacts on nitrogen and carbon cycling in the Monte Phytogeographical Province, Argentina. Journal of Arid Environments, 73: 192-201.

Carvalho V, Abreu M E, Mercier H, et al. 2017. Adjustments in CAM and enzymatic scavenging of H_2O_2 in juvenile plants of the epiphytic bromeliad *Guzmania monostachia* as affected by drought and rewatering. Plant Physiology and Biochemistry, 113: 32-39.

Eldridge D J, Bowker M A, Maestre F T, et al. 2011. Impacts of shrub encroachment on ecosystem structure and functioning: Towards a global synthesis. Ecology Letters, 14(7): 709-22.

Harper C W, Blair J M, Fay P A, et al. 2005. Increased rainfall variability and reduced rainfall amount decreases soil CO_2 flux in a grassland ecosystem. Global Change Biology, 11(2): 322-334.

Heisler-White J L, Knapp A K, Kelly E F. 2008. Increasing precipitation event size increases aboveground net primary productivity in a semi-arid grassland. Oecologia, 158(1): 129-140.

Liu X, He Y, Zhang T, et al. 2015a. The response of infiltration depth, evaporation, and soil water replenishment to rainfall in mobile dunes in the Horqin Sandy Land, Northern China. Environmental Earth Sciences, 73(12): 8699-8708.

Liu X, He Y, Zhao X, et al. 2015b. Characteristics of deep drainage and soil water in the mobile sandy lands of Inner Mongolia, Northern China. Journal of Arid Land, 7(2): 238-250.

Liu X, He Y, Zhao X, et al. 2016. The response of soil water and deep percolation under *Caragana microphylla*, to rainfall in the Horqin Sand Land, Northern China. Catena, 139: 82-91.

Ma Y, Zhang T, Liu X. 2015. Effect of intensity of small rainfall simulation in spring on annuals in Horqin Sandy Land, China. Environmental Earth Sciences, 74(1): 727-735.

Poulson T L. 1999. Autogenic, allogenic and individualistic mechanisms of dune succession at Miller, Indiana. Natural Area Journal, 19: 172–176.

Smith M D. 2011. The ecological role of climate extremes: Current understanding and future prospects. Journal of Ecology, 99: 651–655.

Sousa F P, Ferreira T O, Mendonca E S, et al. 2012. Carbon and nitrogen in degraded Brazilian semi-arid soils undergoing desertification. Agriculture Ecosystems & Environment, 148: 11–21.

Stocker T, Qin D, Plattner G, et al. 2013. IPCC (2013) summary for policymakers. //Climate Change 2013: The physical science basis: Contribution of working group i to the fifth assessment report of the intergovernmental panel on climate change. Cambridge: Cambridge University Press.

Xue D, X. Zhang Q, Lu X L, et al. 2017. Molecular and evolutionary mechanisms of cuticular wax for plant drought tolerance. Frontiers in Plant Science, 8: 621.

Yan W, Zhong Y, Shangguan Z. 2017. Responses of different physiological parameter thresholds to soil water availability in four plant species during prolonged drought. Agricultural & Forest Meteorology, 247: 311–319.

Yao S X, Zhao C C, Zhang T H, et al. 2013. Response of the soil water content of mobile dunes to precipitation patterns in Inner Mongolia, Northern China. Journal of Arid Environments, 97 (12): 92–98.

Yue X, Zhang T, Zhao X, et al. 2016. Effects of rainfall patterns on annual plants in Horqin Sandy Land, Inner Mongolia of China. Journal of Arid Land, 8 (3): 389–398.

Zhang J, Cruz D, Torresjerez I, et al. 2014. Global reprogramming of transcription and metabolism in *Medicago truncatula* during progressive drought and after rewatering. Plant Cell & Environment, 37 (11): 2553–2576.

Zuo X, Knops J M H, Zhao X, et al. 2012b. Indirect drivers of plant diversity–productivity relationship in semiarid sandy grasslands. Biogeosciences, 9: 1277–1289.

Zuo X, Zhao X, Zhao H, et al. 2009. Spatial heterogeneity of soil properties and vegetation–soil relationships following vegetation restoration of mobile dunes in Horqin Sandy Land, Northern China. Plant and Soil, 318: 153–167.

Zuo X, Zhao X, Zhao H, et al. 2012a. Scale dependent effects of environmental factors on vegetation pattern and composition in Horqin Sandy Land, Northern China. Geoderma, 173: 1–9.

第6章 鄂尔多斯沙地草地生态系统过程与变化*

鄂尔多斯高原位于内蒙古自治区西南部,东起吕梁山区,西接贺兰山脉,南与黄土高原接壤,位于我国地势的第二阶梯,处于黄河"几"字弯的怀抱之中,南北长 340 km,东西宽 400 km,总面积约 13 万 km²,平均海拔 1000~1300 m,属于广义蒙古高原的一部分。鄂尔多斯高原复杂多变的地理地带、气候、地质、地貌、土壤、植被、生物区系、社会生产方式及文化特点,决定了该地区在生态、经济和社会方面的多样性,也意味着它在环境和生态方面的脆弱与敏感性,很容易受到人类活动和自然干扰的影响而产生土地退化和荒漠化。由于长期的放牧、樵采与垦殖等人类活动,鄂尔多斯高原由原来被草原植被所覆盖的沙质草原,退化形成了流沙遍地、沙丘涌起的沙地景观,它的主体部分毛乌素沙地成为我国荒漠化最严重的地区之一。而另一方面,鄂尔多斯高原曾经是水草丰美的优良草场,具有较大的生产潜力,但当地生产力水平低下,农牧林业生产力不高,或未能充分发挥,亟须科学技术的推动。

鉴于鄂尔多斯高原在科学研究及国民经济发展方面的重要性,中国科学院植物研究所于1991 年建立了鄂尔多斯沙地草地生态研究站(以下简称鄂尔多斯生态站)(图 6.1),其主要目的就是对鄂尔多斯高原的环境进行长期监测,从各个层次上对草地沙化产生、存在及演化的机理进行深入研究,为地区经济持续发展、荒漠化防治与环境治理提供理论基础和试验示范。

图 6.1 鄂尔多斯沙地草地生态研究站(参见书末彩插)

---

* 本章作者为中国科学院植物研究所黄振英、叶学华、杨学军、刘国方、崔清国、杜娟。

6.1 鄂尔多斯生态站概况

6.1.1 区域代表性

鄂尔多斯生态站,位于 39°29′37.6″N,110°11′29.4″E,海拔 1300 m,地处内蒙古鄂尔多斯高原毛乌素沙地的东北缘,生态站的建立对生态地理过渡带(北方农牧交错带)理论研究和生态环境建设、区域经济可持续发展,尤其是对我国西部大开发都具有重要的战略意义,在我国现有生态研究站中具有特殊的地位和重要作用。

鄂尔多斯生态站的代表区域为毛乌素沙地荒漠草原生态区,处在温带荒漠草原 – 典型草原 – 森林草原交错带。毛乌素沙地在鄂尔多斯高原的中部与南部,处于 37°30′N—39°20′N,107°20′E—111°30′E,海拔 1300~1600 m,总面积约 4 万 km²。年降水 250~450 mm,集中在 7—9月。年均温 6~9℃,最冷月均温和最热月均温分别为 –10℃和 20~24℃。

鄂尔多斯生态站所代表区域的主要生态系统类型为温带草原地带沙地草地生态系统。其主要植被类型为梁地上的草原与灌丛[例如本氏针茅(*Stipa bungeana*)群落和柳叶鼠李(*Rhamnus erythroxylon*)群落],半固定、固定沙丘与沙地上的沙生灌丛[例如油蒿(*Artemisia ordosica*)群落、中间锦鸡儿(*Caragana intermedia*)群落、羊柴(*Hedysarum laeve*)群落和沙鞭(*Psammochloa villosa*)群落)]和滩地上的草甸[例如寸草(*Carex duriuscula*)群落和芨芨草(*Achnatherum splendens*)群落],盐碱地与沼泽。主要土壤类型为梁地上的栗钙土或淡栗钙土,沙地上的各类风沙土,滩地上的草甸土、盐碱土与沼泽潜育土。该区域是亚洲干旱区古地中海植物区系的残遗中心,生态系统种类组成中具有十分丰富的特有种和残遗种。该区域以种类繁多的灌木为优势和特色,是名副其实的灌木王国。它不仅是亚洲,而且是世界温带干旱半干旱区植物资源最丰富的地区之一,许多灌木种类具有重要的经济价值,是人类弥足珍贵的基因资源库。

6.1.2 台站的历史发展沿革

早在 1986 年中国科学院植物研究所的研究人员就在鄂尔多斯开始了前期的研究工作,包括野外调查、植物生理生态研究、土壤 – 植物 – 大气连续体(SPAC)的研究。1991 年中国科学院植物研究所与内蒙古鄂尔多斯市共同建立鄂尔多斯生态站,完成了石灰庙站区和 400 亩实验样地建设,是在我国荒漠化严重的农牧交错带最早建立的生态定位研究站之一。主要目的是对鄂尔多斯高原的环境进行长期监测,从各个层次上对草地沙化产生、存在及演化的机理进行深入研究,为地区经济可持续发展、荒漠化防治与环境治理提供理论基础和试验示范。

1995 年,为了更好地开展荒漠化治理研究,扩大试验示范规模,开始了石龙庙基地的建设,整个 6000 亩试验基地按半干旱区荒漠化土地治理与持续利用的"三圈"模式理论设计。

2003 年 6 月 25 日正式加入中国生态系统研究网络(CERN),按照 CERN 专家组的意见,设立了综合观测场、辅助观测场、气象站、站区观测点等标准的水分、土壤、大气、生物监测场地,配置并及时更新监测仪器设备,聘任专职技术支撑人员,增加并培训生态系统监测员,提升监测技能和数据质量。

2005 年 12 月 21 日,科技部正式批准鄂尔多斯生态站成为国家野外科学观测研究站,命名为"内蒙古鄂尔多斯草地生态系统国家野外科学观测研究站",按照国家站的要求进行资源整合和规范的信息化建设,充实信息化管理和后勤保障队伍,建成资源共享网站,扩大对外开放和数据共享。

6.1.3 学科定位与研究方向

当前,鄂尔多斯生态站以"半干旱区沙地草地生态系统修复重建"为长期定位研究的主要内容,重点关注生态系统生态学、恢复生态学、适应生态学、保育生态学方面等学科,集科学研发、科学示范和科学普及等多功能于一身。

鄂尔多斯生态站的重点研究方向和研究内容包括:

(1)鄂尔多斯高原生态系统与全球变化

人类干扰下鄂尔多斯高原生态系统的过程变化及其对全球变化的多尺度反应机理,探讨其适应和减缓全球变化影响的对策与生态安全模式;鄂尔多斯高原区域和局部尺度的生物地球化学循环;研究全球变化背景下的沙地生态系统的生理过程;生物多样性及其变化机制;研究植被/生态系统演变特征及其与环境要素间的互作机制。

(2)鄂尔多斯高原生态系统恢复与生态环境综合整治

区域生态系统的现状评价;植物的濒危机制与保护对策;退化生态系统受损机理、恢复重建途径;受威胁植物迁地保护及受损生态系统的修复;农牧交错带生态系统生产力形成的过程与农牧业可持续发展的优化范式;资源开发对生态环境造成的各种效应;生态区划和区域生态系统管理模式。

(3)区域资源合理利用与可持续发展

研究鄂尔多斯高原生物多样性的生态系统功能;鄂尔多斯生物多样性的长期监测与变化机制;重要植物的濒危机制与保护对策;建立我国干旱、半干旱区独特的灌木种质资源与活基因库,为种质资源基因保存、科学研究与生产服务。利用"三圈"模式的理论框架,在保证区域水分平衡的基础上,采用水分再分配调控和其他相关的技术措施,通过生物多样性保育和资源合理利用的途径,达到恢复沙地植被和改善区域生态环境的目标,实现区域健康持续发展。

(4)植物综合适应对策与群落优化配置

研究不同尺度上植物种群对变化环境的响应与适应;植物入侵性与植物克隆性的关系;植物功能型与区域气候变化、植被动态、土地利用的关系。以鄂尔多斯高原生态系统中不同植被类型的优势植物为对象,通过研究它们的形态、结构、生理和生活史(生长发育、繁殖、更新)等特征属性及其对环境异质性的反应格局,揭示植物对环境异质性的综合生态适应对策,探讨植物适应对策与植物类群和生境类型的关系。根据地形、地貌、土壤水分状况,进行植物物种时空配置及鄂尔多斯高原生物群落的优化时空配置格局的探讨与规划。

(5)沙地草地生态系统与矿区修复

针对鄂尔多斯乃至北方地区矿区开采对生态环境和生态系统的植被结构与功能造成的影响,开展露天矿区荒漠化防治和煤矿采空区植被修复工作;从区域尺度上研究和评价煤炭开采对生态环境、地下水资源、濒危物种,以及植被结构与功能造成的影响;开展不同煤灰污染对鄂尔多斯生态系统中优势物种的光合、生理及植物生长和种间关系的影响,以及这种影响如何级联到群落和生态系统尺度上。

发展目标：将鄂尔多斯生态站建成在世界上有影响的，立足于我国半干旱森林 – 草原 – 荒漠交错带的，以温带草原地带沙地草地为对象的，我国重要的长期生态学研究、监测、示范和人才培养基地。

6.1.4　台站基础设施

鄂尔多斯生态站拥有站区 1 hm² 的"国有土地使用证"和 1.65 万亩的土地使用协议；站区 1000 m² 现代化日光温室为来站工作人员开展研究提供便利的条件和保障。鄂尔多斯生态站设置了综合观测场（图 6.2）、辅助观测场、气象观测场、流动水和静止水观测点和各类采样地，试验观测场地状况稳定，维护良好，能够满足实验观测指标体系的要求。

图 6.2　鄂尔多斯生态站综合观测场（参见书末彩插）

鄂尔多斯生态站的实验示范区包括有：鄂尔多斯地区沙生灌木封育防护区（6000 亩），沙地高效径流经济园林技术示范区（2500 亩），沙地高效持续农牧业技术示范与推广区（1000 亩）和原生植被沙地柏自然保护区（7000 亩）。建立有多个长期实验样地，包括：

（1）毛乌素沙地凋落物分解实验样地

毛乌素沙地植被盖度低、降水稀少、紫外线强，非生物降解——光分解对毛乌素沙地凋落物分解可能会产生重要影响。为了研究光分解和微生物分解对毛乌素沙地叶和茎凋落物分解的影响，自 2015 年建立了 UV 处理条件下的叶和茎分解实验平台。

（2）鄂尔多斯高原沙埋和降水增强模拟实验样地

本研究以鄂尔多斯高原本氏针茅植物群落为研究对象，对其进行模拟降水增强和沙埋实验处理，建立长期的野外控制实验平台。其主要研究目的是：① 探讨沙埋和增加降水对本氏针茅群落物种多样性及其季节动态的影响；② 分析群落更新的特征、更新方式以及退化演替趋势。通过长期研究，为退化草原的恢复，群落演替的动态预测和草原生态系统的可持续利用提供理论支撑。实验平台建于 2010 年。

（3）北方半干旱区植被水分适应长期联网实验平台

选择了包括 3 种不同类型生态系统在内的 13 个典型群落，通过人工模拟降水增强和氮沉降处理,建立了北方半干旱区植被水分适应长期联网实验平台。基于长期联网实验平台,通过测量群落中一系列植物功能性状,解释和预测旱区生态系统对降水改变和氮沉降的响应格局和过程;以植物功能性状指标来研究环境变化对东北亚旱区生态系统植被和土壤结构的影响,从而预测不同处理下植物群落性状组成的改变及其对土壤和沙丘移动的影响。

6.1.5 台站成果简介

近10年来鄂尔多斯生态站支撑研究课题共80余项,合同总经费6000余万元,在优化生态生产范式、植物种子阶段的适应生态学、克隆植物生态学、植物功能性状大尺度格局、植物分解和物质循环等方面取得进展,发表论文230余篇,包括SCI论文160余篇,其中有80余篇发表在 *Ecology*、*Journal of Ecology*、*New Phytologist* 等主流生态学、植物学国际刊物上。主编专著1部,参编专著6部;申请发明专利4项。2006年《沙漠化发生规律及其防治模式研究》获得国家科学技术进步奖二等奖,2011年《中华人民共和国植被图(1:100万)》的编研及其数字化获得国家自然科学奖二等奖。

6.2 植物对环境胁迫的生理生态的响应和适应

我国内陆沙丘生态系统的典型特征是降水量低、养分贫瘠以及风沙活动频繁。由于气候干旱,地面蒸发作用强烈,也使得土壤盐渍化成为沙地生态系统中常常发生的事件。因此,生长在沙地生态系统中的植物经常面临着干旱、沙埋、强风导致的机械刺激和盐分等环境胁迫。而在长期的进化过程中,沙地植物种形成了多种适应沙地生态系统的策略。本节分别讨论了毛乌素沙地主要植物种对干旱、沙埋、机械刺激和盐分等环境条件的生理生态学适应策略,特别关注沙地植物生活史早期阶段(种子和幼苗阶段)的适应策略。

6.2.1 植物对干旱胁迫的响应和适应

半干旱地区降水稀少,且具有不可预测性,生长在此地区的植物面临着干旱胁迫。一些物种同时形成气生和土壤种子库是这些植物在不可预测生境中的种群维持机制。① 气生种子库中种子的延迟散布使幼苗在分散时间上得到补充,因而减小了幼苗间的相互竞争,因此气生种子库中的种子传播与萌发会产生比单独来源于土壤种子库中的种子萌发更多的有效幼苗;② 气生种子库中的种子在母株上经历引发过程,因此产生的幼苗活力和存活率更高;③ 两种种子库中的幼苗对环境信号的响应不同,因此萌发物候不同,降低了一次大量萌发而灭绝的风险;④ 不可预测的环境条件会决定两种种子库产生的幼苗是否可以完成生活史,因此两种种子库对种群适合度的贡献不同。Gao等(2014)对鄂尔多斯沙地中荒漠植物沙米的种子传播、萌发、幼苗出土和存活进行了研究,以确定两种种子库的不同作用。结果发现,在整个生长季节中,气生种子库都高于土壤种子库的数量,种子传播与风速有正相关关系。与土壤种子库相比,气生种子库的种子在低温下的萌发率较低,但在光照条件下较高(图6.3)。早出土的幼苗(4月15日—5月15日)因出现霜冻而死亡,但晚一个月出土的幼苗存活至成功繁殖。因此,种子传播时间不同以及两种种子库之间的不同萌发特性为幼苗出土和建成创造了不同的时机。全球变化预测半干旱区极端气候事件出现的可能性增加,会增加幼苗的死亡率,然而具有两种种子库的沙蓬等植物具有很强的适应不可预测气候事件和维持种群更新的能力,因而能够成功适应不可预测的半干旱区生境。该研究为理解半干旱区植物气生和土壤种子库在种群更新中的作用提供了新的角度。

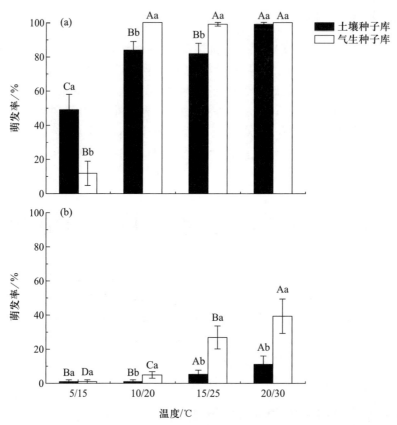

图 6.3　不同温度条件下沙米土壤种子库和气生种子库的种子在
全黑暗条件(a)和黑暗 / 光照温度条件下(b)的萌发率

注:不同的大写英文字母表示同一种种子库的种子在不同温度条件下差异显著($P<0.05$),而不同的小写英文字母表示同一温度条件下土壤种子库和气生种子库之间差异显著($P<0.05$)。

　　在干旱的荒漠中,种子细胞的 DNA 完整性时刻受到环境胁迫的威胁,包括外界胁迫(如 UV 辐射、臭氧等)和内在因素(如复制错误、细胞代谢的氧化产物等)。因此,细胞 DNA 损伤的有效修复与 DNA 损伤的保护同样重要。在种子中,细胞 DNA 修复在复水后启动,有效的 DNA 修复系统是种子维持活力所必需的。DNA 修复在细胞复水的第一阶段进行,此时胚细胞还处于 DNA 复制前的 G1 期。许多荒漠植物的种子在吸水后会产生黏液,种子黏液层在种子传播和萌发中具有多种生态功能。Yang 等(2011)研究了在荒漠露水条件下白沙蒿(*Artemisia sphaerocephala*)种子黏液层促进种子细胞进行 DNA 修复中的作用。结果表明,具有黏液层的种子在露水条件下可以比无黏液层的种子吸收更多的水分,并在日出后保持水合状态更长的时间。在 4 天的露水处理后,经辐射处理的完整种子和去黏液种子的 DNA 损伤分别下降到 24.38% 和 46.84%。经辐射处理的完整种子在露水处理后萌发率提高,无活力种子下降。因此,在干旱胁迫的荒漠中,白沙蒿种子黏液层可以促进种子细胞在微量降水条件下进行 DNA 修复。该研究表明,白沙蒿种子黏液层在荒漠露水条件下为种子细胞成功进行 DNA 修复提供了水合状态。这种长期存活策略对该物种在荒漠中成功存活和更新极为重要,从而实现在荒漠严酷生境中有效种子库的长期维持。

　　干旱胁迫是荒漠植物种子萌发时所面临的环境胁迫之一,种子黏液层同样对种子在半干旱生境中萌发具有重要作用。种子黏液层的主要物质是亲水性的复杂多糖物质,在遇水后可以充分水合,因此具有黏液层的种子比无黏液层的种子吸收的水分更多;同时种子黏液层并具有很强的保水能力,这为具有黏液层的种子在干旱的荒漠环境中成功萌发提供了良好的水分条件。Yang 等(2010)研究了在干旱和盐分胁迫条件下白沙蒿种子黏液层在种子萌发中的作用。结果表明,具有黏液层的种子和去除黏液层种子的萌发率都随着干旱和盐分胁迫的增加而下降,但具有黏液层的种子萌发率要高于去除黏液层种子的萌发率(图6.4)。完整种子的高萌发率得益于黏液层的高吸水能力,这对荒漠环境中种子的萌发

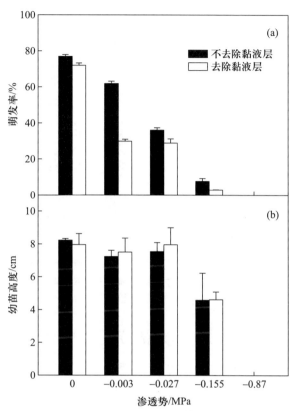

图 6.4　不同干旱条件下去除 / 不去除黏液层的白沙蒿种子萌发率(a)及幼苗高度(b)

极为重要。因此,在荒漠条件下,黏液层可以促进种子在干旱胁迫下顺利萌发。

　　在半干旱生态系统中,降水量低、变化大,表现为多次脉冲式降水过程。在全球变化背景下,半干旱区的降水将发生变化,这一变化与高温、高蒸发量一起,对半干旱区生态系统产生重要影响。降水事件的频次和数量对植被更新、个体存活和生态系统功能都有重要影响。因为沙土对水分的保持力较其他类型土壤更低,同时一年生不具有多年生植物的地下贮藏能力,因而在生长季对干旱的抵抗力更低,因此生长于半干旱区沙丘上的植物对降水格局的变化极为敏感。当前与未来降水格局的变化对一年生植物的生长和存活具有重要作用。Gao 等(2015)以历史和预测的 5 种降水数量和频度为梯度,研究了降水对毛乌素沙地一年生植物沙蓬生长和繁殖的影响。结果发现,降水量和频度对所有生长和繁殖性状都有显著作用。随着降水量的减少,植株高度、生物量、种子数量和繁殖成效下降,而根茎比上升。除了两个极端情况(间隔 1 d 和 120 d),所有生长和繁殖性状都随着降水频次的增加而增加。子代萌发率随着干旱程度的增加而增加(图6.5),可能存在母体效应。尽管降水格局变化将会影响沙蓬的存活、生长和萌发,特别是种子产量下降会降低种群的补充量,但是沙蓬具有生长和繁殖对当前与未来降水变化的可塑性。因此,沙蓬生长与繁殖对降水的可塑性对植物在半干旱的不可预测的环境中存活具有重要作用。

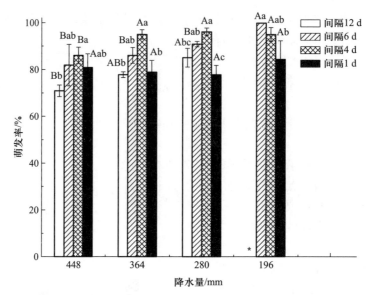

图 6.5   不同降水频次和降水量下植物产生的子代种子的萌发率

注：不同的大写英文字母表示同一降水频次下种子萌发在不同降水量间差异显著（$P<0.05$），而不同的小写英文字母表示同一降水量下种子萌发率在不同降水频次间差异显著（$P<0.05$）。

6.2.2　植物对沙埋胁迫的响应和适应

在干旱区，大风引起沙埋是一种普遍现象。沙埋通过改变土壤湿度、温度和通气状况对幼苗出土产生影响。在半干旱地区，种子萌发和幼苗出土过程对沙埋过程极为敏感。同时，在生长季早期，不可预测的降水使处于沙土表面的种子在萌发前经历多次水合/脱水过程。Zhu 等（2014）研究发现，赖草（*Leymus secalinus*）幼苗出土受到降水量及频次的影响，在同一降水量下幼苗出土率随降水频次的减少而下降（图 6.6）。沙埋深度对赖草幼苗出土有显著影响，在

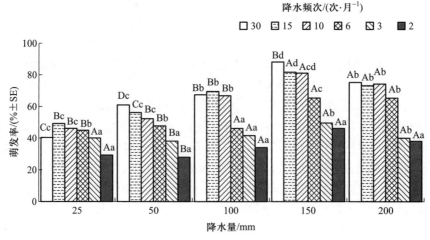

图 6.6   不同降水量和不同降水频次下赖草种子的萌发率

注：图中不同的大写英文字母表示同一降水频次下种子萌发率在不同降水量间差异显著（$P<0.05$），而不同的小写英文字母表示同一降水量下种子萌发率在不同降水频次间差异显著（$P<0.05$）。

沙埋 1 ~ 4 cm 时,最高的出土率出现在降水量为 100 mm 或 150 mm 时。水合 / 脱水处理降低了种子萌发率,增加了种子休眠率,幼苗根长 0 ~ 1 mm 时经脱水 30 天后水合仍然可以存活。因此,毛乌素沙地的植物具有适应降水少的特殊机制。沙埋、降水量和降水频次以及脱水 / 水合过程影响着幼苗出土过程。全球变化引起的降水量或频次的改变可能对幼苗出土和种群更新产生显著影响。

沙埋同样影响植物的生长和性状。例如,叶片被沙埋后会降低叶片有效光合面积。一些植物对沙埋具有抵抗能力。这些抵抗机制包括:通过增加茎干伸长生长,产生不定根和资源重新分配等。不同物种对沙埋的抵抗能力不同,沙埋被认为是干旱区的一种重要的选择压力。Xu 等(2013)将来自 18 个母株的中间锦鸡儿(*Caragana intermedia*)进行多次部分沙埋处理,研究沙埋如何影响茎干生长、茎干机械性状和弹性。结果表明,沙埋促进了茎干伸长和增宽,但降低了生物量。不同母株茎干伸长率不同,在机械性状上响应沙埋也不相同。机械性状的响应大小与茎干伸长的响应大小显著正相关。因此,在有风障和植物间存在竞争自然生境,茎干伸长与机械性状间的关联可能会降低;而在干旱区的开阔生境中,茎干伸长与机械性状的分离对植物存活是极为不利的。不同茎干性状响应沙埋的种内变异的可塑性与机械性状的稳定性相关联。

6.2.3 植物对风致机械刺激的响应和适应

在内陆半干旱生态系统中,大风会对植物产生机械刺激作用,大风对植物的生长和分布有重要影响。风致机械刺激可以影响植株形态、生长和繁殖。风致机械刺激还可以通过改变环境温度、湿度和 CO_2 浓度间接影响植物生长和繁殖。风致机械刺激通常使比叶面积下降或叶片中的小叶数量降低,使植物抗折断能力更强。Sui 等(2011)以赖草为材料,研究了机械刺激与克隆整合的作用。结果表明,在机械刺激处理下,与母株相连接的远端分株比没有与母株的远端分株产生了更多的总生物量、地下生物量和分株数量。机械刺激对刺激的分株具有近距离效应,同时对与之相连的未受到机械刺激的分株具有远距离效应。机械刺激不仅增加了受刺激分株的总生物量、根茎比和分株数量,而且由于克隆整合也增加了与之相连接的未受到机械刺激分株的总生物量、根重和分株数量。赖草根重、根茎比和总生物量显著增加,表明更多的生物量被分配到植株地下部分。这种分配策略增加了植株抗折断能力,降低了植株被强风拔起的风险,对植物生存是有利的。在机械刺激后,赖草分株数量和分株长度增加,可能与克隆植物为逃避胁迫快速生长有关,可以降低分株死亡的风险和增加植株密度以保护幼苗和背风的分株免受强风的危害。在克隆植物中,各分株是生理上的一个整体,自然选择作用使植物为逃避胁迫条件而保持快速生长。

6.2.4 植物对盐分胁迫的响应和适应

干旱区的许多植物具有土壤种子库,以保证它们在严酷和不可预测的环境中生存和更新。形成长期土壤种子库是植物避免局地灭绝风险的适应策略,而种子休眠是种子在土壤中长期存活的重要机制。为了使幼苗成功建成,在盐生环境中,植物必须使种子在少量降水事件出现的时候迅速萌发。以往的研究者通常认为盐生荒漠中的植物种子在适宜幼苗建成的环境条件(温度和土壤水分)出现时就可立即萌发;然而越来越多的证据表明,休眠作为延迟荒漠植物种子萌发的机制也很重要。休眠循环是调节种子萌发时间的有效机制,对季节性变化的环境中幼苗建成适宜时间的选择起着重要作用。Cao 等（2014）研究了生长于盐生荒漠中的灌木细枝盐爪爪（*Kalidium gracile*）的种子库和休眠循环。结果发现，在生长季开始时细枝盐爪爪的土壤种子库密度为 7030 个·m⁻²，在一个生长季中土壤种子库的 72% 被消耗，只有 1.4% 可以在早期萌发形成足够大的、可以经历冬季存活的幼苗。大约 28% 的种子形成长期土壤种子库。埋藏的种子表现出非休眠/状态性休眠的循环，在循环中萌发对盐分的敏感性也有不同（图 6.7）。休眠循环与季节性环境条件相一致，使种子在夏季降水充足可以建成幼苗时萌发。细枝盐爪爪种子可以在高盐胁迫下保持活力，在适宜的温度和水分条件出现时具有很高的萌发能力。在盐分降低时，种子在生长季节的较宽温度范围内都具有很高的萌发率。在自然生境中，因为水分蒸发剧烈，降水后土壤表面将很快变干。因此，种子具有高萌发能力能够迅速萌发，对生境中降水出现后、土壤盐分降低时实现幼苗建成具有重要作用。细枝盐爪爪具有 3 种生活史特征：多次结实的多年生生活史、长期的土壤种子库和休眠循环。这些生活史特征对实现其在盐生环境中存活具有重要意义。

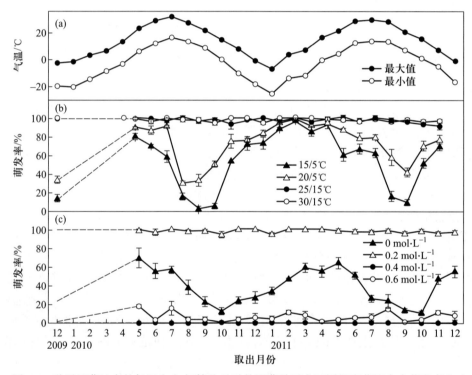

图 6.7 种子埋藏地点的气温（a）、细枝盐爪爪的埋藏种子在不同温度蒸馏水中萌发率（b）和在不同盐分浓度下萌发率（c）的月际变化

种子异型性是指同一植株同时产生两种或两种以上不同类型种子的现象。生长在干旱环境中的盐生植物种群往往具有种子异型现象，是植物对盐漠生境的一种适应。异型性种子之间除了在形态特征上有差异外，在传播能力和萌发行为上也有差异。种子异型性的研究主要集中于种子萌发响应、幼苗生长和种子产量的可塑性上（植物在不同的环境中生长会在不同类型种子的产量上有差异）。Cao 等（2012）在原生境将角果碱蓬（*Suaeda corniculata*）两种种子进行两年埋藏，其间取出种子在不同温度和盐分条件下检测萌发率。结果表明，黑色种子具有休眠/非休

眠循环,而成熟时不具有休眠的棕色种子一直处于非休眠状态。黑色种子的萌发对盐分的敏感性也表现出循环。盐分和水分胁迫诱导黑色种子休眠,降低棕色种子活力。在多种温度和盐度条件下,棕色种子比黑色种子的萌发率都高。在早春,少量降水即可引起棕色种子萌发。早萌发比晚萌发的种子受到捕食者和病菌攻击的可能性更低,是一种选择优势。同时,早萌发的个体还具有先获取资源的竞争优势,因此比晚萌发的个体生长的更大并产生更多的种子。黑色种子的萌发时间受到休眠循环的调节(图6.8),非休眠的黑色种子也需要更严格的萌发条件,它们需要在生境中出现降水土壤盐分下降时才能萌发。因此,黑色种子产生的幼苗主要出现在多雨的夏季。尽管晚萌发的黑色种子产生的幼苗比棕色种子产生的幼苗的生长季更短,幼苗却处在更加适宜的环境条件中。然而,如果棕色种子在早春产生的幼苗可以存活到夏季,它们已经完成幼苗建成,也可以迅速利用适宜的环境条件实现快速生长。角果碱蓬的两种异型种子在土壤种子库中的不同行为可以增加该物种在不可预测的盐生环境中的适合度。

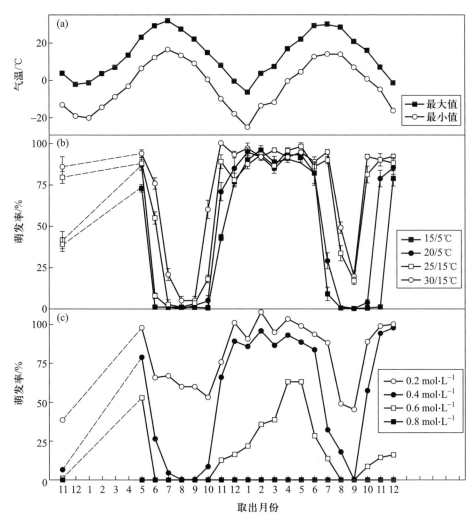

图6.8 种子埋藏地点的气温(a)、角果碱蓬的黑色种子在不同温度蒸馏水中萌发率(b)
和在不同盐分浓度下萌发率(c)的月际变化

植物母代能够将所经历的环境信息传递到下一代,对后代植株的表型产生影响,这种现象称为植物的代间效应(transgenerational effect)。代间效应被认为是联系母代环境与后代适应性的桥梁,在物种适应和进化方面起着重要的作用。生长在盐生环境中植物由于受到传播距离的限制,植物所生存的环境往往与其母代相近,因此,植物在世代间对环境资源的选择能力相对较弱(相对于动物)。但是,目前盐生植物的相关研究案例甚少。Wang 等(2012)以异子蓬(*Suaeda aralocaspica*)的异型种子为材料检验母体效应对种子性状的影响。结果表明,棕色种子产生的植株在低养分和高盐分种子性状的变异系数最低,而黑色种子产生的植株在低养分和低盐分种子性状的变异系数也最低。高盐分使种子大小变小,但不改变两种种子的比例。高盐分条件下母株产生的种子具有更高的萌发率。Yang 等(2015)以在我国北方广泛分布的一年生盐生植物角果碱蓬为研究对象,在毛乌素沙地自然气候环境条件下,通过连续两年的控制实验证实了角果碱蓬子代植株的繁殖分配、结实比例和种子萌发率等特征受到母代环境的影响。母代植株所经历的胁迫环境能够使子代植株的适合度增大(图 6.9),从而产生具有适应性的代间效应,提高了子代对区域环境的适应能力。因此,角果碱蓬的代间效应为种群提供了生态多样性,有利于种群在异质的环境中的维持和更新。

盐生植物的不同地理种群也可能通过种子异型在耐盐上表现出差异。Yang 等(2017)比较了盐生植物角果碱蓬两个地理种群生活史特征的差异,并调查了不同土壤盐分浓度对植株和异型种子表型特征的影响。选定两个相距较远且土壤盐分浓度不同的角果碱蓬地理种群,调查植株生长情况并采集二型种子。将采集的种子(子一代)种植在同一实验环境中,以消除各自种群的自然环境效应。对萌发而来的植株(子一代)进行盐分梯度处理,观测植株和种子(子二代)特性对不同盐分浓度的响应变化。与生长在低盐分浓度的植株(子一代)相比,生长在高盐分浓度($>0.2\ \mathrm{mol \cdot L^{-1}}$)的植株更小、结实更少的种子,但是具有更高的繁殖分配比,以及更高的棕色(非休眠):黑色(休眠)种子。生长在高盐分浓度中的植株结实的黑色种子(子二代)具有更低的萌发率,但棕色种子萌发率没有变化。两个地理种群生长在相同实验环境下所表现的差异与在各自生境下所表现的差异一致。对生长在相同实验环境中的角果碱蓬来讲,子一代植株和子二代种子均表现出种群间差异,表明了这些表型特征是由遗传因素决定的。研究结果表明,土壤盐分通过影响角果碱蓬异型种子的结实特性,而使其在自然种群更新过程中起到重要的生态作用。

盐生植物异型性种子休眠和萌发的需求条件不同,导致异型种子物种能够在一年中不同时期萌发,这种萌发时间的差异可以影响生活史特性。Yang 等(2015)研究了角果碱蓬二型种子的不同萌发时间对子代生活史的影响。在 4 月至 9 月的每月 20 日,将刚萌发的棕色种子和黑色种子移栽到近似野外生境当中,测量植株的物候和营养生长指标,以及子代种子数量、大小和萌发率。结果发现,晚萌发的种子比早萌发的种子形成的植株更小,产生更多更大的棕色种子(非休眠)。棕色种子幼苗建成时间比黑色种子短,而且由棕色种子萌发而来的植株比由黑色种子发育而来的植株在根茎比和繁殖分配方面更具有可塑性。早萌发的棕色种子形成的植株大于晚萌发的黑色种子形成的。因此,二型种子比例随着萌发时间改变,能够帮助减轻晚萌发所带来的不利影响。角果碱蓬通过产生不同比例的二型种子来应对萌发时间的变异,这种灵活的适应策略有利于种群在不可预测的环境中维持和更新。

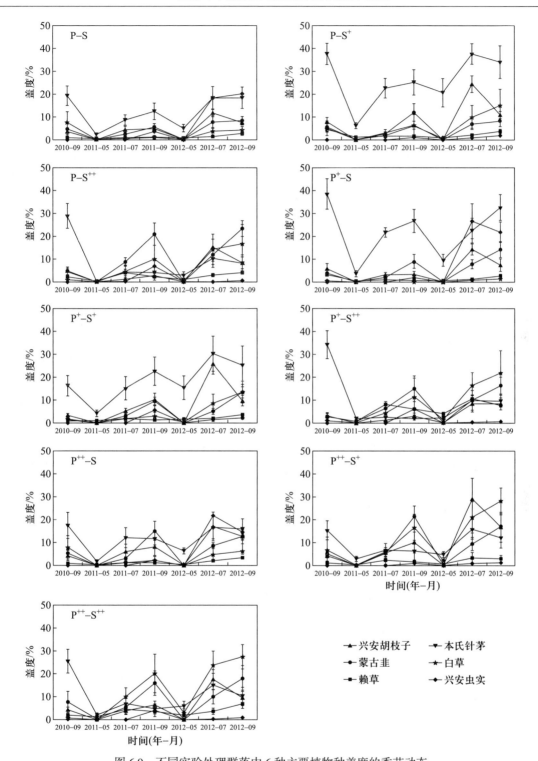

图 6.9 不同实验处理群落中 6 种主要植物种盖度的季节动态

注："P""P+"和"P++"分别代表自然降水、增加 1/7 和增加 2/7；"S""S+"和"S++"分别代表无沙埋、2 cm 沙埋和 5 cm 沙埋。

6.3　生态系统结构、功能及其维持机制

风沙运动是内陆沙地生态系统中常常发生的事件。沙地生态系统中的植物往往会受到不同程度的风蚀或沙埋干扰。而在自然界,这种干扰通常是在群落及以上层次发生,从而对沙地植被的结构与功能产生直接或间接的影响。本节重点介绍毛乌素沙地中沙埋对于植物群落结构变化、建群种植物种群更新,以及对沙地生态系统凋落物分解的影响,从而探讨沙地生态系统结构与功能及其维持机制。

6.3.1　鄂尔多斯高原植物群落对沙埋和降水的适应与响应

鄂尔多斯高原属于干旱风沙活动区域,降水和沙埋是该地区草原群落的两大影响因素。沙埋在干旱风沙区作为最主要的干扰因子之一,往往会对植物群落结构、盖度、生物量等产生直接的影响(He et al., 2008)。而对于干旱、半干旱地区的植物来讲,水分的重要性更是无可置疑。近年来,全球气候的变化越来越受到重视。全球变化的一个重要表现就是降水格局的变化。这种变化不仅表现在降水总量上的变化,也表现在降雨的分布性差异增大,如极端降水事件频率增加,降水频率的变化等。降水格局的变化对植物群落的结构和功能会产生重要的影响。Ye 等(2017)通过野外控制实验,在模拟降水和沙埋的情况下,探讨沙埋和增加降水对植物群落物结构和功能影响,以期为退化草原的恢复、群落演替的动态预测和草原生态系统的可持续利用提供理论支撑。结果表明:

(1)不同植物种对沙埋和降水的不同响应促进了群落内植物的共存。

物种、年份和季节均对群落中 6 种主要的植物种的盖度产生显著影响(图6.9),而降水增强和沙埋处理没有产生显著影响;物种、降水和沙埋对植物盖度的影响存在着多个二元或三元的交互作用,而且物种、降水或沙埋对植物盖度的影响还与年份或季节之间存在着多种交互作用,表明植物种在群落中的表现受到多个因子的共同影响。

不同处理对不同植物盖度的影响,随着环境因子的年际变化和季节动态而会发生变化。沙埋对不同植物种的影响与植物的功能型紧密相关。比如:沙埋增加了群落中两种根茎型克隆植物赖草和白草的盖度,降低了两种密集型克隆植物本氏针茅和糙隐子草的盖度。另外,沙埋的影响还与植物的生活史相关。

(2)沙埋和降水增强处理影响了群落内植物和土壤碳的分布。

植物对沙埋的响应是种间特异的,并与其生活史特性相关。比如,沙埋发生后,一年生植物往往在覆沙层的表面通过种子萌发产生新的幼苗;而直立的多年生草本通过伸长地上部分来适应沙埋条件;矮小的多年生植物受沙埋的影响更为严重;克隆植物,特别是根茎型克隆植物,因为克隆整合的存在能够很好地适应沙埋条件,因而得到更多的发展空间。在自然条件下,沙埋往往发生在群落层次上(Kent et al., 2005)。群落中不同类型的植物对沙埋表现出不同的适应性,从而能够影响植物群落的组成,甚至功能。实验结果表明:沙埋对植物碳密度没有显著影响,但沙埋显著影响了植物碳在地上和地下的分配(表6.1),这种影响也因植物种和生活型的不同而有所差异。降水增强对植物碳密度及其分配没有显著影响。有意思的是,沙埋和

降水增强处理改变了土壤碳密度,特别是土壤有机碳。沙埋和降水增强会导致土壤碳向更深层次的土壤中汇集。

表 6.1 降水增强与沙埋处理及其交互作用对植物和土壤碳密度的影响:新层次表示覆沙层为土壤表层,旧层次表示不包括覆沙层的土壤层次

碳密度 /(mg·m⁻²)	降水(P)		沙埋(S)		P×S	
	新层次	旧层次	新层次	旧层次	新层次	旧层次
植物碳密度	0.801		0.502		0.536	
地上植物碳	0.937		<0.001		0.610	
0~20 cm 地下植物碳(BPC)	0.840		0.018		0.471	
0~5 cm BPC	0.928	0.094	0.018	0.513	0.462	0.636
5~10 cm BPC	0.445	0.623	0.242	0.100	0.015	0.216
10~15 cm BPC	0.432	0.593	0.462	0.403	0.161	0.500
15~20 cm BPC	0.369		0.298		0.417	
0~20 cm 土壤总碳含量(STC)	0.026		0.044		0.602	
0~5 cm STC	0.179	0.226	0.071	0.000	0.140	0.249
5~10 cm STC	0.029	0.015	0.001	0.042	0.287	0.345
10~15 cm STC	0.022	0.054	0.120	0.592	0.697	0.907
15~20 cm STC	0.071		0.173		0.371	
0~20 cm 土壤有机碳含量(SOC)	0.060		<0.001		0.523	
0~5 cm SOC	0.122	0.144	0.006	<0.001	0.406	0.704
5~10 cm SOC	0.055	0.027	<0.001	0.001	0.601	0.617
10~15 cm SOC	0.066	0.288	<0.001	0.053	0.646	0.909
15~20 cm SOC	0.398		0.031		0.742	
0~20 cm 土壤无机碳含量(SIC)	0.106		0.927		0.465	
0~5 cm SIC	0.556	0.561	0.281	0.124	0.109	0.145
5~10 cm SIC	0.882	0.402	0.062	0.498	0.369	0.625
10~15 cm SIC	0.207	0.138	0.257	0.583	0.782	0.910
15~20 cm SIC	0.064		0.338		0.276	

6.3.2　毛乌素沙地油蒿群落不同演替阶段的油蒿种群动态

生长在沙丘迎风坡的植物经常会遇到不同程度的风蚀,生长在沙丘背风坡的植物常常会遭受不同程度的沙埋,而对生长在沙丘顶部的植物则可能既会遇到风蚀又会遇到沙埋(Maun,1994;Yu et al.,2004;Yu et al.,2008)。植物幼苗因其个体较小,极易遭受沙埋、风蚀带来的高死亡率。Li 等(2011)通过野外调查发现油蒿的存活率随个体大小的增加而增加(图 6.10)。其幼苗的存活率较低(<40%),而当个体高度达到 30~40 cm 时,存活率普遍很高,极少有个体死亡。对于油蒿个体来说,低于这一高度极易遭受深度沙埋和风蚀。因此存活率随个体高度的增加而升高的现象与植物个体遭受深度沙埋和风蚀的概率是密切相关的。

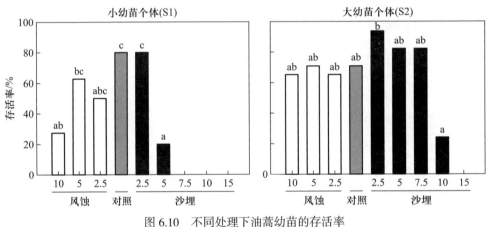

图 6.10　不同处理下油蒿幼苗的存活率

同时,野外试验发现油蒿幼苗对中度的风蚀或沙埋有着较强的耐受性。在单次风蚀或沙埋,特别是单次深度风蚀或完全沙埋处理下,大的幼苗、较小的幼苗有更高的存活率。在该野外实验中,油蒿幼苗能通过改变对地上、地下生物量的分配来有效应对低中度的沙埋和风蚀(<50%),但在深度风蚀或完全沙埋下,幼苗存活率极大降低。

在沙丘生态系统中,植物生境在沙丘固定过程中发生很大变化。处于早期固定阶段的流动、半固定沙丘是极不稳定的。在这一时期,风蚀、沙埋频繁发生。Li 等(2011)研究了 3 个沙丘固定阶段(半固定沙丘、固定沙丘和有生物结皮的固定沙丘)中优势灌木油蒿(*Artemisia ordosica*)的种群结构变化,采用积分投影模型(IPM)对 3 年的种群结构数据进行比较分析,结果表明:植物生长和繁殖随着沙丘固定程度增加而降低,植物高度萎缩经常出现,尤其在有生物结皮的固定沙丘上;种群生长速率(k)从快速扩展的半固定沙丘 1.35~1.09 下降到有生物结皮的固定沙丘 0.94~0.89。半固定沙丘中幼苗和小植物体对于种群增长非常重要,而中等和大的植物体在其他生境更加重要。弹性分析表明在所有生境中存活率对种群生长极其重要,生长和繁殖在半固定生境较其他两类生境重要,缩减在固定沙丘和有生物结皮的固定沙丘中重要,它决定了生长速率 k(图 6.11)。油蒿在沙丘固定过程中采用不同的生活史策略,半固定沙丘上种群快速扩张是由高种子产量和有效更新予以保证的,而在沙丘固定阶段后期种群则以高频度的植物缩减来维持。

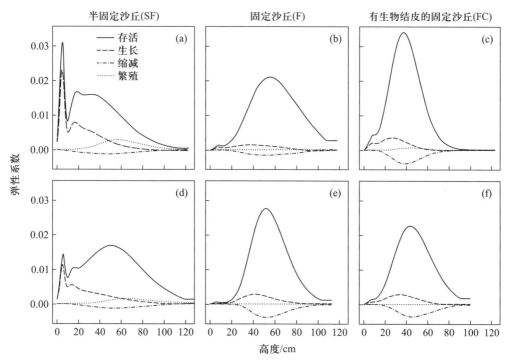

图 6.11　2007—2008 年和 2008—2009 年生长季毛乌素沙地半固定沙丘（a 和 d）、固定沙丘
（b 和 e）和有生物结皮的固定沙丘（c 和 f）上油蒿幼苗的弹性分析结果

6.3.3　毛乌素沙地主要植物种凋落物分解特性

凋落物分解是生态系统物质循环和能量流动的重要环节之一,对维持土壤肥力、植物生长发育及生态系统可持续发展有重要作用（Van Vuuren et al., 1993; Vitousek et al., 1994; Aerts and Chapin, 2000）。作为物质循环的重要驱动力,太阳辐射对凋落物分解具有重要作用,尤其是在一些干旱和高辐射的生态系统中（Austin and Vivanco, 2006; Gallo et al., 2009; Rutledge et al., 2010）。太阳辐射给凋落物带来的直接后果之一就是引起了光降解（photodegradation）。光降解可以破坏凋落物中大的有机分子,使其转化成小分子化合物（Dirks et al., 2010）。这些小分子化合物更加容易通过淋溶和微生物降解转化成可溶性碳归还到生态系统中（Brandt et al., 2010）。此外,光降解还可以和其他生物或者非生物因素相互作用。例如, UV-B 对凋落物分解速率的影响取决于分解环境中的水分条件（Smith et al., 2010）; UV-B 和气候通过影响凋落物的质量而对生物地球化学循环产生交互的影响（Zepp et al., 2007）。但是对不同物种凋落物质量和太阳辐射的交互作用如何影响凋落物分解过程知之甚少。

Pan 等（2015）设立了一个包括光照和水分两个主要处理的分解实验,用于揭示太阳辐射对凋落物分解速率的重要性在物种尺度的变异,并将这些种间变异与植物功能性状关联起来。结果表明:太阳辐射的确可以显著增加凋落物的分解速率:有太阳辐射参与的凋落物分解速率比遮阴条件下的分解速率增加了 12% ～ 96%（图 6.12）。这些结果证实了之前光降解在干旱半干旱生态系统中尤为重要的共识（Austin and Vivanco, 2006; Day et al., 2007; Parton et al., 2007; Foereid et al., 2010）。这一结果也与其他研究单个物种凋落物或者凋落物混合物的光降解实验所得的结果相一致,特别是研究紫外辐射对分解过程影响的研究(Denward and Tranvik,1998;Gallo et al.,2009;Smith et al.,2010)。这些结果强调了太阳辐射在物种水平上对凋落物分解速率的加速作用。然而,本实验的结果没有证实太阳辐射对叶片凋落物分解速率起主导作用(Austin and Vivanco,2006)。

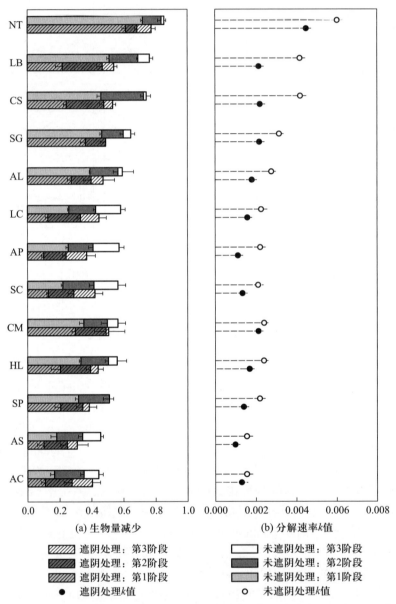

图 6.12　(a)13 个物种生物量减少的动态变化(6 个月、9 个月、12 个月后)与
(b)分解速率 k 值的动态变化

注:空心圆圈代表非遮阴处理下凋落物的分解速率;实心圆圈代表遮阴处理下凋落物的分解速率。时间段 1—3 分别代表 0~6 个月,6~9 个月,9~12 个月间生物量的变化情况。Y 轴代表凋落物的物种。NT,白刺;LB,胡枝子;CS,锦鸡儿;SG,黄柳;AL,骆驼刺;LC,羊草;AP,沙米;SC,针茅;CM,沙拐枣;HL,羊柴;SP,沙柳;AS,羽茅;AC,冰草。柱状图中还给出了标准误(SE)。

由于光化学和物理降解作用,旱区环境分解速率高于基于模型的预期值。然而,相比于地表凋落物,对立枯物和沙埋凋落物的碳和营养循环的认识相对不足。Liu 等(2015)采集了鄂尔多斯沙地草地生态系统观测研究站附近的 51 种植物叶凋落物材料,在地表、沙埋和模拟立枯三种条件进行原位的凋落物分解实验。研究结果表明,沙埋凋落物分解和模拟立枯均高于地表凋落物,而且这种格局不依赖于分解时间、谱系类群或生长型(图 6.13)。凋落物位置和分解时间显著地影响凋落物养分动态。模拟立枯和沙埋凋落物的氮和磷损失快于地表凋落物。对于分解 6 个月的凋落物,氮损失慢于磷损失,然而对于分解 12 个月的凋落物,则氮损失快于磷损失。这一研究表明,模拟立枯和沙埋的凋落物具有较大干物质和营养损失,可以作为解释为何旱区生态系统碳和营养动态高于模型预期。

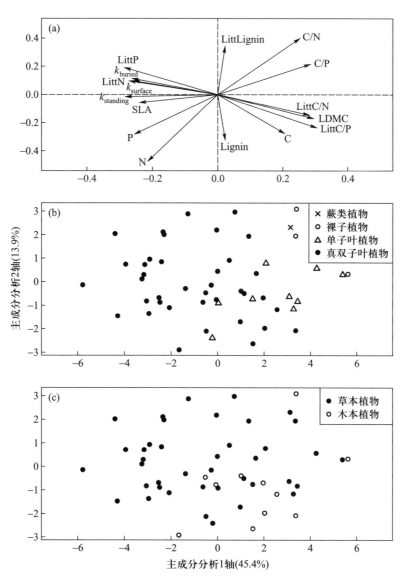

图 6.13 不同植物性状对凋落物分解速率影响的主成分分析结果

6.4　区域生态系统重要生态学问题及其过程机制

空间尺度对于生态学的过程和格局以及生态学机制的理解非常重要。广义上讲,空间尺度主要包括点上的局域尺度(local scale)和面上的区域尺度(regional scale)。区域尺度代表一定环境梯度,如气候或土壤环境梯度变化,特别适合研究不同的生态学尺度上的结构与功能对区域尺度介导的气候、土壤梯度的响应与适应。本节重点介绍鄂尔多斯沙地草地生态系统研究站在区域尺度上取得一些研究进展。围绕北方荒漠化带植物性状变异、化学计量学地理格局、性状与物种表现、物种多样性以及生态系统过程如凋落物分解如何适应区域气候和土壤环境变化进行介绍。

6.4.1　北方荒漠化带植物性状变异

植物功能性状变异是由发生在不同尺度上的进化和环境驱动共同作用的结果(Reich et al., 2003)。沿某一环境梯度上功能性状值的变异反映了不同植物适应机制及与气候、土壤和拓扑地形因子互作的相对重要性(Wright et al., 2004)。通过量化与植物碳、营养和水分经济学有关的功能性状在每一个空间尺度上的变异格局,对这些驱动因子在植物群落构建(community assemby)过程中的相对重要性做出评价。有关植物器官间一致性性状综合征的研究证据逐渐增多(Reich et al., 2003;Withington et al., 2006;Freschet et al., 2010),这就意味着与限制资源的获取、分配以及气候胁迫因子有关的地上和地下性状对必然会存在着协同变异。

Liu 等(2010)验证与碳和营养经济学有关的地上 – 地下性状对是否存在尺度依赖性(scale-dependence)。采用了 5 个巢式水平(区域嵌套在样带、局域嵌套在区域、群落嵌套在局域、物种嵌套在群落和个体嵌套在物种)的实验设计,在跨北方干旱和半干旱区 7 个研究点所形成的荒漠化样带上,通过测量物种叶和根性状验证这些假说和具体预测。结果表明:对于所有性状除了物种(物种嵌套在群落内)解释了大部分变异外,叶性状的相对较大变异由区域或局地之间的差异所解释,相反,根性状的相对较大变异由植物群落间的差异所解释。叶 – 根三对相似功能性状比叶面积 – 比根长(SLA-SRL)、单位质量叶氮 – 单位质量根氮(叶 N_{mass} – 根 N_{mass})和单位面积叶氮 – 单位长度根氮(叶 N_{area} – 根 N_{length})在样带尺度均呈现出显著的正向关系,在不同空间尺度上功能性状对 SLA-SRL、叶 N_{mass} – 根 N_{mass} 和 N_{area} – 根 N_{length} 表现出相似的一致性(图 6.14)。较大的功能性状变异是由植物群落之间差异所解释,表明在研究群落构建时群落尺度最为合适。环境因子并没有强烈地影响与植物经济学有关的权衡关系的斜率,稳固了植物资源经济学跨器官水平相对一致性的观点。叶和根性状的趋同性,"资源获取型"物种倾向于地上光资源和地下营养资源获取能力均强,而"资源储存型"物种倾向于拥有地上和地下均支持这种生活型的功能性状。

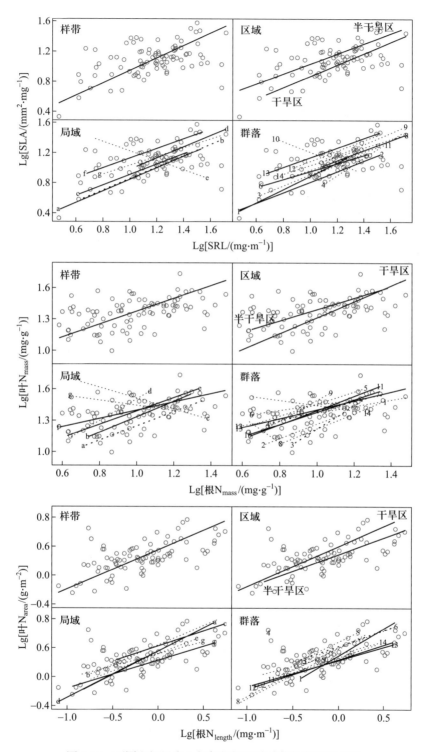

图 6.14 不同空间尺度上相似细根和叶功能性状间的关系

6.4.2　北方蒿属植物及近缘种化学计量学

C、N 和 P 是植物结构和生理代谢过程中最为重要的元素。C、N、P 的化学计量特征影响着多种生态过程,在生态系统结构和功能中发挥重要作用,例如凋落物分解、N_2 固定、物种多样性和环境胁迫耐受等(Roem and Berendse, 2000; Elser et al., 2010; Freschet et al., 2012),尤其是在全球变化背景下(Elser and Urabe, 1999; Güsewell, 2004)。考虑到化学计量学响应在物种间的巨大差异(Reich and Oleksyn, 2004),近缘种的化学计量学研究有助于验证适应进化格局和机制(Hao et al., 2015)。通过野外实验的方法从中国北方 65 个地点采集了大量蒿属及近缘种植物,Yang 等(2015a)研究了中国北方蒿属植物及近缘种的 C∶N∶P 化学计量特征对气候、土壤和物种效应的响应,发现元素含量与化学计量特征与经纬度没有相关性,但表现出明显的海拔趋势(图 6.15);气候因子对植物 C 含量有显著影响,但对其它元素含量和化学计量特征无显著影响;土壤化学特征对 C 和 P 含量、C∶P 和 N∶P 有显著影响。与气候相比,土壤特征对近缘种的影响更强。植物种类解释了所有元素和化学计量特征中 >30% 的变异,并且不同植物对环境梯度的

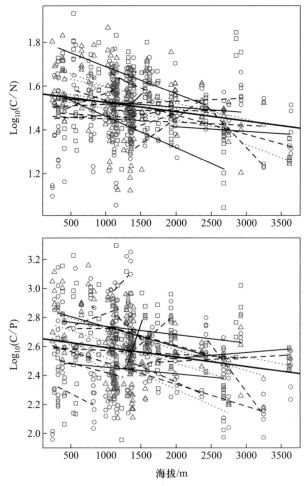

图 6.15　海拔与蒿属植物化学计量学的关系

响应有差异。这一研究的结果表明,即使是系统发育关系较近的植物,其化学计量特征仍然具有强烈的种间变异,因此区域尺度上近缘种化学计量学的地理格局的研究仍需要考虑物种效应。

为了更好地认识区域尺度上亲缘关系较近植物物种元素含量与环境因子的关系,Yang 等(2017)研究了 47 个蒿属及近缘种 K^+、Na^+、Ca^{2+}、Mg^{2+} 的地理格局以及气候、土壤和生长型对其的影响,结果发现蒿属植物及近缘种 K^+、Na^+、Ca^{2+}、Mg^{2+} 浓度分别是 18.82 ± 6.47 mg·g^{-1}、0.72 ± 0.87 mg·g^{-1}、9.24 ± 2.59 mg·g^{-1}、1.99 ± 0.79 mg·g^{-1}。K^+ 浓度在经度、纬度和海拔梯度上没有表现一定格局,Na^+ 和 Mg^{2+} 浓度表现出显著纬度格局,而 Ca^{2+} 则表现出海拔格局。Na^+ 和 Mg^{2+} 浓度随着纬度而降低,Ca^{2+} 浓度则随着海拔而增加。方差分解表明,四种离子浓度及化学计量的变异主要来自物种间。这些结果意味着在认识植被营养和化学计量学时,研究人员需要认真考虑物种分类对计量学格局的重要影响。

非结构性碳是光合作用的主要产物,主要包括淀粉和低分子量的碳水化合物(糖类)(Hoch, 2007)。非结构性碳中,糖类驱动植物新陈代谢和生长,而淀粉是碳储存形式(Hoch, 2007; Smeekens et al., 2010)。非结构性碳对研究当前环境条件和气候变化背景下生态系统的碳平衡具有重要意义。Yang 等(2015b)研究了中国北方蒿属植物非结构性碳的地理格局及气候与物种的效应。非结构性碳含量不受年气候条件的影响,但受到最暖月气候的显著影响。在非结构性碳库内,物种解释的变异在可溶性糖中高于淀粉。发现随着海拔的增加植物可溶性糖含量降低,不同物种的非结构性碳对海拔梯度的响应不同(图 6.16)。这些结果表明,在区域尺度上非结构性碳格局与地区尺度上不同;作为一种碳的暂时贮存状态,非结构性碳在生长季可能更多地体现为光合作用过程的直

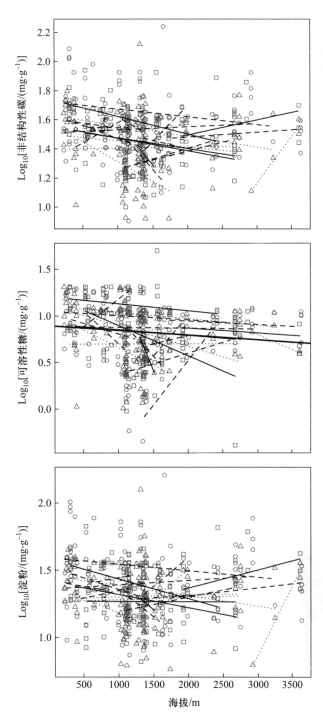

图 6.16　北方海拔梯度上非结构性碳、可溶性糖和淀粉的变异格局

接产物,而不是作为抵抗环境胁迫的物质。在区域尺度上,即使是亲缘关系近的物种在通过非结构性碳的生理调节来适应环境条件也存在较大差异。

6.4.3　北方蒿属植物及近缘种的表现性状与物种分布

物种表型特征或性状与环境存在一致性关系(Westerman and Lawrence, 1970; Chapin et al., 1993; Grime, 1997; Elith and Leathwick, 2009)。物种在环境梯度上的分布是受地理过程、环境和生物过程相互作用的结果,以至于很难预测物种分布(Elith and Leathwick, 2009; Laughlin et al., 2012)。环境梯度上的植物性状变异是在长期进化过程中选择的,因此,基于性状变异的方法能够预测和解释物种地理分布及适应性(McGill et al., 2006; Laughlin et al., 2011)。物种分布依赖于环境条件,但由于对物种分布与性状稳定性间关系的认识不足,因而制约了对物种未来分布区变化的预测能力。

理论上,分布范围广的物种(具有较宽的生态位)可能在形态生理性状上具有较大的变异性,从而维持其表型性状的稳定性,使物种能够在变化的环境条件下存活。目前,缺少沿环境梯度上性状稳定性与物种分布关系的假说。基于这一点,Yang 等(2016)提出一个新的假说:物种的生态位宽度应当与其在环境梯度上的表现性状的变化率呈负相关。为了验证这一假说,Yang等(2016)研究了我国北方 65 个点上 48 种蒿属植物生物量与植株高度变化,发现气候生态位宽度与生物量变异显著负相关,但气候生态位宽度与高度变异没有相关性(图 6.17)。这些研究结果对于气候变化条件下物种风险的评估和物种未知分布区的预测具有重要意义,同时还为物种分布模型提供了新途径。

6.4.4　温带草原物种和功能多样性

内蒙古四大沙地位于半干旱区,降水较少、土壤为沙基质以及大风较多。自西向东包括毛乌素沙地、浑善达克沙地、科尔沁沙地和呼伦贝尔沙地。这些区域对气候变化以及环境干扰(如过度放牧、煤矿开采等)敏感,易发生荒漠化(Wang and Guo, 1993; Zhang, 1994; Ni, 2003; Guo et al., 2010)。荒漠化导致沙丘活化,沙丘自然固定过程(流动沙丘、半固定沙丘和固定沙丘)发生逆向演替(Li et al., 2003)。这个过程中,植物群落中的物种组成和结构以及生态系统功能发生巨大变化。

Qiao 等(2012)通过野外实验,测定了四大沙地三种沙丘固定阶段下植物物种和功能型的优势度和多样性。结果表明,物种多样性与功能型多样性呈显著正相关关系,其中固定沙丘的关系斜率显著低于其他两个演替阶段;从流动沙丘经半固定沙丘到固定沙丘,物种多样性与功能型多样性均呈显著增加的趋势(图 6.18)。从功能型上讲,沙丘固定程度越高,多年生、灌木、克隆性和 C_3 物种的成分在群落中所占比重越高。沙丘三个固定阶段的物种和功能型优势度存在显著差异,不同的功能型可能代表对不同生境的不同适应策略(Chu et al., 2006)。这些研究结果意味着伴随沙丘演替过程物种多样性与功能型多样性呈现协同变异。随着沙丘演替进行,物种优势度发生转变,倾向于向多年生、灌木、C_3 克隆植物方向发展,说明该功能型物种在沙地生态系统向气候顶级群落演替过程中具有更加重要的作用。这些意味着从流动沙丘到固定沙丘演替过程中,沙地生态系统的功能与服务(生物多样性、净初级生产力、耐受风蚀等)得到了逐步恢复。

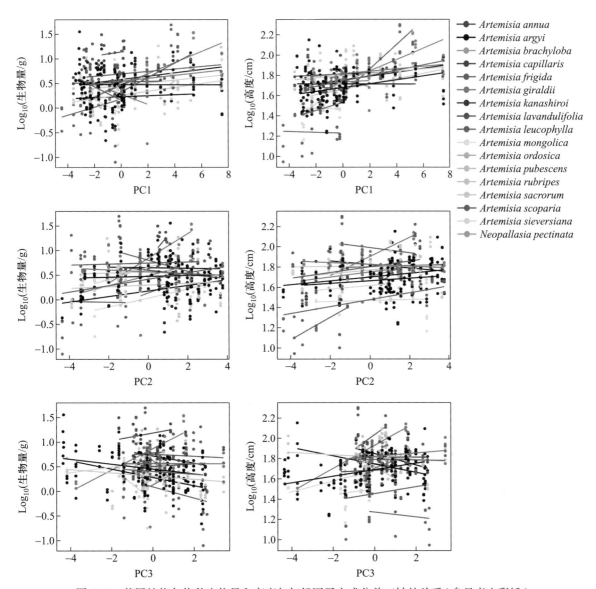

图 6.17　蒿属植物各物种生物量和高度与气候因子主成分前三轴的关系（参见书末彩插）

6.4.5　北方干旱半干旱区凋落物分解

　　在陆地生态系统类型中，凋落物分解主要受气候、凋落物质量和分解者的共同调控（Coûteaux et al.，1995；Bradford et al.，2017）。旱区生态系统植被稀疏，盖度较低，太阳辐射强烈（Noy-Meir，1973），这些过程限制了微生物活性，增强了非生物的光分解。与生物驱动的湿润生态系统物质循环相比，非生物的光分解控制旱区碳和营养循环（Austin and Vivanco，2006；Austin，2011）。

　　由于旱区和非旱区生态系统中控制分解的驱动机制不同，用木质素表征凋落物质量和用实

际蒸散量表征气候所构建的分解统计模型,能够预测大多数生态系统,但不适应于干旱生态系统
(Meentemeyer,1978),旱区凋落物实际分解速率高于分解模型预测(Adair et al.,2017)。另外,
全球整合分析表明,湿润生态系统凋落物分解过程中某一段时间表现为净氮固定,而在干旱草原
凋落物分解一直表现出净氮矿化(Parton et al.,2007)。这些说明旱区凋落物降解过程的复杂性,
旱区凋落物分解除微生物过程外,还存在如光分解、小环境的空间异质性及凋落物 – 土壤混合
等其他非生物过程(Austin and Vivanco,2006;Austin,2011;Lee et al.,2014)。

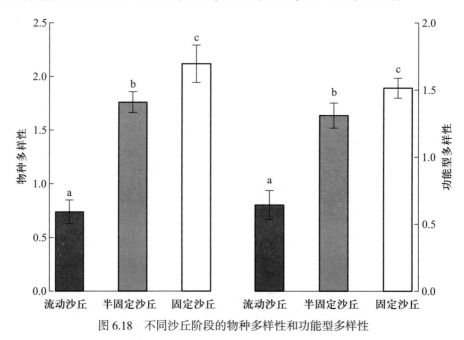

图 6.18 不同沙丘阶段的物种多样性和功能型多样性

Liu 等(2018)通过对干旱区和半干旱区叶片凋落物分解的研究发现,通过在古尔班
通古特沙漠边缘(阜康站北沙窝)设置旱区曝光、遮阳和沙埋实验处理,采用多物种同质园
实验(17 个物种),研究发现沙埋和曝光处理较遮阳处理分解更快,分别高于 21% 和 17%
(图 6.19)。另外,物种间分解速率的差异表现趋同,即随分解时间增加物种间分解速率的差
异降低,这意味着植物性状对分解的身后效应(afterlife effect)随时间推移而减弱。叶片性状
比叶面积(SLA)、凋落物 C∶N 和木质素一定程度上能够预测凋落物分解,但解释度依赖于凋
落物位置。多元回归分析表明除凋落物位置外,SLA、凋落物 C 和 P 显著影响分解速率常数 k
值,其中 SLA 控制曝光和沙埋条件下凋落物的分解速率。通过结合半干旱区的一些研究数据,
进一步发现一个普遍性的结果:SLA 控制曝光和沙埋条件下凋落物分解,而 SLA 并不影响地
表遮阳凋落物分解速率。

这些发现表明非生物光解和沙埋介导的微生物分解是解释旱区凋落物分解速率比分解模型
预测高的主要原因。同时这些发现也表明 SLA 在旱区凋落物分解中的双重作用:通过物种间叶
片相对表面积的变化而影响非生物因子如 UV 以及沙埋条件下微生物驱动的凋落物分解。在旱
区和湿润生态系统,叶表面性状与化学性状对分解速率有不同的影响,意味着全球碳循环模型中
这些区域应该区别对待。

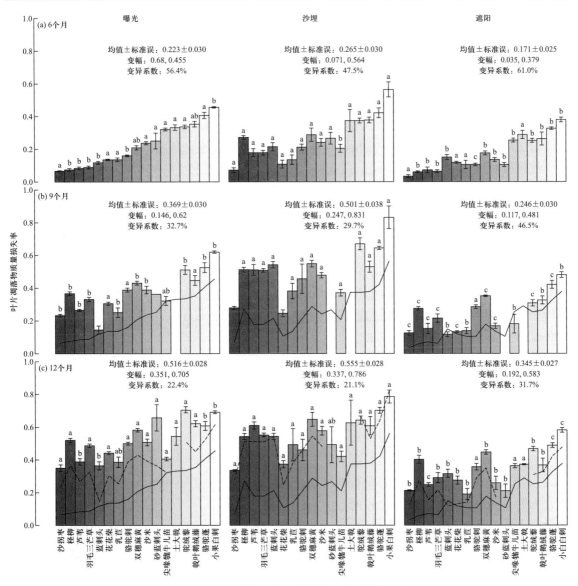

图 6.19　不同分解时间叶片凋落物质量损失率

6.5　退化生态系统修复与生态系统管理

当前,我国内陆沙地的生态环境变化问题变得更为错综复杂。一方面,由于气候变化、土地利用变化等,沙地生态系统遭受结构受损、功能退化等一系列问题;而另一方面,伴随着人们生活水平的不断提高,人们对高质量生活环境的要求也越来越强烈。这就使得受损或退化生态系统的恢复与管理显得尤为重要。本节重点介绍毛乌素沙地植被风蚀斑块的修复、土地利用方式对生态系统碳储存,以及沙地蔬菜的沙地种植技术等方面的一些进展。

6.5.1　克隆植物在毛乌素沙地植被风蚀斑块修复中的应用

土壤风蚀是一个全球性的环境问题,严重的土壤风蚀会给区域的生态环境带来很大的危害(Jungerius and van der Meulen, 1989)。在我国沙质草原区,地表植被受到破坏后,经土壤风蚀的作用形成大小不等的风蚀斑块,它是沙质草原风蚀沙化的主要形式。据调查,在内蒙古通辽市开鲁县 21.33 万 hm² 草牧场中风蚀斑块有 2.9 万个,小斑块面积 0.1 hm² 左右,大斑块面积 0.33~0.67 hm²,累计面积达 2.09 万 hm²,占全县总草场面积的 9.7%(赵友, 2001)。

克隆植物,尤其是地下根状茎植物,能够在地下形成一个多层次的根状茎网络,其同一基株的相连分株可以占据十分广泛的水平空间(Cook, 1983; van Groenendael and de Kroon, 1990; de Kroon and van Groenendael, 1997)。例如在毛乌素沙地,陈玉福等(2001)通过染料示踪实验发现根茎型克隆植物沙鞭(*Psammochloa villosa*)的一个基株的相连分株可以多达 216 个,而其一个根茎分枝可以延伸达 28.1 m(Chen et al., 2001)。同时,克隆植物具有很强的克隆拓展能力(董鸣, 1996)。对毛乌素沙地中克隆草本植物沙鞭的观测结果表明,单个观测单元(两个最幼的地上绿枝和前端延伸的无分枝的地下根状茎),在生长季的 90 天内,平均产生了 46 根地下根状茎和 9.2 个地上绿枝,总的地下茎增长为 4.68 m,径向扩展距离为 1.14 m,侧向扩展距离为 0.71 m,扩展面积达到了 6.09 m²,充分显示了沙鞭很强的扩展能力和植被修复能力(Dong and Alaten, 1999)。

快速的克隆拓展能力,使得克隆植物在较短的时间内进入植被风蚀斑块,从而使得沙地植被风蚀斑块的快速修复成为可能。野外对比观测实验表明,克隆植物可以提高沙地景观自我修复的能力,在沙化景观的恢复重建中是一种值得利用的生物资源(陈玉福和董鸣, 2002)。叶学华和董鸣(2011)使用在克隆植物赖草与沙鞭群落中人为制造风蚀斑块的方法,比较两种克隆草本植物对风蚀斑块的修复能力。结果表明:沙鞭和赖草都能在风蚀斑块中产生比自然条件下更多的分株(图6.20),以更好利用风蚀斑块中充足的光照,从而具有很强的风蚀斑块修复能力;但同时这些分株的生长也受到风蚀斑块中养分条件的制约,生物量和生长状况

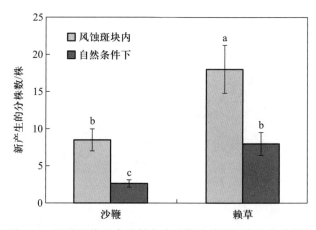

图 6.20　风蚀斑块和自然样方中沙鞭和赖草新产生的分株数
注:立柱表示平均值,竖线表示标准误,不同小写字母表示在 $P=0.05$ 水平上差异显著。

都不如自然条件下形成的分株。赖草对风蚀斑块的修复主要是通过周围根茎扩展进入坑中,然后产生新的分株;而沙鞭不仅可以通过周边根茎进入产生新的分株,同时也可以通过更深层次的根茎来产生新的分株。合轴型克隆草本植物赖草具有比单轴型克隆草本植物沙鞭更强的对风蚀斑块的修复能力,能够在风蚀斑块中产生更多的新生分株。

6.5.2　沙地生态系统基于碳储存功能的不同土地利用方式的选择

在干旱区,不当的土地利用方式与干旱共同作用常常引起荒漠化,限制生态系统的碳储量;而

优化的土地利用方式可以防止荒漠化的发生,并提高生态系统的碳储量(MEA,2005)。土地利用方式的改变直接影响着陆地生态系统的碳储量。对于草地而言,有效提高草地碳储量的措施中包括有施肥、放牧管理、退耕还草、播种豆科植物、人工种草、引入土壤动物和灌溉。通过土地利用方式的优化管理,草地的碳储量提升具有相当大的潜力(Conant et al.,2001)。在黄土高原上的研究表明,土地利用方式从农田转变为灌丛或者草地均能显著提高土壤碳的固持能力(Chen et al.,2007)。而在相同的土地利用方式和强度下,土壤基质成为影响生态系统碳储量主要因素之一(Kong et al.,2009)。通常来讲,土壤基质倾向于更高的阳离子交换能力、更大的初级生产力和更快的凋落物分解能力(Uehara,1995)。而沙土基质往往意味着更多的碳被分配到根上以获得更多的养分和水分,同时由于水分和养分的限制,沙土基质中凋落物分解速度较慢(Cuevas and Medina,1988)。

Ye等(2015)通过系统配对调查,尽可能排除微气候、地形、土壤基质和其他土壤特性的综合影响,对鄂尔多斯高原沙土基质的沙地草地和土壤基质的荒漠草原不同土地利用方式下生态系统碳储量进行了研究,结果表明,土地利用方式对沙地草地的植物和土壤碳密度有显著影响,对荒漠草原的植物碳密度具有显著影响而对土壤碳密度没有显著影响。人类活动,如开垦或者放牧,显著影响了沙地草地的地上植物碳密度、地下植物碳密度、土壤碳密度和总碳密度,而对荒漠草原的土壤碳密度和总碳密度没有影响(图6.21)。农田弃耕后,沙地草地的地下碳密度和土壤碳密度显著下降,而荒漠草原的地下碳密度和土壤碳密度没有显著变化。表明沙地草地生态系统更容易受到人为干扰的影响,因而更具有敏感性和脆弱性。

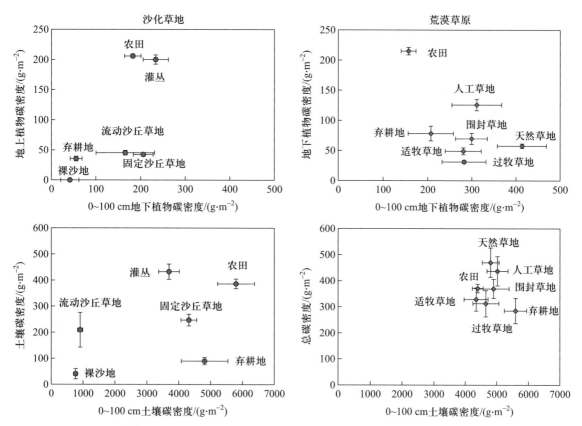

图6.21 沙化草地和荒漠草原不同土地利用方式下的地上植物碳密度、地下植物碳密度、土壤碳密度和总碳密度

对于沙地草地来说,随着沙丘的固定,沙地草地碳储量具有很大的提升可能。因而,荒漠化防治将是沙地草地生态系统提升碳储量的重要手段。考虑到灌丛能够具有较高的植物碳密度,以及全年抵抗土壤风蚀的能力(特别是早春这个一年当中风蚀程度最强的阶段),在沙地草地荒漠化防治过程中充分利用灌木会是比种植草本植物更好的选择。同时,灌木具有更深的根系,能够更好地利用沙地中深层存储的水分,因而具有更强的抗干旱能力。总的来说,在沙地草地生态系统中,利用适宜的灌木植物种并展荒漠化防治,能够极大地提高生态系统的碳储量,同时也能取得较好的风沙防治等生态效应。

禁牧是一种提高荒漠草原生态系统碳储存功能的有效措施。相对于天然草地来说,人工草地具有最高的生产力(地上植物碳密度),并且能够保持有与天然草地近似的地下植物碳密度、土壤碳密度和总碳密度(图6.21)。因而,在荒漠草原发展人工草地将是解决牧草生产和生态保护之间矛盾的好的选择。考虑到荒漠草原较低的水分条件,可以在小面积水分条件较好的区域大力发展人工草地种植,提高水分的利用效率,生产足够的牧草以解决大面积区域内的放牧压力。

6.5.3　沙地蔬菜沙葱的资源收集与沙地种植技术

野生葱属植物是鄂尔多斯高原上一类具有重要生态价值和经济价值的种质资源,可食用,可饲用,可药用,可观赏。因为长期适应沙地干旱、沙埋、贫瘠等环境胁迫,野生葱属植物形成了典型的沙生旱生特征,可成为当地植物群落的优势种,具有耐寒、耐旱、耐风蚀、耐瘠薄、抗病虫的特性,对防风固沙、防止水土流失、维持和改善区域生态环境具有重要的作用。其中一些种类的葱属植物营养价值很高,含有丰富的蛋白质、脂肪、碳水化合物,大量的维生素、矿物质,同时也具有很好的药用价值,具有降血压、降血脂、开胃消食、健肾壮阳、治便秘等特殊功效。随着膳食结构的改善和经济利益的驱动,调味品需求市场的扩大,人们对野生葱属植物的需求越来越大,其掠夺式采收及过度放牧导致野生葱属资源破坏越来越严重,这不仅影响了葱属植物自然种群的生长繁殖,更加速了土地的荒漠化,引起生态环境恶化。因此,保护野生葱属植物资源与满足人们对葱属植物日益增长的市场需求之间的矛盾,成为野生葱属植物研究中亟待解决的问题。人工培育是解决这一矛盾的有效途径之一(图6.22)。通过各种处理打破种子休眠,研究规模化种子直播生产种植技术,突破规模化人工培育的技术瓶颈,建立野生葱属植物人工培育基地,可以缓解野生葱属植物资源保育与利用之间的矛盾,并可为充分发挥野生葱属植物资源的生态价值和经济价值提供技术支撑。

沙葱适合生长于土质疏松的砂壤土,宜选择地势较高、透气透水性良好的沙地。如果栽培地非砂壤土,可覆沙10~15 cm进行翻耕,改善土地的透气透水性,避免因灌溉积水等原因导致水涝死苗。沙葱属长日照的喜光植物,宜选择地势开阔、光照充足、通风良好的环境,避免弱光照引起沙葱生长细弱。沙葱的繁殖可采用种子的有性繁殖和根蘖的无性繁殖。人工繁殖可选择种子直播和种苗移栽两种方式。

采用种子直播时,播种前精细整地,每667 m² 施有机肥(厩肥)1000~1200 kg,耕翻30~40 cm,耙耱镇压整平,浇足底水。春播4月下旬至5月上、中旬,秋播8月中旬,应尽量避免7—8月高温季节播种。新鲜的沙葱种子具有休眠期,未经处理的种子萌发率较低、萌发不齐。因此,在播种前需要用98%浓硫酸对新鲜的沙葱种子进行打破休眠处理。将种子置于玻璃或陶瓷容器中,

图 6.22 人工种植沙葱示范地（参见书末彩插）

缓缓倒入 98% 浓硫酸,至淹没所有种子,搅拌均匀,浸种 10 min。严格控制浓硫酸浸种时间,随着浓硫酸浸泡时间增加,沙葱种子死亡率逐渐增加,浸泡 30 min 后,种子死亡率达到 95% 以上。浸种完成后,用清水反复冲洗种子,去除种子表面残留的浓硫酸。洗净后置于温暖潮湿的环境下催芽 4~5 d。条播,深 2~3 cm,行距 20 cm,均匀散播,覆沙 2 cm,用脚轻踏压实,使种子与土壤密切接触。微喷浇水,保持湿润。播种量 3~4 kg·亩$^{-1}$。

种苗移栽时,选择春季 5—6 月,秋季 8 月下旬—9 月上旬。春季 3—4 月,沙葱刚萌发返青,处于扩繁萌蘖时期,幼苗较小,不宜进行移栽。7 月到 8 月初,气温、地温较高,地面水分蒸发量大,移栽苗容易被晒伤或缺水死亡。将种子繁殖苗或野生沙葱苗挖出,剪去鳞茎上部的叶片和多余的根系,适当去除叶片和根系可以减少蒸腾和代谢,同时也促进新生叶片和根系的萌蘖。视鳞茎长度保留鳞茎以上 1~2 cm 长的绿色叶片和鳞茎以下 2 cm 长的须根,从茎基部将葱苗撕裂成 3~5 棵一簇。用小锹挖 8 cm 左右深的小坑,放置 3~5 棵葱苗成为一簇,再覆沙盖住整个鳞茎,但保留绿色叶片部分露出地面,避免覆沙而抑制叶片的光合作用。行距 25 cm,簇距 7 cm。移栽后脚压踩实,微喷浇水,保持地面湿润。定植密度较高时可快速形成沙葱群落,但需要大量的沙葱苗。经试验测算,每亩移栽 15 万株左右是比较适宜的种植密度。

沙葱是强光照植物,耐旱能力较强,但在出芽和幼苗期,幼苗适应能力、自我调节程度较弱,需采取人工措施进行保育。为了减少阳光直射导致幼苗死伤,可采用遮阳网覆盖。遮阳网可选择遮光率在 65% 左右的四针网。同时采用微喷灌溉等方式保证沙葱的适度供水。覆遮阳网至出苗 3 cm。第一年田间管理:幼苗期视墒情及时微喷浇水,及时锄草防止杂草与沙葱幼苗竞争养分。当年种植的沙葱产量低,所以当年种植不收割。越冬前浇透越冬水,在风沙较大地区需覆盖防沙网,防止风蚀暴露根系影响幼苗存活。从第二年开始,每年越冬前浇透越冬水,视风沙情况覆盖防沙网。次年开春时 4 月底揭开防沙网,每亩增施厩肥 1000 kg,与沙土翻拌,保证生长期底肥充足。生长季及时清除杂草,减少杂草竞争。

从第二年开始,6—9 月,每隔 15~25 d 收割一次,适度干扰,可促进分蘖。虽然沙葱耐瘠薄能力较强,但收割次数多,葱叶带走养分,导致生态系统养分匮缺,物质循环受阻,所以对养分的需要量大,必须保证肥力。每次收割后及时浇水,同时每亩增施尿素 10 kg。增施尿素时严格控制用量,并且在施肥后及时浇水,防止烧苗。

　　沙葱一般从 7 月中旬进入开花期。除留种田外,只要保证每隔 15~25 d 刈割一次,沙葱不会抽薹结籽,也不会影响产量和经济效益。选择生长健壮、簇大、茎叶粗壮的沙葱留种,每株可长出 2~3 支花穗,花葶达 15~20 cm 时开花结实,当花瓣及花柄发黄枯萎时,种子生理已成熟,此时连同花柄剪下,荫干后搓揉脱籽,去除杂质,置干燥阴凉处,储藏备用。

6.6　展　　望

　　鄂尔多斯生态站的发展目标是,将鄂尔多斯生态站建成在世界上有影响的,立足于我国半干旱森林 – 草原 – 荒漠交错带的,以温带草原地带沙地灌丛草地(灌草生态系统)为对象的,我国重要的长期生态学研究、监测、示范和人才培养基地。根据这一目标,鄂尔多斯生态站在未来的工作中将加强基础条件建设,改善实验、住宿条件,合理配置管理人员及技术人员,积极配合科研人员争取国家及地方科研项目。加强国际合作;提升环境的监测能力,及时增加监测指标及监测仪器,与世界水平同步;购置先进科研仪器,保证科研手段先进性;继续加强与地方协作,为地方生态环境建设和经济建设提供科研保障,使鄂尔多斯生态站成为面向干旱和半干旱区研究的优秀野外研究平台。

（1）监测工作

　　中国生态系统研究网络的基本战略是开展多学科、多层次的长期综合研究。而开展这种研究最重要的基础是在于对生态系统要素的长期观测、试验,以及对数据的收集、处理和积累。只有按照网络要求进行统一、规范的监测活动,开展各种层次的综合性研究,才能真正形成一个网络体系,真正体现网络的作用。具体将从以下几个方面开展监测工作:① 高质量完成 CERN 规定的台站监测任务。② 稳定监测队伍:长期保持 5~10 人的监测人员在站工作,对监测人员进行定期培训,提高监测人员的素质和能力,保证监测数据质量。③ 根据我站的实际需求,增加数据原位实时采集远传系统和矿业污染物采集系统;增加区域生态系统和社会经济要素等指标的长期监测。④ 加强野外观测仪器、设施的建设和更新,提高台站监测能力。

（2）科学研究

　　重点围绕沙地草地生态系统对全球变化的响应与适应、沙地草地沙化机制与生态重建、沙地草地重要物种的综合适应对策、鄂尔多斯高原灌木生物多样性保育、沙地生态系统与矿区修复等五个方面开展研究工作。建立长期生态学研究较大尺度样地,进行联网研究,覆盖鄂尔多斯高原各个生态系统,通过联网研究区域植被和植物性状变异规律,更加全面地认识干旱半干旱生态系统对环境梯度的适应和响应规律。

（3）示范及成果转化

　　主要在以下几方面开展示范工作:面向鄂尔多斯高原的"三圈"范式模型分析与模拟技术,物种时空配置技术,现代节水灌溉技术,生物质能灌木种植与加工技术,高产优质物种引进栽培技术,旱地径流园林技术。在"三圈"范式的总框架下充分整合荒漠化防治传统知识,与现代荒漠化防治技术进行有机集成,建立示范基地 100 hm^2,使鄂尔多斯生态站成为全国现代荒漠化防治技术示范基地。积极开展成果转化,打通科研成果与企业需求通道,在成果转化方面取得突破性进展。

（4）科普教育、公众服务和政策咨询

① 利用台站的科普教育基地的优势,面向全国不同年龄层次大中小学学生,利用夏令营科普活动、指导相关的沙地草地生态学研究等方式,开展沙地生态科学教育活动,加强他们对荒漠生态、沙地生态系统的认识,为青少年提供接触前沿科学研究的机会,扩展他们的科学视野,提高他们的科学素质和生态保护意识;② 定期面向当地群众和相关机构提供技术培训,提升他们与当地生态环境相关的监测、生产和保护方面的理论水平和技术能力;③ 针对当地面临的生态问题,为环境保护与生态治理提供政策咨询和建议。

参 考 文 献

陈玉福,董鸣.2002.毛乌素沙地群落动态中克隆和非克隆植物作用的比较.植物生态学报,26(3):377–380.

陈玉福,于飞海,张称意,等.2001.根茎禾草沙鞭的克隆生长与毛乌素沙地斑块动态中的作用.生态学报,21 (11):1745–1750.

董鸣.1996.资源异质性环境中的植物克隆生长:觅食行为.植物学报,38(10):828–835.

叶学华,董鸣.2011.毛乌素沙地克隆植物对风蚀坑的修复.生态学报,31(19):5505–5511.

叶学华,梁士楚.2004.中国北方农牧交错带优化生态 – 生产范式.生态学报,24(12):2878–2886.

赵友.2001.风蚀坑对草原的破坏及治理.内蒙古草业,1:56.

Adair E C, Parton W J, King J Y, et al. 2017. Accounting for photodegradation dramatically improves prediction of carbon losses in dryland systems. Ecosphere, 8: e01892.

Aerts R, Chapin F S. 2000. The mineral nutrition of wild plants revisited: A re-evaluation of processes and patterns. Advances in Ecological Research, 30: 1–67.

Austin A T. 2011. Has water limited our imagination for aridland biogeochemistry? Trends in Ecology & Evolution, 26: 229–235.

Austin A T, Vivanco L. 2006. Plant litter decomposition in a semi-arid ecosystem controlled by photodegradation. Nature, 442: 555.

Austin A T, Vivanco L. 2006. Plant litter decomposition in a semi-arid ecosystem controlled by photodegradation. Nature, 442: 555–558.

Bradford M A, Veen G C, Bonis A, et al. 2017. A test of the hierarchical model of litter decomposition. Nature Ecology & Evolution, 1: 1836.

Brandt L A, King J Y, Hobbie S E, et al. 2010. The role of photodegradation in surface litter decomposition across a grassland ecosystem precipitation gradient. Ecosystems, 13: 765–781.

Cao D, Baskin C C, Baskin J M, et al. 2012. Comparison of germination and seed bank dynamics of dimorphic seeds of the cold desert halophyte *Suaeda corniculata* subsp. *mongolica*. Annals of Botany, 110: 1545–1558.

Cao D, Baskin C C, Baskin J M, et al. 2014. Dormancy cycling and persistence of seeds in soil of a cold desert halophyte shrub. Annals of Botany, 113: 171–179.

Chapin III F S, Autumn K, Pugnaire F. 1993. Evolution of suites of traits in response to environmental stress. The American Naturalist, 142: S78–S92

Chen L D, Gong J, Fu BJ, et al. 2007. Effect of land-use conversion on soil organic carbin sequestration in the loess hilly area, loess plateau of China. Ecological Research, 22: 641–648.

Chen Y F, Yu F H, Zhang C Y. 2001. Role of clonal growth of the rehizomatous grass *Psammochloa villosa* in patch dynamics of Mu Us sandy land. Acta Ecologica Sinica, 21 (11): 1745–1750.

Chu Y, He W M, Liu H D, et al. 2006. Phytomass and plant functional diversity in early restoration of the degraded, semi–arid grasslands in Northern China. Journal of Arid Environments, 67: 678–687.

Conant R T, Paustian K, Elliott E T. 2001. Grassland management and conversion into grassland: effects on soil carbon. Ecological Application, 11: 343–355.

Cook R E.1983. Clonal plant populations. Amerrican Scientist, 71: 244–253.

Coûteaux M M, Bottner P, Berg B. 1995. Litter decomposition, climate and liter quality. Trends in Ecology & Evolution, 10: 63–66.

Cuevas E, Medina E. 1988. Nutrient dynamics within Amazonian forests: 2. Fine root growth, nutrient availability and leaf litter decomposition. Oecologia, 76: 222–235.

Day T A, Zhang E T, Ruhland C T. 2007. Exposure to solar UV–B radiation accelerates mass and lignin loss of Larrea tridentata litter in the Sonoran Desert. Plant Ecology, 193: 185–194.

de Kroon H, van Groenendael J. 1997. The Ecology and Evolution of Clonal Plants. Leiden, The Netherlands: Backhuys Publishers.

Denward C M T, Tranvik L J. 1998. Effects of solar radiation on aquatic macrophyte litter decomposition. Oikos, 82: 51–58.

Dirks I, Navon Y, Kanas D, et al. 2010. Atmospheric water vapor as driver of litter decomposition in Mediterranean shrubland and grassland during rainless seasons. Global Change Biology, 16: 2799–2812.

Dong M, Alaten B. 1999. Clonal plasticity in response to rhizome severing and heterogeneous resource supply in the rhizomatous grass *Psammochloa villosa* in an Inner Mongolian dune, China. Plant Ecology, 141: 53–58.

Elith J, Leathwick J R. 2009. Species distribution models: Ecological explanation and prediction across space and time. Annual Review of Ecology, Evolution and Systematics, 40: 677–697.

Elser J, Fagan W, Kerkhoff A, et al. 2010. Biological stoichiometry of plant production: Metabolism, scaling and ecological response to global change. New Phytologist, 186: 593–608.

Elser J J, Urabe J. 1999. The stoichiometry of consumer-driven nutrient recycling: Theory, observations, and consequences. Ecology, 80: 735–751.

Foereid B, Bellarby J, Meier-Augenstein W, et al. 2010. Does light exposure make plant litter more degradable ? Plant and Soil, 333: 275–285.

Freschet G T, Aerts R, Cornelissen J H. 2012. A plant economics spectrum of litter decomposability. Functional Ecology, 26: 56–65.

Freschet G T, Cornelissen J H, van Logtestijn R S, et al. 2010. Substantial nutrient resorption from leaves, stems and roots in a subarctic flora: What is the link with other resource economics traits ? New Phytologist, 186: 879–889.

Gallo M E, Porras-Alfaro A, Odenbach K J, et al. 2009. Photoacceleration of plant litter decomposition in an arid environment. Soil Biology and Biochemistry, 41: 1433–1441.

Gao R, Yang X, Liu G, et al. 2015. Effects of rainfall pattern on the growth and fecundity of a dominant dune annual in a semi-arid ecosystem. Plant and Soil, 389: 335–347.

Gao R, Yang X, Yang F, et al. 2014. Aerial and soil seed banks enable populations of an annual species to cope with an unpredictable dune ecosystem. Annals of Botany, 114: 279–287.

Grime J P. 1997. Biodiversity and ecosystem function: The debate deepens. Science, 277: 1260–1261.

Guo J, Wang T, Xue X, et al. 2010. Monitoring aeolian desertification process in Hulunbir grassland during 1975–2006, Northern China. Environmental Monitoring and Assessment, 166: 563–571.

Güsewell S. 2004. N : P ratios in terrestrial plants: Variation and functional significance. New Phytologist, 164: 243–266.

Hao Z, Kuang Y, Kang M. 2015. Untangling the influence of phylogeny, soil and climate on leaf element concentrations in a biodiversity hotspot. Functional Ecology, 29: 165–176.

He J S, Wang L, Flynn D F, et al. 2008. Leaf nitrogen: Phosphorus stoichiometry across Chinese grassland biomes. Oecologia, 155: 301–310.

Hoch G. 2007. Cell wall hemicelluloses as mobile carbon stores in non-reproductive plant tissues. Functional Ecology, 21: 823–834.

IPCC. 2013. Summary for policymakers of climate change 2013: The physical science basis. Contribution of Working Group I to the Fifth Assessment Report of the Intergovernmental Panel on Climate Change. Cambridge University Press, Cambridge.

Jungerius P D, van der Meulen F. 1989. The development of dune blowouts, as measured with erosion pins and sequential air photos. Catena, 16: 369–376.

Kent M, Owen N W, Dale M P. 2005. Photosynthetic responses of plant communities to sand burial on the machair dune systems of the Outer Hebrides, Scotland. Annals of Botany, 95(5): 869–877.

Kong X B, Dao T H, Qin J, et al. 2009. Effects of soil texture and land-use interactions on organic carbon in soils in North China cities' urban fringe. Geoderma, 154: 86–92.

Laughlin D C, Fule P Z, Huffman D W, et al. 2011. Climatic constraints on trait-based forest assembly. Journal of Ecology, 99: 1489–1499.

Laughlin D C, Joshi C, Bodegom P M, et al. 2012. A predictive model of community assembly that incorporates intraspecific trait variation. Ecology Letters, 15: 1291–1299.

Lee H, Fitzgerald J, Hewins D B, et al. 2014. Soil moisture and soil-litter mixing effects on surface litter decomposition: A controlled environment assessment. Soil Biology and Biochemistry, 72: 123–132.

Li F R, Zhang H, Zhang T H, et al. 2003. Variations of sand transportation rates in sandy grasslands along a desertification gradient in Northern China. Catena, 53: 255–272.

Li S L, Yu F H, Werger M J A, et al. 2011. Habitat-specific demography across dune fixation stages in a semi-arid sandland: Understanding the expansion, stabilization and decline of a dominant shrub. Journal of Ecology, 99: 610–620.

Liu G F, Cornwell W K, Cao K, et al. 2015. Termites amplify the effects of wood traits on decomposition rates among multiple bamboo and dicot woody species. Journal of Ecology, 103: 1214–1223.

Liu G F, Cornwell W K, Pan X, et al. 2015. Decomposition of 51 semidesert species from wide-ranging phylogeny is faster in standing and sand-buried than in surface leaf litters: Implications for carbon and nutrient dynamics. Plant and Soil, 396: 1–13.

Liu G F, Freschet G T, Pan X, et al. 2010. Coordinated variation in leaf and root traits across multiple spatial scales in Chinese semi-arid and arid ecosystems. New Phytologist, 188: 543–553.

Liu G F, Wang L, Jiang L, et al. 2018. Specific leaf area predicts dryland litter decomposition via two mechanisms. Journal of Ecology, 106: 218–229.

Maun M A. 1994. Adaptations enhancing survival and establishment of seedlings on coastal dune systems. Vegetation, 111: 59–70.

McGill B J, Enquist B J, Weiher E, et al. 2006. Rebuilding community ecology from functional traits. Trends in Ecology & Evolution, 21: 178–185.

MEA (Millennium Ecosystem Assessment). 2005. Ecosystems and Human Wellbeing: Desertification Synthesis. Washington: Island Press.

Meentemeyer V. 1978. Macroclimate and lignin control of litter decomposition rates. Ecology, 59: 465–472.

Ni J. 2003. Plant functional types and climate along a precipitation gradient in temperate grasslands, north–east China and south–east Mongolia. Journal of Arid Environments, 53: 501–516.

Noy-Meir I. 1973. Desert ecosystems: Environment and producers. Annual Review of Ecology and Systematics, 4: 25–51.

Pan X, Song Y B, Liu G F, et al. 2015. Functional traits drive the contribution of solar radiation to leaf litter decomposition among multiple arid-zone species. Scientific Reports, 5: 13217.

Parton W, Silver W L, Burke I C, et al. 2007. Global-scale similarities in nitrogen release patterns during long–term decomposition. Science, 315: 361–364.

Qiao J, Zhao W, Xie X, et al. 2012. Variation in plant diversity and dominance across dune fixation stages in the Chinese steppe zone. Journal of Plant Ecology, 5: 313–319.

Reich P B, Oleksyn J. 2004. Global patterns of plant leaf N and P in relation to temperature and latitude. Proceedings of the National Academy of Sciences of the United States of America, 101 (30): 11001–11006.

Reich P B, Wright I J, Cavender-Bares J, et al. 2003. The evolution of plant functional variation: Traits, spectra, and strategies. International Journal of Plant Science, 164: 143–164.

Roem W, Berendse F. 2000. Soil acidity and nutrient supply ratio as possible factors determining changes in plant species diversity in grassland and heathland communities. Biological Conservation, 92: 151–161.

Rutledge S, Campbell D I, Baldocchi D, et al. 2010. Photodegradation leads to increased carbon dioxide losses from terrestrial organic matter. Global Change Biology, 16: 3065–3074.

Smeekens S, Ma J, Hanson J, et al. 2010. Sugar signals and molecular networks controlling plant growth. Current Opinion in Plant Biology, 13: 273–278.

Smith W K, Gao W, Steltzer H, et al. 2010. Moisture availability influences the effect of ultraviolet–B radiation on leaf litter decomposition. Global Change Biology, 16: 484–495.

Sui Y, He W, Pan X, et al. 2011. Partial mechanical stimulation facilitates the growth of the rhizomatous plant Leymus secalinus: Modulation by clonal integration. Annals of Botany, 107: 693–697.

Uehara G. 1995. Management of isoelectric soils of the humid tropics. In: Lal R, Kimble J, Levine E, Stewart B A. (Eds.), Soil Management and the Greenhouse Effect, Advances in Soil Science. Boca Raton: CRC Press. 247–278.

van Groenendael J M, de Kroon H. 1990. Clonal Growth in Plants: Regulation and Function. The Hague: SPB Academic Publishing.

Van Vuuren M M I, Berendse F, Devisser W. 1993. Species and site differences in the decomposition of litters and roots from wet heathlands. Canadian Journal of Botany, 71: 167–173.

Vitousek P M, Turner D R, Parton W J, et al. 1994. Litter decomposition on the Mauna Loa environmental matrix, Hawai'i: Patterns, mechanisms, and models. Ecology, 75: 418–429.

Wang L, Baskin J M, Baskin C C, et al. 2012. Seed dimorphism, nutrients and salinity differentially affect seed traits of the desert halophyte *Suaeda aralocaspica* via multiple maternal effects. BMC Plant Biology, 12: 170.

Wang Y, Guo Y. 1993. Establishment of artificial grasslands on the degraded Stipa steppe in the Alihe Area, high latitude zone of China. Japanese Journal of Grassland Science, 39: 343–348.

Westerman J M, Lawrence M. 1970. Genotype-environment interaction and developmental regulation in *Arabidopsis thaliana* I. Inbred lines. description. Heredity, 25: 609.

Withington J M, Reich P B, Oleksyn J, et al. 2006. Comparisons of structure and life span in roots and leaves among temperate trees. Ecological Monographs, 76: 381–397.

Wright I J, Reich P B, Westoby M, et al. 2004. The worldwide leaf economics spectrum. Nature, 428: 821–827.

Xu L, Huber H, During H J, et al. 2013. Intraspecific variation of a desert shrub species in phenotypic plasticity in response to sand burial. New Phytologist, 199: 991–1000.

Yang F, Baskin J M, Baskin C C, et al. 2015. Effects of germination time on seed morph ratio in a seed-dimorphic species and possible ecological significance. Annals of Botany, 115: 137–145.

Yang F, Baskin J M, Baskin C C, et al. 2017. Divergence in life history traits between two populations of a seed-dimorphic halophyte in response to soil salinity. Frontiers in Plant Science, 8: 1028.

Yang F, Yang X, Baskin J M, et al. 2015. Transgenerational plasticity provides ecological diversity for a seed heteromorphic species in response to environmental heterogeneity. Perspectives in Plant Ecology, Evolution and Systematics, 17: 201–208.

Yang X J, Dong M, Huang Z Y. 2010. Role of mucilage in the germination of *Artemisia sphaerocephala* (Asteraceae) achenes exposed to osmotic stress and salinity. Plant Physiology and Biochemistry, 48: 131–135.

Yang X J, Huang Z Y, Venable D L, et al. 2016. Linking performance trait stability with species distribution: The case of *Artemisia* and its close relatives in northern China. Journal of Vegetation Science, 27: 123–132.

Yang X J, Huang Z Y, Zhang K L, et al. 2015a. C : N : P stoichiometry of *Artemisia* species and close relatives across northern China: Unravelling effects of climate, soil and taxonomy. Journal of Ecology, 103: 1020–1031.

Yang X J, Huang Z Y, Zhang K L, et al. 2015b. Geographic pattern and effects of climate and taxonomy on nonstructural carbohydrates of *Artemisia* species and their close relatives across Northern China. Biogeochemistry, 125: 337–348.

Yang X J, Huang Z Y, Zhang K L, et al. 2017. Taxonomic effect on plant base concentrations and stoichiometry at the tips of the phylogeny prevails over environmental effect along a large scale gradient. Oikos, 126: 1241–1249.

Yang X J, Zhang W, Dong M, et al. 2011. The achene mucilage hydrated in desert dew assists seed cells in maintaining DNA integrity: Adaptive strategy of desert plant *Artemisia sphaerocephala*. PLoS ONE, 6: e24346.

Ye X H, Gao S Q, Cui Q G, et al. 2017. Differential plant species responses to interactions of sand burial, precipitation enhancement and climatic variation promote co-existence in Chinese steppe vegetation. Journal of Vegetation Science, 28: 139–148.

Ye X H, Pan X, Cornwell W K, et al. 2015. Divergence of above and belowground C and N pool within predominant plant species along two precipitation gradients in North China. Biogeosciences, 12: 457–465.

Yu F H, Dong M, Krusi B. 2004. Clonal integration helps *Psammochloa villosa* survive sand burial in an inland dune. New Phytologist, 162(3): 697–704.

Yu F H, Wang N, He W M, et al. 2008. Adaptation of rhizome connections in drylands: Increasing tolerance of clones to wind erosion. Annals of Botany, 102(4): 571–577.

Zepp R G, Erickson D J, Paul N D, et al. 2007. Interactive effects of solar UV radiation and climate change on biogeochemical cycling. Photochemical & Photobiological Sciences, 6: 286–300.

Zhang X S. 1994. Principles and optimal models for development of Maowusu sandy grassland. Acta Phytoecologica Sinica, 18(1): 1–16.

Zhu Y, Yang X, Baskin C C, et al. 2014. Effects of amount and frequency of precipitation and sand burial on seed germination, seedling emergence and survival of the dune grass *Leymus secalinus* in semiarid China. Plant and Soil, 374: 399–409.

第7章 腾格里沙漠–阿拉善荒漠生态系统过程与变化[*]

在20世纪50年代,为了保证包兰铁路在沙漠地区顺利通行,中国科学院等有关部委于1955年组建了沙坡头沙漠研究试验站(以下简称沙坡头站),开始了植物固沙研究,至今已有60多年的历史。自建站以来,沙坡头站面向我国防沙治沙、西部生态环境建设、植被重建及生态恢复等国家重大需求及生态水文学、恢复生态学、植物逆境生理和分子生物学等学科前沿,开展了长期的定位监测、试验研究及科普示范,取得了包括国家科技进步奖特等奖在内的一系列重要成果,为我国沙区生态环境建设提供了重要的理论与技术支撑。

7.1 沙坡头站概况

沙坡头站始建于1955年,是中国科学院最早建立的野外长期综合观测研究站,位于阿拉善高原—腾格里沙漠东南缘的宁夏回族自治区中卫市的沙坡头地区(37°32′N,105°02′E,海拔1330 m)。

7.1.1 台站区位

沙坡头地区属于草原化荒漠和干草原过渡带,地貌景观类型以高大密集分布的格状沙丘为主。土壤类型包括灰棕钙土、灰钙土、草甸土、沼泽土、耕作土及风沙土等。该区年均温10.0℃,低温极值−25.1℃,高温极值38.1℃,全年日照时数3264 h,年均降水量186.2 mm(1956—2012年),年潜在蒸发量3000 mm,年均风速2.9 m·s^{-1},年均沙暴天数59 d。天然植被以荒漠草原和荒漠类型的灌丛为主。为了确保包兰铁路沙坡头沙漠地段的畅通无阻,中国科学院与有关部门于1956年开始建立"以固为主、固阻结合"的人工植被防护体系,并在1964年、1973年、1981年、1987年等多个年份进行了大规模扩建,形成了东西长16 km、南北宽1000 m的植物固沙带(图7.1)。

从气候分异特点来看,沙坡头地区是干旱区和半干旱区的过渡区;从自然景观特征来看,该地区以东以干草原为主,以西以荒漠为主;从农业生产方式来看,以东是灌溉农业,以西则逐渐出现旱作雨养型农业,该区是宁夏银川平原黄河灌区的开端,灌溉农业始于汉代;从沙尘物质的风沙运动特点来看,该区正处于蚀积过渡带;从固沙措施来看,是无灌溉生物固沙的临界区,以西需灌溉造林,以东则可采用无灌溉的生物固沙措施。此外,沙坡头地区位于东部季风尾闾区,在自然地理、生态水文过程以及全球变化的研究中具有特殊的地位和重要的科学意义。

---

* 本章作者为中国科学院西北生态环境资源研究院沙坡头沙漠研究试验站李新荣、张志山、刘玉冰、贾荣亮。

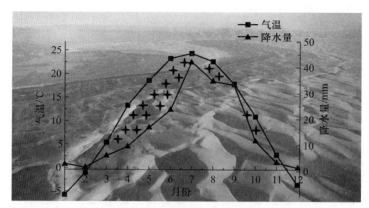

图 7.1　包兰铁路沙坡头段人工固沙植被防护体系和沙坡头生态气候图（参见书末彩插）

7.1.2　台站的历史发展沿革

沙坡头站始建于 1955 年，现隶属于中国科学院西北生态环境资源研究院。1990 年被正式批准为中国科学院开放研究站，1992 年成为中国生态系统研究网络（CERN）站，2000 年被科技部遴选确定为首批国家野外生态系统观测研究试点站，2006 年正式成为国家野外科学观测研究站。2006 年至今为中国科技协会"全国科普教育基地"，2007 年成为国家林业局沙尘暴预警监测网络台站，2010 年成为环保部"国家环保科普基地"，2013 年成为中国通量观测研究网络（ChinaFLUX）的观测站点。

沙坡头站也是国际科学联合会世界实验室"干旱与沙漠化"研究中心、联合国教科文组织和"人与生物圈"的研究点、全球陆地观测系统和第三世界科学网络组织观测数据库成员、联合国环境署国际沙漠化治理研究培训中心的培训基地和联合国开发计划署"增强中国执行联合国防治荒漠化公约能力建设项目"的技术试验示范基地。

7.1.3　学科定位和研究方向

沙坡头站立足于荒漠 / 沙漠生态过程、受损生态系统的恢复重建及干旱区生态水文学应用基础研究，注重沙区生态工程技术研发和示范，坚持长期定位观测及基础数据积累，为荒漠 / 沙漠系统持续健康、荒漠化防治提供研究平台和适应管理对策。目前的主要研究方向如下：① 干旱沙区水量平衡与生态水文学；② 荒漠植被动态与恢复生态学；③ 生物土壤结皮与土壤生态学；④ 植物胁迫生理生态学；⑤ 植物迁地保护、生物多样性与保护生物学；⑥ 沙害综合治理与生态工程建设。

7.1.4　基础设施

沙坡头站站区位于包兰铁路两侧，占地 2 km²，以铁路为界，路北和路南各约 1 km²。生活区占地 11800 m²，位于路南的黄河边，建有科技成果展厅、各类实验室、样品室、标本馆等 1000 m² 以上，有各类仪器 300 多台（套）；建有宿舍楼、专家公寓、学术厅、会议室等 5000 m² 以上；建有食堂、活动室、车库等 400 m²。

路南试验区包括植物迁地保育基地、农田生态系统综合观测场、水量平衡综合观测场、养分循环池、蒸渗池等,观测场内布设各类观测设备;建有全自动日光温室、野外风蚀风洞、世界实验室、大型称重式蒸渗仪等;目前正在建设以 36 台大型称重式蒸渗仪为主的中国北方沙区水量平衡自动模拟监测系统。路北试验区为我站的荒漠生态系统综合观测场,是自 1956 年以来逐年建立的人工植被固沙区,有国家标准气象站及各类观测设施(图 7.2)。

图 7.2 (a)沙坡头站的荒漠生态系统综合观测场;(b)小红山荒漠生态系统通量观测场;
(c)水量平衡综合观测场;(d)建设中的大型称重式蒸渗仪群

从沙坡头到甘肃省景泰县沿沙漠到干草原梯度,每隔约 10 km 建有长期定位观测场,每个观测场占地 1 km²,布设各类观测设施。另外,在阿拉善高原布设 50 余个不定期调查样地,建有 1 km² 长期定位观测场 2 个(图 7.2)。

7.1.5　成果简介

沙坡头站 60 多年的主要科学贡献有:解决了铁路部门和科学界关注的科学问题——无灌溉条件下植物固沙的可行性程度、适宜的固沙植物种的选择及其合理配置等问题,提出了"以固为主""固阻结合"的沙漠铁路防护体系建设的理论与模式;研发了降水量小于 200 mm 的干旱沙漠地区植被建设的关键技术,论证了生态恢复的机理;理论上分析了植被稳定性维持的生态学机理,提出了荒漠化逆转的理论范式;提出了流沙固定过程中植被 – 土壤系统的演替模型;揭示了干旱沙漠地区土壤水循环的植被调控机理,解决了固沙植被建设中的水量平衡问题;阐明了生物土壤结皮的形成演变机理及生态水文功能,研发了人工结皮固沙新模式;揭示了极端环境下植物抗逆的分子生物学机制及生态适应对策。

以上成果先后获得国家科学技术进步奖特等奖(1988 年)、中国科学院科技进步奖一等奖(1987 年)、国家科学技术进步奖二等奖(2009 年)及多项省部级一等奖,并获 UNEP "全球环境500 佳"(1988 年)、德国李比希奖(1989 年)、UNDP 荒漠化防治最佳实践奖(1998 年和 2002年)。沙坡头站多次被国家、中国科学院和研究所授予集体荣誉称号。2001—2015 年连续三届被评为 CERN 优秀站,2002 年被全国绿化委员会、人事部和国家林业局评为 "全国防沙治沙先进集体",2009 年获得 "第四届中国科学院创新文化建设先进团队"。

沙坡头站目前承担的项目共计 39 项,包括国家重点基础研究发展计划项目(973 计划)1项,国家重点研发计划项目 1 项,国家自然科学基金创新研究群体项目 1 项、重点项目 2 项、面上项目 18 项,中国科学院野外站网络重点科技基础设施建设项目 1 项。

7.2　植物对环境胁迫的生理生态响应与适应

植物为了适应极限环境条件,在分子、细胞、器官、个体、种群及群落各个层级都有不同程度的响应,并且在不同水平上相互协调共同完成。本节主要介绍干旱区荒漠植物响应环境胁迫的基因调控分子生物学机理、器官水平超微结构的适应特征、个体水平光合、水分与物质代谢的调控以及种群和群落水平植物生长动态及其对养分的响应调节,综合分析植物在不同尺度上对环境胁迫的适应机理,为干旱半干旱区植被恢复提供理论依据。

7.2.1　植物逆境适应的分子机理

(1)叶片角质层保水功能研究

通过克隆野生大麦角质层基因(Eibi1)并研究其抗旱机理,发现该基因与叶片角质层保水功能密切相关(Chen et al., 2011)。该基因编码 ABCG 全转运子,把角质成分从细胞内运转到叶片表面形成功能性角质层。此项研究首次在单子叶植物中发现了与角质运转相关的 ABCG 全转运子的基因,此前仅在拟南芥中发现 2 个与角质运转有关的 ABC 半转运子 ABCG11/ABCG12。Eibi1 基因编码 ABC 转运蛋白 G 亚家族的一个全转运子 HvABCG31,DNA 序列全长 11693 bp,位于大麦染色体 3H 上,其表达主要出现在苗期伸长区的幼叶组织中。Eibi1 基因功能的缺失会导致叶片表皮细胞中脂质成分的大量积累,叶片表面角质层变薄,角质含量减少,同时角质层结构不完整,叶片失水快,保水抗旱能力差。该项研究对单子叶植物的抗旱及角质层合成等相关研究有重要意义。Eibi1 同源序列存在于单子叶植物水稻、双子叶植物拟南芥、蕨类植物卷柏、苔藓及藻类中,显示出 Eibi1 在陆生植物进化中的重大意义。此外,Li 等(2013)发现大麦角质突变体 *cer-zv*、*cer-b* 和 *cer-zv* 突变基因与叶片的保水相关,该基因已被遗传定位到大麦 4H 染色体。*cer-b* 突变体叶鞘蜡质晶体的形态和含量均发生变化,其叶鞘缺失 14, 16–C31 双酮。*cer-b* 突变基因定位在大麦 3H 染色体上,调控大麦叶鞘内的双酮合成。该研究为后期单子叶植物叶鞘蜡质合成及转运相关基因功能的研究提供了依据（Zhou et al., 2017）。

（2）荒漠植物抗逆的基因调控机制研究

转录组学的研究发现，沙米转录组中有大量耐热基因，包括丰富的热激蛋白，高温胁迫能够诱导这些基因的快速高度表达，使得沙米相比其他作物能够从高温胁迫中恢复生长。沙米的转录组基因功能分析和耐热性实验证实了沙米具有很强的抗高温特性。另外，以现有的基因组学和转录组学数据分析发现沙米与甜菜的亲缘关系最近，且与甜菜响应盐胁迫的基因相似度很高，表明沙米具有很好的耐盐性。在沙米中发现了很多耐盐基因，这些基因按功能分主要有分子伴侣、LEA 蛋白、保护酶、糖转运子、离子通道以及与转录和蛋白质合成有关的基因，且一些组成型高度表达的基因都与环境胁迫相关。沙米转录组学的研究揭示了其适应环境因子的响应基因和调控机制，也为沙米的驯化打下了基础（Zhao et al., 2014）。红砂转录组学数据发现，红砂中存在与三种抗旱适应机制（逃旱、避旱和耐旱）相关的大量基因，包括 ABA 依赖型和 ABA 非依赖型，表明红砂具有很好的耐旱适应策略。同时还发现丰富的次生代谢黄酮类合成代谢途径的关键酶基因和 C_4 光合代谢途径的核心酶基因都为组成型表达，表明红砂在适应生境过程中次生代谢途径参与了重要调控，还有除 C_3 光合代谢途径之外的其他代谢途径参与（Shi et al., 2013）。

沙米群体间遗传变异以及高温应答相关基因变异分析表明，沙坡头和奈曼两个区域代表性群体间的 24712 个基因上存在 105868 个遗传变异。根据不同变异式样分类，发现在大部分基因上，单核苷酸多态性频率较低，平均为 0.3%。功能注解发现，一些特异基因的变异和沙米适应不同生境相关联，如在奈曼群体中，DNA 重组相关的基因具有更多的变异。通过双向比对筛选沙米和拟南芥之间的直系同源基因，并从中筛选高温耐受（热激因子 HSF 和热激蛋白 HSP）基因，发现大部分基因在群体间存在遗传变异，这为我们从自然群体中筛选驯化相关的优异等位基因提供了数据支持。同时，基于前期 ITS 与叶绿体基因变异的谱系地理分析结果以及年降水量和年均温，在我国从东到西选取了 10 个代表性群体，基本涵盖了沙米的起源中心以及主要地理种群。目前已经完成高温应答相关基因 *HsfA1d* 的群体变异分析工作，结果表明，沙米自然群体间的变异主要发生在东部群体和其他九个群体之间（Zhao et al., 2017）。

红砂数字基因表达谱分析发现，干旱胁迫下红砂差异表达基因的功能主要分为四大类。第一类为参与光合作用过程的重要蛋白，如光合系统 I 或 II 蛋白，叶绿素 a/b 结合蛋白，光捕获蛋白，放氧增强蛋白及 ATP 合成酶等，其转录水平显著下调；第二类为参与信号转导的调控子，包括蛋白激酶和转录因子；第三类为提高植物干旱耐受性的功能基因，如类黄酮生物合成途径基因、LEA 蛋白和热休克蛋白、水通道蛋白和脯氨酸转运子、脂质转移蛋白等；第四类为被其他胁迫因子所诱导的基因，表明红砂对不同胁迫的响应途径之间存在着交联。红砂在干旱胁迫下，光合作用受到显著抑制，但体内保护系统被激活，胁迫信号通过有效传递，激活功能蛋白的保护功能，从而维持细胞的稳态（Liu et al., 2014）。红砂响应 UV-B 辐射差异表达基因分析表明，与光合作用和叶绿体定位相关的蛋白质表达量下降，说明增强的 UV-B 辐射对植物的光合能力具有较大的破坏作用。通过差异表达基因分析得出红砂在分子水平上对这类破坏做出的响应措施为：通过向光色素和 GTP 结合蛋白质的调控，逃避 UV-B 辐射的伤害，同时脂类转移蛋白质与黄酮类物质参与 UV-B 辐射下对植物的保护（Liu et al., 2015）。红砂响应胁迫的不同代谢途径中，促分裂原活化蛋白（MAP）激酶级联信号途径和黄酮类合成代谢途径都参与了响应非生物胁迫的调控。MAP 激酶基因和黄酮合成代谢途径的关键酶基因基本都为组成型表达,且能被不同的非生物胁迫诱导。MAP 激酶在对非生物胁迫调控过程中直接参与了抗氧化系统活性的调控,C1 亚组 MAP 激酶基因 RsMPK2 的研究表明其主要功能是作为信号传导物质在转录和翻译水平对非生物胁迫做出响应,提高植物对不同胁迫的抗性。黄酮类合成代谢途径关键酶 RsF3H 基因在干旱和 UV-B 辐射胁迫下增强转录水平的表达,参与基因水平对非生物胁迫的响应(Liu et al., 2013)。

7.2.2　植物逆境适应的生理机制

(1)荒漠植物生理代谢适应特征

通过对荒漠植物生理响应的研究来探讨其耐盐机制,发现红砂具备有效清除体内超氧化物自由基的物质基础,可提高其抗盐性,有利于适应盐渍化环境。红砂与珍珠猪毛菜共生条件下,珍珠猪毛菜具有"吸钾排钠"的耐盐特征,红砂具备"吸钠排钾"的特征,二者吸收利用无机矿质离子具备互补效应。因此,红砂与珍珠猪毛菜共生具有互补互利的离子稳态机制(赵昕等,2014)。此外,对胡杨 Na^+/H^+ 逆向转运蛋白基因、钾离子通道蛋白 KT1、KT2 和外向型钾离子通道蛋白基因的克隆、蛋白表达、基因功能的分析,从分子水平确立了胡杨的抗盐机制,并将 Na^+/H^+ 逆向转运蛋白基因转入白杨、拟南芥等中生植物中,使其获得耐盐性,在盐渍土壤能够正常生长(Wu et al., 2007)。

荒漠植物光合代谢途径研究中,CAM 植物较少,C_3 植物和 C_4 植物特别是 C_4 木本植物占有重要地位和作用,对其研究主要集中于 C_3 和 C_4 植物的光合适应特征。干旱环境下 C_3 和 C_4 植物的光合速率、蒸腾速率都下降,但水分利用效率提高,C_4 植物较 C_3 植物来说,能保持较高的叶片水势,维持更高的光合能力和水分利用效率,显示出更强大的光合代谢调控能力和适应水平。很明显,光合速率下降而水分利用效率提高能够使植物适应干旱环境的能力提高。C_3 和 C_4 植物的光合作用抑制都有不同程度的气孔和非气孔限制调控,依赖于叶黄素循环的热能耗散机制也发挥了重要的作用。同时,有些 C_3 植物在干旱胁迫下能够诱导类似 C_4 植物的代谢途径,如红砂干旱胁迫下引起 PEPC 羧化酶活性可增加 5 倍左右,这意味着红砂的光合途径存在明显的可塑性,有类似 C_4 途径的光合代谢过程参与,这一点与利用转录组学在基因水平的研究一致(Liu et al., 2007)。植物抗风沙流的损伤则有所不同,风沙作用下光合速率和水分利用效率都下降,但蒸腾速率提高。

水分代谢过程中,植物叶片水势是植物响应水分胁迫的最重要的敏感参数,叶片水势反映了植物受水分胁迫的程度。不同的植物有不同的叶片水势,反映了其不同的调控机制。干旱季荒漠植物对水分的传输主要是通过增大根部导水率而形成较低的水势,同时通过木质部栓塞而阻断高强度的蒸腾,来应对干旱环境。荒漠植物的生理需水量随着干旱胁迫而减小,在总耗水量中,生理需水量约占 1/3,小于或者大于此值,植物就处于干旱胁迫状态(Zhang et al., 2008b)。

渗透调节物质代谢过程中,荒漠植物由于长期的适应,能够累积大量的渗透调节物质,一方面维持膨压,另一方面降低细胞内的渗透势,使植物细胞处于较低的渗透势而阻止水分的散失。通过对柠条、油蒿、沙拐枣、沙木蓼、花棒、红砂、珍珠猪毛菜、牛心朴子、沙冬青、梭梭、骆驼蓬、白刺、霸王等几十种植物的渗透调节物质响应干旱以及不同生长季的含量变化分析,发现不同的荒漠植物由于自身生理生化特征不同,体内主要的渗透调节物质不同,含量差异亦很大,但这些物质在水分匮缺时通过不同的代谢过程都能发挥相似的功能（刘扬等，2011；宋维民等，2008）。

抗氧化代谢途径响应中，不同环境胁迫下荒漠植物的抗氧化系统抗氧化能力提高，包括酶系统不同的酶类和非酶系统的次生代谢产物黄酮类。对于酶促抗氧化系统，通过对红砂、蒙古莸、芦苇、沙冬青、牛心朴子等十几种植物在干旱、UV–B辐射、盐胁迫等条件下的各类酶活性的分析，发现不同植物在不同胁迫过程中各类酶在不同程度上发挥了作用（周宜君，2001；刘玉冰等，2011）。对于非酶促抗氧化物质黄酮类，不同荒漠植物在胁迫过程中亦大量累积（Liu et al.，2013）。抗氧化活性酶及活性物质的增加有效地清除了植物体内由于环境胁迫产生的活性氧自由基，降低了对植物的伤害，加强了植物自身的保护功能。

（2）荒漠植物形态结构适应特征

荒漠植物叶片表皮微形态、叶肉结构和超微结构表现出丰富的多样性，这些多样性一方面与植物的遗传进化有关，另一方面与植物所赖以生存的环境有关。这些形态结构特征反过来又可以作为植物分类和适应环境的依据，决定了植物的生存能力（刘玉冰等，2016）。对于荒漠植物对环境的适应，从表皮微形态结构基本特征来看，以同化枝为主要光合器官的植物，同化枝表皮主要的附属物是角质膜蜡质层以及气孔器，基本没有表皮绒毛，如梭梭属、沙拐枣属、麻黄属的植物等。肉质棒状叶片表皮微形态结构与同化枝一样也不具有绒毛结构，如黑果枸杞、红砂属植物、霸王、盐爪爪、沙葱等。同化枝和棒状叶片表皮附属物蜡质层晶体形态各异，蜡质层厚度与植物的抗旱性密切相关。不同生活型植物中，草本的蜡质片层相对较少，多数灌木都具有较厚的角质膜蜡质层。表皮附属物绒毛结构在多数片状叶片中基本都可以见到，绒毛的形态结构多样化程度很高，基本结构分为有囊和无囊两类，形态各异。绒毛在表皮的分布密度从零星分布到完全覆盖的都有，多数密度较高。对于大多数荒漠植物而言，绒毛密度低，则蜡质层晶体密度高，绒毛和蜡质晶体相互协调覆盖叶片表皮。表皮绒毛和蜡质晶体覆盖少的植物，则气孔密度相对较高，气孔密度最高的荒漠植物叶片可以见到上表面无气孔器，如蒙古扁桃、杠柳等。灌木的气孔下陷较深，可以降低水分的气孔性散失，而草本的气孔基本不深陷。从沙生和荒漠植物叶片表皮的主要功能来看，植物叶叶表皮微形态结构的适应特征是表皮附属物（主要是绒毛和角质膜蜡质层）与表皮结构（凹凸、乳突和气孔器等）相互协调，共同抵御强光、降低叶片的蒸腾并吸收空气中的水汽来适应干旱和其他不利荒漠环境（图7.3）。

胡杨异型叶发育过程中叶表皮微形态和叶肉结构特征研究表明，与植物抗逆相关的表皮附属物蜡质晶体、绒毛以及叶肉内部的特殊细胞含晶细胞和黏液细胞的数量随着叶型的变化而增加，不同叶型抗逆能力的综合分析表明对逆境的最大适应能力表现在成熟的阔叶型，成熟叶片能够通过旱生型叶肉结构对干旱的适应、含晶细胞和黏液细胞对周围微环境中水分的调控以及叶片表皮附属物在干旱荒漠环境下降低蒸腾并增强光合能力的结合而达到对逆境的最强适应能力（Liu et al.，2015）。不同生境的沙枣叶片形态结构特征研究表明，叶片厚度、表皮细胞厚度、叶肉结构、表皮星状盾状毛覆盖程度以及叶绿体超微结构特征均表现出与环境因子密切相关，反映了其很强的适应沙生旱生环境的特点（Li et al.，2015）。

不同生境的芦苇叶片、根的形态和超微结构适应性特征研究表明：不同生境的芦苇表皮形态结构完全不同，产生了一系列适应环境的特征（Liu et al.，2012）。沙芦由于其生境的主要限制因子是水分，因而叶片表皮表现出厚的蜡质层结构，气孔不仅下陷而且密度最低，叶片中水分传输受限制，但根系中有发达的水分运输系统。这些特征是典型的旱生植物特征，减少地上部分的

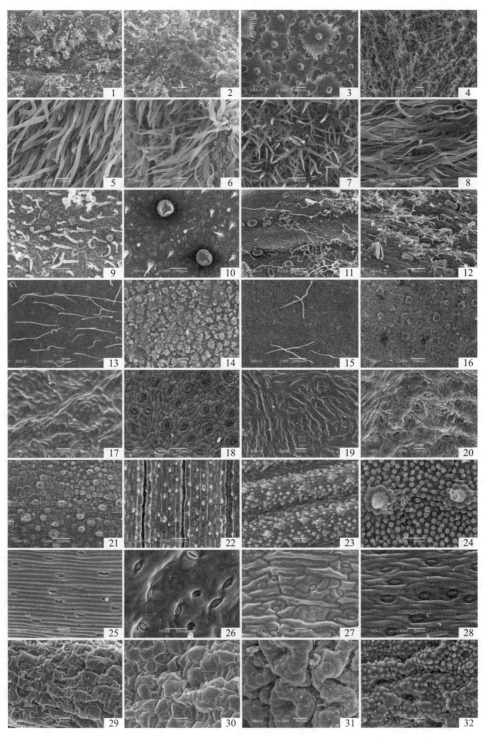

　　1—32 依次为：膜果麻黄、霸王、沙枣、刺疙瘩、唐古特白刺、珍珠猪毛菜、驼绒藜、薯状亚菊、蒙古莸、香青兰、白莲蒿、星毛短舌菊、旱柳上表皮、旱柳下表皮、黄柳上表皮、黄柳下表皮、蒙古扁桃上表皮、蒙古扁桃下表皮、杠柳上表皮、杠柳下表皮、合头草、芦苇、小獐毛、罗布麻、沙葱、牛心朴子、多裂骆驼蓬、乌丹蒿、梭梭、猪毛菜、红砂、怪柳。

图 7.3　荒漠植物叶片表皮微形态特征

水分蒸腾,发展地下部分的水分吸收功能。盐芦相对于沙芦来说,生境的主要胁迫因子是高浓度的盐分,水分并非其主要限制因子。虽然其叶片表皮特征有类似于沙芦的特征,如气孔密度相对于水芦也减少,表皮也具有蜡质结构,但其表皮具有盐腺结构。高浓度的盐生环境一方面造成了植物的生理干旱,使盐芦具有旱生植物的特性,另一方面植物还需要适应高浓度盐离子的破坏,则利用盐腺将盐分排出体外。根系的特征更加明显,主要为适应盐生环境的发达的通气组织和支撑组织(Liu et al., 2016)。

　　红砂光合器官叶片和茎在适应干旱胁迫过程中解剖结构既有相似又有不同的适应性变化。叶片和茎中都含有丰富的贮水组织,并随着干旱胁迫的加剧,贮水组织中充满了渗透物质并形成黏液泡。严重干旱造成了叶片叶肉结构不可恢复性的破坏,而茎中的韧皮部和木质部结构都保持完整。极度干旱引起了叶片叶绿体超微结构的极大破坏,包括外膜和膜片层结构。但茎中的叶肉细胞和叶绿体结构不受影响,仍然保持完整。这种保持茎中叶绿体结构的完整性能使植物在复水后快速恢复光合作用。红砂叶片和茎的表皮形态结构显示,表皮细胞突起呈疣状,气孔数量很低,但在极端干旱下仍有极少数的气孔开放。表皮细胞与气孔特征表明红砂既具有较高的保水能力又具有较低的蒸腾速率(Liu et al., 2007)。

　　种子微形态结构和生理功能与生态环境也存在着密切联系。骆驼蓬属种子微形态不仅在种间区别明显,性状稳定,成为分种的重要依据,而且与种子的萌发密切相关。种子表面纹饰,骆驼蒿呈细网状,骆驼蓬为蜂窝状网状,多裂骆驼蓬为不规则皱褶状,从形态学角度推测这种微形态有利于它们在干旱环境下吸收和保留水分,其保水能力应为皱褶状 > 蜂窝状网状 > 网状;种子萌发实验结果也证明,种子的萌发速度和发芽率均为多裂骆驼蓬 > 骆驼蓬 > 骆驼蒿。另外,沙生和荒漠植物种子微形态结构与种子的传播也有密切的关系。一些依靠风力传播的种子大多质量轻、体积小,有些还有附属结构,例如角蒿有翅、柽柳有种毛、霸王种子包在翅果内等,都显示了沙生/荒漠植物结构与功能的高度统一,同时也说明生态环境深刻地影响着植物形态结构的形成与变异(马骥等,2003)。

(3)隐花植物的抗逆适应特征

　　增强 UV-B 辐射抑制了隐花植物土生对齿藓的生理代谢及光系统相关蛋白活性,表现为叶绿素 a 荧光动力学参数、可溶性蛋白质以及光系统相关蛋白含量降低,丙二醛含量增加,细胞膜受损,光合作用受到抑制(Hui et al., 2014)。同样,增强 UV-B 辐射对真藓光合色素、抗氧化酶活性、MDA 含量及细胞超微结构均造成不同程度的伤害。其伤害程度随 UV-B 辐射强度的增加而增大。当去除 UV-B 辐射后,培养在可见光下的真藓生理特性及细胞超微结构均有所恢复,说明可见光可修复 UV-B 增强对真藓的损伤(Hui et al., 2013)。干旱胁迫下真藓和土生对齿藓生理指标变化与增强 UV-B 辐射相似,脯氨酸含量增大,可溶性糖和可溶性蛋白质含量显著降低。但在二者双重胁迫下,两种藓类植物抵御 UV-B 辐射的能力增强,通过调节紫外吸收物质和渗透调节物质的含量来减轻 UV-B 辐射造成的伤害。

　　真藓是恒叶绿素变水植物,干旱处理 1 周到 1 年时间,其叶状体保持完好无损状态,但体内细胞排列紊乱、细胞形态不规则、细胞壁收缩,细胞内叶绿体完整而类囊体膜降解,茎叶体内脂类和碳水化合物含量增加,蛋白质二级结构中 α 螺旋和 β 折叠数量增加(图7.4)。随着干旱处理时间的延长,类囊体蛋白复合体 PSI 单体、PSII 单体、PSII 超级复合体以及 LHCII 的数量逐渐减少,复水后光照条件下类囊体蛋白复合体迅速增加,光合活性快速恢复。蛋白质二级结构的变化是对长期干旱胁迫的一种适应,表明真藓具有长期失水后快速修复蛋白质构象和重新合成类囊体膜的能力(Li et al.,2014)。

(a)　　　　　　　　　　　　(b)　　　　　　　　　　　　(c)

图 7.4　真藓持续干旱处理条件下的形态变化:(a)干旱处理 2 h;(b)干旱处理 3 d;
(c)干旱处理 7 d(参见书末彩插)

7.2.3　植物对环境胁迫的生态适应对策

(1)荒漠植物种群干旱适应生态对策与响应

对于多年生的灌木来说,植物的繁殖特性对植被的稳定性起关键作用,也就是说只有能通过无性或有性繁殖实现种群更新的植被,才能长久稳定存在。沙坡头地区由于条件的限制,柠条不能通过有性和无性繁殖的方式维持种群大小,只能通过耐旱等策略延长个体寿命,而油蒿能够通过有性和无性繁殖的方式维持种群大小。油蒿地上当年生各器官在生长季中的增长并不是同等量的,而是按一定的顺序在不同时期有不同的物质增长分配中心(图 7.5)。油蒿的营养生长和生殖生长都与个体大小或年龄有关,固沙时间对油蒿的生长有一定的影响,随着沙面固定时间的延长油蒿的营养枝、生殖枝的数量有所减少,生长和繁殖能力下降。油蒿这种资源分配模式的动态变化是长期适应气温和水分的周期变化而形成的生长节律(冯丽等,2009)。

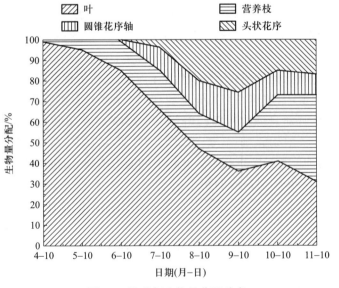

图 7.5　油蒿年生物量分配动态

沙米对流动沙丘的适应对策包括利用植冠种子库、地表种子库和地下种子库相结合,源源不断提供种子;种子连续萌发,确保有成熟植株;苗期侧枝优先生长,以保护主茎生长点;叶及苞片尖端呈刺状,以抵御食草动物;耐沙埋抗风蚀,以确保在流沙上生长;大量表达耐高温基因,以提高对夏季沙面高温的适应(李新荣等,2016)。

除了植物地上生长动态不同外,地下根系的生长动态也不同。油蒿和柠条从季节尺度来看,水环境季节变异引起根系分布和动态发生相应变化;从演替尺度来看,水环境的变异不利于深根系灌木的生长,逐渐被浅根系的半灌木和草本替代(Zhang et al.,2008a,2009)。油蒿和柠条根冠比一致,绝大部分的粗根分布在上层土壤,如柠条的粗根长主要分布在 0~60 cm,粗根重主要分布在 0~40 cm;油蒿的粗根分布比柠条的更浅,粗根长主要分布在 0~40 cm,粗根重主要分布在 0~20 cm。并且,粗根的根重密度同细根相当,而根长密度远远小于细根。

(2)荒漠植物种群对养分胁迫的响应

土壤养分(尤其是氮素)是除水分之外,影响荒漠生态系统过程和功能的重要限制性因子。以腾格里沙漠东南缘典型温性荒漠草原草本植物为研究对象,通过人工控制不同梯度的氮素处理,探讨氮沉降增加对荒漠化草原不同功能型草本植物物种组成、生产力及养分吸收的影响,进而揭示荒漠草原草本植物对氮沉降的响应及其内在机制。结果表明:氮沉降对荒漠草原草本植物的个体繁殖及生长均产生了一定的抑制作用,不同功能型植物对改变土壤环境条件的适应能力存在着差异。究其原因,一方面施氮改善了土壤的养分状况,主要是速效养分,对于适应 R 对策的一年生草本植物,伴随着有限的降水,低氮水平即可满足其迅速完成生活史;而在中高氮水平下,由于土壤水分缺乏,个体竞争加剧,导致植物个体快速死亡。另一方面,对于适应 K 对策的多年生草本植物,个体生长状态平稳,氮沉降的增加使得养分不再成为其限制因子,植被对氮素的响应敏感度减弱,根系对氮素和水分的利用率降低,导致物种种类和数量降低。无论何种功能型植物,在水分受限的荒漠化草原区,高氮水平对其生长的抑制作用最显著,降低了草本植物的丰富度和多度(Su et al.,2013)。

不同功能型草本植物的地上和地下生物量对氮素处理的响应趋势略有不同。氮素的添加促进了一年生草本地上和地下生物量的提高,在中等氮素水平下的提高程度与对照相比达到了显著差异($P<0.05$),但高氮水平与对照相比其生物量显著降低($P<0.05$)。对于多年生草本植物,不同氮素水平均对地上和地下生物量产生了一定的抑制作用。不同功能型草本植物的总氮含量随着氮素水平的增大而增加,且茎叶和根的总氮含量增长趋势均一致。多年生植物多根葱的叶绿素和类胡萝卜素在氮素的影响下均表现出先增加后降低的趋势,且在中氮水平下,影响最明显(苏洁琼等,2010)。

7.3 固沙植被结构、功能及其维持机制

基于沙坡头站长期定位监测研究,本节重点阐释了沙坡头人工固沙植被演替过程中的维管束植物、隐花植物、动物和土壤微生物物种组成、多样性演变特征与规律,及植被建立后对土壤形成和发育、反照率与土壤温度、土壤水文过程和碳氮循环的影响,并从生态与水文学角度探讨上述结构与功能的维持机制。

7.3.1　固沙植被系统结构及其维持机制

通过扎设草方格和种植旱生灌木,沙坡头人工固沙植被始建于 1956 年,之后又在 1964 年、1981 年、1987 年和 1991 年进行了扩建,最终建成了长 16 km、南北侧固沙带宽分别为 500 m 和 200 m 的包兰铁路沙坡头段防护体系。经过 60 余年的演变,该区生态环境得到了明显改善,大量物种繁殖和定居,使原有的流动沙丘演变成为一个复杂的人工 – 天然的荒漠生态系统。

（1）维管束植物

在固沙植被建立之前,植被组成中出现的草本植物仅为天然零星分布一年生沙米,盖度小于 1%。固沙植被建立之后,天然物种慢慢入侵,入侵种以草本植物为主,固沙后 3 ~ 10 年内即有天然物种的侵入和定居。主要表现为,当固沙植被建立 3 年后,草本植物开始在灌木植被区侵入和定居,这一阶段优势种仍以在流沙上散生的沙米为主;植被建立 5 年后,一些一年生草本植物如雾冰藜、小画眉草、叉枝鸦葱等开始在群落中定居;30 年后,草本植物种达到 14 种,其中除了雾冰藜、小画眉草仍为优势种外,砂蓝刺头、三芒草、狗尾草、刺沙蓬、虫实在植被区成为常见种,一些禾本科多年生草本植物如沙生针茅也在植被区出现。固沙植被建立后 30 ~ 47 年,草本种的丰富度一直介于 12 ~ 15 种。而相邻天然植被组成成分中草本种多达 34 种。这在一定程度上反映了植物多样性的恢复是一个漫长的过程。而灌木在固沙植被建立 15 年后发育演替到了最丰富的阶段,随后一些灌木种如中间锦鸡儿、沙木蓼和沙拐枣等逐渐退出人工植被生态系统,40 余年后灌木种类仅有油蒿、花棒和柠条 3 种。

植被盖度的变化基本可以分成 3 个阶段:人工植被建立后的前 15 年,盖度在 15% ~ 25%,基本上是以灌木为主;在 15 ~ 32 年时,盖度在 30% 左右,是草本盖度逐渐超过灌木盖度的过程;32 年以后,群落盖度逐渐增加到 35% 以上,草本植物的盖度保持在灌木的 3 ~ 5 倍,以灌木为主的人工固沙植被已经被以草本为主的天然植被所取代(图 7.6)。

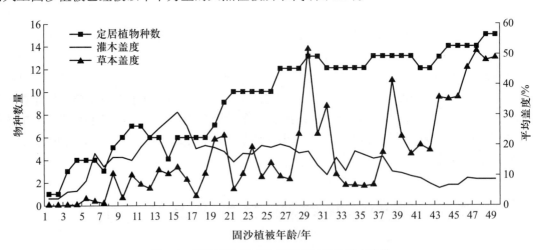

图 7.6　流沙固定后固沙植被随时间的动态变化

（2）隐花植物及生物土壤结皮

Li 等(2002, 2003, 2004a)利用腾格里沙漠近 50 年的定位监测研究表明生物土壤结皮(以下简称结皮)的形成需要 3 个过程:植被将沙丘固定后,土壤表层由于大气降尘和风积物的积累在雨滴的冲击下使沙表颗粒排列紧密,从而形成无机结皮,蓝藻的定居和胶结作用使之成为蓝藻结皮,其次大量绿藻定居在表层形成藻结皮(藻类和蓝藻为优势),当沙丘固定 20 余年后,苔藓类植物种普遍出现在潮湿和遮阴的区域内(比如凹陷的区域内)(Li et al., 2002),在丘间低地形成平坦连续的藓结皮,尔后大量的地衣在土壤表层出现,在固定沙丘顶部和迎风坡与背风坡形成地衣和藻类的混合结皮(Li et al., 2005),50 年后固沙植被形成了高等植物和结皮隐花植物(cryptogam)镶嵌分布的稳定格局(Li et al., 2007b)。

对结皮隐花植物物种组成研究发现,沙丘固定 46 年后,结皮层及其覆盖土壤中有 24 个藻类种,隶属于 13 个科,其中具鞘微鞘藻和双菱板藻是优势种。相对于藻类,苔藓种类的变化较小,固沙植被建立 5 年后,在局部地区,如丘间低地的结皮中出现了真藓(*Bryum argenteum*),经过 44 年的植被演变,结皮中仅有苔藓 5 种,少于天然固定沙地植被种类的一半,50 年后的调查发现有 7 种藓类在固定沙丘结皮中存在。而与藓类植物和藻类相比较,地衣需要稳定的环境,并且发育缓慢,在移动和半移动的沙地上,它们并不发育,但是在沙地固定 46 年后它们可能会出现(Li et al., 2004c),以球胶衣(*Collema cocophorum*)为优势群落。

(3)动物

人工植被的建立和进一步的发展,为许多荒漠动物提供了庇护所和食物。植被建立后 30 年的调查表明,固沙植被区有鼠类 8 种,而 44 年后调查仅有 5 种,且数量减少。当植被建立 30 年后,固沙植被区夏季共出现鸟类 11 种,其密度为 21.64 只·km^{-2},其中植食性鸟仅 1 种,即山斑鸠(*Streptopelia orientalis*),优势种为红尾伯劳(*Lanius cristatus*)和黑顶麻雀(*Passer ammodendri*);植被建立 42 年后鸟类达到 33 种,46 年后达到 28 种,其密度为 18.88 只·km^{-2},其中植食性鸟类有 3 种。此外,土壤动物有 6 门,8 纲,13 目,其中昆虫纲土壤动物有 6 目,鞘翅目昆虫有 12 科。其中大型土壤动物优势类群为鞘翅目和膜翅目昆虫,而中小型土壤动物群落中优势类群为线虫、螨类、弹尾目昆虫和轮虫。随着时间的延长,人工固沙植被区土壤动物群落组成逐渐接近天然植被区。

(4)土壤微生物

沙坡头人工植被演替过程中微生物总的数量逐渐增加(张志山,2009;Liu et al., 2013)。1956 年迎风坡(M56)微生物数量最接近于天然植被区,但数量不到天然植被区的一半,说明固定沙地微生物数量要达到地带性土壤还需要相当长的时间。三大类群微生物中,以细菌数量最多,占微生物总数的 85.1% 左右,放线菌次之,占 14.8% 左右,真菌最少,占 0.1%,细菌和放线菌的总数占到微生物总数的 99.9%(图 7.7)。

7.3.2　固沙植被系统功能及其维持机制

(1)土壤形成和发育

人工固沙植被的建立和植被恢复改善了沙区成土环境,促进了大气降尘等细颗粒物质在固定沙面的积累,植被冠幅下土壤表层生物地球化学循环得以加强,促进了土壤的发育和演变。同时,随着植被恢复年限的增加,土壤水文物理特征和温度状况持续改善,土壤有机质及养分含量和土壤肥力水平不断提高,促进了碳氮循环过程。

Li 等(2006)的研究表明,沙坡头地区大气降尘月沉积量的变幅较大,4—8 月的降尘量占年降尘量的 71%。沙坡头降水主要发生在 4—9 月,在此期间,平均风速也最大。月降尘量与月降

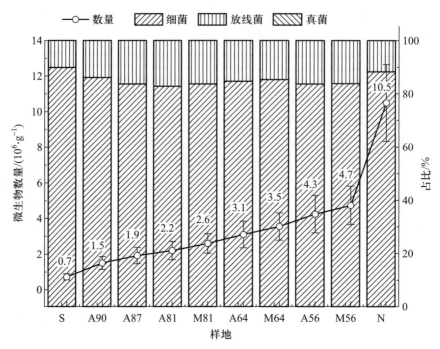

图 7.7   不同植被区 0 ~ 20 cm 土层微生物数量

注：S，流沙迎风坡；A90，1990 年植被区丘间低地；A87，1987 年植被区迎风坡；A81，1981 年植被区背风坡；M81，1981 年植被区迎风坡；A64，1964 年植被区丘顶；M64，1964 年植被区迎风坡；A56，1956 年植被区迎风坡；M56，1956 年植被区迎风坡；N，天然植被南坡。

水量和风速存在相关性，因而形成了降水和风活动的最佳耦合期。大气降尘的时间格局与平均风速和降水量密切相关，与其他月份相比，4—9 月较大的平均风速和降水量可能促进了地表对降尘的捕获。

麦草方格在固沙植被区降尘捕获中起着重要作用，建立麦草方格沙障成为干旱沙区生态恢复与重建最为有效的措施之一。大气降尘平均沉积量为 278.51 mg · m^{-2} · 年$^{-1}$，而粒径 <50 μm 的部分达到 160 mg · m^{-2} · 年$^{-1}$（樊恒文等，2002）。大气降尘中粉粒（0.002 ~ 0.05 mm）占 28.46%，黏粒（>0.002 mm）占 4.19%。这些细颗粒物质在沙面的聚集，对改变土壤的物理和化学性质，提高土壤肥力有很大的意义（Li et al., 2006, 2007a）。

固沙植被建立后土壤的黏粒、粉粒、孔隙度和田间持水量逐渐增加，而砂粒含量和土壤容重逐渐降低（图 7.8）。同时，土壤化学属性发生了显著变化（图 7.9）：表层土壤（0 ~ 10 cm）总有机碳、总氮、碱解氮、速效磷、速效钾、C/N、pH 和电导率也显著提高（Li et al., 2016）。尽管土壤理化属性在固沙植被建立后发生了明显的变化，但其变化速率较小，说明干旱区植被恢复与重建引发的土壤发育过程十分缓慢。而且，植被建立对上述土壤理化属性的影响主要发生在表层，表现为表层土壤持水性显著提高，致使大部分降水集中在表层土壤，特别是结皮层，使灌木等一些深根系物种很难得到有效的水分补充而退出生态系统，逐渐被一些浅根系草本植物所代替，这进一步增强了土壤性质的表层化特征（肖洪浪等，2003；李新荣，2005）。

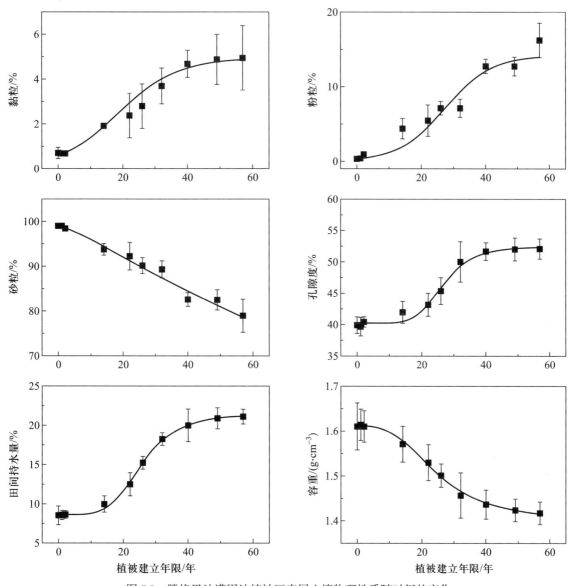

图 7.8　腾格里沙漠固沙植被区表层土壤物理性质随时间的变化

（2）地表反照率和土壤热量平衡

　　沙坡头人工固沙植被区地表的演变，特别是生物结皮的发育使其反照率发生了很大改变，流动沙丘的反照率明显大于固沙植被区的反照率。地表反照率的减小将导致地表能量分配格局的改变，反照率较低的固沙植被区地表要比反照率较高的流动沙丘地表吸收更多的太阳辐射能，导致浅表层（0~10 cm）裸沙区地温终日高于植被覆盖区，而 50 cm 深度处流动沙丘区地温的变化低于植被区，进一步对地表蒸发产生影响（图 7.10）。

（3）土壤水文过程和水量平衡

　　沙坡头人工固沙植被的建立和演变显著改变了沙区土壤对降水（包括凝结水）的接收、固持和分配（入渗、蒸发）过程，影响了土壤水分的时空格局和水量平衡。

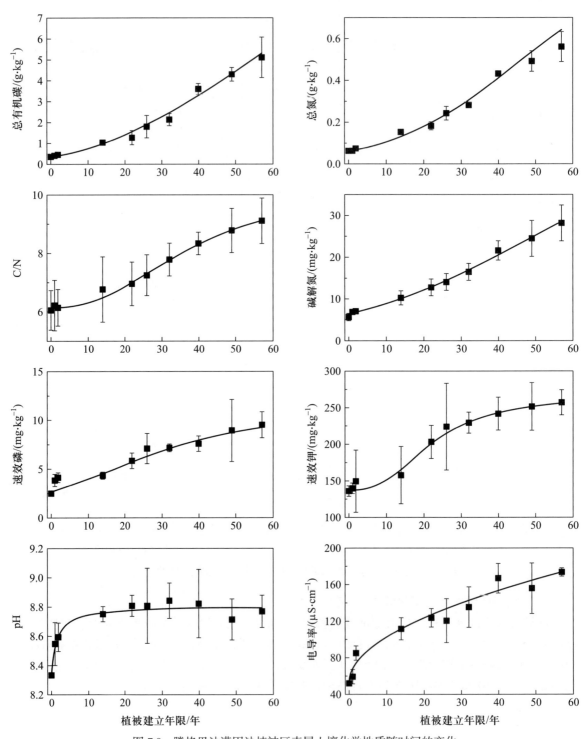

图 7.9　腾格里沙漠固沙植被区表层土壤化学性质随时间的变化

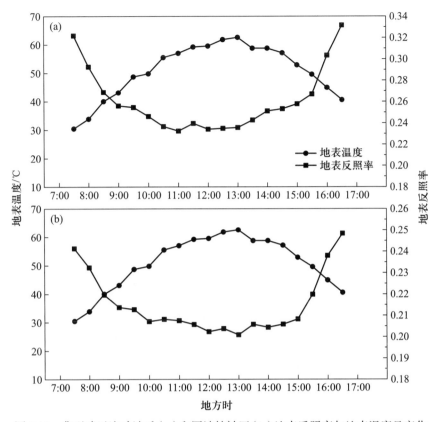

图 7.10 典型晴天流动沙丘（a）和固沙植被区（b）地表反照率与地表温度日变化

通过野外长期观测发现，穿透固沙灌木柠条和半灌木油蒿冠层穿透雨量占到总降水量的比例为 73% 和 85%，单位冠层投影面积的截留比例为 18% 和 12%，树干茎流比例为 9% 和 3%（Zhang et al., 2016b）。而对沙坡头地区凝结水形成量的测定表明，在试验观测的 31 天内，共有 20 次吸湿凝结现象，流沙、物理结皮和生物结皮表层的吸湿凝结水生成总量分别为 4.07 mm、5.85 mm 和 9.69 mm，分别占同期降水量的 15.9%、22.9% 和 37.9%。由此可见，固沙植物冠层使得降水实际进入土壤中的水分减少作用以及凝结水对土壤水分的补给作用都不容忽视。

固沙植被建立后土壤地表结皮的形成和发育显著影响了蒸发（Liu et al., 2007; Zhang et al., 2008; Li et al., 2010a）。相比流沙而言，随着降水量的增加，结皮呈现由抑制（降水量小于 7.5 mm）到促进（降水量大于 10 mm）蒸发的转变（图 7.11; Liu et al., 2007）。结皮层及其亚土层的逐年增厚显著增加了表土层的降水截留并减少入渗，使得固沙区土壤水分的有效性明显出现浅层化趋势（Li et al., 2004b）。

综合以上因素，固沙植被建立后土壤水分长期演变存在四个阶段（图 7.12）：① 植被建立初期（0～10 年），无论是浅层（0～0.4 m）还是深层（0.4～3 m）土壤含水量的动态变化均与降水的时空分布显著相关。② 固沙植被建立 9～10 年后，植被对水分的利用致使土壤含水量（0～3 m）开始迅速下降（从植被建立前的 3%～3.5% 降至 1.5%）；浅层土壤（0～0.4 m）BSC 的发育持水能力和水分有效性增加，与降水的时间分布密切相关；而随着深层土壤含水量的显著降低，开始

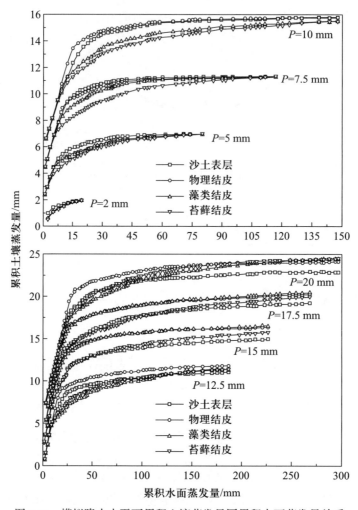

图 7.11　模拟降水水平下累积土壤蒸发量同累积水面蒸发量关系

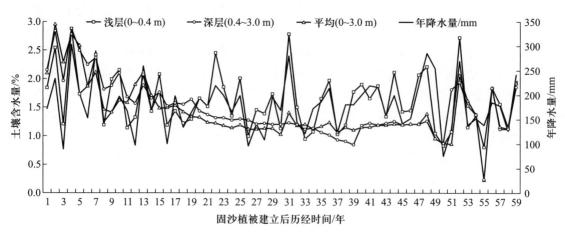

图 7.12　固沙植被建立后土壤水分的长期演替

与降水的时间分布无显著相关性(Li et al., 2002, 2004a, 2004b)。60 cm以下土层含水量呈现出夏季低冬季高的特点,与降水趋势相反,表明生长季蒸散耗水经常高出同期降水的补给量(肖洪浪和李新荣,2005;Li et al., 2010a)。③ 固沙植被建立40~48年后,土壤水分则稳定在较低的水平(1.2%),这一时段3 m土层多年平均的月水分储量维持在67.9 mm,仅为流沙136.6 mm的一半(Li et al., 2010a)。④ 48年之后,深层土壤水分又同降水的时间分布显著相关,得益于固沙区较低的灌木覆盖度(<10%)以及土壤动物的活动,如蚂蚁的营巢破坏了结皮层,打破了固沙植被建立后长期形成的植被–土壤水分间的正反馈,使得降水通过大孔隙优先补给到深层土壤,促进了固沙植被系统的良性循环及稳定性维持(Li et al., 2006, 2010b, 2011)。

(4)碳氮循环

固沙植被建立后,灌木不断生长和发育,草本大量拓殖定居(Li et al., 2007b)。植物凋落物输入土壤表面成为重要的有机碳源(Guo et al., 2007;Hertel et al., 2009)。另外,固沙植被建立后,地表环境得到了极大的改善,结皮大量拓殖与生长,并不断吸收CO_2进入土壤(Li et al., 2012)。此外,人工植被的建立为昆虫及土壤动物活动创造了良好的条件,如蚂蚁、沙蜥等在腾格里沙漠沙坡头人工植被区普遍存在,其排泄物等也增加了人工植被区表层土壤的有机质含量。这些因素使得沙坡头人工植被区总有机碳密度和有机碳固存量随着固沙年限的延长而不断增加(Yang et al., 2014),进而使得生态系统碳交换变得十分活跃。Gao等(2012)采用涡动相关法发现,人工固沙植被区整个生长季净生态系统碳交换(NEE)以负值为主,表明生长季人工固沙植被区为碳汇(图7.13)。然而,生长季也常有NEE为正值的现象,即生态系统表现为净碳释放,且都在降水事件发生后短期内出现,这可能和土壤及植物(包括隐花植物)呼吸(Zhang et al., 2013, 2015, 2016a)以及植物光合对太阳辐射和土壤水分等环境因子的响应差异有关。

同时,建立固沙植被所栽植的固沙灌木(特别是豆科植物)的生长、凋落物的分解以及地表结皮的大量拓殖与繁衍也使生态系统氮交换变得十分活跃,且随着时间演替,结皮在其中扮演的作用日益突出(Su et al., 2011)。虽然结皮固氮活性受结皮发育程度、降水和温度变化的影响较大,但潜在固氮量可达3.7~13.2 mg·m^{-2}·年$^{-1}$(图7.14)。如果考虑到其地表巨大覆盖度的话,其固氮量不容忽视。这也说明人工固沙植被的建立不仅有效地促进了荒漠草原植被和表层土壤生境的恢复(Li et al., 2007a),而且有效地增加了结皮对系统的氮输入,反过来为不同恢复阶段的高等植物定居、繁衍提供了重要的氮源,进而促进了生态恢复的进程和质量,充分证明了结皮在荒漠生态系统恢复,特别是在受沙害干扰后恢复的巨大生态贡献。尽管如此,我们注意到沙埋后经植被建设和结皮发育对土壤生境的恢复是一个十分漫长的过程,与未受沙埋的原生植被土壤相比,恢复的表土层总氮含量经过90年的恢复时间也只能达到原生植被土壤表层含氮量的85%,即就土壤总氮量而言,经过90年的时间其恢复程度达到85%(Li et al., 2007a)。

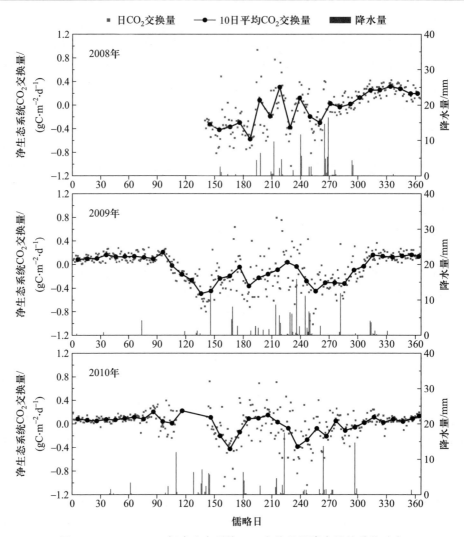

图 7.13　2008—2010 年净生态系统 CO_2 交换量及降水量的季节动态

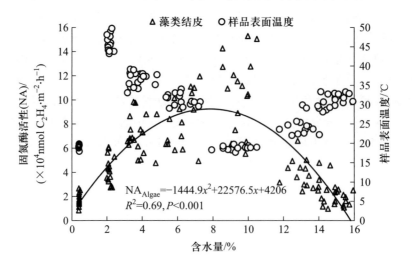

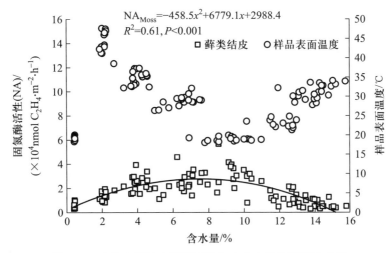

图 7.14　生物土壤结皮固氮活性与水分含量和温度的关系

7.4　中国北方沙区植被稳定性维持的生态水文阈值及生态系统管理

中国北方风沙危害区主要分布在 75°E—125°E, 35°N—50°N, 主要包括年降水量大于 250 mm 的贺兰山以东的沙地、农牧交错带和降水小于 250 mm 的贺兰山以西的沙漠与绿洲、沙漠与荒漠草原的过渡区, 面积约为 3.2×10^5 km^2 (Li et al., 2014b; 李新荣等, 2016)。利用植物固沙、建立固沙植被是遏制风沙危害, 控制沙漠化和区域生态重建恢复的重要手段与途径。60 年来, 中国在北方风沙危害区累计营建以防沙固沙为主的人工植被达 600 万 hm^2 (Wang et al., 2010), 构建了重要生态屏障, 有效地控制了风沙危害, 促进了沙化土地的恢复, 取得了举世瞩目的成就 (Wang et al., 2010; 江泽慧, 2011; 李新荣等, 2014)。然而, 实践中也出现了很多问题, 固沙植被建立几十年后一些沙区的植被大面积退化, 地下水位下降, 甚至在原来的固沙植被区也出现了新的沙化。如何维持植被的稳定性和防风固沙效益的可持续性成为沙区生态重建与恢复所面临的巨大挑战 (Wang et al., 2010; Tan and Li, 2015)。

人工植被有别于天然植被 (Zeng et al., 2007; 窦彩虹和陈应武, 2008; Li et al., 2010b), 后者是长期适应区域或局地气候条件和土壤环境的产物 (Li et al., 2010b, 2014b), 在干扰较小的情况下具有较高的稳定性 (Jonathan, 2003; Li et al., 2014b)。人工植被是人为建立且具有明确目的或用途的, 其稳定性需要通过适宜的人为调控或生态系统管理才能实现 (Stampfli and Zeiter, 1999; Li et al., 2004d; Assouline, 2013)。阈值是生态系统管理或调控必须面对的一个客观实际需求, 即必须了解在什么样的阈值范围内人工植被是稳定的, 反之, 植被会发生退化或演变, 系统向另外一种状态发生转移 (Briske et al., 2005; Li et al., 2014b)。在区域气候不发生显著变化的情景下, 突破阈值下限引发的状态转移往往会导致防风固沙效益的不可持续 (Li et al., 2004d, 2014b)。因此, 研究能够表征固沙植被演变规律及准确刻画其演变机理且能够量化的阈值是人工植被系统管理和调控的重要前提和实践需求 (Walker and Salt, 2008; Li et al., 2017; Zhang et al., 2016b)。

7.4.1　固沙植被生态水文阈值模型构建

中国北方沙区除了东部的科尔沁沙地、浑善达克和毛乌素沙地南缘的人工植被中采用乔木树种（如樟子松 *Pinus sylvestris* var. *mongolica* 和小叶杨 *Populus simonii* 等）固沙外（焦树仁，2012；杨文斌等，2015），其他沙区多以灌木如小叶锦鸡儿（*Caragana microphylla*）、紫穗槐（*Amorpha fruticosa*）、砂地柏（*Sabina vulgaris*）、羊柴（*Hedysarum fruticosum Pall*）、柠条（*Caragana korshinskii*）、沙木蓼（*Atraphaxis bracteata*）、沙拐枣（*Calligonum arborescen*）、花棒（*Hedysarum scoparium*）和梭梭（*Haloxylon ammodendron*），以及蒿属的半灌木乌丹蒿（*Artemisia wudanica*）、差不嘎蒿（*Artemisia halodendron*）和油蒿（*Artemisia ordosica*）等作为主要固沙植物（Li et al.，2014b；丁永健等，2015；杨文斌等，2015）。随着固沙植被建立和沙面的固定，结皮和一年生草本植物开始定居繁衍（Li et al.，2002），一些先锋种如杨柴、乌丹蒿、沙拐枣、沙木蓼等逐渐在群落中退出（Li et al.，2014b），而一些灌木种如小叶锦鸡儿、柠条、梭梭和半灌木油蒿则能在适宜的沙区长期存在并实现自我更新，形成了稳定的固沙植被。根据年降水量通常可以将生态系统划分为 5 类：年降水量小于 100 mm 的极端干旱地区；年降水量介于 100～250 mm 的干旱地区；年降水量介于 250～500 mm 的半干旱地区；年降水量介于 500～750 mm 的半湿润地区和年降水量大于 750 mm 的湿润地区。北方沙区目前已经形成的比较典型的固沙植被模式有：在年降水量大于 300 mm 的东部沙区（包括毛乌素沙地）可形成稳定的小叶锦鸡儿和其他灌木混交的固沙植被（Zhang et al.，2014），在年降水量介于 180～300 mm 的沙区可形成稳定的油蒿－柠条植被群落（Li et al.，2007b，2014b），而在年降水量为 100 mm 左右有地下水补给的干旱沙区，可形成以梭梭为优势种的固沙植物群落（周志宇等，2010）。沿降水梯度在中国科学院野外台站中选择不同气候区种植面积最大的固沙植被作为研究对象（表 7.1），以所在研究区的长期定位监测数据和相关研究结果为依据，建立模型来确定不同气候区典型固沙植被的生态水文阈值。

表 7.1　研究区长期观测数据表

指标	荒漠绿洲边缘（临泽站）	古尔班通古特沙漠（阜康站）	腾格里沙漠（沙坡头站）	毛乌素沙地（盐池站）	科尔沁沙地（奈曼站）	科尔沁沙地（章古台站）
经纬度	39°21′N 100°37′E	44°39′N 87°48′E	37°27′N 104°57′E	37°24′N 107°7′E	42°58′N 120°44′E	42°43′N 122°22′E
主要固沙灌木	梭梭	梭梭 + 白梭梭	油蒿 + 柠条	柠条	小叶锦鸡儿	樟子松
灌木和草本盖度 /%	12%；28%	18%；33%	9%；35%	30%；40%	33%；43%	35%；35%
土壤水分 /%	2.24	3.65	2.3	4.3	3.4	5.2
地下水埋深 /m	5～10	4～6	14～60	7.5～9	7～9	5～7
年均降水量 /mm	117	160	186.6	295	366.4	469
降水强度 /（mm·d⁻¹）	5.85	8.8	5.6	11	6.8	11.7
降水间隔 /d	10	11	6	7.4	3.7	5

注：引自 Li et al.，2014b；丁永健等，2015；李新荣等，2016。

由于现有固沙植被种类组成相对单一，植被组成的多样性变化很难反映植被的稳定性，在植被群落学的数量特征中灌木盖度的变化能够很好地反映植被的固沙能力和固沙植被的稳定性（Li et al., 2014b；丁永健等, 2015）。干旱生态系统中植被的盖度主要取决于土壤水分。土壤水分反映了土壤水文过程的特点，大气水、地下水只有转换成土壤水后才能被植被所利用。固沙灌木盖度的变化深刻地影响着沙区土壤水分，这已被沙区长期定位监测所证实（Li et al., 2007b, 2014b）。

将固沙植被划分为 3 种类型：草本植物（以 C_4 植物为主）、灌木幼苗和成年灌木（包括各种乔木）。模型中用固沙植被的盖度描述植被的动态变化并将其作为生态水文阈值的一个重要指标。植被盖度的变化采用 Levins（1969）的隐式空间模型描述，该模型也被 Tilman（1994）广泛应用于植被间的竞争关系描述。将地表划分为斑块状的网格，包括植被斑块和空斑块两种类型，分别用 H、Y 和 W 表示斑块被草本植物、灌木幼苗和成年灌木所占据的比例，取值用 0 ~ 1 的无量纲的变量表示。为了简单起见，将 3 种不同的植被类型看成独立的个体，即 3 种植被在斑块中没有重叠（即 $0 \leqslant H+Y+W \leqslant 1$）。斑块中植被的动态变化取决于空斑块上植被的增长率和植被斑块上植被的死亡率。土壤水分动态用 Rodriguez-Iturbe 和 Laio 等人提出的描述随机土壤水分动态的概率模型描述（Rodriguez-Iturbe et al., 1999；Laio et al., 2001；Baudena et al., 2007），用 5 个相互依赖的降水参数产生以天为尺度的随机降水时间序列。降水序列采用带有随机降水强度和降水持续时间的泊松矩形脉冲表示（Eagleson, 1978）。通过耦合固沙植被的盖度和土壤水分动态，固沙植被的生态水文阈值模型表示为：

$$\frac{\mathrm{d}H}{\mathrm{d}t}=g_H(S)H(1-W-H)d_H H \tag{7.1}$$

$$\frac{\mathrm{d}Y}{\mathrm{d}t}=g_W(S)W(1-W-H-Y)-gY-g_H(S)HY-d_Y Y \tag{7.2}$$

$$\frac{\mathrm{d}W}{\mathrm{d}t}=gY-d_W W \tag{7.3}$$

$$\frac{\mathrm{d}S}{\mathrm{d}t}=\frac{1}{nZ_R}\left[I(S,R)-(1-W-Y-H)E_0(S)-WE_W(S)-YE_Y(S)-HE_H(S)-L(S)\right] \tag{7.4}$$

模型中各变量和参数的含义见表 7.2，模型中参数的含义、取值、单位和参考文献见表 7.3。

表 7.2　模型中各变量和参数的含义与单位

符号	含义	单位
t	时间	d^{-1}
H	草本植物的盖度	%
Y	灌木幼苗的盖度	%
W	成年灌木的盖度	%
S	平均土壤含水量	%
$g_H(S)$	草本植物的增长率	年$^{-1}$
$g_W(S)$	成年灌木的增长率	年$^{-1}$
$I(S,R)$	降水的入渗率	d^{-1}
$E_0(S)$	裸地的蒸发率	d^{-1}

符号	含义	单位
$E_H(S)$	草本植物的蒸散率	d^{-1}
$E_Y(S)$	灌木幼苗的蒸散率	d^{-1}
$E_W(S)$	成年灌木的蒸散率	d^{-1}
$L(S)$	土壤水分的渗漏率	$mm \cdot d^{-1}$
λ	泊松过程参数 / 降水间隔参数	d
λ'	修正的泊松过程参数	d
α	指数分布参数 / 降水强度参数	$mm \cdot d^{-1}$
γ	降水的持续时间参数	d
b	土壤的孔径分布指数	/
Δt	降水持续时间	d

表 7.3　模型中参数的含义、取值、单位和参考文献

符号	含义	取值	单位	参考文献
d_H	草本植物的死亡率	0.5	年$^{-1}$	D'onofrio et al., 2015
d_Y	灌木幼苗的死亡率	5	年$^{-1}$	D'onofrio et al., 2015
d_W	成年灌木的死亡率	0.02	年$^{-1}$	D'onofrio et al., 2015
g	灌木幼苗的增长率	0.2	年$^{-1}$	D'onofrio et al., 2015
$g_{max, H}$	草本植物的最大增长率	2	年$^{-1}$	黄磊等, 2013
$g_{max, W}$	成年灌木的最大增长率	3	年$^{-1}$	黄磊等, 2013
$s_{mc, W}$	成年灌木的最大增长点	0.185	/	黄磊等, 2013
$s_{mc, H}$	草本植物的最大增长点	0.175	/	黄磊等, 2013
s_h	吸湿点	0.048		黄磊等, 2013
$s_{w, H}$	草本植物的萎蔫点	0.056		D'onofrio et al., 2015
$s_{w, W}$	成年灌木的萎蔫点	0.085		D'onofrio et al., 2015
s^*	气孔打开时对应的土壤水分	0.175	/	黄磊等, 2013
s_{fc}	田间持水量	0.29	/	黄磊等, 2013
Z_R	根际层的有效深度	150	cm	Zhang et al., 2008a, 2009
n	土壤孔隙度	0.42	/	黄磊等, 2013
E_{max}	最大的蒸散率	3.8	$mm \cdot d^{-1}$	张继贤, 1997
E_{fc}	在 s_{fc} 处土壤的蒸腾率	0.49	$mm \cdot d^{-1}$	D'onofrio et al., 2015
N	生长季的长度	200	d	/
K_s	饱和导水率	800	$mm \cdot d^{-1}$	黄磊等, 2013
β	持水参数	8.5	/	D'onofrio et al., 2015

7.4.2　模型模拟

（1）模型检验

利用两组成对数据的 t 检验法对 6 个野外观测点灌木盖度、草本盖度和土壤水分的实际值与模型模拟结果之间的差异进行了比较。结果表明，6 个野外观测点观测的实际值与模拟值之间没有显著的差异［草本盖度：$t=-0.815$，$P=0.597$；灌木盖度（包括成年灌木和灌木幼苗盖度）：$t=-0.564$，$P=0.597$；土壤水分：$t=-0.528$，$P=0.62$］。这说明该模型较好地适用于 6 个野外研究区中植被盖度和土壤水分动态的研究。同时，利用冗余主轴回归法（Bohonak，2004）检验了模型对 6 个典型野外研究区草本盖度、灌木盖度和土壤水分的预测能力结果表明，模型对 6 个典型野外研究区的草本盖度（图 7.15a，斜率 =1.2，$R^2=0.7$）、灌木盖度（图 7.15b，斜率 =0.9，$R^2=0.9$）和土壤水分（图 7.15c，斜率 =1.009，$R^2=0.94$）具有较好的预测能力。其中，斜率值越接近 1 表示模型的预测性能越好，R^2 表示模型解释变异的能力。本模型可以解释草本植物盖度 70% 的变异、灌木盖度 90% 的变异和土壤水分 94% 的变异。

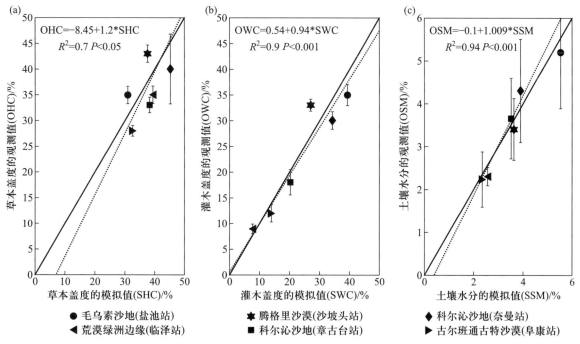

图 7.15　利用冗余主轴回归法对 6 个典型野外研究区的草本盖度、
灌木盖度和土壤水分的观测值和模拟值比较

（2）植被盖度和土壤水分随年降水量的变化规律

图 7.16 表示草本盖度、灌木盖度和土壤水分随年降水量的动态变化。随着年降水量的增加，草本盖度（图 7.16a）呈现先增加后减少的抛物线变化趋势，而灌木盖度（图 7.16b）和土壤水分（图 7.16c）均随年降水量的增加而增加。同时由图 7.16 还可以看出，在年降水量小于 250 mm 的地区，固沙植被主要以草本植物为主；在年降水量大于 500 mm 的地区，固沙植被主要以木本植物为主；在年降水量介于 250～500 mm 的地区，草本植物和木本植物均可作为主要的

固沙植被。需要指出的是,模型中将以天为尺度的降水时间序列转化为年降水量序列。图 7.16
中的每一个点的取值均是利用不同的随机降水时间序列得到的稳定状态下植被盖度和土壤水分
的平均值。

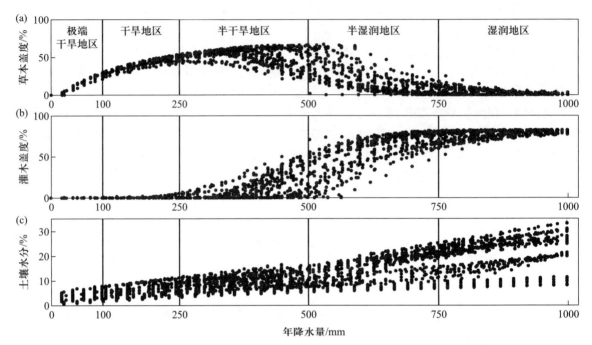

图 7.16　草本盖度(a)、灌木盖度(b)和土壤水分(c)随年降水量的变化规律

在干旱半干旱地区,降水事件的发生时间、强度和持续时间(也称为降水格局)极其复杂多
变,通常会导致一段时间内土壤水分的长期短缺(Noy-Meir, 1973)。研究表明,一些干扰因素
(如火、放牧和养分供给等)(Bond and Keeley, 2005; Staver et al., 2011; Chen et al., 2016)和气候
变量(Van-Wijk and Rodriguez-Iturbe, 2002; Niu et al., 2008; Bond and Midgley, 2011)在干旱半干
旱生态系统中扮演着重要的角色。进一步的研究表明,降水对干旱半干旱生态系统中植被的动
态起着决定性的作用(Lehmann et al., 2014; D'onofrio et al., 2015; Xu et al., 2015)。实验观测表
明,以天为尺度的降水格局的变化对干旱生态系统中植被和土壤水分动态变化起着决定性的作
用(Holmgren and Hirota, 2013; D'onofrio et al., 2015; Xu et al., 2015)。相关模型研究也表明以天
为尺度的降水格局的变化决定着干旱半干旱生态系统中不同类型植被的共存,也决定着系统中
植被和土壤水分的动态变化规律(Rodriguez-Iturbe et al., 1999; Baudena et al., 2008; D'onofrio et
al., 2015)。基于上述原因,开展以天为尺度的随机降水时间序列的变化对固沙植被盖度和土壤
水分动态的影响研究具有重要的意义。本模型的优势在于利用以天为尺度的降水参数通过蒙
特卡洛方法产生以天为尺度的随机降水时间序列,模拟干旱半干旱生态系统中复杂多变的降水
事件。

为了进一步确定灌木盖度和土壤水分随年降水量的变化规律,首先将年降水量取对数后作
为 X 轴,将灌木盖度取对数后作为 Y 轴(图 7.17a)。结果表明,二者取对数后表现为线性关系
($R^2=0.95$, $P<0.001$)。由此可以看出,灌木盖度随着年降水量的增加呈现幂函数的增长趋势。其

次,将土壤水分取对数后作为 Y 轴,年降水量保持不变(图 7.17b)。结果表明,土壤水分和年降水量也表现为线性关系(R^2=0.99, $P<0.001$)。由此可以看出,土壤水分随着年降水量的增加呈指数型的增长趋势。

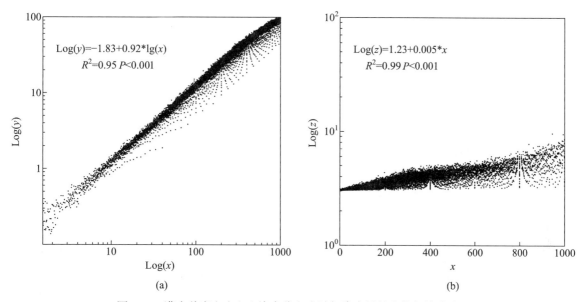

图 7.17 灌木盖度(a)和土壤水分(b)随年降水量的变化规律检验图

尽管研究人员针对干旱半干旱生态系统提出了耦合植被盖度和土壤水分动态的数学模型,但是大部分研究停留在理论阶段,没有利用现有的观测数据和结果对模型进行验证(Bertram and Dewar, 2013;D'onofrio et al., 2015;Xu et al., 2015),极大地制约了生态水文模型在干旱半干旱生态系统中的应用和推广。我们提出的模型利用 6 个典型野外研究区灌木盖度、草本盖度和土壤水分的实际数据对模型进行了检验(图 7.16)。模型可以有效预测 6 个典型研究区稳定的固沙灌木盖度、草本盖度和土壤水分。这将进一步丰富干旱半干旱区的生态水文学基础理论研究,为今后中国北方风沙危害区植被建设和管理提供科学依据。

植物的生长和死亡涉及比较复杂的机理(Mcdowell and Allen, 2015),但土壤水分是干旱半干旱生态系统中控制植物生长和死亡的最为关键的变量之一。因此,模型中将植物的增长率和死亡率用土壤水分的函数表示(Baudena et al., 2008;D'onofrio et al., 2015),通过建立耦合植被盖度和土壤水分的生态水文模型,得到了植被盖度和土壤水分随年降水量的动态变化规律。灌木盖度、草本盖度和土壤水分均随年降水量的增加呈现非线性的变化趋势。其中,灌木盖度随年降水量的增加呈现幂函数的增长趋势,这与其他学者的研究结果相一致(Hirota et al., 2011;Lehmann et al., 2014;D'onofrio et al., 2015)。但本模型的模拟结果进一步指出,草本盖度随年降水量的增加呈现先增加后减少的抛物线变化趋势,而土壤水分随年降水量的增加呈现指数型的增长趋势。这些研究结果将进一步推动干旱半干旱生态系统中植被盖度和土壤水分动态研究。

7.4.3 固沙植被的生态水文阈值

利用不同降水格局下4个气候区（极端干旱地区、干旱地区、半干旱地区和半湿润地区）稳定的灌木盖度和土壤水分模拟结果（图7.16），可以确定灌木盖度和土壤水分的适宜区间（即不同气候区固沙植被的生态水文阈值，表7.4）。若不考虑极端气候条件对灌木盖度、草本盖度和土壤水分的影响，固沙植被的生态水文阈值区间的下限和上限分别取第5%分位数和第95%分位数。与年降水量较高的半湿润地区相比，极端干旱、干旱和半干旱沙区的年降水量较小且呈现出降水间隔更长和降水强度较小的特点，固沙植被系统建设中应建立以草本植物为主，各种旱生灌木为辅的防沙治沙体系，且灌木应当维持在一个较低的盖度。具体来讲，在极端干旱、干旱和半干旱沙区，草本盖度最大分别不宜超过28%、52%和53%；灌木盖度最大分别不宜超过7%、10%和34%。一旦草本和灌木盖度在极端干旱沙区分别低于2%和0，在干旱区沙区低于29%和0，在半干旱沙区低于34%和10%（如果沙区没有植被覆盖时，对应的生态系统将处于稳定状态，但这不利于风沙危害的治理），固沙植被生态系统将不能继续维持其稳定状态。同时，在极端干旱、干旱和半干旱沙区，能够维持其系统稳定的土壤水分阈值区间分别为 [0, 6.5]、[2.3, 9.6] 和 [4.3, 14.1]（单位：%）。在年降水量较高的半湿润地区，应该建立以木本植物（包括灌木和各种旱生乔木）为主，草本为辅的固沙植被体系。最大的草本盖度、灌木盖度分别不宜超过64%和80%，当草本盖度、灌木盖度和土壤水分别低于10%、10%和6.2%时，生态系统将不能维持其稳定状态。需要指出的是，生态水文阈值的上限和下限还受到当地气候、土壤质地和环境等因素的影响，在应用生态水文阈值时仍需结合当地独特的地理环境因素综合确定。

表7.4 中国不同气候区固沙植被的生态水文阈值

气候区	年降水量/mm	草本盖度/%		灌木盖度/%		土壤水分/%	
		中位数	阈值区间	中位数	阈值区间	中位数	阈值区间
极端干旱区	0~100	15	[2, 28]	1	[0, 7]	1.8	[0, 6.5]
干旱区	100~250	41	[29, 52]	5	[0, 10]	4.9	[2.3, 9.6]
半干旱区	250~500	55	[34, 53]	17	[10, 34]	8	[4.3, 14.1]
半湿润区	500~750	13	[10, 64]	63	[10, 80]	16	[6.2, 22.7]

在6个典型野外研究区，利用实际的年降水量、降水间隔和降水强度参数可以产生不同的以天为尺度的降水时间序列，运用上文提到的确定固沙植被生态水文阈值的方法给出了6个典型野外研究区固沙植被的生态水文阈值（表7.5）。根据6个典型研究区固沙植被生态水文阈值的研究结果，相对于半干旱沙区，年降水量较少的干旱沙区只能维持较低的灌木盖度。这主要是由于干旱沙区年降水量少和降水强度低（大部分降水事件的强度小于5 mm）的特点决定的（丁永健等，2015）。在年降水量小于250 mm的荒漠绿洲边缘临泽地区、古尔班通古特沙漠阜康地区和腾格里沙漠东南缘的沙坡头地区，最大的灌木盖度分别不宜超过13%、15%和18%，最大的草本盖度分别不宜超过39%、45%和48%，与之相对应的土壤水分不宜超过8.44%、8.84%和9.6%。上述三个地区稳定的灌木盖度分别为12%、18%和9%（Li et al., 2014b）。同时，上述三个地区的灌木盖度不宜低于0、0和7%；草本盖度不宜低于24%、28%和33%；土壤水分不宜低

于 2.07%、2.16% 和 2.23%。从目前上述 3 个地区固沙植被的盖度和土壤水分的实际值来看,上述 3 个地区的固沙植被的盖度和土壤水分均处于相对稳定的状态(表 7.5)。需要指出的是,在荒漠绿洲边缘临泽地区和古尔班通古特沙漠阜康地区,模型预测的灌木盖度要低于实际观测值。这主要是因为上述两个地区的地下水位较浅(表 7.1),固沙灌木(阜康地区的主要固沙灌木为梭梭和白梭梭,临泽地区的主要固沙灌木为梭梭)达到一定年龄阶段后可以吸收利用一部分地下水来维持其生存。同时在古尔班通古特沙漠的冬季融雪对该地区的土壤水分也有一定的补给作用(Wang et al.,2006;Qian et al.,2004,2008)。干旱沙区中较低盖度的灌木群落为沙面结皮的形成和一年生及多年生草本的定居繁衍提供了重要庇护作用(Li et al.,2004a),其稳定可持续的存在是结皮和草本发展的保障,进而持续促进沙面成土过程和土壤生境的改善(Li et al.,2006),达到生态恢复与可持续固沙的目的(Li et al.,2007b)。

表 7.5 6 个典型野外研究区固沙植被的生态水文阈值

指标	荒漠绿洲边缘(临泽站)	古尔班通古特沙漠(阜康)	腾格里沙漠(沙坡头站)	毛乌素沙地(盐池站)	科尔沁沙地(奈曼站)	科尔沁沙地(章古台站)
年平均降水量 /mm	117	160	186.6	295	366.4	469
降水区间 /mm	[80,150]	[100,200]	[140.220]	[180,330]	[250,450]	[350,550]
实际草本盖度 /%	28	33	35	40	43	35
草本阈值区间 /%	[24,39]	[28,45]	[33,48]	[43,58]	[38,63]	[23,64]
实际灌木盖度 /%	12	18	9	30	33	35
灌木阈值区间 /%	[0,13]	[0,15]	[7,18]	[14,32]	[10,38]	[15,50]
实际土壤水分 /%	2.24	3.65	2.3	4.3	3.4	5.2
土壤水分阈值区间 /%	[2.07,8.44]	[2.16,8.84]	[2.23,9.6]	[3.48,11.4]	[3.24,13.7]	[5.05,15.2]

根据 6 个典型野外研究区固沙植被生态水文阈值的研究结果,半干旱沙区由于年降水量较大且降水相对集中,固沙植被中灌木可以维持一个较高的盖度(Li et al.,2014b;丁永健等,2015)。如在毛乌素沙地盐池地区,当土壤水分在 4.3% 附近波动时,可以稳定维持的灌木和草本盖度分别为 30% 和 40%;在科尔沁沙地奈曼旗地区,当土壤水分在 3.4% 附近波动时,可以稳定维持的灌木和草本盖度分别为 33% 和 43%。然而,在上述两个地区的草本盖度的实际值(盐池和奈曼的草本盖度分别为 40% 和 43%)已经接近草本植物生态水文阈值的下限,盐池地区草本盖度的生态水文阈值区间为 [43,58](单位:%),奈曼旗地区为 [38,63](单位:%)(表 7.5)。这主要是因为上述两个地区受到的人为干扰往往比干旱沙区更大,这两个地区大面积分布的主要是沙化草地,一旦植被盖度降低,很容易就地起沙,农牧业活动的干扰是造成该区域风沙危害的主要原因(刘新民等,1996)。因此,在实际的生态管理实践中,应该特别关注毛乌素沙地盐池和科尔沁沙地奈曼草本盖度的动态变化,以防止未来发生不可逆转的生态系统退化。在半湿润的科尔沁沙地章古台,当土壤水分稳定在 5.05% ~ 15.23% 时,也能维持一个较高盖度的乔木(如樟子松)固沙植被(表 7.5),但植被盖度的不断增加必然使土壤水分低于这一阈值,这也是樟子松固沙植被退化的主要原因之一(焦树仁,2012;杨文斌等,2015)。

以上不同沙区固沙植被系统中灌木 / 乔木盖度和土壤水分之间的关系蕴含着植被生态过程和土壤水文过程互馈互调的作用机理（Li et al., 2014b, 2017）：较高的土壤水分支持较高的灌木盖度，反之，较低的土壤水分对应较低的灌木盖度。在区域气候变异较小，特别是降水在一定范围内波动时，植被中灌木盖度的增加必然导致土壤水分的下降，两者呈负相关关系，但这种变化在给定的生态水文阈值范围内属于"量变"，当突破阈值时，如灌木盖度增加超过阈值上限时，土壤水分下降至阈值下限，即突破了其承载的极限（Li et al., 2007b, 2014b），植被就发生退化（Li et al., 2007b）（优势种群发生替代，属于"质变"），直接影响到固沙的生态效益和效果。由此可见，生态水文阈值的界定为现有固沙植被稳定性维持和未来植被建设和管理提供了科学依据（Li et al., 2013, 2017；Zhang et al., 2016b），主要体现在可以据此对退化的植被系统进行生态系统管理来调节沙地系统的水分平衡，以期实现其防风固沙和生态恢复效益的持续发展。

7.4.4　固沙植被的调控和管理

深入理解生态水分阈值的内涵对维持固沙植被生态系统防风固沙效益和促进可持续的生态系统管理具有重要的意义。不仅可以对现有的固沙植被系统的管理模式进行优化，而且可以为固沙植被生态系统的生态恢复和重建提供科学的量化依据（Li et al., 2014b）。根据不同沙区固沙植被系统稳定性维持的生态水文阈值，可以在不同的气候区运用不同的生态管理模式来维持固沙植被生态系统的稳定性（图 7.18）。具体来讲，在年均降水量小于 100 mm 的极端干旱地区，通过增加工程措施如建立沙障和维持灌木的低覆盖，形成以隐花植物为主的，稀疏灌木覆盖为辅的固沙植被体系；在年均降水量介于 100 ~ 200 mm 的西部沙地可建立并维持低盖度旱生灌木，以草本层片覆盖为优势的固沙植被；在年均降水量介于 200 ~ 400 mm 的中东部沙地可通过生态系统自我调控（如土壤动物通过影响入渗对降水再分配）（Li et al., 2011, 2014a）和适当的人为干预

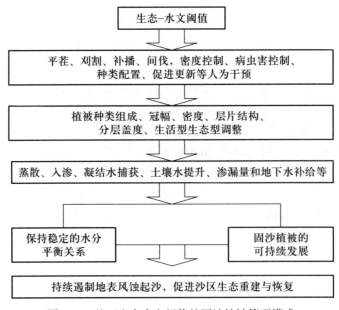

图 7.18　基于生态水文阈值的固沙植被管理模式

（平茬、刈割和行带密度控制）来维持灌木固沙植被的稳定性；在年均降水量大于 400 mm 的东部沙地，包括毛乌素南缘，通过生态系统管理（通过控制优势种密度和促进更新等固沙林改造）可形成稳定的乔木、灌木和草本多片层结构的固沙林，或建立较高盖度的灌木固沙植被体系（进行植物种优化配置和盖度控制）进行生态恢复和重建。

7.5　展　　望

沙坡头站作为科技部重点野外台站和中国科学院的一个重要台站，面临前所未有的发展机遇和挑战。在未来如何使沙坡头站在监测、研究、试验和示范各个方面达到更高层次，为国家经济和生态环境建设、区域可持续发展、环境友好型和谐社会建设提供决策依据和科学积累，是每一个沙坡头人所肩负的任务。为此，在未来发展规划中重点要放在以下几个方面。

① 按照 CERN 和科技部的要求，认真完成水、土、气、生监测任务。进一步健全"具体分工、责任到人"的管理模式，按照水、土、气、生四个方面的监测内容，优化 CERN 监测工作小组人员组成，负责取样、数据的质量控制和及时上报。另外，设专人负责信息系统和数据档案管理，站长和研究员负责数据质量控制和监督。确保各个观测场、实验室及仪器均有专人全年值守、正常运转和监测数据的整体性、一致性、准确性、精密性及可比性。按时、准确地完成联网监测数据的整理和入库工作，及时更新数据库并发布，为研教机构和专家浏览、查询、申请共享数据提供方便，力争成为国家重要的科研成果、科普、爱国主义教育平台。

② 面向国家需求和学科发展前沿，进一步探索学科研究优势与国家发展规划的契合点。结合国家西部大开发、"一带一路"发展战略和生态环境学科发展的需求，充分发挥区域和学科优势，立足于生态环境领域沙漠科学的应用基础研究；瞄准国际科学研究前沿，加大和提高综合研究和解决重大科技问题的能力，构建国家级研究基地，有效融合科研力量，从全局出发，深入、综合、集成地开展系统研究，为国家生态环境建设等重大需求发展提供科学积累和技术支撑。

③ 继续突出沙坡头站学科研究特色优势，强化长期生态学和恢复生态学研究力度。基于国际长期生态学和恢复生态学的发展趋势，将研究站的研究与全球背景的科学问题结合起来，开展基础性、战略性、前瞻性和探索性研究，从宏观规律到微观机理，从理论探讨到实践应用进行全方位、多角度和深层次的研究，整体推进长期生态学学科的发展，以更好地为我国乃至全球干旱区环境保护与可持续发展服务。在继承传统强项研究的基础上，提升荒漠生态理论与应用研究的深度和能力。扩大在硬件、软件方面的投入，不断创新研究手段，注重现代测试分析技术的引进与开发应用，形成野外长期监测、模拟试验、模型研究及理论升华等方面的研究方法体系。深化多学科交叉、综合集成，以生态学理论为基础，综合采用各种新型技术和分析手段，对历史积累和新取得成果进行有组织、有计划的深度挖掘、融合，并通过改革和优化管理规程，提高科研成果产出数量与质量，大幅提升在国际上的地位。

④ 拓宽视野，适度扩展研究区域。以国家重大科研计划和国际合作项目为依托，一方面加强与其他兄弟站点及其他国内相关研究机构的联网研究、综合集成，尤其加强同北方草地和荒漠台站的交流，面向国家重大需求探索共性科学问题，合作争取科学院试验样地建设项目，建立长期固定观测样地，加强联网监测和研究。另一方面注重国际合作，积极开展国际合作研究，将沙

坡头站成功经验、技术手段与目标研究区域特点融合,在更广区域内检验、更新和创新学科理论、技术与管理对策,从而提高沙坡头站在较大尺度上回答和解决国家在荒漠、沙区开发与保护过程中遇到的重大科学问题的能力。

参 考 文 献

丁永健,李新荣,李忠勤,等 . 2015. 中国寒旱区地表关键要素监测科学报告 . 北京:气象出版社,15–248.

窦彩虹,陈应武 . 2008. 宁夏沙坡头人工植被区土壤真菌种群的动态研究 . 安徽农业科学,36(21):9179–9180+9227.

樊恒文,肖洪浪,段争虎,等 . 2002. 中国沙漠地区降尘特征与影响因素分析 . 中国沙漠,6(22):37–43.

冯丽,张景光,张志山,等 . 2009. 腾格里沙漠人工固沙植被中油蒿的生长及生物量分配动态 . 植物生态学报,33(6):1132–1139.

黄磊,张志山,陈永乐 . 2013. 干旱人工固沙植被区土壤水分动态随机模拟 . 中国沙漠,33(2):568–573.

江泽慧 . 2011. 土地退化防治监测与评估 . 北京:中国林业出版社,13–213.

焦树仁 . 2012. 张武沙地改良与利用研究 . 沈阳:辽宁大学出版社,13–198.

李刚,刘立超,高艳红,等 . 2014. 基于 meta 分析的中国北方植被建设对土壤水分影响 . 生态学杂志,33(9):2462–2470.

李新荣 . 2005. 干旱沙区土壤空间异质性变化对植被恢复的影响 . 中国科学(D 辑:地球科学),35(4):361–370.

李新荣,张志山,刘玉冰,等 . 2016. 中国沙区生态重建与恢复的生态水文学基础 . 北京:科学出版社 .

李新荣,赵洋,回嵘 . 2014. 中国干旱区恢复生态学研究进展及趋势评述 . 地理科学进展,33(11):1435–1443.

刘乃发,黄族豪,吴洪斌,等 . 2002. 宁夏沙坡头国家级自然保护区动物资源的消长 . 生物多样性,10:156–162.

刘新民,赵哈林,赵爱芬 . 1996. 科尔沁沙地风沙环境与植被 . 北京:科学出版社,12–98.

刘扬,周海燕,赵昕,等 . 2011. 几种荒漠植物干旱休眠机理的初步研究 . 中国沙漠,31(1):76–81.

刘玉冰,李新荣,李蒙蒙,等 . 2016. 中国干旱半干旱区荒漠植物叶片(同化枝)表皮微形态特征 . 植物生态学报,40(11):1189–1207.

刘玉冰,李新荣,谭会娟,等 . 2011. 荒漠地区两种生态型芦苇叶片的抗氧化生理特性分析 . 中国沙漠,31(2):277–281.

马骥,李俊祯,晁志,等 . 2003. 64 种荒漠植物种子微形态的研究 . 浙江师范大学学报(自然科学版),26(2):109–115.

宋维民,周海燕,贾荣亮,等 . 2008. 土壤逐渐干旱对 4 种荒漠植物光合作用和海藻糖含量的影响 . 中国沙漠,28(3):499–454.

苏洁琼,李新荣,李小军,等 . 2010. 草原化荒漠植被草本层片植物对人工施加氮素的响应 . 中国沙漠,30(6):1336–1340.

孙鸿烈,于贵瑞,欧阳竹,等 . 2010. 中国生态系统定位观测与研究数据集:草地与荒漠生态系统卷 . 北京:中国农业出版社 .

肖洪浪,李新荣 . 2005. 沙坡头站雨养人工生物防护体系水平衡研究五十年 . 中国沙漠,25(2):24–30.

肖洪浪,李新荣,段争虎,等 . 2003. 流沙固定过程中土壤 – 植被系统演变 . 中国沙漠,23(6):605–611.

杨文斌,李伟,党宏忠 . 2015. 低覆盖度治沙:原理、模式与效果 . 北京:科学出版社,25–108.

张继贤 . 1997. 沙坡头地区风沙土的水热状况 . 中国沙漠,2:154–158.

张志山 . 2009. 固沙植被生态系统演替中的土壤生物学和呼吸特征研究 . 北京:中国科学院大学,博士后研究工作报告 .

赵昕,杨小菊,石勇,等. 2014. 盐胁迫下荒漠共生植物红砂与珍珠的根茎叶中离子吸收与分配特征. 生态学报, 34(4): 963–972.

周宜君,刘春兰,冯金朝,等. 2001. 沙冬青抗旱、抗寒机理的研究进展. 中国沙漠, 21(3): 312–316.

周志宇,朱宗元,刘钟龄. 2010. 干旱荒漠区受损生态系统的恢复重建与可持续发展. 北京: 科学出版社.

Assouline S. 2013. Infiltration into soils: Conceptual approaches and solutions. Water Resources Research, 49(4): 1755–1772.

Baudena M, Boni G, Ferraris L, et al. 2007. Vegetation response to rainfall intermittency in drylands: Results from a simple ecohydrological box model. Advances in Water Resources, 30(5): 1320–1328.

Baudena M, D'andrea F, Provenzale A. 2008. A model for soil–vegetation–atmosphere interactions in water-limited ecosystems. Water Resources Research, 44(12): 1223–1238.

Bertram J, Dewar R C. 2013. Statistical patterns in tropical tree cover explained by the different water demand of individual trees and grasses. Ecology, 94(10): 2138–2144.

Bohonak A J. 2004. RMA: Software for Reduced Major Axis regression v. 1.17. University of San Diego.

Bond W J, Keeley J E. 2005. Fire as a global 'herbivore': The ecology and evolution of flammable ecosystems. Trends in Ecology & Evolution, 20(7): 387–394.

Bond W J, Midgley G F. 2011. Carbon dioxide and the uneasy interactions of trees and savannah grasses. Philosophical Transactions of the Royal Society, 367(1588): 601–612.

Briske D D, Fuhlendorf S D, Smeins F. 2005. State- and-transition models, thresholds, and rangeland health: A synthesis of ecological concepts and perspectives. Rangeland Ecology & Managemen, 58(1): 1–10.

Chen G X, Komatsuda T, Ma J F, et al. 2011. An ATP-binding cassette subfamily G full transporter is essential for the retention of leaf water in both wild barley and rice. PNAS, 108(30): 12354–12359.

Chen J, Zhou X, Wang J. 2016. Grazing exclusion reduced soil respiration but increased its temperature sensitivity in a Meadow Grassland on the Tibetan Plateau. Ecology & Evolution, 6(3): 675–687.

D'onofrio D, Baudena M, D'andrea F, et al. 2015. Tree–grass competition for soil water in arid and semiarid savannas: The role of rainfall intermittency. Water Resources Research, 51(1): 169–181.

Eagleson P S. 1978. Climate, soil, and vegetation: 1. Introduction to water balance dynamics. Water Resources Research, 14(5): 705–712.

Gao Y H, Li X R, Liu L C, et al. 2012. Seasonal variation of carbon exchange from a revegetation area in a Chinese desert. Agricultural and Forest Meteorology, 156: 134–142.

Guo L B, Wang M B, Gifford R M. 2007. The change of soil carbon stocks and fine root dynamics after land use change from a native pasture to a pine plantation. Plant and Soil, 299: 251–62.

Hertel D, Harteveld M A, Leuschner C. 2009. Conversion of a tropical forest into agroforest alters the fine root-related carbon flux to the soil. Soil Biology & Biochemistry, 41: 481–90.

Hirota M, Holmgren M, Van-Nes E H, et al. 2011. Global resilience of tropical forest and savanna to critical transitions. Science, 334(6053): 232–235.

Holmgren M, Hirota M. 2013. Effects of interannual climate variability on tropical tree cover. Nature Climate Change, 3(8): 755–758.

Hui R, Li X R, Chen C Y, et al. 2013. Responses of photosynthetic properties and chloroplast ultrastructure of *Bryum argenteum* from a desert biological soil crust to elevated ultraviolet-B radiation. Physiologia Plantarum, 147: 489–501.

Hui R, Li X R, Jia R L, et al. 2014. Photosynthesis of two moss crusts from the Tengger Desert with contrasting sensitivity to supplementary UV-B radiation. Photosynthetica, 52(1): 36–49.

Jonathan A. 2003. Vegetation–Climate Interaction: How Vegetation Makes the Global Environment. New York: Springer, 20–45.

Laio F, Porporato A, Ridolfi L, et al. 2001. Plants in water-controlled ecosystems: Active role in hydrologic processes and response to water stress: II. Probabilistic soil moisture dynamics. Advances in Water Resources, 24(7): 707–723.

Lehmann C E, Anderson T M, Sankaran M, et al. 2014. Savanna vegetation–fire–climate relationships differ among continents. Science, 343(6170): 548–552.

Levins R. 1969. Some demographic and genetic consequences of environmental heterogeneity for biological control. Bulletin of the ESA, 15(3): 237–240.

Li C, Wang A D, Ma X Y, et al. 2013. An eceriferum locus, *cer–zv*, is associated with a defect in cutin responsible for water retention in barley (*Hordeum vulgare*) leaves. Theoretical and Applied Genetics, 126(3): 637–646.

Li J H, Li X R, Chen C Y. 2014. Degradation and reorganization of thylakoid protein complexes of *Bryum argenteum* in response to dehydration and rehydration. The Bryologist, 117: 110–118.

Li M, Liu Y, Liu M, et al. 2015. Comparative studies on leaf epidermal micromorphology and mesophyll structure of *Elaeagnus angustifolia* L. in two different regions of desert habitat. Sciences in Cold and Arid Regions, 7(3) : 0229–0237.

Li X J, Li X R, Wang X P, et al. 2016. Changes in soil organic carbon fractions after afforestation with xerophytic shrubs in the Tengger Desert, Northern China. European Journal of Soil Science, 67: 184–195.

Li X J, Li X R, Song W M, et al. 2008. Effects of crust and shrub patches on runoff, sedimentation, and related nutrient (C, N) redistribution in the desertified steppe zone of the Tengger Desert, Northern China. Geomorphology, 96(1–2): 0–232.

Li X R, Chen Y W, Yang L W. 2004a. Cryptogam diversity and formation of soil crusts in temperate desert. Annals of Arid Zone, 43: 335–353.

Li X R, Gao Y H, Su J Q, et al. 2014a. Ants mediate soil water in arid desert ecosystems: Mitigating rainfall interception induced by biological soil crusts? Applied Soil Ecology, 78: 57–64.

Li X R, He M Z, Duan Z H, et al. 2007a. Recovery of topsoil physicochemical properties in revegetated sites in the sand-burial ecosystems of the Tengger Desert, Northern China. Geomorphology, 88(3): 254–265.

Li X R, He M Z, Li X J, et al. 2012. Cryptogamic communities in biological soil crusts in arid deserts of China: Diversity and their relationships to habitats in different scales. EGU General Assembly Conference.

Li X R, He M Z, Zerbe S, et al. 2010a. Micro-geomorphology determines community structure of biological soil crusts at small scales. Earth Surface Processes and Landforms, 35: 932–940.

Li X R, Jia R L, Chen Y W, et al. 2011. Association of ant nests with successional stages of biological soil crusts in the Tengger Desert, Northern China. Applied Soil Ecology. 47: 59–66.

Li X R, Jia X H, Long L Q, et al. 2005. Effects of biological soil crusts on seed bank, germination and establishment of two annual plant species in the Tengger Desert. Plant and Soil, 277: 375–385.

Li X R, Kong D S, Tan H J, et al. 2007b. Changes in soil and vegetation following stabilization of dunes in the southeastern fringe of the Tengger Desert, China. Plant and Soil, 300: 221–231.

Li X R, Ma F Y, Xiao H L, et al. 2004b. Long-term effects of revegetation on soil water content of sand dunes in arid region of Northern China. Journal of Arid Environments, 57: 1–16.

Li X R, Tan H J, He M Z, et al. 2009. Patterns of shrub species richness and abundance in relation to environmental factors on the Alxa Plateau: Prerequisites for conserving shrub diversity in extreme arid desert regions. Science in China Series D: Earth Sciences, 52(5): 669–680.

Li X R, Tian F, Jia R L, et al. 2010b. Do biological soil crusts determine vegetation changes in sandy deserts? Implications for managing artificial vegetation. Hydrological Processes, 24: 3621–3630.

Li X R, Wang X P, Li T, et al. 2002. Microbiotic soil crust and its effect on vegetation and habitat on artificially stabilized desert dunes in Tengger desert, North China. Biology and Fertility of Soils, 35: 147–154.

Li X R, Xiao H L, He M Z, et al. 2006. Sand barriers of straw checkerboards for habitat restoration in extremely arid desert regions. Ecological Engineering, 28 (2): 149–157.

Li X R, Xiao H L, Zhang J G, et al. 2004c. Long-term ecosystem effects of sand–binding vegetation in the tengger desert, Northern China. Restoration Ecology, 12 (3): 376–390.

Li X R, Zhang D H, Zhang F, et al. 2017. The eco–hydrological threshold for evaluating the stability of sand-binding vegetation in different climatic zones. Ecological Indicators, 83: 404–415.

Li X R, Zhang Z S, Huang L, et al. 2013. Review of the ecohydrological processes and feedback mechanisms controlling sand-binding vegetation systems in sandy desert regions of China. Chinese Science Bulletin, 58 (13): 1483–1496.

Li X R, Zhang Z S, Tan H J, et al. 2014b. Ecological restoration and recovery in the wind-blown sand hazard areas of northern China: Relationship between soil water and carrying capacity for vegetation in the Tengger Desert. Science in China Series C–Life Science, 57: 539–548.

Li X R, Zhang Z S, Zhang J G, et al. 2004d. Association between vegetation patterns and soil properties in the Southeastern Tengger Desert, China. Arid Land Research and Management, 18: 369–383.

Li X R, Zhou H Y, Wang X P, et al. 2003. The effects of sand stabilization and revegetation on cryptogam species diversity and soil fertility in Tengger desert, Northern China. Plant and Soil, 251: 237–245.

Liu L C, Song Y X, Gao Y H, et al. 2007. Effects of microbiotic crusts on evaporation from the revegetated area in a Chinese desert. Soil Research, 45: 422–427.

Liu M L, Li X R, Liu Y B, et al. 2013. Regulation of flavanone 3-hydroxylase gene involved in the flavonoid biosynthesis pathway in response to UV-B radiation and drought stress in the desert plant, *Reaumuria soongorica*. Plant Physiology and Biochemistry, 73: 161–167.

Liu M L, Li X R, Liu Y B, et al. 2015. Analysis of differentially expressed genes under UV-B radiation in the desert plant *Reaumuria soongorica*. Gene, 574: 265–272.

Liu Y, Li X, Chen G, et al. 2015. Epidermal micromorphology and mesophyll structure of *Populus euphratica* heteromorphic leaves at different development stages. PLoS ONE, 10 (9): e0137701.

Liu Y B, Li X R, Liu M L, et al. 2012. Responses of three different ecotypes of reed (*Phragmites communis* Trin.) to their natural habitats: Leaf surface micro-morphology, anatomy, chloroplast ultrastructure and physio-chemical characteristics. Plant Physiology and biochemistry, 51: 159–167.

Liu Y, Li X, Tan H, et al. 2010. Molecular characterization of RsMPK2, a C1 subgroup mitogen-activated protein kinase in the desert plant Reaumuria soongorica. Plant Physiology and Biochemistry, 48: 836–844.

Liu Y M, Li X R, Xing Z S, et al. 2013. Responses of soil microbial biomass and community composition to biological soil crusts in the revegetated areas of the Tengger Desert. Applied Soil Ecology, 65: 52–59.

Liu Y B, Li X R, Zhang Z S, et al. 2016. The adaptive significance of differences of root morphology, anatomy and physiology from three ecotypes of reed (*Phragmites communis* Trin.). Sciences in Cold and Arid Regions, 8 (3): 0196–0204.

Liu Y B, Liu M L, Li X R, et al. 2014. Identification of differentially expressed genes in leaf of *Reaumuria soongorica* under PEG-induced drought stress by digital gene expression profiling. PLoS ONE, 9: e94277.

Liu Y B, Wang G, Liu J, et al. 2007. Anatomical, morphological and metabolic acclimation in the resurrection plant *Reaumuria soongorica* during dehydration and rehydration. Journal Arid Environment, 70: 181–194.

Mcdowell N G, Allen C D. 2015. Darcy's law predicts widespread forest mortality under climate warming. Nature Climate Change, 5 (7): 669–672.

Niu S, Wu M, Han Y, et al. 2008. Water-mediated responses of ecosystem carbon fluxes to climatic change in a temperate steppe. New Phytologist, 177 (1): 209–219.

Noy-Meir I. 1973. Desert ecosystems: Environment and producers. Annual Review of Ecology and Systematics, 4: 21–31.

Pan Y X, Wang X P, Zhang Y F. 2010. Dew formation characteristics in a revegetation-stabilized desert ecosystem in Shapotou area, Northern China. Journal of Hydrology, 387 (3–4): 265–272.

Qian Y B, Wu Z N, Zhang L Y, et al. 2004. Impact of habitat heterogeneity on plant community pattern in Gurbantunggut Desert. Journal of geographical Sciences, 14 (4): 447–455.

Qian Y B, Wu Z N, Zhao R F, et al. 2008. Vegetation patterns and species–environment relationships in the Gurbantunggut Desert of China. Journal of Geographical Sciences, 18 (4): 400–414.

Rodriguez-Iturbe I, Porporato A, Ridolfi L, et al. 1999. Probabilistic modelling of water balance at a point: The role of climate, soil and vegetation. Proceedings of the Royal Society of London Series A: Mathematical, Physical and Engineering Sciences, 455 (1990): 3789–3805.

Sankaran M, Hanan N P, Scholes R J, et al. 2005. Determinants of woody cover in African savannas. Nature, 438 (7069): 846–849.

Shi Y, Yan X, Zhao PS, et al. 2013. Transcriptomic analysis of a tertiary relict plant, extreme xerophyte *Reaumuria soongorica* to identify genes related to drought adaptation. PLoS ONE, 8 (5): e63993

Stampfli A, Zeiter M. 1999. Plant species decline due to abandonment of meadows cannot easily be reversed by mowing. A case study from the southern Alps. Journal of Vegetation Science, 10 (2): 151–164.

Staver A C, Archibald S, Levin S A. 2011. The global extent and determinants of savanna and forest as alternative biome states. Science, 334 (6053): 230–232.

Su J Q, Li X R, Li X J, et al. 2013. Effects of additional N on herbaceous species of desertified steppe in arid regions of China: A four-year field study. Ecological Research, 28: 21–28.

Su Y G, Zhao X, Li X R, et al. 2011. Nitrogen fixation in biological soil crusts from the Tengger desert, Northern China. European Journal of Soil Biology, 47 (3): 182–187.

Tan M, Li X. 2015. Does the Green Great Wall effectively decrease dust storm intensity in China? A study based on NOAA NDVI and weather station data. Land Use Policy, 43 (3): 42–47.

Tilman D. 1994. Competition and biodiversity in spatially structured habitats. Ecology, 75 (1): 2–16.

Van-Wijk M T, Rodriguez-Iturbe I. 2002. Tree-grass competition in space and time: Insights from a simple cellular automata model based on ecohydrological dynamics. Water Resources Research, 38 (9): 18-1–18-15.

Walker B, Salt D. 2008. Resilience thinking: Sustaining ecosystems and people in a changing world. Northeastern Naturalist.

Wang X, Zhang C, Hasi E, et al. 2010. Has the Three Norths Forest Shelterbelt Program solved the desertification and dust storm problems in arid and semiarid China? Journal of Arid Environments, 74 (1): 13–22.

Wang X P, Zhang Y F, Wang Z N, et al. 2013. Influence of shrub canopy morphology and rainfall characteristics on stemflow within a revegetated sand dune in the Tengger Desert, NW China. Hydrological Processes, 27 (10): 1501–1509.

Wang X Q, Zhang Y M, Jiang J J, et al. 2006. Variation pattern of soil water content in longitudinal dune in the Southern Part of Gurbantunggut Desert: How snow melt and frozen soil change affect the soil moisture. Journal of Glaciology and Geocryology, 28 (2): 262–268.

Wu Y X, Ding N, Zao X, et al. 2007. Molecular characterization of PeSoS1: the putative Na$^+$/H$^+$ antiporter of populous euphratica. Plant Molecular Biology, 65: 1–11.

Xu X, Medvigy D, Rodrigueziturbe I. 2015. Relation between rainfall intensity and savanna tree abundance explained by water use strategies. PNAS, 112 (42): 12992–12996.

Yang H T, Li X R, Wang Z R, et al. 2014. Carbon sequestration capacity of shifting sand dune after establishing new vegetation in the Tengger Desert, Northern China. Science in the Total Environment, 478: 1–11.

Zeng F P, Peng W X, Song T Q, et al. 2007. Changes in vegetation after 22 years' natural restoration in the Karst disturbed area in northwestern Guangxi, China. Acta Ecologica Sinica, 27(12): 5110–5119.

Zhang N, Jiang D M, Alamusa A, et al. 2014. Leaf Water Potential and Root Distribution of the Main Afforestation Tree Species in Horqin Sandy Land, China; Proceedings of the Advanced Materials Research. Switzerland: Trans Tech Publication.

Zhang Z S, Dong X J, Xu B X, et al. 2015. Soil respiration sensitivities to water and temperature in a revegetated desert. Journal of Geophysical Research: Biogeosciences, 120: 773–787.

Zhang Z S, Li X R, Liu L C, et al. 2009. Distribution, biomass, and dynamics of roots in a revegetated stand of *Caragana korshinskii* in the Tengger Desert, Northwestern China. Journal of Plant Research, 122: 109–119.

Zhang Z S, Li X R, Wang T, et al. 2008a. Distribution and seasonal dynamics of roots in a revegetated stand of *Artemisia ordosica* Kracsh. in the Tengger Desert (North China). Arid Land Research and Management, 22(3): 195–211.

Zhang Z S, Li X R, Wu P, et al. 2013. Effect of sand-stabilizing shrubs on soil respiration in a temperate desert. Plant Soil, 367: 449–463.

Zhang Z S, Liu L C, Li X R, et al. 2008b. Evaporation properties of a revegetated area of the Tengger Desert, North China. Journal of Arid Environments, 72: 964–973.

Zhang Z S, Zhao Y, Jun D X, et al. 2016a. Evolution of soil respiration depends on biological soil crusts across a 50-year chronosequence of desert revegetation. Soil Science and Plant Nutrition, 62(2): 140–149.

Zhang Z S, Zhao Y, Li X R, et al. 2016b. Gross rainfall amount and maximum rainfall intensity 60-minute influence on interception loss of shrubs: A 10-year observation in the Tengger Desert. Scientific Reports, 6: 26030.

Zhao P S, Capella-Gutierrez S, Shi Y, et al. 2014. Transcriptomic analysis of a psammophyte food crop, sand rice (*Agriophyllum squarrosum*) and identification of candidate genes essential for sand dune adaptation. BMC Genomics, 15: 872–886.

Zhao P S, Zhang J, Qian C J, et al. 2017. SNP discovery and genetic variation of candidate genes relevant to heat tolerance and agronomic traits in natural populations of sand rice (*Agriophyllum squarrosum*). Frontiers in Plant Science, 8: 536.

Zhou Q, Li C, Kohei M, et al. 2017. Characterization and genetic mapping of the β-diketone deficient eceriferum-b barley mutant. Theoretical and Applied Genetics, 130: 1169–1178.

第8章 黑河流域中游荒漠生态系统过程与变化[*]

黑河是我国西北干旱区第二大内陆河,发源于青海省祁连山,消失于内蒙古额济纳旗的居延海。黑河流域总面积约为 13 万 km^2,南部为祁连山山地,中部为中游平原,北部为低山山地和阿拉善高原,并与巴丹吉林沙漠接壤。黑河中游地区是由绿洲、荒漠绿洲过渡带、荒漠草原和湿地等生态系统以及城镇共同组成的荒漠绿洲景观,其中荒漠是背景基质,绿洲是经济核心区和人口聚集区,荒漠绿洲过渡带是绿洲生态安全和稳定的重要保障。近年来,随着人口增长,绿洲快速扩张,出现了一系列负面影响,尤其是水资源短缺进一步加剧,荒漠绿洲过渡带变窄甚至消失,可能会给绿洲带来不可预测的灾害。基于这些科学问题,中国科学院临泽内陆河流域研究站(以下简称临泽站)以荒漠绿洲生态建设和内陆河流域管理的基础性和战略性科学问题为主导,为提升内陆河流域水科学理论和水土资源可持续利用开展长期监测和研究。本章重点介绍黑河流域中游荒漠生态水文过程及变化。

8.1 临泽站概况

临泽站成立于 1975 年,于 2003 年加入中国科学院生态网络站,2005 年成为国家野外观测站,2007 年成为水利部水土保持研究与示范基地。研究方向从最初的风沙沙害防治与绿洲建设逐步拓展至现在的以流域生态水文为核心的多学科研究。

8.1.1 区域生态系统特征

临泽站(100°07′E, 39°21′N,海拔 1384 m)地处甘肃省临泽县平川镇境内,位于河西走廊中部和我国第二大内陆河黑河中游。年平均降水量 117 mm,年平均蒸发量 2390 mm,年平均气温为 7.6 ℃,最高气温 39.1 ℃,最低气温 –27 ℃,≥10 ℃的年积温 3088 ℃,无霜期 105 d,年均风速 3.2 m·s⁻¹,年平均大于 8 级的大风日数 15 d,主风向为西北风,风沙活动主要集中在 3—5 月,地带性土壤为灰棕漠土,开垦后经长期耕作向绿洲土演变,并有大片的盐碱土和风沙土分布。地带性植被由珍珠猪毛菜和红砂等灌木组成,绿洲农业主要作物为玉米、小麦。

临泽站生态系统类型包括绿洲农田生态系统和荒漠生态系统。农田土壤类型以灌漠土为主,主要依靠河水和地下水灌溉。近 20 年来种植作物以制种玉米为主,种植面积占 70% 以上。

---

* 本章作者为中国科学院西北生态环境资源研究院何志斌、罗维成、刘冰、张格非、刘继亮、康建军。

荒漠生态系统土壤类型为灰棕漠土。荒漠天然植被主要有红砂（*Reaumuria songarica*）、泡泡刺（*Nitraria sphaerocarpa*）、霸王（*Zygophyllum xanthoxylon*）、沙拐枣（*Calligonum mongolicum*）、松叶猪毛菜（*Salsola laricifolia*）、合头草（*Sympegma regelii*）等，在荒漠绿洲过渡带主要有不同年代种植的梭梭（*Haloxylon ammodendron*）。

8.1.2　区域代表性

临泽站地处河西走廊中部和我国第二大内陆河黑河中游，周边景观类型多样，主要有绿洲农田、盐碱湿地、砾质荒漠和沙漠。其代表性主要表现在以下几个方面：① 生态系统类型多样化，包括绿洲农田生态系统和荒漠生态系统，绿洲内部有湿地生态系统、荒漠生态系统（分为砾质荒漠和沙漠）。② 气候条件独特，属于典型的大陆性季风气候。气候干燥、热量丰富，降水稀少且变异性大。③ 地貌及土壤类型多样，包括构造剥蚀地貌、堆积地貌和风成地貌。土壤类型有灰棕荒漠土、灰漠土、风沙土、盐化草甸土、绿洲潮土和灌漠土。④ 植被类型多样，有灌溉绿洲栽培农作物和防护林网等人工植被，也有以小灌木、半灌木荒漠植被为主的天然植被。

8.1.3　台站的历史发展沿革

临泽站始建于 1975 年，其发展大体上经历了三个阶段：

① 以治理沙害为主要科学任务的初期阶段。1975—1980 年通过定位实验，在临泽北部绿洲边缘开展乔、灌、草配置，阻、固、封结合的沙漠化防治及防护林体系建设试验示范，完成的"临泽北部绿洲边缘流沙固定研究"项目获 1982 年甘肃省科技进步奖一等奖。1981—1985 年在前期工作基础上，开展绿洲防护林体系建植及沙荒地改造试验示范，完成的"临泽北部荒地改造利用"项目获 1985 年国家科技进步奖二等奖。

② 以绿洲水土资源开发利用为主要科学任务的维持阶段。1986—1999 年先后围绕绿洲开发及水分高效利用问题，开展了干旱区植物水分生理、绿洲农作物蒸散发、绿洲水分平衡研究和沙地经济林果的栽培试验。

③ 以流域水–生态–经济系统综合管理研究为主要目标的快速发展阶段。2000 年以来，以程国栋院士为首席的中国科学院知识创新西部行动计划项目"黑河流域水–生态–经济系统综合管理"的黑河中游课题以临泽站为依托进行了项目实施，充实了科研力量。2003 年加入中国生态系统研究网络，2005 年加入国家野外科学观测研究站，2007 年入选国家水土保持科技示范园区。2012 年入选全国中小学水土保持教育社会实践基地。

8.1.4　学科定位、研究方向与目标

学科定位与目标： 在国家层面上，以荒漠绿洲生态建设和内陆河流域管理的基础性和战略性科学问题为主导，为提升内陆河流域水科学理论和水土资源可持续利用的科学研究水平提供试验研究平台，建成特色突出、优势明显的内陆河流域研究站。在研究所层面上，临泽站是研究所"一三五"规划中培育重大突破的研究基地。

主要研究方向： ① 绿洲生态水文研究，从个体、田块、灌区到绿洲不同尺度的蒸散发、耗水、水平衡及绿洲碳固定、生产力形成等生态水文过程，探讨绿洲系统生态水文相互作用规律及绿洲溶质运移和水循环的耦合关系，为绿洲的可持续管理提供依据。② 干旱区植物生理研究，研究

干旱区植物的生理特征、水分利用及碳水耦合机理,探讨植物适应干旱区环境的生理学机制,从种间、种内关系等方面寻求提高植物水分利用效率及增强植被稳定性的途径,服务干旱区生态环境建设与生态系统管理。③ 干旱区土壤与绿洲农业研究,研究干旱区土壤的物理、化学及生物过程,探讨土壤动物、微生物食物网结构、多样性及土壤质量的形成演变,揭示荒漠化、绿洲化、盐渍化过程的水、碳、氮耦合过程与机理,为绿洲农业生态系统的高效健康提供依据。④ 森林生态水文研究,以典型小流域为单元,通过 3S 技术、地面调查和多尺度实验观测相结合的方法,分析森林植被空间格局、结构和水文过程,揭示森林生态系统变化的驱动机制,阐明森林生态水文过程的作用机理及尺度效应,预测森林植被对气候变化的响应,为祁连山区森林植被恢复重建提供科技支撑。⑤ 流域尺度的水资源效应和水资源管理研究,在流域尺度上,研究冰雪水、降水、土壤水等水资源形成演化规律,探讨地表水与地下水的转化及水资源的社会循环,评价流域尺度水资源分配格局及其环境效应,为流域水资源综合管理提供技术支撑。

8.1.5 台站基础设施

临泽站占地 700 亩,有绿洲农田生态系统监测试验场 2 个、荒漠生态系统监测试验场 2 个、荒漠湿地监测场 2 个、固沙植被动态监测样地 4 个、地下水监测样带 1 条、土壤水分监测点 20 个。其中荒漠生态系统试验场拥有 2 套自动气象站、1 个荒漠植物群落观测场、18 个地下水控制装置、9 个钢化玻璃增温装置、30 个降水拦截和增加装置、30 个遮雨棚及数套根系生长监测系统等多种固定实验设施。野外站拥有土壤与水化学分析实验室,实验室设常规分析实验室 5 间,拥有国内外先进的大、中、小型仪器设备 20 余台(套)。主要分析项目:土壤机械组成、土壤中植物营养元素含量、土壤微量元素和盐分含量、土壤微生物等;H/O 同位素、盐分离子、F⁻、Br⁻ 和 NO₃⁻ 等。

8.1.6 台站成果简介

成果简介:① 文章发表情况,近 14 年来(2003—2016 年)共发表论文 424 篇,其中 SCI 论文 196 篇,中文核心论文 228 篇,有部分成果发表在 *Agricultural and Forest Meteorology*、*Journal of Hydrology* 和 *Hydrological Processes* 国际知名期刊上。其中关于荒漠生态系统对降水脉动的响应研究以及其相关研究成果获得了国际同行的认可,在国际上产生了一定的影响。② 获奖情况,研究成果先后获得国家科技进步奖二等奖及多项省部级奖项。其中"内陆河流域生态经济和生态水文学研究"获 2003 年甘肃省科技进步奖一等奖,"河西走廊绿洲边缘雨养植被建植及管理的生态水文调控技术"获 2017 年甘肃省科技进步奖一等奖。

承担科研项目情况:近 5 年承担科研项目 59 项,总经费 4276 万元。其中国家自然科学基金 23 项,包括重点基金 1 项、杰出青年科学基金 1 项、优秀青年科学基金 1 项;国家重点研发计划 1 项、"973"项目 2 项;中科院"百人计划"1 项。

8.2 荒漠生态系统的结构、功能及其维持机制

荒漠生态系统结构单一,物种多样性较低,地带性植物以旱生、超旱生灌木、半灌木以及一年生草本植物为主。受降水和微地形的影响,荒漠植被在空间上呈不连续的斑块格局分布,在没有

外界干扰的条件下系统比较稳定,在绿洲稳定和生态安全方面发挥着重要功能。针对荒漠天然植被组成、格局以及稳定性机理的研究,提出人工固沙植被布局模式是荒漠绿洲防护体系建设应该关注的热点问题之一。

8.2.1 荒漠生态系统的植物群落及物种多样性特征

(1) 荒漠生态系统植物群落及多样性特征

黑河中游荒漠生态系统植被结构单一,多样性较低,以旱生、超旱生灌木、半灌木和一年生草本为主(表8.1)。主要的建群种有红砂、泡泡刺和沙拐枣等,人工栽植植被主要以梭梭和柽柳为主。常见的植物群落有红砂 – 泡泡刺群落(主要位于山前冲积荒漠)和沙拐枣 – 泡泡刺群落(主要分布在荒漠绿洲过渡区)。草本植物以多年生草本植物为主,常见植物有蒙古韭(*Allium mongolicum*)、蒿属(*Artemisia*)植物,一年生草本植物有虎尾草(*Chloris virgata*)、小画眉草(*Eragrostis pilosa*)、白茎盐生草(*Halogeton arachnoideus*)、雾冰藜(*Bassia dasyphylla*)、猪毛菜属(*Salsola* spp.)、刺沙蓬(*Salsola tragus*)和沙蓬(*Agriophyllum squarrosum*)等。

表 8.1 黑河中游荒漠生态系统主要植物物种及其出现频率

科	种	荒漠	过渡带	绿洲
松科 Pinaceae	油松 *Pinus tabulaeformis*		+	
	樟子松 *Pinus sylvestris* var. *mongolica*		+	
柏科 Cupressaceae	侧柏 *Platycladus orientalis*		+	
麻黄科 Ephedraceae	草麻黄 *Ephedra sinica*	+		
杨柳科 Salicaceae	新疆杨 *Populus alba* var. *pyramidalis*			++
	二白杨 *Populus gansuensis*		+++	+++
	胡杨 *Populus euphratica*			+
榆科 Ulmaceae	榆树 *Ulmus pumila*			+
桑科 Moraceae	桑 *Morus alba*			+
蓼科 Polygonaceae	淡枝沙拐枣 *Calligonum leucocladum*	+	+	
	沙拐枣 *Calligonum mongolicum*	+++	+	
	甘肃沙拐枣 *Calligonum chinense*	+		
	戈壁沙拐枣 *Calligonum gobicum*	+		
藜科 Chenopodiaceae	黄毛头 *Kalidium cuspidatum* var. *sinicum*	+		
	沙蓬 *Agriophyllum squarrosum*	+++	+	
	蒙古虫实 *Corispermum mongolicum*	+	+	
	尖头叶藜 *Chenopodium acuminatum*		+	+
	雾冰藜 *Bassia dasyphylla*		+++	+
	碱蓬 *Suaeda glauca*		+	

科	种	荒漠	过渡带	绿洲
	梭梭 *Haloxylon ammodendron*		+++	
	合头草 *Sympegma regelii*	+		
	白茎盐生草 *Halogeton arachnoideus*	+++	++	
	珍珠猪毛菜 *Salsola passerina*	+		
	猪毛菜 *Salsola collina*	+		
	松叶猪毛菜 *Salsola laricifolia*	+		
	刺沙蓬 *Salsola tragus*	+++	+	
毛茛科 Ranunculaceae	甘青铁线莲 *Clematis tangutica*	+	+	
十字花科 Brassicaceae	斧翅沙芥 *Pugionium dolabratum*	+		
豆科 Leguminosae	苦豆子 *Sophora alopecuroides*	+	+	
	沙冬青 *Ammopiptanthus mongolicus*	+		
	紫苜蓿 *Medicago sativa*		+	+++
	甘蒙锦鸡儿 *Caragana opulens*	+		
	柠条锦鸡儿 *Caragana korshinskii*		+	
	长毛荚黄耆 *Astragalus monophyllus*	+		
	二裂棘豆 *Oxytropis biloba*	+		
	细枝岩黄芪 *Hedysarum scoparium*	+		
	短翼岩黄芪 *Hedysarum brachypterum*	+		
蒺藜科 Zygophyllaceae	泡泡刺 *Nitraria sphaerocarpa*	+++	+	
	白刺 *Nitraria tangutorum*	+	+	
	小果白刺 *Nitraria sibirica*	+	+	
	骆驼蓬 *Peganum harmala*		+	
	霸王 *Sarcozygium xanthoxylon*	+		
	蝎虎驼蹄瓣 *Zygophyllum mucronatum*	+++		
	驼蹄瓣 *Zygophyllum fabago*	+	+	
	蒺藜 *Tribulus terrestris*	+	+	
柽柳科 Tamaricaceae	红砂 *Reaumuria soongarica*	+++		
	多枝柽柳 *Tamarix ramosissima*		+++	
	柽柳 *Tamarix chinensis*		+	
胡颓子科 Elaeagnaceae	沙枣 *Elaeagnus angustifolia*		+	
锁阳科 Cynomoriaceae	锁阳 *Cynomorium songaricum*	+		
白花丹科 Plumbaginaceae	黄花补血草 *Limonium aureum*	+		

续表

科	种	荒漠	过渡带	绿洲
萝藦科 Asclepiadaceae	地梢瓜 *Cynanchum thesioides*			+
	鹅绒藤 *Cynanchum chinense*		+	+
旋花科 Convolvulacae	菟丝子 *Cuscuta chinensis*		−	−
	打碗花 *Calystegia hederacea*			+
	刺旋花 *Convolvulus tragacanthoides*		+	+
紫草科 Boraginaceae	紫筒草 *Stenosolenium saxatile*	+		
茄科 Solanaceae	黑果枸杞 *Lycium ruthenicum*		−	
	曼陀罗 *Datura stramonium*			−
列当科 Orobanchaceae	肉苁蓉 *Cistanche deserticola*	+		
菊科 Compositae	阿尔泰狗娃花 *Aster altaicus*		+	+
	栉叶蒿 *Neopallasia pectinata*	+		
	砂蓝刺头 *Echinops gmelinii*		++	
	拐轴鸦葱 *Scorzonera divaricata*	+		
	紫菀木 *Asterothamnus alyssoides*	+		
	碱蒿 *Artemisia anethifolia*	+		
	猪毛蒿 *Artemisia scoparia*	+	+	
	大籽蒿 *Artemisia sieversiana*	+	+	
	香叶蒿 *Artemisia rutifolia*		+	
	冷蒿 *Artemisia frigida*	+		
禾本科 Gramineae	三芒草 *Aristida adscensionis*	+	+	
	冰草 *Agropyron cristatum*			+
	拂子茅 *Calamagrostis epigeios*		+	
	丝颖针茅 *Stipa capillacea*	+		
	芦苇 *Phragmites australis*		++	+
	芨芨草 *Achnatherum splendens*	+	+	+
	沙鞭 *Psammochloa villosa*	++		
	小画眉草 *Eragrostis minor*	+++	+	+
	虎尾草 *Chloris virgata*	+	+	+
	狗尾草 *Setaria viridis*			+
百合科 Liliaceae	蒙古韭 *Allium mongolicum*	+++		

注：+++，优势种；++，常见种；+，稀有种；−，偶见种。

（2）荒漠生态系统土壤动物多样性特征

荒漠动物种类匮乏,脊椎动物以鸟类、沙蜥属和啮齿类动物为主。无脊椎动物主要以地表活动的节肢动物为主(表8.2),线虫和原生动物等仅在气候条件适宜的季节短期活动。蛛形纲的蜘蛛、昆虫纲的拟步甲科和蚁科是研究区主要的节肢动物类群,其数量占地表节肢动物总量的5%、20%和30%左右,生物量占地表节肢动物总量的3%、77%和3%左右(刘继亮等,2010)。

表 8.2 黑河中游荒漠生态系统无脊椎动物物种及出现频率

科	属/种	荒漠	过渡带	绿洲
钳蝎科 Buthidae	东亚正钳蝎 *Mesobuthus martensii*	+		
卡尔避日蛛科 Karschiidae		+	+	
球蛛科 Theridiidae	肥腹蛛属 *Steatoda*		+	
皿蛛科 Linyphiidae	黑微蛛 *Erigone atra*		+	+++
	皿蛛亚科 Linyphiinae		+	+++
狼蛛科 Lycosidae	穴居狼蛛 *Lycosa singoriensis*			+
	黑豹蛛 *Pardosa atrata*	+	+	+++
	沙地豹蛛 *Pardosa takahashii*	+		
	舞蛛属 *Alopecosa*			+
管巢蛛科 Clubionidae	管巢蛛属 *Clubiona*			+
光盔蛛科 Liocranidae				+
狼栉蛛科 Zoridae		+	+	
平腹蛛科 Gnaphosidae	矛韩掠蛛 *Coreodrassus lancearius*	+	+	
	蝇平腹蛛 *Gnaphosa muscorum*			+
	甘肃平腹蛛 *Gnaphosa kansuensis*			+
	胡氏狂蛛 *Zelotes hui*			+
	枝疣蛛属 *Cladothela*	+		
	幽蛛属 *Scotophaeus*	+		
蟹蛛科 Thomisidae	蒙古花蟹蛛 *Xysticus mongolicu*	+	+	
	花蟹蛛属 *Xysticus*		++	
	巴蟹蛛属 *Bassaniana*		+	+
逍遥蛛科 Philodromidae	逍遥蛛属 *Philodromus*	+	+	
	长逍遥蛛属 *Tibellus*	+	+	
跳蛛科 Salticidae	树跳蛛属 *Yllenus*	+	+	
硬体盲蛛科 Sclerosomatidae		++	+	
潮虫科 Oniscidae		+	+	+
毛衣鱼科 Lepidotrichidae		+		

续表

科	属 / 种	荒漠	过渡带	绿洲
蜓科 Aeshnidae	碧伟蜓 *Anax parthenope julius*		+	+
螳科 Mantidae	薄翅螳螂 *Mantis religiosa*		+	
	短翅螳螂 *Bolivaria brachyptera*		+	
蠼螋科 Labiduridae	河岸蠼螋 *Labidura riparia*		+++	++
硕螽科 Bradyporidae	阿拉善懒螽 *Zichya alashanica*	+		
	戈壁花硕螽 *Zichya baranovi*	+		
	齿须懒螽 *Zichya odonticerca*	+		
蝼蛄科 Gryllotalpidae	华北蝼蛄 *Gryllotalpa unispina*	+		
蟋蟀科 Gryllidae	银川油葫芦 *Teleogryllus infernalis*			+
癞蝗科 Pamphagidae	青海短鼻蝗 *Filchnerella kukunoris*	+		
	癞短鼻蝗 *Filchnerella pamphagides*			+
剑角蝗科 Acrididae	中华剑角蝗 *Acrida cinerea*	+		+
叶蝉科 Cicadellidae	大青叶蝉 *Cicadella viridis*		+	+
木虱科 Psyllidae	异色胖木虱 *Caillardia robusta*		+	
	梭梭胖木虱 *Caillardia azurea*		+	
猎蝽科 Reduviidae	伏刺猎蝽 *Reduvius testaceus*			+
土蝽科 Cydnidae	根土蝽 *Stibaropus formosanus*			+
	黄伊土蝽 *Aethus flavicoris*	+		
蝽科 Pentatomidae	苍蝽 *Brachynema germarii*		+	
长蝽科 Lygaeidae	巨膜长蝽 *Jakowleffia setulosa*	+++	+++	
	横带红长蝽 *Lygaeus equestris*			+
	小长蝽 *Nysius ericae*			+
红蝽科 Pyrrhocoridae	地红蝽 *Pyrrhocoris sibiricus*		+	
步甲科 Carabidae	暗步甲属 *Amara*	+	+	
	暗铜步甲 *Amara chalcites*	+	+	
	中华金星步甲 *Calosoma chinense*		+	
	大星步甲 *Calosoma maximoviczi*	+	+	
	褐黄缘青步甲 *Chlaenius（Chlaenites）inderiensis*			+
	淡足青步甲 *Chlaenius（Chlaenius）pallipes*			+
	双斑猛步甲 *Cymindis binotata*	+	+	
	半猛步甲 *Cymindis daimio*	+	+	
	蠋步甲 *Dolichus halensis*			+++

续表

科	属 / 种	荒漠	过渡带	绿洲
	大头婪步甲 *Harpalus capito*			+
	淡鞘婪步甲 *Harpalus paldipennis*			+
	毛婪步甲 *Harpalus griseus*			+
	中华婪步甲 *Harpalus sinicus*			+
	谷婪步甲 *Harpalus（Pardileus）calceatus*			+
	单齿婪步甲 *Harpalus simplicidens*			+
	格脊角步甲 *Poecilus gebleri*			+
	壮脊角步甲 *Poecilus fortipes*			+
	短翅伪葬步甲 *Pseudotaphoxenus brevipennis*	+	+	
	蒙古伪葬步甲 *Pseudotaphoxenus mongolicus*	+	+	
	直角通缘步甲 *Pterostichus amara gebleri*			+
	单齿蝼步甲 *Scarites acutidens*			+
瓢甲科 Coccinellidae	多异瓢虫 *Adonia variegata*	+	+	
	横带瓢虫 *Coccinella trifasciata*			+
	异色瓢虫 *Harmonia axyridis*			+
	二星瓢虫 *Adalia bipunctata*			+
	七星瓢虫 *Coccinella septempunctata*			+
	蒙古光瓢虫 *Exochomus（Anexochomus）mongol*		+	+
叩甲科 Elateridae	细胸金针虫 *Agriotes fuscicollis*		+	+++
	沟金针虫 *Pleonomus canaliculatus*		+	+++
象甲科 Curculionidae	甘肃绿象 *Chlorophanus kansuanus*		+	+
	西伯利亚绿象 *Chlorophanus sibiricus*			+
	欧洲方喙象 *Cleonus piger*	+		
	黑甜菜象 *Bothynoderes libitinarius*	+++		
	粉红锥喙象 *Conorrhynchus conirostris*	+++		
	甘肃齿足象 *Deracanthus potanini*	+++		
	黑条筒喙象 *Lixus fairmairiei*	++		
粪金龟科 Geotrupidae	直蜉金龟 *Aphodius rectus motschulsky*	+	+	
	波氏笨粪金龟 *Lethrus potanini*	++		
	台风蜣螂 *Scarabaeus typhoon*	+		
鳃金龟科 Melolonthidae	大云鳃金龟 *Polyphylla laticollis*			+
	阔胫玛绢金龟 *Maladera verticalis*		+	+

科	属 / 种	荒漠	过渡带	绿洲
	华北大黑鳃金龟 *Holotrichia oblita*		+	+
丽金龟科 Rutelidae	黄褐异丽金龟 *Anomala exoleta*		+	+
犀金龟科 Dynastidae	阔胸禾犀金龟 *Pentodon mongolicus*			+++
花金龟科 Getoniidae	白星花金龟 *Postosia brevitarsis*	+	+	+++
拟步甲科 Tenebrionidae	戈壁琵甲 *Blaps*（*Blaps*）*kashgarensis gobiensis*	++		
	尖尾琵甲 *Blaps acuminata*	+++	+	+
	步行琵甲 *Blaps caraboides*	+		
	拟步行琵甲 *Blaps chinensls*	+		
	背毛甲属 *Epitrichia*	++		
	克氏扁漠甲 *Sternoplax kraatzi*	+		
	谢氏宽漠王 *Mantichorula semenowi*	+		
	中华砚甲 *Cyphogenia chinensis*	+	+	
	莱氏脊漠甲 *Pterocoma reitteri*	+		
	洛氏脊漠甲 *Pterocoma loczyi*	+		
	波氏东鳖甲 *Anatolica potanini*	+++	+	
	磨光东鳖甲 *Anatolica polita polita*	+++	+	
	尖尾东鳖甲 *Anatolica mucronata*	+++		
	宽突东鳖甲 *Anatolica sternalis*	+++		
	阿小鳖甲 *Microdera kraatzi alashanica*	+	+	
叶甲科 Chrysomelidae	白刺粗角萤叶甲 *Diorhabda rybakowi*	+++		
	杨蓝叶甲 *Agelastica alni orientalis*			+
	柳蓝叶甲 *Plagiodera versicolora*			+
锯谷盗科 Silvanidae	锯谷盗 *Oryzaephilus surinamensis*	+	+	+
谷盗科 Trogossitidae	大谷盗 *Tenebroides mauritanicus*	+	+	+
蚁蛉科 Myrmeleontidae	蚁狮 *Euroleon sinicus*		+	+
粉蝶科 Pieridae	斑缘豆粉蝶 *Colias erate*	+	+	+++
	橙黄豆粉蝶 *Colias fieldii*	+	+	+
	菜粉蝶 *Artogeia rapae orientalis*	+	+	+++
	欧洲粉蝶 *Pieris brassicaw*	+	+	++
	云粉蝶 *Pontia daplidice*	+	+	+++
眼蝶科 Satyridae	牧女珍眼蝶 *Coenonympha amaryllis*	+	+	+
	仁眼蝶 *Hipparchia autonoe*	+++	+	+

续表

科	属 / 种	荒漠	过渡带	绿洲
蛱蝶科 Nymphalidae	斗毛眼蝶 *Lopinga deidamia*	+++	+	+
	小红蛱蝶 *Vanessa cardui*			+++
	大红蛱蝶 *Vanessa indica*	+		
	朱蛱蝶 *Nymphalis xanthomelas*	+		
	柳紫闪蛱蝶 *Apatura ilia*		+	+
灰蝶科 Lycaenidae	多眼灰蝶 *Polyommatus eros*			+
	橙灰蝶 *Lycaena dispar*			+
夜蛾科 Noctuidae	小地老虎 *Agrotis ypsilon*			+++
	黄地老虎 *Agrotis segetum*			+++
	仿爱夜蛾 *Apopestes spectrum*			+
	白刺夜蛾 *Leiometopon simyrides*	+++		
天蛾科 Sphingidae	沙枣白眉天蛾 *Hyles hippophaes*		+	
		+		
卷蛾科 Tortricidae		+	+	+
螟蛾科 Pyralidae	玉米螟 *Pyrausta nubilalis*			+
	草地螟 *Loxostege sticticalis*	+	+	
毒蛾科 Lymantriidae	古毒蛾 *Orgyia antiqua*		+	
胡蜂科 Vespidae	德国黄胡蜂 *Vespula germanica*		+	
裸蝇科 Eumenidae		+	+	
泥蜂科 Sphecidae			+	
蜜蜂科 Apidae	意大利蜂 *Apis mellifera*		+	+++
蚁科 Formicidae		+++	+++	+

注:+++,优势种;++,常见种;+,稀有种;–,偶见种。

8.2.2 荒漠植物的生态调节功能与植物间相互作用

荒漠生态系统的组成结构和演替过程控制着系统的水分分配和消耗等水文过程,具有重要的生态调节功能(赵哈林等,2012a)。植物在竞争光照、养分、水分及生长空间等有限资源的同时,还会通过正、负相互作用直接影响邻近个体的生长、繁殖与抵御天敌的能力,或借助微环境的改善而间接使其他生物体获益(Zhang et al.,2016b)。因此,荒漠植物的生态调节功能与种间相互作用在改变胁迫环境中的物种多样性、群落稳定性以及生产力等方面起到了关键作用,是决定荒漠生态系统结构、功能与过程的重要环节。

(1)荒漠生态系统的水文调控功能

植物通过冠层截留、根系吸收及其根系的水分分布来影响土壤水分的空间和时间异质性,并由此改善微环境条件（Ryel et al., 2004）。在干旱荒漠生态系统中，大部分降水是无效的（Noy-Meir, 1973），一般都不能被植物所吸收利用。然而，许多荒漠灌木能通过冠层截留和树干茎流将降水收集、凝聚并输送至深层土壤，使其本身或邻近个体能在极端干旱条件下生存、生长。一些根系分布较浅的荒漠灌木物种，则会利用发达的根系系统减少深层渗漏、改善土壤水分状况（Wang et al., 2013）。此外，灌丛斑块的表层土壤具有很强的降水入渗能力，可有效减少水分的蒸发损耗。伴随着某些灌丛（如小叶锦鸡儿、多枝柽柳等）生长发育过程而在根系附近形成的硬化土层，阻止水分向下渗漏，进而提高浅层土壤贮存水分的能力（Duniway et al., 2010）。

在降水过程中，水分会被冠层大量截留，当灌木叶片和其表面充分湿润并有持续降水时才产生穿透降水和树干茎流，即存在降水量的临界值。在黑河中游荒漠区，荒漠灌木的穿透降水和树干茎流阈值分别为 0.12 ~ 0.37 mm 和 0.70 ~ 1.17 mm。除平均风速、温度和树冠蒸发量外，截留率随其他降水特征指标的增加而减小。另外，水汽压差和净辐射等气象条件控制着被截留的水分在树冠上的蒸发率（表 8.3）。树冠截留经常与叶面积指数联系在一起，且较多的分枝数能够提高冠层截留能力。此外，树枝粗糙且水平的形态特征，使降水不易到达主干，导致泡泡刺穿透率最小，截留率最大。

表 8.3　四种典型灌木的降水再分配特征

降水特征	梭梭			沙拐枣			柽柳			泡泡刺		
	穿透率 /%	茎流率 /%	截留率 /%	穿透率 /%	茎流率 /%	截留率 /%	穿透率 /%	茎流率 /%	截留率 /%	穿透率 /%	茎流率 /%	截留率 /%
降水量 /mm	0.79*	0.89**	−0.80**	0.78*	0.87**	−0.80**	0.73*	0.9**	−0.84*	0.78*	0.86**	−0.8**
降水历时 /min	0.68*	0.73*	−0.7*	0.67*	0.73*	−0.69*	0.64	0.75	−0.63	0.66*	0.76*	−0.67*
平均降水强度 /(mm·h⁻¹)	0.52	0.61	−0.51	0.52	0.58	−0.53	0.5	0.59	−0.52	0.54	0.5	−0.55
1 小时最大降水强度 /(mm·h⁻¹)	0.76*	0.81**	−0.75*	0.76*	0.78*	−0.76*	0.72*	0.77*	−0.73*	0.74*	0.75*	−0.74*
平均风速 /(m·s⁻¹)	0.13	0.01	0.12	0.11	0.12	0.1	0.1	0.04	0.06	0.13	0.12	0.03
温度 /℃	0.18	0.24	0.2	0.17	0.24	0.2	0.13	0.31	0.14	0.18	0.25	0.22
水汽压 /kPa	0.34	0.36	−0.36	0.32	0.38	−0.34	0.28	0.42	−0.28	0.29	0.39	−0.34
树冠蒸发量 /mm	0.6	0.65	−0.69	0.61	0.63	0.62	0.59	0.66	0.58	0.61	0.69	0.61

注：* 表示显著性水平 $P<0.05$，** 表示显著性水平 $P<0.001$。

（2）植物对土壤理化性质和微气候的调节作用

在荒漠生态系统中，灌木物种的存在导致灌丛内土壤物理性质发生变化，使土壤养分得到显著提升，这种现象也被称为"沃岛效应"。灌丛"沃岛效应"的形成主要源于灌丛对土壤有机质和黏粉粒的富集作用。由于灌丛具有阻风滞沙的功能，可以有效拦截并沉积风沙中携带的有机物碎屑和黏粉粒,使灌丛内土壤理化性质得到改善(赵哈林,2012b),土壤有机碳、总氮和总磷含量显著提高(图8.1),并能够提高灌丛的地上生物量,间接促进邻近植物的生长(Zhang et al.,2016a,2016b)。

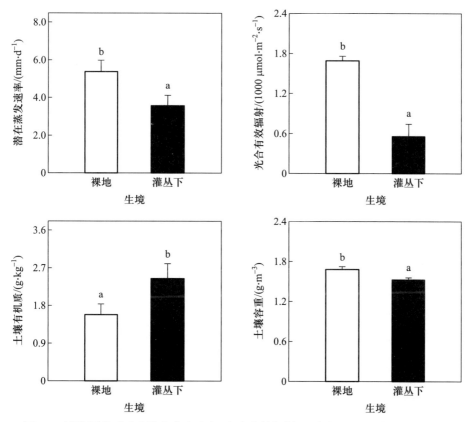

图 8.1 灌丛覆盖对地表潜在蒸发速率、光合有效辐射、土壤有机质、土壤容重的影响

　　灌木物种对冠层下微气候具有很强的调节作用。受冠层遮蔽影响,和裸露沙地相比,冠层下区域受太阳辐射的强度会显著下降(图8.1),由此灌丛内的微气候条件也得到极大改善。灌木冠层的遮阴效果通过减少干旱荒漠区光抑制效应来提高灌丛内植物的存活率。同时,由于太阳辐射强度降低以及土壤理化性质改善后储水能力增强,浅层土壤水分含量增高、叶片与微环境间水汽压差减小,更有利于灌丛下种子的萌发与幼苗的生长(Zhang and Zhao,2015)。

　　在荒漠生态系统中,植物的生长繁殖直接受环境中养分、水分和微气候条件的影响(Pool et al.,2013)。通常情况下,灌木可以通过提高周围土壤养分、改善微气候条件、协同抵御捕食者以及降低风沙侵蚀等方式来促进邻近个体的生长与繁殖。与光照、养分、微气候条件相比,水分状况的改善作用对一年生草本植物的影响更加强烈(图8.2),且这种影响会随干旱胁迫的加剧而发生变化(Brooker et al.,2008;Armas et al.,2011)。对临泽站长期监测样地的研究发现,随着降水量的减少、干旱胁迫强度的增加,灌木物种对草本植物的促进作用会逐渐减弱,甚至消失(Zhang et al.,2018)。

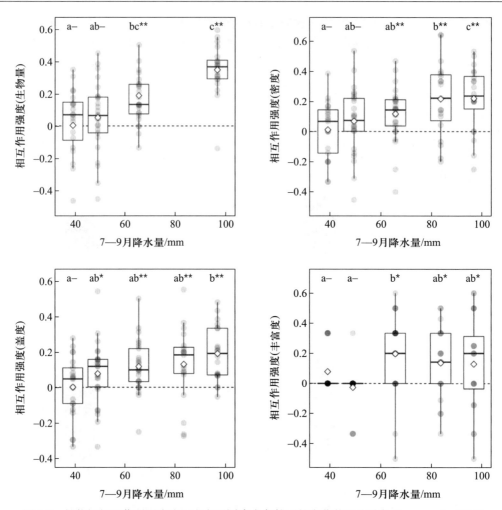

图 8.2　植物间相互作用强度（RII）在不同降水条件下的变化状况（引自 Zhang et al., 2018）

灌丛还可以通过改变土壤种子库的空间分布状况, 影响群落物种组成和植被分布格局 (Zhang et al., 2016b)。由于灌丛对种子雨的拦截作用, 沙拐枣会在灌木内形成更高的种子库密度; 而冠层更加低矮的泡泡刺, 会阻挡种子进入灌丛内, 使灌丛边缘位置的种子库密度更高。梭梭和柽柳通过提高冠层下的盐分, 在灌丛内地表形成致密的硬化土层, 使种子无法在冠层下沉淀积累, 降低了灌丛内部土壤的种子库密度（图 8.3）。这几种常见灌丛的种子库空间分布状况与其冠层下草本植物生物量、密度和物种丰富度的空间变化相一致（Zhang et al., 2016b）。

8.2.3　荒漠生态系统物种多样性与初级生产力的时空变化特征

荒漠生态系统内环境条件具有很强的空间异质性。经过长期自然选择, 荒漠生态系统的异质性塑造了多样化的物种种类, 每个物种都会占据某一确定生态位, 并适应特定生存环境。当生存环境发生变化、原有物种无法适应时, 新的物种就有可能取代原有物种, 从而确保生态系统的稳定。在荒漠生态系统中, 植物初级生产力的高低由降水的多寡所决定。不同区域的降水量存在很大差异,因而也导致不同地带荒漠植物的初级生产力存在很大差异,在大尺度上表现出一定的地带性分布规律(Huxman et al., 2004;Bai et al., 2008)。而在小尺度上,荒漠植被初级生产力主要受土壤类型、地形和地下水埋深的制约(Reichmann et al., 2013)。此外,风沙活动和放牧管理等因素也会对荒漠生态系统初级生产力产生显著影响。

(1)荒漠生态系统植物物种多样性的空间尺度变异

在生物多样性研究中,物种与空间尺度间的关系非常重要。大尺度、高强度的野外调查虽然能够提供丰富的植被多样性信息,但必须以大量的人力和物力资源投入为代价。而尽管小尺度上的调查更加便捷,但所获信息能否反映和预测真实的物种多样性,仍需更多关于多样性与尺度依赖方面的知识积累(何志斌等, 2004)。目前,物种多样性与空间尺度的关系一般采用模型 $S=cA^z$ 进行描述:S 为物种多样性,A 为空间面积,而 z 值是衡量两者间关系的重要参数。有别于草地与森林生态系统,荒漠生态系统中的 z 值随空间尺度的变化呈幂函数曲线分布,而草地、森林生态系统中的 z 值随空间尺度增大而逐渐减弱(He and Zhao, 2006;He et al., 2007),从 $1\,m^2$ 增大至 $1\,km^2$ 的尺度,z 值从 0.37 下降至 0.035(图8.4)。

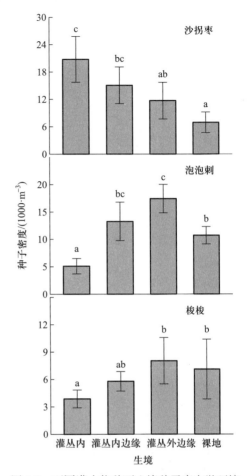

图8.3 不同灌木物种下土壤种子库在微环境尺度上空间分布状况(引自 Zhang et al., 2016a)

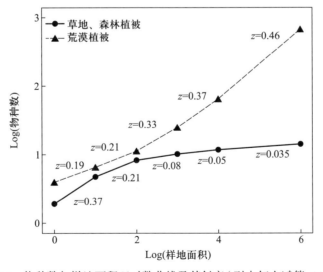

图8.4 物种数与样地面积双对数曲线及其斜率(引自何志斌等, 2004)

在临泽站长期监测样地，z 值在 100 m^2 尺度内变化明显（图 8.5），这可能与荒漠植物个体之间存在诸如竞争、共生等关系有关。在 100 m^2 尺度以上 z 值变化不明显，这可能与荒漠区地形比较平坦，地形地貌、水文过程比较一致有关。在荒漠地区，当空间尺度放大，其生境替换速率变慢，在 1 km^2 尺度上很少有新的生境出现。因为决定荒漠生境特点因素的除了受控于气候条件外，土壤质地也是主要影响因子，不同立地条件的荒漠，分布的植物种类以及多样性有较大的差别，但这类生境变化尺度远远超出 1 km^2。因此，干旱荒漠地区的斑块状植被格局是导致荒漠植被物种多样性对空间小尺度有较强依赖性的主要原因，加之在较大的生境范围内土壤质地、地形及气候条件相对基本一致，从而使荒漠植被具有独特的物种多样性随空间尺度变化的规律。

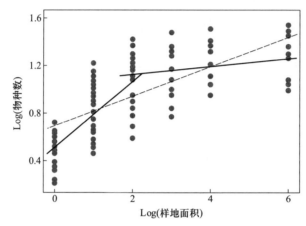

图 8.5　荒漠生态系统物种数与样地面积间的关系（引自何志斌等，2004）

（2）荒漠生态系统初级生产力的时空变异特征

在荒漠生态系统中，植物初级生产力的高低主要受降水量制约。由于不同地带的降水量存在空间差异，因而导致不同地带植被的初级生产力呈现明显差异，表现出一定的地带性分布规律。空间尺度上，多年平均降水量可解释大于 50% 的植被初级生产力的变化（Knapp and Smith，2001；Bai et al.，2008）；而在时间尺度上，年降水量可解释 20%～40% 的生产力变化（Bai et al.，2004；Reichmann et al.，2013）。降水在时间序列上的高度变异性以及植被生产力对降水响应的滞后性影响植物个体的生态适应性、群落的种群更新、生态系统能量交换和水、碳平衡（Zhao and Liu，2010；Noy-Meir，1973；Ospina et al.，2012）。

针对黑河中游荒漠生态系统的研究发现，生长季早期的植被生产力与前一年冷季降水密切相关，可解释其中 25%～40% 的变异，但与春季降水无关（图 8.6）。此外，当年生产力的变化在一定程度上受前一年的群落结构和功能影响，包括植被冠层盖度、植被密度和物种组成。因此，干湿气候期及其交替是影响植被生产力的重要因素，且降水通过改变植被结构影响生态系统生产力。

8.2.4　荒漠土壤动物分布特征及其生态功能

土壤动物是荒漠生态系统碎屑食物网和微小食物网的关键组分，其种类及数量变化与物质分解、养分的循环及土壤的发育过程密切相关。荒漠区极端环境和食物资源的匮乏限制了土壤动物的栖居和繁殖活动。然而，荒漠灌木作为"生态工程师"改善了局部环境，有效调节了荒漠土壤动物的分布及多样性（Liu et al.，2012，2017；刘继亮等，2017）。

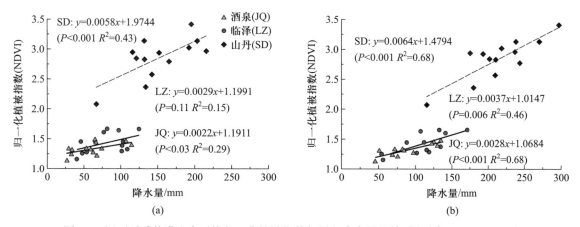

图 8.6 河西砾质荒漠生态系统归一化植被指数与累积降水量的关系(引自 Li et al., 2015)

注:NDVI 表示生长季 5—9 月的累积归一化植被指数;(a) 横坐标表示 3—8 月的累积降水量;(b) 横坐标表示 8—9 月的累积降水量。

黑河中游荒漠土壤动物由蛛形纲(5%)和昆虫纲(95%)节肢动物组成,蛛形纲节肢动物主要类群为掠蛛属(*Drassodes*)、皿蛛亚科(Linyphiinae)和肥腹蛛属(*Steatoda*),3 个类群的数量占蛛形纲节肢动物总量的 72%。昆虫纲节肢动物中捕食性昆虫(3%)主要类群为河岸螋蝚(*Labidura riparia*),占捕食性昆虫的 86%;植食性昆虫(35%)主要类群为巨膜长蝽(*Jakowleffia setulosa*),占植食性昆虫的 94%;杂食性昆虫(62%)主要为蚁科(Formicidae)昆虫和波氏东鳖甲(*Anutolica potanini*),二者占杂食性昆虫的 95%。

蜘蛛和捕食性昆虫活动密度在 4 月和 7 月较高,且灌丛下蜘蛛和捕食性昆虫的活动密度显著高于灌丛间(图 8.7)。植食性昆虫的活动密度在 5 月达到最大值,灌丛下植食性昆虫的活动

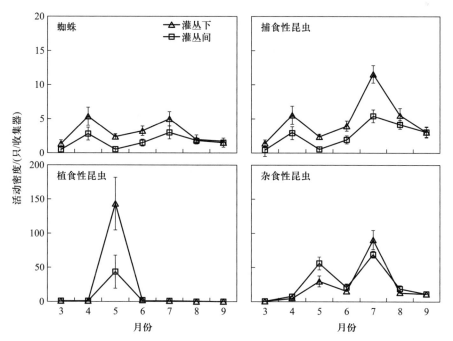

图 8.7 生长季内灌丛下和灌丛间不同食性土壤动物活动密度比较

密度显著高于灌丛间(图 8.7)。捕食性和植食性土壤动物分布与食物资源密切相关,灌丛下丰富的食物资源可能导致了二者的活动频率在灌丛下显著增加。杂食性昆虫活动密度在灌丛间的活动频率明显高于灌丛下,这与纳氏东鳖甲的活动有关,白天活动的甲虫受土壤温度影响较大(刘继亮等,2017);杂食性昆虫活动密度在 7 月达到最大值,且这时灌丛下活动密度显著高于灌丛间,这与蚁科昆虫的觅食活动有关(图 8.8)。

　　螨类和跳虫是主要的中型节肢动物,也是荒漠生态系统的主要分解者。螨类主要类群为甲螨亚目(Oribatida),占螨类总数的 84%;跳虫主要为长角跳科(Entomobryidae),占跳虫总数的 98%。螨类的活动密度在 8 月最高,灌丛间螨类的活动密度显著高于灌丛下,这可能与温度差异有关;跳虫的活动密度在 7 月最大,其在灌丛下的活动密度显著高于灌丛间(刘继亮等,2017)(图 8.8)。

　　固定沙地线虫数量明显高于河岸湿地和盐碱湿地,且这 3 种生境灌丛下线虫的数量均高于灌丛间(图 8.9)。食细菌线虫的数量变化较其他类群线虫明显,其在 3 种生境中均偏好在灌丛下活动(王雪峰等,2011)。

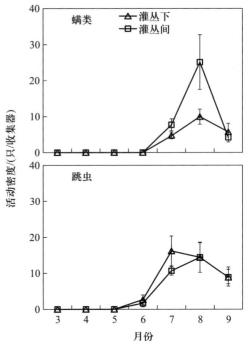

图 8.8　生长季内灌丛下和灌丛间螨类和跳虫活动密度比较

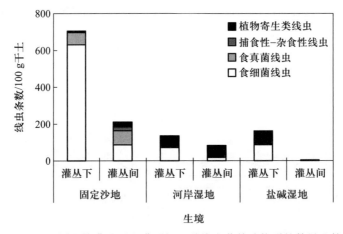

图 8.9　不同生境灌丛下和灌丛间 4 种线虫营养功能群的数量比较

8.3　植物对环境胁迫的生理生态响应和适应

　　在干旱荒漠区,稀少的降水和频繁的风沙活动是限制荒漠植物生长和发育的主要因素。降水和风沙活动会改变植物的生物环境如微生物活动,以及非生物环境如光照、温度和土壤水分等条件,进而影响植物生长和发育。降水和风沙活动几乎影响着植物的整个生活史,从种子萌发到生长发育再到繁殖,同时也会对植物群落的维持和发展及植物种间关系产生深远影响。而植物在长期的适应过程中也会产生并利用各种不同的策略来适应类似干旱、风蚀和沙埋等环境胁迫。

8.3.1 荒漠植物对降水的响应

(1)黑河中游荒漠区降水特征及其土壤水分响应

黑河中游 40 多年的降水资料统计表明,1967—2008 年的年均降水量为 113 mm,降水主要集中在 0~5 mm,年际变化相对较小(图 8.10)。≥10 mm 的降水事件出现的频率很低,年际变化幅度较大(图 8.11)。

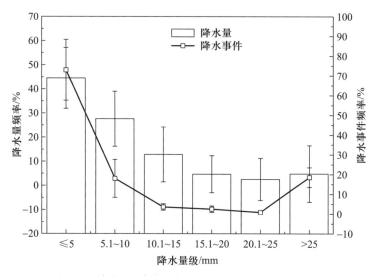

图 8.10 降水量、降水事件频率分布与降水量级的关系

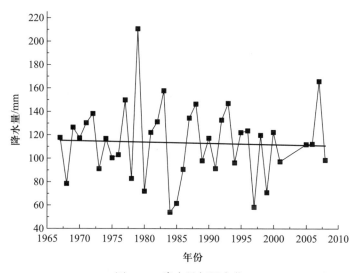

图 8.11 降水量年际变化

　　≤5 mm 和 >10 mm 降水总量与年降水量成线性关系,相关系数分别为 0.52 和 0.60。≤5 mm 降水总量变异系数为 24.57%,接近年降水量的变异系数(27.93%),而 >10 mm 降水总量变异系数为 76.68%(图 8.12),表明不同水文年份在大降水事件上的差异是其降水总量和降水格局差异形成的主要原因。

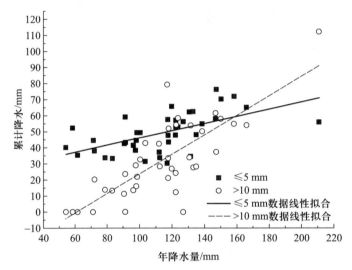

图 8.12　≤5 mm 和 >10 mm 降水总量和年降水量的关系

　　随着降水量的增加,土壤含水量相应增加且差异极显著,且随降水后时间延续,土壤水分含量均逐渐降低。<10 cm 土壤含水量均值为 5.1%,10~20 cm 土壤含水量最大,平均值为 5.2%。受降水量和前期土壤水分状况的影响,土壤含水量对降水的响应较复杂:在 <1 mm 降水后,土壤含水量没有变化;1~4 mm 降水后,表层土壤水分响应很小(图 8.13);4~5 mm 降水后,<20 cm

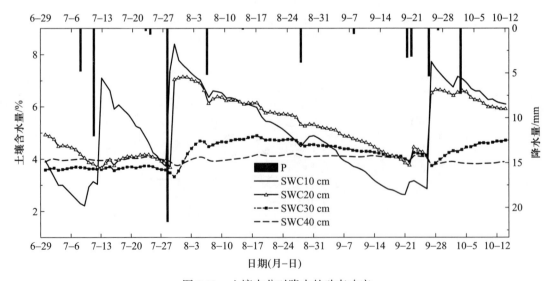

图 8.13　土壤水分对降水的动态响应

注:P,降水量(单位:mm);SWC10 cm,土壤 10 cm 处含水量;SWC20 cm,土壤 20 cm 处含水量;SWC30 cm,土壤 30 cm 处含水量;SWC40 cm,土壤 40 cm 处含水量。

土壤含水量显著增加,但深层土壤含水量变化较小;5~7 mm 降水后,<30 cm 土壤含水量显著增加。>7 mm 降水后,土壤含水量显著增大,降水量越大,响应增幅越大,并能在较长时间内维持较高水平。此外,土壤水分对频繁的小降水事件响应具有累积效应,导致更高等级的脉动事件。在连续 3.3 mm、3.2 mm 和 5.4 mm 降水后,土壤含水量的响应量和持续时间超过了 12 mm 的降水(图 8.13 和图 8.14)。

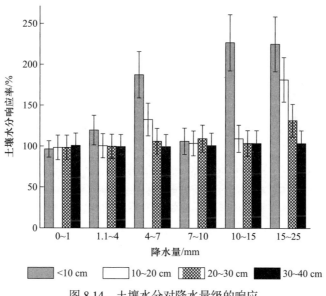

图 8.14 土壤水分对降水量级的响应

(2)降水对荒漠植物种子萌发的影响

水是荒漠区植物种子萌发及生长的主要限制因子(Austin et al.,2004),降水变化影响到种子萌发过程,进而对植物幼苗更新产生显著影响(Vile et al.,2012;Walck et al.,2011)。种子萌发对降水变化的响应及其适应特征会直接影响幼苗存活与生长,进而影响种群的更新动态(Walck et al.,2011)。

总降水量对红砂种子出苗率和发芽势均有显著影响,但降水间隔时间及二者的交互作用对种子萌发的影响不显著(表 8.4)。降水间隔时间一致时,随着总降水量的增加种子出苗率和发芽势均呈增加趋势;降水量增加 30% 显著提高种子萌发率,与自然总降水量相比,其出苗率和发芽势分别平均提高 45.7% 和 39.9%(图 8.15)。降水量减少 30%,出苗率和发芽势差异不显著。相同降水量条件下,降水间隔时间延长及总降水量增大了单次降水量,使红砂种子出苗率和发芽势略有增加,但差异不显著(图 8.15)。

表 8.4　降水量和降水间隔时间对种子萌发特征指数影响的方差分析(引自单立山等,2017)

变异来源	出苗率 GR	发芽势 GP	萌发指数 GI	活力指数 VI
降水量 × 降水间隔时间	0.953	0.245	0.547	0.478
降水量	0.001[*]	0.000[**]	0.000[**]	0.000[**]
降水间隔时间	0.275	0.684	0.426	0.359

注:* 表示显著水平($P<0.05$);** 表示显著水平($P<0.001$)。

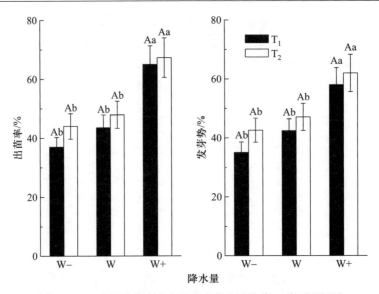

图 8.15 红砂种子的出苗率和发芽势（平均值 ± 标准误差）

注：不同小写字母表示在相同的降水间隔处理下，降水量增加或减少与对照差异显著（$P<0.05$）；不同大写字母表示相同降水量下，降水间隔时间延长与对照的差异显著（$P<0.05$）；T_1，降水间隔时间为 5 d；T_2，降水间隔为 10 d；W，平均降水量；W−，降水量减少 30%；W+，降水量增加 30%。

总降水量对种子萌发指数有显著影响，但降水间隔时间及两者的交互作用对种子萌发并没有产生显著影响（表 8.4）。总降水量增加 30% 显著提高种子萌发指数，降水间隔时间延长其效果更显著；与自然总降水量相比，其萌发指数平均提高 57.7%。总降水量减少 30% 虽然降低了种子萌发指数，但是与自然总降水量相比差异不显著（表 8.4）。同一总降水量条件下，随降水间隔时间的延长萌发指数均呈现出增加趋势。表明减少降水次数、增大单次降水量，将更有利于提高荒漠植物种子萌发速率。

种子活力指数可以体现种子是否生长和生长整齐度两个因素，在一定降水条件下，种子可以萌发但生长会受到抑制，导致种子活力指数降低。总降水量减少 30% 显著降低了种子的活力指数，与自然总降水量相比，其活力指数平均降低了 25.9%。然而，在总降水量增加、降水间隔时间延长的情况下种子活力指数达到最大值（表 8.5）。

表 8.5 不同降水格局对种子萌发特性的影响（引自单立山等，2017）

处理	萌发指数 GI	活力指数 VI	萌发开始时间	萌发高峰时间	萌发持续时间
W−T_1	0.76 ± 0.05^b	1.90 ± 0.26^c	8	8–10	22
W−T_2	0.84 ± 0.05^b	2.44 ± 0.33^c	8	8	26
WT_1	0.84 ± 0.03^b	2.60 ± 0.21^c	7	10–11	21
WT_2	1.00 ± 0.03^{ab}	3.25 ± 0.25^c	7	10–11	16
W+T_1	1.33 ± 0.04^a	5.45 ± 0.46^b	8	12	15
W+T_2	1.57 ± 0.03^a	7.54 ± 0.36^a	7	8	20

注：W、W−、W+、T_1 和 T_2 同图 7.15。不同小写字母表示显著性水平 $P<0.05$。下同。

（3）降水对荒漠植物生理的影响

对降水前后梭梭同化枝水势（Ψ_l）对降水量响应的研究发现，Ψ_l 与降水量呈显著正相关，且降水量越大，Ψ_l 变化幅度越大（图 8.16）。黎明前同化枝水势在降水后显著增加，随着时间推移逐渐降低并恢复到降水前的水平。同化枝气孔导度随降水量的增加而显著增加，但水分利用效率对降水的响应不显著。降水后，气孔导度显著升高，随时间的推移逐渐降低，但水分利用效率在降水后呈现先增加后降低的趋势。

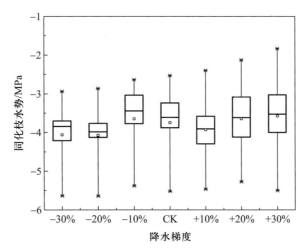

图 8.16 梭梭同化枝水势对降水梯度的响应

梭梭个体蒸腾速率（T_{r_p}）随降水的增加而显著增加，降水每增加 10%，T_{r_p} 增加约 24.2%（图 8.17）。但是，T_{r_p} 对降水脉动的响应存在一定的阈值和时滞性。降水脉动阈值–滞后（T–D）模型显示，梭梭 T_{r_p} 对 <1.4 mm 降水没有明显响应，而 T_{r_p} 对 >12 mm 的降水响应幅度与对 12 mm 的降水响应幅度无显著差异，但响应滞后时间差异显著（表 8.6）。梭梭对降水响应的最小阈值为 1.6 mm；响应的滞后时间约为 1.4 d；最大阈值约为 12.3 mm，响应的滞后时间为 1 d（杨淇越和赵文智，2014）。

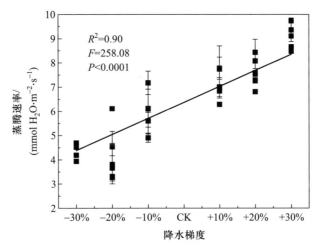

图 8.17 梭梭同化枝蒸腾速率对降水梯度的响应

表 8.6　梭梭个体蒸腾速率对降水响应的"T–D"模型参数

R_L/mm	R_U/mm	y_{t-1}/(g·cm^{-2}·d^{-1})	$y_m A_x$/(g·cm^{-2}·d^{-1})	δ_t/(g·cm^{-2}·d^{-1})	k/(g·cm^{-2}·d^{-1})
1.6	12.3	78.52	158.73	113.76	0.92

注：R_L，降水阈值下限；R_U，降水阈值上限；y_{t-1}，降水前的量；$y_m A_x$，降水后的量；δ_t，响应量；k，衰减率。

8.3.2　荒漠植物对土壤营养元素的响应

（1）荒漠植物生长对 Na$^+$ 的响应

Na$^+$ 在荒漠多浆植物的抗旱性中起着十分重要的作用。多浆旱生植物梭梭、霸王和白刺等能够吸收并积累大量的 Na$^+$，储存在叶片或光合同化枝中作为渗透调节剂来适应干旱生境（Wang et al.，2004）。一定浓度的 Na$^+$ 对多浆旱生植物的生长具有促进作用，其中 50 mmol·L^{-1} Na$^+$ 对霸王生长的促进作用最佳（Yue et al.，2012）。干旱胁迫下，50 mmol·L^{-1} Na$^+$ 可以显著提高霸王叶片超氧化物歧化酶和过氧化氢酶的活性、降低可溶性糖和游离脯氨酸含量，说明霸王作为主要渗透调节剂吸收 Na$^+$，并在一定程度上扮演有机溶剂的角色来抵抗干旱胁迫（蔡建一等，2011）。此外，霸王还可以通过吸收和积累 Na$^+$ 以增加叶片渗透势，并维持其 K$^+$ 浓度来改善叶片光合作用和水分利用效率（Ma et al.，2012；Janz and Polle，2012）。鉴于此，添加适量的 Na$^+$、氮和磷作为肥料在荒漠区进行了梭梭和白刺抗旱种苗的培育，证实 Na$^+$ 在促进梭梭和白刺生长以及抗旱性中起着重要作用（表 8.7 和表 8.8）。

表 8.7　干旱胁迫下，Na$^+$ 对白刺光合作用、水分利用效率、叶面积及叶绿素 a 含量的影响（引自 Kang et al.，2016b）

处理	相对生长率/(g·kg^{-1}·d^{-1})	净光合速率/(μmol CO$_2$·m^{-2}·s^{-1})	气孔导度/(mmol·m^{-2}·s^{-1})	水分利用效率/(μmolCO$_2$/molH$_2$O)	叶面积/cm^2	叶绿素 a 含量/(mg·g^{-1})
对照	243.7±6.8[a]	19.3±0.8[a]	377.6±7.2[a]	51.1±3.0[a]	22.7±0.9[a]	18.4±0.8[a]
干旱	166.5±7.6[c]	10.4±0.6[c]	301.3±8.3[c]	34.5±2.4[b]	17.5±0.7[c]	13.8±0.7[c]
干旱+钠	209.1±9.3[b]	17.6±0.9[b]	355.9±10.6[b]	49.4±2.7[a]	20.6±0.7[b]	17.1±0.8[ab]

表 8.8　干旱胁迫下，Na$^+$ 对白刺株高、生物量及主根直径的影响（引自 Kang et al.，2016b）

	大田			盆栽		
	干旱+对照	干旱+氮磷	干旱+氮磷钠	干旱+对照	干旱+氮磷	干旱+氮磷钠
株高/cm	14.3（1.0）[c]	19.2（1.6）[b]	24.6（2.0）[a]	15.4（1.4）[c]	20.5（1.2）[b]	25.3（1.9）[a]
鲜重/(g·株$^{-1}$)	4.6（0.3）[c]	5.7（0.6）[c]	7.1（0.5）[c]	4.9（0.4）[c]	6.2（0.4）[c]	7.9（0.6）[c]
干重/(g·株$^{-1}$)	0.83（0.07）[c]	1.26（0.09）[c]	1.73（0.11）[c]	0.88（0.09）[c]	1.44（0.13）[c]	1.89（0.14）[c]
主根直径/cm	19.1（1.8）[d]	27.2（2.5）[b]	33.8（3.3）[a]	17.4（1.6）[de]	24.6（2.2）[bc]	29.3（2.8）[ab]

（2）荒漠植物生长对硅的响应

几乎所有植物体内都含有不同数量的硅，并且 90% 以上的硅以植硅体的形式（非晶质二氧化硅）存在于植物细胞壁、细胞内或细胞间（邢雪荣和张蕾，1998；刘利丹等，2013）。目前，硅被认为是硅藻门（Bacillariophyta）、禾本科（Gramineae）以及木贼科（Equisetaceae）等少部分植物的必需元素。有关硅的重要作用研究主要集中在促进禾本科作物和某些瓜果类植物的生长发育、提高抗逆性以及增加产量等方面（Elizabeth et al., 2009; Kuai et al., 2017; Mohamed et al., 2017）。

荒漠区植物对矿质元素硅的吸收积累（1.02%）能力高于典型草原区植物（0.619%），荒漠植物积累硅对增强其抗旱性具有重要作用（黄德华和陈佐忠，1989）。梭梭和白刺除能够吸收并积累 Na^+ 作为有效渗透调节剂外，还能积累硅来适应干旱环境，并且适量的钠硅交互作用比单独施用钠或硅更明显（表 8.9 和表 8.10）。部分多浆植物抗旱能力的增强与其体内硅含量的积累有很大关系（Kang et al., 2014, 2015）。

表 8.9 钠、硅及钠硅交互作用对梭梭株高、冠幅及生物量的影响（引自 Kang et al., 2014）

	施肥量	株高 /cm	冠幅 /cm²	鲜重 /(g·株⁻¹)	干重 /(g·株⁻¹)
NaCl	0	20.2（0.6）ef	86.9（4.6）f	5.1（0.2）g	2.3（0.1）fg
	0.1	24.1（0.7）c	120.3（10.2）c	6.9（0.1）c	3.3（0.1）c
	0.3	27.7（1.0）b	156.1（10.7）b	8.2（0.4）b	3.8（0.2）b
	0.6	21.2（1.0）de	95.2（2.3）e	5.7（0.2）e	2.5（0.1）ef
	1.2	17.5（0.4）i	72.4（1.8）h	3.9（0.2）hi	1.7（0.1）h
H₂SiO₃	0	20.9（0.4）f	85.7（4.0）fg	5.1（0.2）fg	2.4（0.1）f
	0.05	21.6（0.3）de	88.1（2.9）f	5.4（0.2）ef	2.6（0.2）e
	0.1	24.5（0.3）c	103.7（3.0）d	5.7（0.1）e	2.6（0.1）e
	0.2	26.4（0.9）b	124.5（4.1）c	6.5（0.2）d	3.1（0.1）d
	0.4	20.1（0.4）ef	76.0（3.1）h	3.9（0.1）h	1.8（0.1）h
NaCl+H₂SiO₃	0.3+0.1	31.6（0.6）a	182.7（7.2）a	9.7（0.4）a	4.1（0.2）a

表 8.10 钠、钠硅交互作用对白刺株高、根冠比和生物量的影响（引自 Kang et al., 2015）

肥料	施肥量	株高 /cm	根冠比	鲜重 /(g·株⁻¹)	干重 /(g·株⁻¹)
NaCl	0	13.26（0.61）f	1.26（0.12）e	3.77（0.11）i	1.63（0.07）i
	0.1	15.59（0.72）e	1.47（0.13）d	4.01（0.17）gh	1.72（0.11）gh
	0.3	16.97（0.52）de	1.63（0.15）cd	4.62（0.22）d	2.03（0.09）d
	0.6	18.55（1.07）cd	1.85（0.13）c	4.68（0.19）d	2.21（0.11）c
	1.2	20.13（0.55）b	2.03（0.15）bc	5.27（0.217）b	2.49（0.14）b
NaCl+Na₂SiO₃	0.1+0.18	16.16（0.65）cd	1.66（0.15）cd	4.91（0.42）c	2.31（0.13）c
	0.3+0.18	18.86（0.66）c	1.79（0.16）c	6.35（0.46）b	2.89（0.12）b
	0.3+0.36	20.01（0.94）b	2.29（0.08）ab	6.53（0.51）ab	2.96（0.13）ab
	0.3+0.72	23.72（1.12）a	2.43（0.08）a	6.97（0.53）a	3.13（0.17）a
	0.6+0.18	19.26（0.91）c	1.98（0.11）bc	4.98（0.64）c	2.24（0.09）c
	0.6+0.36	20.50（0.76）bc	1.38（0.12）bc	4.89（0.51）cd	2.16（0.12）cd
	0.6+0.72	19.77（0.89）c	1.40（0.08）bc	4.67（0.43）d	2.01（0.08）d
	0.6+1.44	18.04（0.56）cd	1.46（0.20）bc	4.40（0.36）e	1.93（0.06）e
	1.2+0.18	17.20（0.72）d	1.69（0.10）cd	4.35（0.39）ef	1.90（0.07）ef
	1.2+0.36	16.36（0.71）de	2.16（0.08）b	4.94（0.21）c	2.26（0.10）c
	1.2+0.72	15.84（0.93）e	1.53（0.21）d	4.19（0.33）g	1.83（0.06）g
	1.2+1.44	13.57（0.74）ef	1.39（0.12）de	4.07（0.18）gh	1.79（0.08）gh

一定浓度的 K_2SiO_3 对霸王的生长具有促进作用,其中 2.5 mmol · L^{-1} K_2SiO_3(5 mmol · L^{-1} KCl 对照)对霸王生长的促进作用最佳。研究发现 2.5 mmol · L^{-1} K_2SiO_3 能够缓解干旱胁迫对霸王生长造成的抑制作用,间接增强了霸王的抗旱能力。其生理机制主要在于硅可以显著改善干旱胁迫下霸王的光合活性和水分特征(表 8.11)。硅很可能参与了霸王的渗透调节过程以提高其抗旱能力,但硅是否是霸王抗旱的有效渗透调节剂还需要进一步证实。

表 8.11   干旱胁迫下 2.5 mmol · L^{-1} K_2SiO_3(5 mmol · L^{-1} KCl 对照)
对霸王光合生理的影响(引自 Kang et al., 2016a)

处理	相对生长速率 /(g · kg^{-1} · d^{-1})	净光合速率 /(μmol CO_2 · m^{-2} · s^{-1})	气孔导度 /(mmol · m^{-2} · s^{-1})	水分利用效率 /(μmolCO_2/mol H_2O)
对照	223.4 ± 9.6[a]	17.3 ± 0.8[a]	354.2 ± 10.1[a]	48.8 ± 3.7[a]
干旱	153.6 ± 7.3[d]	8.4 ± 0.6[d]	251.6 ± 7.6[d]	33.4 ± 2.2[d]
干旱 + KCl	183.2 ± 8.2[c]	11.4 ± 0.5[c]	283.4 ± 8.8[c]	40.2 ± 2.6[c]
干旱 + K_2SiO_3	205.5 ± 9.1[b]	15.5 ± 0.6[b]	326.7 ± 8.2[b]	47.4 ± 3.1[ab]

(3)荒漠植物生长对 Ca^{2+} 的响应

Ca^{2+} 是多浆(Na^+ 后)和少浆(K^+ 后)植物适应干旱环境胁迫的第二大渗透调节剂。Ca^{2+} 能有效改善梭梭的光合作用和水分状况,增强其抗旱性。0.4 g $CaCl_2$ · kg^{-1} 对增强梭梭抗旱性的效果最佳(表 8.12)。干旱胁迫下,0.4 g $CaCl_2$ · kg^{-1} 梭梭同化枝 Ca^{2+} 浓度对同化枝渗透势的贡献由干旱时的 11.4% 显著增加至 21.6%,植株渗透调节能力显著提高(表 8.13 和表 8.14)。尽管梭梭同化枝中 Ca^{2+} 浓度大幅度增加,但其根中 K^+ 浓度依然能维持稳定,证明 Ca^{2+} 对同化枝渗透势贡献的增加及维持其 K^+ 浓度的稳定是梭梭抗旱性增强的重要原因(Kang et al., 2017)。

表 8.12   干旱胁迫下 0.4 g $CaCl_2$ · kg^{-1} 对梭梭光合生理指标的影响(引自 Kang et al., 2017)

处理	净光合速率 /(μmol CO_2 · m^{-2} · s^{-1})	气孔导度 /(mmol · m^{-2} · s^{-1})	水分利用效率 /(μmolCO_2/mol H_2O)	叶绿素 a 含量 /(mg · g^{-1} DW)	叶绿素 b 含量 /(mg · g^{-1} DW)
对照	17.8 ± 0.8[a]	365.6 ± 13.2[a]	48.7 ± 3.2[a]	13.9 ± 0.7[a]	4.8 ± 0.2[a]
干旱	9.2 ± 0.6[c]	239.1 ± 8.2[c]	38.5 ± 2.0[b]	8.6 ± 0.5[b]	3.1 ± 0.1[c]
干旱 +$CaCl_2$	15.2 ± 0.6[b]	327.5 ± 10.6[a]	46.4 ± 2.3[a]	13.1 ± 0.9[a]	4.0 ± 0.3[b]

表 8.13   干旱胁迫下 0.4 g $CaCl_2$ · kg^{-1} 对梭梭同化枝水势和膨压的影响(引自 Kang et al., 2017)

处理	同化枝水势 /MPa	渗透势 /MPa	同化枝膨压 /MPa
对照	−0.50 ± 0.03[a]	−1.02 ± 0.04[a]	0.52 ± 0.03[a]
干旱	−1.16 ± 0.05[b]	−1.42 ± 0.06[b]	0.26 ± 0.04[c]
干旱 +$CaCl_2$	−1.42 ± 0.04[c]	−1.86 ± 0.07[c]	0.44 ± 0.02[b]

表 8.14 干旱胁迫下 0.4 g CaCl₂ · kg⁻¹ 对梭梭同化枝中 Ca²⁺ 和 K⁺
含量及其渗透势贡献的影响（引自 Kang et al., 2017）

处理	Ca²⁺ 浓度 /(mmol · g⁻¹)	K⁺ 浓度 /(mmol · g⁻¹)	Ca²⁺ 对渗透势的贡献 /%	K⁺ 对渗透势的贡献 /%
对照	0.46 ± 0.05^c	0.66 ± 0.02^a	6.2	12.5
干旱	0.72 ± 0.03^b	0.63 ± 0.05^a	11.4	12.1
干旱 +CaCl₂	1.81 ± 0.06^a	0.60 ± 0.04^a	21.6	7.0

8.3.3 风沙活动对荒漠植物的影响

在荒漠生态系统中,风蚀和沙埋是影响植物生长和存活的最重要因素(Dong et al., 2000)。生长在沙丘迎风坡和沙丘顶部的植物容易遭受不同程度的风蚀影响,而生长在背风坡和丘间低地的植物容易受到不同程度的沙埋影响(Yu et al., 2002)。深度沙埋会对植物产生重要的影响,例如限制植物的垂直生长、减少植物光合作用面积、限制植物根系呼吸等(Quinn and Keough, 2002),这些影响会显著抑制植物的生长。但是,研究发现适度沙埋会促进植物的生长,如促进植物垂直生长、增加植物叶片数量以及生物量等(Lyles, 1975; Zhao et al., 2007)。风蚀能够改变土壤理化性质和机械组成,引起土壤水分和养分流失,最终导致土壤贫瘠和生产力下降。

（1）风沙活动对荒漠植物繁殖的影响

不同沙埋深度对梭梭种子萌发率的影响研究表明,深度为 1 cm 的沙埋处理中种子的萌发率显著高于其他沙埋深度（图 8.18)。

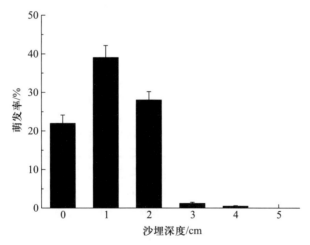

图 8.18 梭梭种子萌发率与沙埋深度的关系:不同字母表示不同沙埋深度
差异显著, $P<0.05$（引自王国华和赵文智, 2015)

种子萌发后,未进行沙埋（ 0 cm ）处理的幼苗在 43 d 后全部死亡。沙埋深度为 1 cm 和 2 cm 的幼苗存活率为 4.08% 和 30.30%。沙埋深度在 3 cm 和 4 cm 时,尽管种子萌发率很低,但幼苗最终存活率达到 60% 和 100%（图 8.19)。

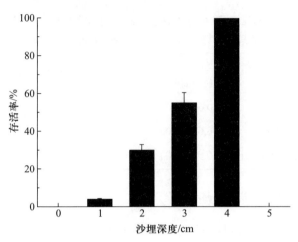

图 8.19   萌发幼苗存活率与沙埋深度的关系（引自王国华和赵文智，2015）

不同沙埋深度和根状茎直径对沙拐枣根状茎萌发和存活的影响研究表明，沙埋深度和根状茎直径显著影响沙拐枣根状茎片段的萌发时间、萌发率和存活率（表 8.15）。萌发率和存活率随着根状茎直径的增加而增加（图 8.20），萌发时间随着根状茎直径的增加而减少（图 8.21）。萌发率和存活率随着沙埋深度的增加先增加后急剧减小（图 8.20），萌发时间随着沙埋深度的增加而增加（图 8.21）。在 0 cm 沙埋深度下，没有根状茎存活和萌发，而 5 cm 沙埋深度下根状茎萌发率和存活率最高。对于萌发率、萌发时间和存活率而言，沙埋深度和根状茎直径处理之间不存在交互作用（表 8.15）。

表 8.15   沙埋深度和根状茎直径及其交互作用对沙拐枣根状茎片段
生长和存活影响的方差分析表（引自 Luo and Zhao, 2015a）

因子	总生物量		地上生物量		地下生物量		萌发时间		萌发率	
	DF	F	DF	F	DF	F	DF	F	DF	F
沙埋深度	4	714.5^{***}	4	420.9^{***}	4	130.5^{***}	4	433.8^{***}	4	300.6^{***}
根状茎直径	4	444.4^{***}	4	350.9^{***}	4	67.0^{***}	4	19.6^{***}	4	9.8^{***}
沙埋深度 × 根状茎直径	16	65.6^{***}	16	37.3^{***}	16	5.9^{***}	16	1.4^{ns}	16	1.5^{ns}

注：F 值及其显著值（***，$P<0.001$；ns，$P>0.05$）均被给出。

沙埋深度和根状茎直径显著影响沙拐枣地上、地下和总生物量（表 8.15）。地上、地下和总生物量随着沙埋深度的增加先增加后减小。沙埋深度为 5 cm 时总生物量最大（图 8.22）。地上、地下和总生物量随着根状茎直径的增加显著增加。沙埋深度和根状茎直径大小间的交互作用对生物量有显著影响（表 8.15）。

沙埋深度和根状茎直径显著影响分株产量。分株数量随着根状茎直径的增大显著增大（图 8.23b）。分株数量随着沙埋深度的增加先增加后减小，当沙埋深度为 5 cm 时分株数量最大（图 8.23a）。当沙埋深度为 0 cm 时没有分株长出。当沙埋深度为 20 cm 时，分株数量先增加后减小，但是三个月之后有一半的分株死亡（图 8.23a）。

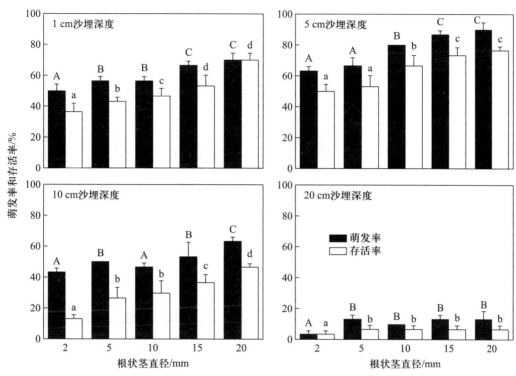

图 8.20 沙埋深度和根状茎直径对沙拐枣根状茎片段存活的影响（不同的大写和
小写字母表示不同处理间差异显著）（引自 Luo and Zhao，2015a）

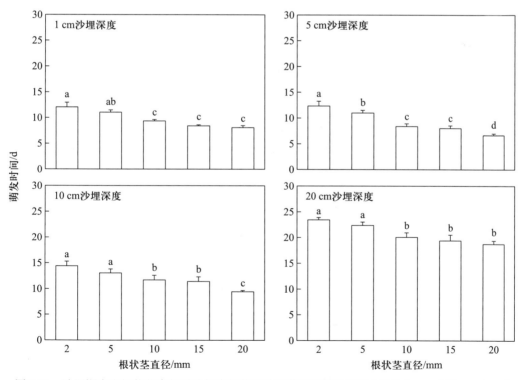

图 8.21 沙埋深度和根状茎直径对沙拐枣根状茎片段萌发时间的影响（引自 Luo and Zhao，2015a）

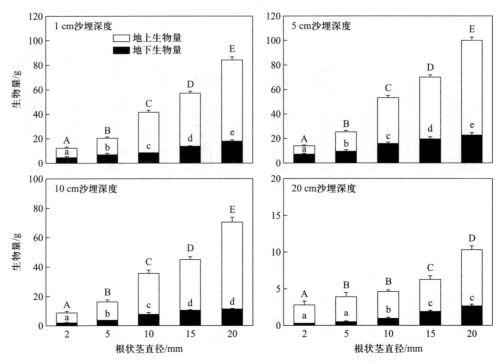

图 8.22　沙埋深度和根状茎直径对沙拐枣根状茎片段生长的影响（引自 Luo and Zhao, 2015a）

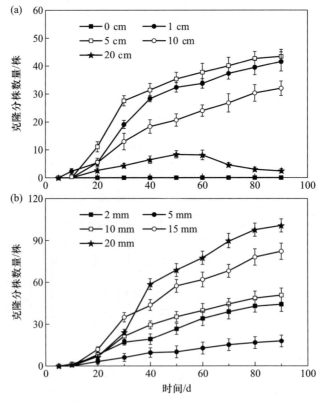

图 8.23　沙埋深度（a）和根状茎直径（b）对沙拐枣克隆分株数量的影响（引自 Luo and Zhao, 2015a）

（2）风沙活动对荒漠植物生长的影响

不同沙埋深度（0 cm、1 cm、2 cm、3 cm、5 cm 和 8 cm）对 5 种荒漠植物幼苗生长的试验表明，泡泡刺、花棒和白刺在 0~3 cm 沙埋深度的幼苗生长高度大于 5~8 cm 沙埋深度的生长高度，但沙拐枣幼苗在 5 cm 沙埋深度的生长高度最大，说明了沙拐枣种子适宜 5 cm 沙埋深度。红砂的生物量最大值出现在 1 cm 沙埋深度，但因为红砂可出土的最大沙埋深度也较小，所以一旦出苗、生长，幼苗的生物量并不随沙埋深度而显著变化。泡泡刺、花棒、白刺的生物量最大值出现在 2 cm 沙埋深度，沙拐枣生物量随深度增加而增加，但从回归关系图可得出，到达一定深度后生物量也会达到最大值。

绝对高度生长率受植物种和沙埋深度的影响显著（$F=22.97$，$df=4$，$P=0.0003$；$F=10.13$，$df=5$，$P=0.0006$）。对于每个沙埋深度，红砂的绝对高度生长率低于其余 4 种植物，沙拐枣的绝对高度生长率都高于其余 4 种植物幼苗。除沙拐枣幼苗外，0~3 cm 沙埋深度的绝对高度生长率都大于 5~8 cm 沙埋深度的绝对高度生长率。

植物种和沙埋深度对幼苗相对高度生长率的影响不显著（$F=1.56$，$df=4$，$P=0.224$；$F=0.89$，$df=5$，$P=0.504$）。红砂幼苗在 2 cm 沙埋深度下的相对高度生长率明显高于 0 cm、1 cm 的相对高度生长率，说明 2 cm 沙埋深度更适宜红砂幼苗的生长。

在野外条件下，模拟不同风蚀程度（短期中度风蚀、短期重度风蚀、长期中度风蚀和长期重度风蚀）和沙埋深度（0 cm、5 cm、10 cm、20 cm 和 40 cm）并且切断沙拐枣根状茎，研究沙拐枣对风蚀和沙埋的响应。结果表明，根状茎切断和风蚀程度对沙拐枣分株数量和生物量有显著影响。根状茎切断和风蚀程度的交互作用对分株数量和生物量没有影响（表 8.16）。

表 8.16　风蚀程度、根状茎切断和测量时间对沙拐枣分株数量和生物量的影响 ANCOVA 分析结果
（引自 Luo and Zhao, 2015b）

来源	df	分株数量		分株生物量	
		F	P	F	P
协变量 1	1	0.427	0.521	1.720	0.205
根状茎切断	1	15.950	0.001	22.831	<0.001
风蚀程度	4	90.681	<0.001	35.598	<0.001
根状茎切断 × 风蚀程度	4	0.146	0.963	1.035	0.415
误差	19				
测量时间	10	10.450	<0.001		
测量时间 × 协变量 1	10	4.045	<0.001		
测量时间 × 风蚀程度	40	103.532	<0.001		
测量时间 × 根状茎切断	10	6.415	<0.001		
测量时间 × 风蚀程度 × 根状茎切断	40	1.510	0.036		
误差	190				

注：分株数量的 F, P 和 df 是基于三因素重复协方差分析，生物量的 F 和 P 是基于双因素重复协方差分析，协变量 1 是实验开始时的分株数量，下同。

　　所有短期风蚀处理组中（CSM，DSM，CSS 和 DSS）的分株数量从 5 月 15 日至 7 月 31 日都呈现增加趋势，从短期风蚀处理结束后的 8 月 15 日至 10 月 15 日期间也呈现增加趋势（图 8.24a）。所有长期风蚀处理组中的分株数量呈抛物线变化趋势，5 月 15 日至 8 月 30 日期间呈增加趋势，而 8 月 30 日至 10 月 15 日期间呈下降趋势（图 8.24b）。

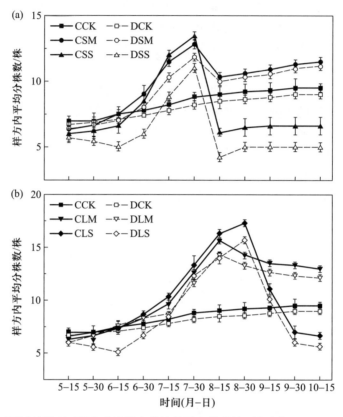

图 8.24　不同风蚀处理下样方内沙拐枣分株数量变化趋势图（引自 Luo and Zhao，2015b）

注：CCK，根状茎相连、不风蚀；DCK，根状茎切断、不风蚀；CSM，根状茎相连、短期中度风蚀；DSM，根状茎切断、短期中度风蚀；CSS，根状茎相连、短期重度风蚀；DSS，根状茎切断、短期重度风蚀；CLM，根状茎相连、长期中度风蚀；DLM，根状茎切断、长期中度风蚀；CLS，根状茎相连、长期重度风蚀；DLS，根状茎切断、长期重度风蚀。

　　生物量在中度风蚀处理下增加，在重度风蚀处理下减少（图 8.25）；长期中度风蚀处理组的生物量最大，长期重度风蚀处理组最小。根状茎切断使得所有风蚀程度处理组的分株数量和生物量都减小（图 8.25 和图 8.26）。

　　沙埋和根状茎切断显著影响了沙拐枣分株数量和生物量；但交互作用对分株数量和生物量没有影响（表 8.17）。测量时间也显著影响沙拐枣分株数量（表 8.17）。分株生物量随着沙埋深度的增加显著减小（图 8.27）。根状茎相连组中的分株数量高于根状茎切断组的，但是差异不显著。根状茎相连组和切断组中分株生物量没有显著差异（表 8.17）。

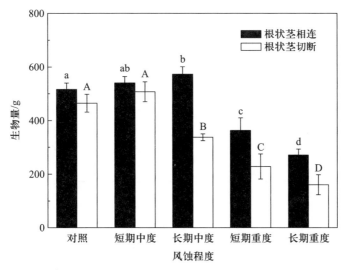

图 8.25　不同风蚀程度处理下样方内沙拐枣生物量（引自 Luo and Zhao，2015b）

注：不同大写或者小写字母表示根状茎切断（或根状茎相连）组内各风蚀程度处理间差异显著，下同。

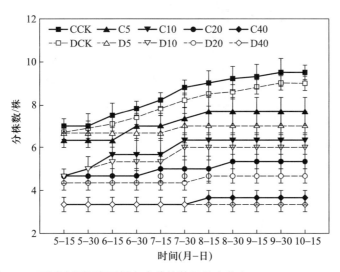

图 8.26　不同沙埋深度下样方内分株数量的变化（Luo and Zhao，2015b）

注：CCK，根状茎相连、不风蚀；DCK，根状茎切断、不风蚀；C5，根状茎相连、沙埋深度 5 cm；D5，根状茎切断、沙埋深度 5 cm；C10，根状茎相连、沙埋深度 10 cm；D10，根状茎切断、沙埋深度 10 cm；C20，根状茎相连、沙埋深度 20 cm；D20，根状茎切断、沙埋深度 20 cm；C40，根状茎相连、沙埋深度 40 cm；D40，根状茎切断、沙埋深度 40 cm。

表 8.17　沙埋深度、根状茎切断和测量时间对沙拐枣分株数量和生物量的影响（引自 Luo and Zhao，2015b）

来源		分株数量		分株生物量	
	df	F	P	F	P
根状茎切断	1	85.382	<0.001	17.187	<0.001
沙埋深度	4	5.882	0.025	9.140	0.007
根状茎切断 × 沙埋深度	4	0.441	0.777	0.159	0.956

续表

来源	分株数量			分株生物量	
	df	F	P	F	P
误差	20				
测量时间	10	55.375	<0.001		
测量时间 × 沙埋深度	40	11.663	<0.001		
测量时间 × 根状茎切断	10	3.179	0.006		
测量时间 × 沙埋深度 × 根状茎切断	40	0.621	0.916		
误差	200				

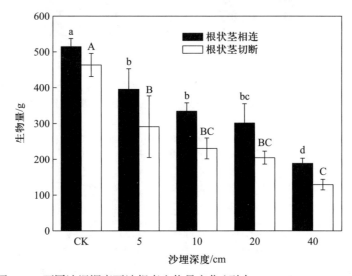

图 8.27 不同沙埋深度下沙拐枣生物量变化（引自 Luo and Zhao，2015b）

8.4 区域生态系统重要生态学问题及其过程机制

土地荒漠化和植被退化是该区域面临的主要生态学问题,由自然或者人为原因引起的土地退化、风沙加剧、地下水位下降及植被退化等都严重威胁着生态系统的稳定与安全。绿洲存在于干旱荒漠中,属于脆弱的生态系统,任何导致其水源断绝和风沙活动加强的外界干扰,都有可能造成绿洲生态系统的退化。降水是干旱荒漠生态系统重要的水分来源,也是不同时空尺度上各生物过程的核心驱动力和关键限制因子。然而随着全球气候变化,区域降水格局正发生着重大改变,这对陆地生态系统过程与功能产生重要影响,特别是降水稀少、植被稀疏、生态环境脆弱的干旱荒漠生态系统。

8.4.1 风沙活动对绿洲的危害

绿洲存在于干旱荒漠中,由于具有稳定可靠的水源供给和水、土、气、生资源组合优势,绿洲区植被生长茂盛,与荒漠生境形成明显差异。绿洲属于脆弱生态系统,任何导致其水源断绝和风沙活动加强的外界干扰,都有可能造成绿洲生态系统的退化。绿洲处于荒漠的分割包围之中,因此不可避免地遭受风沙的威胁和侵袭;加之人类活动对绿洲或沙漠 – 绿洲过渡带的不断干扰,导致风沙侵入。长期的干旱也将造成风沙活动加剧和荒漠植被衰退。

（1）绿洲区风沙危害特征

干热风和沙尘暴灾害、土壤风蚀和沙埋是影响绿洲稳定性和可持续发展的重要因素。在临泽沙漠 – 绿洲过渡带体系建成前,绿洲内部土壤遭受风蚀是造成临泽绿洲土壤植被退化、农作物减产的重要原因。在绿洲北部,农田土壤年风蚀深度达 $3 \sim 5$ mm,而每公顷土壤有机质损失量高达 $400 \sim 700$ kg·年$^{-1}$。沙埋主要发生在流动沙丘分布地段,在临泽绿洲边缘,沙垄前端每年以 $3 \sim 8$ m 的速度前移。风沙会破坏作物正常的生长发育,甚至导致作物干枯、死亡。此外,在作物株丛附近,风沙流受阻滞而积累,也能造成沙埋形式的危害。

（2）荒漠绿洲过渡带对风沙危害的缓冲作用

荒漠 – 绿洲过渡带也称生态脆弱带,对绿洲稳定性起到重要作用。风沙侵蚀影响着绿洲生态系统外部的稳定性,而过渡带生态裂区的形成和荒漠植被的退化都导致绿洲生境向不稳定的方向发展（赵文智和庄艳丽,2008）。在临泽荒漠 – 绿洲过渡带植被退化区,地上 $0 \sim 20$ cm 范围的平均输沙率约为 1.25 g·min^{-1}·cm^{-1},这一数值为人工植被过渡带的 7.4 倍,是耕地的 4.3 倍。因此,荒漠 – 绿洲过渡带在荒漠与绿洲间形成缓冲区,通过增加地表粗糙度减小风沙危害;同时降低风速,提高沙面稳定性。

在流动沙丘与绿洲过渡带的流沙区、草方格区、固沙植被区和农田区域内分别测量风速和输沙率。当沙尘暴发生时,各区域地上 50 cm 处的平均风速分别为 9.5 m·s^{-1}、8.8 m·s^{-1}、5.3 m·s^{-1} 和 2.7 m·s^{-1},而地上 5 cm 处的平均输沙率分别为 37.1 g·cm^{-2}·h^{-1}、19.1 g·cm^{-2}·h^{-1}、4.8 g·cm^{-2}·h^{-1} 和 1.3 g·cm^{-2}·h^{-1}。尽管不同测量日期的平均输沙率变化较大,但各区域内的比例相对稳定。流沙区的输沙率大致为草方格区的 2 倍、固沙植被区的 8 倍、绿洲农田区的 30 倍。这一结果表明,荒漠 – 绿洲过渡带的防护体系可以降低 70% 的风速,减少 96% 的输沙率。

8.4.2 荒漠生态系统水文过程变化对植被稳定的影响

自然降水是干旱荒漠生态系统重要的水分来源,也是不同时空尺度上各生物过程的核心驱动力和关键限制因子。植物物种多样性、净初级生产力、捕食者数量以及碳氮养分循环等均与降水条件有关。然而随着全球气候变化,区域降水格局正发生着重大改变,如极端降水事件增多,年、季降水波动增大,水资源短缺和区域降水不平衡等问题愈发严峻,这无疑对生态系统过程与功能产生重要影响,特别是降水稀少、植被稀疏、生态环境脆弱的干旱荒漠生态系统。

（1）降水波动对荒漠生态系统生产力的影响

在荒漠生态系统中,植物种群、群落特征与干旱胁迫间的关系非常复杂,特别是在经历不规则的降水波动时。在全球气候变化背景下,各区域内的水分循环也将发生重大变化,如极端降水事件增多、降水分布不均等问题的加剧必将对陆地生态系统造成极大影响。在区域尺度上,年降水量是植被生产力变化的决定因子（Knapp and Smith., 2001; Bai et al., 2008）。而在时间尺度上,植被生产力与年降水量的相关性较弱,可能受植被生活型、地形、养分、光照和水分等因素的限制（Bai et al.，2004；Sala et al.，2014）。生长季内降水时间分布的不同将导致荒漠生态系统生产力的年内波动（郭群等，2013；李晓兵等，2000；袁文平和周广胜，2005）；而极端降水将改变植物物种组成和群落动态，促进外来物种的入侵，调整植被边界（Gray et al.，2006），使得降水通过非线性的多年积累影响荒漠区植被的生存、生长发育及物种定居（Peter et al.，2014）。

下垫面与物种组成的差异影响生态系统对不同降水事件的响应。当降水量为 6.4 mm 时，砾质荒漠和沙质荒漠 NDVI 的增长率分别为 0.4% 和 1.46%；而当降水量为 43.7 mm，砾质荒漠和沙质荒漠的增长率则分别为 26.21% 和 31.53%。在 6—7 月，砾质荒漠 NDVI 对降水事件较沙质荒漠更为敏感，而在 7—8 月沙质荒漠 NDVI 对降水更敏感。此外，在砾质荒漠生境中，当降水事件 >5 mm 且 <30 mm 时，降水事件导致 NDVI 增长了 2%~10%，且在 6—9 月出现多个 NDVI 峰值。两种生境 NDVI 对相同降水的不同响应可能与植物群落的物种组成有关。砾质荒漠物种组成较为单一，以小灌木为主，植被密度较低；而沙质荒漠则在生长季后期出现大量一年生植物。在降水事件分布较为均匀和有效降水事件大小较为一致时，砾质荒漠将出现多次生产力峰值。

荒漠生态系统的净初级生产力对降水的响应具有明显的滞后性，且滞后期长短因降水事件大小和植物群落特征而不同。砾质荒漠和沙质荒漠对不同降水事件响应的滞后期为 8~16 d，而砾质荒漠和沙质荒漠 NDVI 响应持续期随降水事件大小不同而不同，当降水事件 <25 mm 时，NDVI 响应期 <20 d，当降水事件 >25 mm 时，响应持续期在 32 d 左右。降水事件大小是决定两种荒漠类型净初级生产力的主要因素，相关系数分别为 0.930 和 0.779，然后依次为降水持续期（0.702，0.692）、最大降水强度（0.415，0.438）。而地上净初级生产力与降水事件间隔期呈不显著的负相关，降水事件间隔期对 NDVI 的影响是无法忽略的，其长短可增强或削弱降水对土壤水分的影响，从而改变净初级生产力对降水的响应（Li et al.，2013）。

（2）地下水位变化对荒漠植物的影响

干旱荒漠区植物生长对地下水有很强的依赖性，地下水埋深直接影响着与植被生长关系密切的土壤水分和养分动态，是决定荒漠区植被分布、生长、种群演替，以及荒漠绿洲存亡的主导因子。荒漠植物在漫长的适生进化中形成了独特的适应地下水变化的机制，涉及分布格局、生长、生理调节等，这些机制在个体、种群、群落甚至在斑块尺度上有着不同的反映（赵文智和刘鹄，2006）。

在个体水平上，荒漠区植物的表型特征会对地下水位的变化做出响应（苏培玺等，2003）。如胡杨能在同一个体内形成杨树型叶和柳树型叶以适应水分环境，其中柳树型叶光合效率低，蒸腾速率较低，耗水量小；而杨树型叶更能耐大气干旱，光合效率高，能经受更严重的环境胁迫，使胡杨在极端逆境下得以生存并能达到较高生长量。柳树型叶的减少消失，反映了地下水位的下降。因此，柳树型叶的丰度和大小也可作为其地下水位下降和胡杨衰退的表征。同时荒漠植物的一些水分生理特征也会对地下水埋深的变化做出响应，如水势、气孔导度、蒸腾速率、净光合速率以及 ^{13}C 同位素等指标的变化。

在种群水平上，荒漠植被的种群密度和个体大小等种群特征对地下水位变化的响应规律明显。赵文智等（2003a）在黑河中游荒漠生态系统的研究表明，地下水埋深能显著影响芦苇种群。在地下水埋深小于 0.5 m 的生境中，芦苇种群表现为高的种群密度、低的种群高度、低的地上生物量和高的地下生物量;在地下水埋深为 1.5 m 左右的生境中,芦苇种群地上生物量最高,生长最旺盛;在地下水埋深 1.5 m 左右的生境中,芦苇的垂直根茎对种群生物量影响十分显著;但在地下水埋深超过 4 m 的生境中影响不显著。说明在水分条件较好的生境中,芦苇种群以高密度和小个体的生长状况来适应湿生环境;而随着地下水埋深的增加,芦苇种群特征趋向小密度和大个体的生长状况。

在群落水平上,地下水位变化直接决定了荒漠区植物群落的演替规律。随着地下水埋深的增加,群落多从湿生系列过渡到旱生系列,植被的旱生化程度逐渐加剧,主要表现在:① 在物种组成上,荒漠植被取代草甸植被成为优势种;② 在群落结构上,只有草甸植物中具有较大生态幅和适应能力的种类保存下来,其余种类均逐渐消亡。随着地下水埋深的加大,物种多样性指数逐渐降低,植物种类逐渐减少,植物群落结构趋向简单。

在景观水平上,荒漠区天然绿洲面积及植被盖度与地下水埋深关系密切。随着地下水位下降,天然绿洲面积逐渐减小,植被盖度显著下降。赵文智等(2003b)对额济纳荒漠河岸林的研究表明:在垂直河道方向,随地下水位埋深的增加,退化林地在斑块尺度上呈显著的增加趋势;而在平行河道方向,随地下水位埋深增加,林地和退化林地的平均面积呈显著的减少趋势。荒漠区天然绿洲斑块面积和植被盖度与地下水位埋深关系密切。随着地下水位的下降,天然绿洲斑块面积逐渐减小,植被盖度明显下降。

8.5　退化生态系统修复与生态系统管理

绿洲边缘天然和人工固沙植被带组成了荒漠 – 绿洲过渡区,对维护绿洲生态系统的安全与稳定起到了关键作用。人类活动如大面积垦荒而过度开采地下水导致地下水位下降和天然植被大面积枯死,严重威胁绿洲生态系统的安全与稳定性。针对在降水量 <150 mm 的荒漠 – 绿洲过渡区,能否建立稳定的雨养植被,如何建立和维持雨养植被的稳定性,这是一个迄今为止尚未解决的重要科学问题。多年来,临泽站始终围绕国家生态建设的重大科技需求和长期生态学研究发展的需要,开展了主要荒漠植被繁殖更新、种群扩张、植被格局和人工固沙植被生长和演变规律的生态水文学机制等方面的研究。同时,注重于沙漠治理与沙地开发技术的研发和示范,研发了雨养植被建设的物种选择技术、苗木培育技术、机械化技术及植被稳定的格局配置技术体系,提出基于水资源高效率利用的荒漠 – 绿洲过渡带植被建设体系。在沙害防治、沙地开发和荒漠生态系统恢复与重建等方面取得了一批原创性成果,为河西走廊乃至整个干旱区生态建设提供了科技支撑,推动了水土保持和荒漠化防治学科的发展。

8.5.1　绿洲边缘区固沙植被的建设

(1)绿洲防护体系建设模式

绿洲是干旱区典型的生态脆弱区,它受到外围荒漠环境的干扰和影响,特别是风沙危害等。在此背景下,进行绿洲生态安全保障体系建设对抵御风沙等自然灾害、稳定人工绿洲的生态环境起着重要的作用。因此,从沙漠边缘直到绿洲内部,采取层层设防、多种生物措施相配合,建立生态安全保障体系,对维护绿洲的稳定具有重要生态意义。

通过对绿洲防护体系结构、格局、防护效益和耗水关系的定位研究发现,绿洲与荒漠之间过渡带宽度为 1.5 km 左右时,防护效益和节水效益最优。基于该结论提出了以雨养植物为主,以斑块格局配置方式为核心的沙漠 – 绿洲过渡带人工植被建植技术,总结出集绿洲、沙漠 – 绿洲过渡带、荒漠 "三位一体" 的绿洲防护生态安全保障体系。该体系以绿洲为中心,自边缘到外围的以聚集、斑块和散生格局多种配置为特征的 "护、阻、固、封" 相结合,即在绿洲内部以乔木为主体,乔、灌、草相结合的配置合理的绿洲防护林网;绿洲边缘建立乔灌相结合的前沿防风阻沙林带;绿洲外围地段建立沙障与沙障内栽植固沙植物相结合的植物固沙带;沙丘外围建立封沙育林育草带,共同组成 "四带一网" 的绿洲防护体系综合模式。

绿洲防护林网,是指在绿洲内部农田区全面营造配置连片、集中、完整的护田林网系统。林网最适宜的配置规格为 "窄林带、小网格" 形式。林带宽 1 ~ 6 行,带间距 15 ~ 20 倍树高,以高大的乔木树种形成通风结构林带,或以乔灌木树种混交搭配形成疏透结构林带。防护林树种主要包括二白杨、新疆杨和沙枣等,杨树为主要树种。

前沿防风阻沙林带,是指在农田前沿设乔灌木林防风阻沙带,宽 5.5 m,2 行一带,正三角形配置。迎风一侧为多枝柽柳（*Tamarix ramosissima*）带,中间为沙枣带,背风侧为新疆杨带。

植物固沙带,是指带宽规格为 300 ~ 500 m 的人工固沙林带,先在沙丘迎风坡 2/3 ~ 3/4 以下坡面上设置低立式黏土沙障和草方格沙障,再在沙障内营造沙拐枣、花棒、梭梭混交林;雨季在丘间低地人工植播花棒、沙米等植物种。沙丘和丘间低地同时造林,乔灌草并举,将流沙固定。黏土沙障设置在迎风坡一侧,草方格沙障设置在靠近农田边缘一侧;沙障主带与主风向垂直,副带与主带垂直。

植物活体沙障阻沙带是在距固沙防护带外缘 8 ~ 10 m 处,设立高立式玉米秸秆沙障和沙拐枣活沙障。高立式玉米秸秆沙障呈 "一" 字形或 "人" 字形,在距沙面 0.4 m 和 1.0 m 处分别加设横档,隔 2 m 加设木头立桩。沙障两侧分别设置 1 m 宽的麦草方格沙障,以防沙障受掏蚀风倒。沙障出现风倒或缺口时,必须及时维修,沙障被沙埋和腐朽失效后,及时重设。沙拐枣活沙障呈 "品" 字形配置。选用东疆沙拐枣插穗,插穗长 30 cm,直径 0.5 cm 以上,插穗采下后先沙藏 3 ~ 5 d,造林前用凉水浸泡 24 h,使其充分吸水,造林时随取随用。

封沙育林育草带是指在防沙林带迎风面建立封沙育林育草带,宽度 400 ~ 500 m,包括天然固沙林封育区和人工育林育草区。

（2）雨养植被建植与更新

梭梭是中国干旱荒漠地区主要的人工固沙植被,而人工栽植 40 多年的梭梭林出现大面积退化和死亡现象。如何维持梭梭人工固沙植被的稳定性和可持续发展,不仅是河西走廊沙害治理工作需要面对的核心问题,也是降水量 <150 mm 的荒漠绿洲边缘区雨养植被生态恢复和沙漠化治理亟待解决的共性问题。

采用空间代替时间的方法,重建 40 年梭梭人工林的种群演变过程,发现梭梭人工林的密度先减小后增加,在 20 ~ 30 年阶段开始逐渐出现天然更新的幼苗,而 30 ~ 40 年出现大量天然更新的梭梭幼苗,种群密度增大（郑颖等,2017）。梭梭林地的退化与土壤水分有效性及盐分的累积程度相关。从梭梭可利用的水分来源发现,随梭梭固沙植被群落演替,梭梭可利用水分来源由受降水补给的表层土壤水转变为相对稳定的地下水,5 年、10 年梭梭和泡泡刺对降水响应显著,能够较多地利用降水,20 年和 40 年的梭梭对深层土壤水和地下水有较强的依赖性。然而,降水量季节分配对于人工梭梭林天然更新有重要的影响,冬季降水量少加上春旱双重作用,使区域土壤长期处于水分亏缺状态,梭梭人工林幼苗出苗率极低,影响人工林天然更新。研究发现在封育条件下只有在 5—6 月降水量超过 40 mm 的年份,梭梭人工固沙林可以实现天然更新。此外,绿洲边缘沙丘剖面中存在的下覆黏土层对梭梭人工林空间分布产生极大的影响。发现沙丘下覆黏土层对降水入渗具有显著的阻滞作用,黏土层改变了沙丘原有的土壤剖面结构及水分状况,影响着梭梭人工林的生存和生长。因此,沙丘下覆土壤黏土层埋深及厚度决定着人工梭梭固沙林的生长与分布,下覆黏土层的异质性是人工梭梭林斑块状分布的主要原因。

基于以上分析,在降水量 <150 mm 的荒漠绿洲区沙丘梭梭人工建设的启示是不应大面积栽植梭梭林,而应尽量选择那些有下覆黏土层分布的生境造林。梭梭造林分春季造林和秋季造林,通过鱼鳞坑整地,采用免灌造林技术,定植株行距为 4 m × 4 m,栽植密度为 2000 株 · hm^{-2}。在对人工固沙植被的管理和保护中,可以考虑在种植初期,适度降低栽植密度,在 10 ~ 20 年阶段采取适当幼苗补栽措施,这是幼林阶段生态恢复的主要策略。在绿洲边缘区,植物天然更新过程中,种子萌发、幼苗出土是植物种群维持和实现更新的关键阶段。在 30 ~ 40 年出现大量更新幼苗的梭梭种群内,通过间苗、补水、病害和鼠害防治和封育管护等手段,采取适当的人为抚育措施,提高梭梭幼苗存活率,维持种群年龄结构平衡,实现种群的持续更新,从而在保障生态效益的同时兼顾经济成本,实现稳定、高效、可持续的生态恢复管理。

8.5.2 绿洲防护体系生态水文调控管理

长期以来,荒漠植物群落受到诸如干旱、盐碱、风沙等自然灾害的干扰,加上人类对荒漠绿洲边缘区不合理开发利用(如大面积开荒、过度放牧和樵采),导致荒漠生态系统出现严重退化,并伴随一系列严重的生态问题。如地下水位持续下降、水质恶化、天然固沙植被衰败死亡、固定和半固定沙丘发生活化变为流动沙丘、流动沙丘移动加速、沙害加剧、沙尘暴频繁等问题直接威胁着绿洲生态系统的稳定和当地社会生产活动。因此,通过"四带一网"的绿洲防护体系综合模式建设以及合理的绿洲 – 荒漠过渡带管理技术,将会对荒漠生态系统的保护与恢复以及社会 – 经济可持续发展都具有很重要的意义。

针对如何实现绿洲防护体系功能、结构和耗水之间的动态平衡这一荒漠绿洲生态系统管理所面临的一个科学难题,以灌溉植被防风、雨养植被固沙为思路,在黑河中游开展了基于生态水文相互作用的绿洲防护体系建设范式研究,通过对绿洲防护体系结构、格局、防护效益和耗水关系的研究,发现了绿洲与荒漠之间过渡带宽度为 1.5 km 左右时,输沙率随地表覆盖度增加呈指数曲线下降,建立了绿洲边缘防护体系宽度与降低风速、输沙率的关系,确定了河西走廊绿洲防护体系配置规模和配置格局的问题。在荒漠绿洲边缘区,进行植被重建和生态恢复时,必须考虑土壤水分的植被承载力,建立斑块状分布的荒漠灌木、半灌木、多年生草本组成的天然或人工种植植被带,且盖度分别维持在 10%、20% 和 30%。在该区域进行防护体系建设时,应遵循盖度不宜超过以上阈值,是确保植被稳定和固沙效益可持续的重要前提。同时,根据土壤水分阈值进行平茬和疏化管理,通过稀疏植被密度调控土壤水分,以维持稳定的地下水位,确保人工植被带稳定。

在荒漠–绿洲过渡区，人为影响以及严重缺水造成了天然植被的大面积退化，在不破坏原有天然植被的前提下，向人工绿洲边缘荒漠植被中适当引入灌草等人工植被，选育适应抗干旱、耐沙埋、防护效果好和耗水量较小的荒漠区绿洲防护体系构建的植物良种，对沙旱生乔、灌、草种进行合理配置，分析各类林、果、草品种在不同配置组合模式下的防护效果、耗水量和经济效益，发展适于河西走廊地区节水、经济型的防护林体系优化配置模式和雨养植被种植技术。基于雨养植被种植技术，通过严重退化荒漠植物群落改造技术、荒漠植被与人工植被融合技术和荒漠植被无灌溉（少灌溉）恢复技术，利用土壤种子库、种子流，促进严重退化地段植物种群的发生和天然植被恢复。

8.6 展　　望

临泽站的主要目标是立足内陆河流域，服务国家"丝绸之路经济带"和西部大开发战略，以西北干旱区的特殊生态、环境、资源为主攻方向，为生态环境修复、重大工程建设和社会经济可持续发展的决策和实施提供科学依据。同时，瞄准国际地球科学发展前沿，在内陆河流域水循环、绿洲生态水文学、生态系统退化机制与重建等领域建立国际先进水平的理论体系，并取得具有自主知识产权的创新科技成果。

① 在监测方面，继续遵照中国生态系统研究网络章程，严格按照水、土、气、生等环境要素的监测规范，完成各项监测任务。主要从以下几方面进行提高：一是监测必须系统化，在监测过程中要不断完善监测手段，细化监测指标，提高监测精度，保证数据质量；二是监测必须网络化，要继续完善数据交汇和共享平台，实现数据网上填报及共享服务；三是要实现数据监测自动化，尽可能实现数据监测及传输自动化，提高监测效率。

② 在科学研究方面，首先补强科研人才队伍，增加流动人员比例，引进或培养2～3名领军人才。同时加大对科研仪器设备的投入力度，更好地服务于科学研究。继续深化和其他国内外科研院所的合作，鼓励和支持科研人员出国深造，提升科研人员科研能力及素质。在具体的科学研究当中要强化荒漠生态系统演变和绿洲化过程调控研究，深化以流域为单元的生态过程与水文过程相互作用的模拟研究，促进人文科学与自然科学融合研究，构建绿洲水资源适应性管理的研究框架。力争产生高水平研究成果，增强台站基础研究在国际同行中的影响力，提升中国绿洲和内陆河研究在国际上的影响。

③ 在科技示范方面，紧密围绕"丝绸之路"生态文明建设需求，加强科技示范工作，力争在流域水资源管理、绿洲水热调控与生态建设、绿洲土地流转和高效栽培、水土资源优化配置、荒漠生态系统抚育与保护、山地生态系统恢复重建方面形成技术体系，扩大示范区建设，为地方社会经济发展提供科学支撑，也为"丝绸之路经济带"生态文明建设提供技术支撑。

④ 在社会服务方面，继续加强同地方政府的合作，基于长期监测及试验积累，积极给地方政府提供政策咨询。加强参与地方部门组织的各种科普活动，向社会公众宣传科学知识。强化青少年教育基地建设，通过科普讲座、科技培训、大学生社会实践、中小学生夏令营、科技宣传周、防治荒漠化日等主题活动，为公众宣传科普知识。

参 考 文 献

蔡建一,马清,周向睿,等.2011. Na$^+$在霸王适应渗透胁迫中的生理作用.草业学报,20(1):89-95.

郭群,胡中民,李轩然,等.2013.降水时间对内蒙古温带草原地上净初级生产力的影响.生态学报,33(15):4808-4817.

何志斌,赵文智,常学向,等.2004.荒漠植被植物种多样性对空间尺度的依赖.生态学报,24(6):1146-1149.

黄德华,陈佐忠.1989.内蒙古荒漠草原37种植物氮、硅与灰分含量的特征.植物学通报,6(3):173-177.

李晓兵,王瑛,李克让.2000. NDVI对降水季节性和年际变化的敏感性.地理学报,(S1):82-89.

刘继亮,李锋瑞,刘七军,等.2010.黑河流域荒漠生态系统地面土壤动物群落的组成与多样性.中国沙漠,30(2):342-349.

刘继亮,李锋瑞,赵文智,等.2017.干旱荒漠螨类和跳虫对降雨的响应.中国沙漠,37:439-445.

刘利丹,介冬梅,刘洪妍,等.2013.东北地区芦苇植硅体的变化特征.植物生态学报,37(9):861-871.

单立山,李毅,张正中,等.2017.人工模拟降雨格局变化对红砂种子萌发的影响.生态学报,37(16):5382-5390.

苏培玺,张立新,杜明武,等.2003.胡杨不同叶形光合特性、水分利用效率及其对加富CO$_2$的响应.植物生态学报,27(1):34-40.

王国华,赵文智.2015.埋藏深度对梭梭(Haloxylon ammodendron)种子萌发及幼苗生长的影响.中国沙漠,35(2):338-344.

王雪峰,苏永中,刘文杰,等.2011,不同生境柽柳灌丛土壤线虫群落特征.干旱区研究,28(6):1057-1063.

邢雪荣,张蕾.1998.植物的硅素营养研究综述.植物学通报,15(2):33-40.

杨淇越,赵文智.2014.梭梭(Haloxylon ammodendron)叶片气孔导度与气体交换对典型降水事件的响应.中国沙漠,34(2):419-425.

袁文平,周广胜.2005.中国东北样带三种针茅草原群落初级生产力对降水季节分配的响应.应用生态学报,16(4):605-609.

赵哈林,刘任涛,周瑞莲,等.2012b.科尔沁沙地灌丛的"虫岛"效应及其形成机理.生态学杂志,31(12):2990-2995.

赵哈林,周瑞莲,赵学勇.2012a.呼伦贝尔沙质草地土壤理化特性的沙漠化演变规律及机制.草业学报,21(2):1-7.

赵文智,常学礼,何志斌.2003b.额济纳荒漠河岸林分布格局对水文过程响应.中国科学(D辑),33(增刊):21-30.

赵文智,常学礼,李启森,等.2003a.荒漠绿洲区芦苇种群构件生物量与地下水埋深关系.生态学报,23(6):1138-1146.

赵文智,刘鹄.2006.荒漠区植被对地下水埋深响应研究进展.生态学报,26(8):2702-2708.

赵文智,庄艳丽.2008.中国干旱区绿洲稳定性研究.干旱区研究,25(2):155-162.

郑颖,赵文智,张格非.2017.基于V-Hegyi竞争指数的绿洲边缘人工固沙植被梭梭(Haloxylon ammodendron)的种群竞争.中国沙漠,37(6):1127-1134.

Armas C, Rodríguez-Echeverría S, Pugnaire F I. 2011. A field test of the stress-gradient hypothesis along an aridity gradient. Journal of Vegetation Science, 22:818-827.

Austin A T, Yahdjian L, Stark J M, et al. 2004. Water pluses and biogeochemical cycles in arid and semiarid ecosystems. Oecologia, 141(2):221-235.

Bai Y F, Han X G, Wu J G, et al. 2004. Ecosystem stability and compensatory effects in the Inner Mongolia grassland.

Nature, 431: 181–184.

Bai Y F, Wu J G, Xing Q, et al. 2008. Primary production and rain use efficiency across a precipitation gradient on the Mongolia plateau. Ecology, 89: 2140–2153.

Brooker R W, Maestre F T, Callaway R M, et al. 2008. Facilitation in plant communities: The past, the present, and the future. Journal of Ecology, 96: 18–34.

Dong Z B, Wang X M, Liou L Y. 2000. Wind erosion in arid and semiarid China: An overview. Journal of Soil and Water Conservation, 55: 439–444.

Duniway M C, Snyder K A, Herrick J E. 2010. Spatial and temporal patterns of water availability in a grass–shrub ecotone and implications for grassland recovery in arid environments. Ecohydrology, 3: 55–67.

Elizabeth A H P S, Colin F Q, Wiebke T, et al. 2009. Physiological functions of beneficial elements. Current Opinion in Plant Biology, 12(3): 267–274.

Gray S T, Betancourt J L, Jackson S T. 2006. Role of multidecadal climate variability in a range extension of pinyon pine. Ecology, 87(5): 1124–1130.

He Z B, Zhao W Z. 2006. Characterizing the s patial structure of riparian plant communities in the lower reaches of Heihe River in China using geostatistical techniques. Ecological Research, 21: 551–559.

He Z, Zhao W, Chang X. 2007. The modifiable areal unit problem of spatial heterogeneity of plant community in the transitional zone between oasis and desert using semivariance analysis. Landscape Ecology, 22(1): 95–104.

Huxman T E, Smith M D, Fay P A. 2004. Convergence across biomes to a common rain-use efficiency. Nature, 429(6992): 651–654.

Janz D, Polle A. 2012. Harnessing salt for woody biomass production. Tree Physiology, 32: 1–3.

Kang J J, Yue L J, Wang S M, et al. 2016a. Na compound fertilizer promotes growth and improves drought resistance of the succulent xerophyte *Nitraria tangutorum* (Bobr) after breaking seed dormancy. Soil Science and Plant Nutrition, 62(5–6): 489–499.

Kang J J, Zhao W Z, Su P X, et al. 2014. Sodium (Na$^+$) and silicon (Si) coexistence promotes growth and enhances drought resistance of the succulent xerophyte *Haloxylon ammodendron*. Soil Science and Plant Nutrition, 60(5): 659–669.

Kang J J, Zhao W Z, Zhao M, et al. 2015. NaCl and Na$_2$SiO$_3$ coexistence strengthens growth of the succulent xerophyte *Nitraria tangutorum*. Plant Growth Regulation, 77(2): 223–232.

Kang J J, Zhao W Z, Zheng Y, et al. 2017. Calcium chloride promotes growth and alleviates water stress in the C$_4$ succulent xerophyte *Haloxylon ammodendron*. Plant Growth Regulation, 82(3): 467–478.

Kang J J, Zhao W Z, Zhu X. 2016b. Silicon improves photosynthesis and strengthens enzyme activities in the C$_3$ succulent xerophyte *Zygophyllum xanthoxylum*. Journal of Plant Physiology, 199: 76–86.

Knapp A K, Smith M D. 2001. Variation among biomes in temporal dynamics of aboveground primary production. Science, 291: 481–484.

Kuai J, Sun Y Y, Guo C, et al. 2017. Root-applied silicon in the early bud stage increases the rapeseed yield and optimizes the mechanical harvesting characteristics. Field Crops Research, 200: 88–97.

Li F, Zhao W, Liu H. 2013. The Response of aboveground net primary productivity of desert vegetation to rainfall pulse in the temperate desert region of Northwest China. PLoS ONE, 8(9): e73003.

Li F, Zhao W, Liu H. 2015. Productivity responses of desert vegetation to precipitation patterns across a rainfall gradient. Journal of Plant Research, 128(2): 283–294.

Liu J L, Li F R, Liu C A. 2012. Influences of shrub vegetation on distribution and diversity of a ground beetle community in a Gobi desert ecosystem. Biodiversity and Conservation, 21: 2601–2619.

Liu J L, Li F R, Liu L L. 2017. Responses of different Collembola and mite taxa to experimental rain pulses in an arid ecosystem. Catena, 155: 53–61.

Luo W C, Zhao W Z. 2015a. Burial depth and diameter of the rhizome fragments affect the regenerative capacity of a clonal shrub. Ecological complexity, 23: 24–40.

Luo W C, Zhao W Z. 2015b. Effects of wind erosion and sand burial on growth and reproduction of a clonal shrub. Flora, 217: 264–269.

Lyles L. 1975. Possible effects of wind erosion on soil productivity. Journal of Soil and Water Conservation, 30: 279–283.

Ma Q, Yue L J, Zhang J L, et al. 2012. Sodium chloride improves photosynthesis and water status in the succulent xerophyte *Zygophyllum xanthoxylum*. Tree Physiology, 32(1): 4–13.

Mohamed N H, Hanan E H, Nabil I E, et al. 2017. Regulation and physiological role of silicon in alleviating drought stress of mango. Plant Physiology and Biochemistry, 118: 31–44.

Noy-Meir I. 1973. Desert ecosystems: Environment and producers. Annual Review of Ecology and Systematics, 4: 25–52.

Ospina S, Rusch G M, Pezo D, et al. 2012. More stable productivity of semi natural grasslands than sown pastures in a seasonally dry climate. PLoS ONE, 7: e35555.

Peter D P, Yao J, Browning D. 2014. Mechanisms of grass response in grasslands and shrublands during dry or wet periods. Oecologia, 174(4): 1323–1334.

Pool M R, Pool S K, Parvaneh I Z, et al. 2013. Nebkhas of Salvadora persica and their effect on the growth and survival of Prosopis cineraria, Tamarix aphylla, and Capparis decidua trees and shrubs. Flora, 208: 502–507.

Quinn G, Keough M. 2002. Experimental design and data analysis for biologists. New York: Cambridge University Press.

Reichmann L G, Sala O E, Peters D P C. 2013. Precipitation legacies in desert grassland primary production occur through previous-year tiller density. Ecology, 94(2): 435–443.

Ryel R J, Leffler A J, Peek M S, et al. 2004. Water conservation in *Artemisia tridentata* through redistribution of precipitation. Oecologia, 141: 335–345.

Sala O E, Gherardi L A, Reichmann L, et al. 2004. Legacies of precipitation fluctuations on primary production, theory and data synthesis. Philosophical Transactions of the Royal Society–Biological Sciences, 367: 3135–3144.

Vile D, Pervent M, Belluau M, et al. 2012. *Arabidopsis* growth under prolonged high temperature and water deficit: Independent or interactive effects? Plant, Cell and Environment, 35(4): 702–718.

Walck J L, Hidayai S N, Dixon K W, et al. 2011. Climate change and plant regeneration from seed. Global Change Biology, 17(6): 2145–2161.

Wang S M, Wan C G, Wang Y R, et al. 2004. The characteristics of Na^+, K^+ and free proline distribution in several drought-resistant plants of the *Alxa Desert*, China. Journal of Arid Environments, 56(3): 525–539.

Wang X P, Ronny B, Li X R, et al. 2013. Water balance change for a re-vegetated xerophyte shrub area. Hydrological Sciences Journal, 49: 283–295.

Yu F H, Chen Y F, Dong M. 2002. Clonal integration enhances survival and performance of *Potentilla anserina*, suffering from partial sand burial on Ordos plateau, China. Evolutionary Ecology, 15: 303–318.

Yue L J, Li S X, Ma Q, et al. 2012. NaCl stimulates growth and alleviates water stress in the xerophyte *Zygophyllum xanthoxylum*. Journal of Arid Environments, 87: 153–160.

Zhang G F, Yang Q Y, Wang X F, et al. 2016a. Size-related change in *Nitraria sphaerocarpa* patches shifts the shrub-annual interaction in an arid desert, northwestern China. Acta Oecologica, 69: 121–128.

Zhang G F, Zhao L W, Yang Q Y, et al. 2016b. Effect of desert shrubs on fine-scale spatial patterns of understory vegetation in a dry-land. Plant Ecology, 217: 1141–1155.

Zhang G F, Zhao W Z. 2015. Species-specific traits determine shrub-annual interactions during a growing season. Journal of Arid Land, 7(3): 403–413.

Zhang G, Zhao W, Hai Z. 2018. Extreme drought stress shifts net facilitation to neutral interactions between shrubs and sub-canopy plants in an arid desert. Oikos, 127（3）.

Zhao H, Zhou R, Zhang T. 2017. Effects of desertification on soil and crop growth properties in Horqin sandy cropland of Inner Mongolia, north China. Soil Tillage Research, 87: 175–185.

Zhao W Z, Li Q Y, Fang H Y. 2007. Effects of sand burial disturbance on seedling growth of *Nitraria sphaerocarpa*. Plant Soil, 295: 95–102.

Zhao W Z, Liu B. 2010. The response of sap flow in shrubs to rainfall pulses in the desert region of China. Agricultural and Forest Meteorology, 150: 1297–1306.

第9章 准噶尔盆地荒漠生态系统过程与变化*

准噶尔盆地是中国第二大内陆盆地,地处新疆维吾尔自治区北部,位于西北准噶尔界山,东北为阿尔泰山,南部为北天山,是一个略呈三角形的封闭式内陆盆地,东西长 1120 km,南北最宽处约 800 km,总面积约为 38 万 km²。盆地属温带气候,水汽主要来自西风气流,降水西部多余东部,边缘多于中心。冬季有稳定积雪,冬春降水量占年总量的 30%~45%。盆地可分为两带,北带为沙漠,南带为天山北麓山前平原,是主要的绿洲农业区。盆地腹部为古尔班通古特沙漠,面积约占盆地总面积的 36.9%,是我国第二大沙漠,固定半固定沙丘占优势,流动沙丘仅占 3%,固定沙丘植被覆盖度为 40%~50%。因此,准噶尔盆地荒漠生态系统是研究其结构与功能的天然实验室。

9.1 阜康站概况

阜康荒漠生态系统观测试验站(以下简称阜康站;图 9.1)地处欧亚大陆腹地的准噶尔盆地南缘,属温带荒漠区,气候受西风环流影响。阜康站行政区划属于新疆维吾尔自治区阜康市境内的新疆生产建设兵团 222 团(北亭镇),距离乌鲁木齐市 86 km。地理坐标:44.29°N, 87.93°E;海拔 460 m。站区现有土地面积 800 余亩。

图 9.1 阜康荒漠生态系统观测试验站(参见书末彩插)

* 本章作者为中国科学院新疆生态与地理研究所李彦、周宏飞、王玉刚、马健、黄刚、刘冉、徐贵青、任崴、郑新军。

9.1.1　区域生态系统特征

阜康站的工作区范围地理位置为 87°45′E—88°05′E，43°45′N—44°30′N。东至四工河，西以阜康市界为限，南至天山北坡东段最高峰博格达峰，北至古尔班通古特沙漠北沙窝。工作区内有三工河、四工河和水磨河三条河流，多年平均径流量 $0.98 \times 10^8 \ m^3$，河水矿化度 $0.094 \ g \cdot L^{-1}$。区内地下水年可开采量 $1.26 \times 10^8 \ m^3$。

山区分布有高山亚高山草甸土、灰褐色森林土、山地栗钙土和山地棕钙土等，少部分中性偏酸，其余均为中性偏碱，盐分含量低，有机质含量高，表层土壤富含氮、磷、钾等，肥力高。平原区原生土壤普遍含盐，均为中偏碱性土壤，主要包括灰漠土、棕漠土、荒漠盐土和荒漠碱土，从冲洪积扇到沙漠边缘，土壤盐分含量具有逐渐增加的趋势。

阜康站所在的平原农业区属温带荒漠气候，夏季炎热而冬季寒冷，年平均气温 6.6℃，最高气温 42.6℃，最低气温 –41.6℃，7 月平均气温 25.6℃，1 月平均气温 –17℃，年降水量 164 mm，年蒸发量 2000 mm 左右，冬季积雪厚度 29 cm，无霜期 174 天。工作区所在的三工河流域的山区降水具有明显的垂直变化规律，海拔 1500 ~ 2500 m 的中山森林带平均降水可达 500 mm 以上。在气候分区上，三工河流域中山属寒温带亚湿润气候区，准噶尔盆地属温带干旱区（李江风，1991）。

工作区内有保护较好的自然植被和野生动物。共记录有植物 57 科，369 种。动物初步记录有脊椎动物 150 种，其中鸟类 94 种，兽类 37 种。这里分布着国家级保护动物 25 种，如珍贵的黑鹳、雪豹、北山羊和小鸨等。

9.1.2　区域代表性

阜康站是一个为了学科发展需要而建的野外站，站址选择上综合考虑了区域代表性和交通便利性等条件。阜康站地处温带大陆性干旱半干旱气候区，东临蒙古高原荒漠草原带，西接中亚哈萨克斯坦荒漠草原带，在世界干旱区中占据重要地位。阜康站所在区域，有天池国家级自然保护区和国家森林公园，1990 年被批准为生物圈保护区，成为国际生物圈保护网络的组成部分。

阜康站所在的三工河流域具有完美的垂直景观带和水平地理带，是研究内陆河流域生态系统变化的理想场所，在世界和中国沙漠 – 绿洲生态系统中具有典型代表性。从东天山最高峰——博格达峰（海拔 5445 m）到古尔班通古特沙漠（海拔 460 m），水平距离 80 km，垂直落差 5000 m。包括冰川积雪带、高山垫状植被带、高山草甸带、亚高山草甸带、中山森林带、低山草原带、平原绿洲农田、盐生荒漠灌丛、沙漠等垂直植被景观带。山地 – 绿洲 – 荒漠复合生态系统是我国干旱地区最重要的生态系统。在人类与荒漠长期持续的对峙过程中，形成荒漠 – 绿洲犬牙交错，交替消长的独特景观。观测研究荒漠 – 绿洲生态系统结构、功能和演变，对于抑制荒漠生态的恶化，促进绿洲生态的发展，改善人类的生存环境，具有重要的科学和生态意义。

9.1.3　台站的历史发展沿革

1983 年，中国科学院生物学部在制定生物学科发展规划时，明确要求对干旱区生态站的建立进行积极的选点筹备。之后，中国科学院新疆生态与地理研究所多次组织所内外专家对生态站的地址进行考察和论证，并得到中国科学院、院各专业局、新疆分院领导的关心和重视。1987 年 3 月，中国科学院正式批准在新疆阜康建立荒漠生态系统观测试验站，以完善我国生态研究和观测网点的布局。

1989年,中国科学院建立中国生态系统研究网络(CERN),阜康站被纳入该网络。1992年,通过专家评审,阜康站又被确定为CERN重点试验站之一。1997年,阜康站成为中国科学院在新疆唯一的一个开放站。2000年,阜康站成为科技部国家重点野外试验站试点站。2003年,阜康站成为中国通量观测研究网络成员站。2005年,被原国家林业局纳入全国荒漠化监测网。

9.1.4 学科定位、研究方向与目标

阜康站的总体定位是监测干旱区各类型生态系统的动态变化,研究各类型生态系统的生态过程,同时,开展干旱区内陆河流域山-盆关系与垂直带谱上生态环境监测与研究,为干旱区生态系统的管理、自然资源的可持续利用和社会经济的可持续发展提供科学支撑和示范,为发展干旱区生态学作贡献。在研究方向上绿洲与荒漠并举,总体上无主次之分,但在不同阶段侧重点不同。近期以绿洲农业生态系统和荒漠环境研究为主,研究荒漠植物与水分关系、绿洲和荒漠的碳汇过程、绿洲水盐运移及景观格局变化;中期将重点研究荒漠-绿洲复合生态系统的能量流动和物质循环,开展内陆河小流域山-盆关系研究,重点研究流域尺度的水分、养分和盐分迁移过程及其与植被景观格局变化的关系;长期目标将结合地面和遥感监测、定位试验和数学模型等手段,掌握绿洲-荒漠生态系统的结构、功能、演变规律和有效管理途径,实现对荒漠、绿洲生态系统和环境状况长期、全面的监测和预测。

9.1.5 台站基础设施

根据台站基本监测需求和科研工作需要,实现对温带荒漠生态系统演变的监测和未来响应的预测,建设了如下科研监测样地和实验平台。

(1)荒漠生态系统植物、环境演变监测试验平台

本试验平台重点涵盖了野外环境下,对荒漠区植物、水分和土壤进行现状监测和人为控制试验,包括绿洲区水盐运移监测样地、荒漠边缘植被-地下水关系监测样地、荒漠内部植被-水氮关系监测样地、积雪处理样地四大监测和试验样地。设置了1 km×1 km永久围封样地,集成有降水遮除/增加设施(图9.2),涡度观测系统,土壤水分观测孔,地下水观测井,土壤剖面温度、水分、电导率、pH自动监测系统,自动气象站,微根管,自动物候相机等仪器设备。

图9.2 降水频率和降水量模拟样地(参见书末彩插)

（2）生态学室内控制试验平台

自动化温室平台：主要组成部分为占地 2000 m² 的自动化温室系统，包含 6 个独立分隔的自动化温室，可进行光照、温度和湿度的自主控制，8 间操作间，可进行样品处理的中心控制，4 间无菌化控制室，可进行气体浓度、温度、湿度和光照周期的控制。

自动化水、盐运移控制模拟平台（图 9.3）：该平台由能够模拟不同地下水位、不同灌溉水量处理的渗漏式 lysimeter 群组、灌溉试验测坑组、水盐传感器监测系统以及观测地下室四部分组成。包括：① 渗漏式 lysimeter 群组：玻璃钢结构。② 灌溉试验测坑组：24 个、5 m²、2~3 m 深度。钢筋混凝土结构。③ 观测地下室：150 m²、3 m 高，钢筋混凝土结构。④ 水分传感器 240 个，分布于各测坑及 lysimeter 土柱。⑤ 盐分传感器 240 个，分布于各测坑及 lysimeter 土柱，以实现实时自动化监测剖面土壤盐分含量变动。

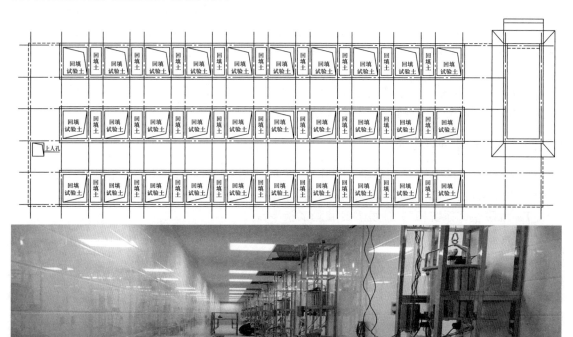

图 9.3　水、盐运移控制模拟平台

（3）荒漠区特色植物种质资源收集

阜康站盐生植物园有 22 科 68 属 117 种植物（张科等，2010）；其中盐生植物 20 科 59 属 102 种，其余为抗旱或经济植物。小半乔木和乔木 6 种，灌木 37 种，多年生草本 33 种，二年生和一年生草本 26 种。多引自当地，以藜科、柽柳科、豆科、蒺藜科、禾本科为主，有真盐生植物（或称稀盐、聚盐、喜盐盐生植物）、泌盐盐生植物、假盐生植物（或称拒盐盐生植物），其中又分为湿生、中生、旱生盐生植物。主要目的是对荒漠区盐生植物进行系统收集和引种栽培，每种植物均对其进行登记、造册,规范铭牌并附电子标签(二维码);以盐生植物为基础,开展不同植物抗性与适应性研究,为耐盐碱作物培育做准备。

9.1.6　主要成果

自 1987 年建站以来,阜康站研究团队围绕沙漠－绿洲生态系统结构、功能及其维持机制,承担了国家、中国科学院、地方政府的各类科研项目近百项,从多个角度开展了系统研究,形成了一系列研究成果。1990 年,《荒漠碱土》获得中国科学院自然科学奖二等奖;2002 年,"提高荒漠碱化土区农田生态系统利用率的研究"获得新疆维吾尔自治区科技进步奖二等奖;2009 年,"温带荒漠区原生植被对环境变化的响应与适应研究"获得新疆维吾尔自治区科技进步奖一等奖;2012 年,"准噶尔盆地南缘水资源合理配置及高效利用技术研究"获得水利部大禹水利科技奖三等奖;2013 年,"准噶尔盆地南缘荒漠化生态系统恢复与重建技术研究与示范"获得新疆生产建设兵团科技进步奖一等奖,2018 年"干旱区盐渍化控制与碳汇形成"获新疆维吾尔自治区自然科学奖一等奖。出版了《荒漠碱土》、*Alkali Soil of Desert Area*、《草炭绿化荒漠的实践与机理》《有机无机复合与荒漠化防治》和《荒漠绿洲农田生态系统中养分循环》等专著。发表论文数百篇,其中 SCI 收录论文近 50 篇,发表在 *Geophysical Research Letters* 上的盐碱地无机碳汇论文,受到学术界和大众媒体的广泛关注。先后培育出耐盐小麦新品种 3 个(新冬 26 号、新冬 34 号、新冬 47 号),通过新疆农作物品种审定,在南北疆盐碱地上累计推广种植面积超过 200 万亩,在青海、宁夏以及中亚国家成功试种。主要成果简述如下。

(1)盐碱土碳汇作用机制、强度及其全球贡献

研究组发现荒漠边缘区绿洲或荒漠土壤呼吸释放的 CO_2 并不像别的地区那样完全返回大气,而是部分被盐碱性的土壤水溶解吸收,这些被溶解吸收的 CO_2 在灌溉洗盐过程中被淋洗进入地下水层,并随着地下水运动输送进入沙漠的地下。初步估计,这个碳库总量(全球)高达 1000×10^8 t,是陆地上植物、土壤之外的第三个活动碳库。该研究成果有效填补了盐碱土区无机呼吸的基础理论认识,为寻找"碳失汇"提供了有效证据。该成果获新疆自然科学奖一等奖。

(2)典型温带荒漠区原生植被对环境变化的响应与适应

在国际上首次实验证明了植物对水分条件改变的第三类调节;首次发现了荒漠植物应对外界水分条件改变的策略是生理活动保持稳定,而个体形态(尤其根系形态)表现出强烈的可塑性;认识和发现了荒漠灌木和生物结皮对水、肥资源的自汇集功能以及根系对植物微环境的改造功能;提出了适度干扰有利于维持荒漠种子植物与维管束植物生长发育的观点;量化了内陆河流域绿洲土地利用转化与区域土壤盐渍化特征,建立了荒漠植被与地下水的耦合关系。该成果为中国生态系统研究网络获得国家科技进步奖一等奖提供了有力支撑。

(3)荒漠碱土特征及其开发利用中的养分循环

研究组对荒漠碱土的形成条件、形成过程和土壤类型、化学特征、物理特征、有机质特征、肥力特征及其土壤开垦与改良利用均进行了系统的研究,确定了绿洲农田生态系统养分循环的基本参数与基本规律,构建了良性养分循环指数,提出了人为调控绿洲农田生态系统养分循环的途径与措施;阐明了以绿肥工程和有机无机复合工程共同组成的有机无机复合投入,是荒漠化防治的重大战略措施。重点研究了盐基代换量理论,提出了水解性碱度的概念。

（4）内陆河流域土壤水盐运移与区域景观的响应机制

以阜康站所在三工河流域为研究示例,量化了内陆河流域绿洲土地利用演化与区域水盐运移的响应特征,深化了人类活动对区域水盐环境变化的认识,有机地将干旱区景观格局与生态过程相联系,丰富了中观尺度上量化盐分迁移特征的研究方法,揭示了人为活动对土壤特征的影响,有效预测了区域不同盐渍化景观的趋势,将原有的定点定位研究结果上推至区域景观尺度上。研究成果可为干旱区内陆河流域水土资源开发和盐渍化土地综合治理提供科学依据。

9.2 准噶尔盆地荒漠植物对环境胁迫的
生理生态响应与适应

9.2.1 多枝柽柳与梭梭对降水变化的生理生态响应

近 30 年来全球气候变化以及人类活动的加剧,导致古尔班通古特沙漠南缘原始荒漠地区的降水与地下水位正在发生显著的改变;这些改变正导致荒漠植物用水策略的适应性变化,其种间差异性影响着荒漠植物群落组成与生态系统碳水平衡(Xu et al., 2006, 2007)。本研究以中亚荒漠关键种多枝柽柳(Tamarix ramosissima)和梭梭(Haloxylon ammodendron)为对象,在叶片生理与个体形态水平上整合研究两个优势种对自然生境水分条件改变的响应与适应。

（1）不同降水处理下多枝柽柳与梭梭的光合、蒸腾速率变化

观测不同降水处理下多枝柽柳与梭梭光合、叶水势、蒸腾、水力导度和根水势等生理指标的变化,观测数据显示了显著的种间差异性。多枝柽柳的叶水势(ψ_l)没有表现出季节波动以及降水处理之间的显著差异(图 9.4a)。整个生长期内,多枝柽柳的 ψ_l 基本维持在较高值,且变化不大,这说明生境中有其生存可依赖的稳定水源。多枝柽柳同化器官蒸腾速率(T_r)也没有表现出降水处理之间的显著差异(图 9.4b)。整个生长季降水处理的实验过程中,多枝柽柳的光合与水分生理指标均表现出对降水变化的不响应。

与多枝柽柳不同的是,梭梭的光合指标对降水变化没有显著的响应,但是水分生理数据存在分歧。梭梭的 ψ_l 表现出较为强烈的季节波动(图 9.4c)。在自然降水事件后,ψ_l 上升(图 9.4c)。全生长季的尺度上,在无降水的处理下,随着时间的推移和土壤水分耗竭,黎明前叶水势(ψ_{pd})、正午叶水势(ψ_m)和 T_r 均逐渐下降。双倍降水处理下,ψ_l 和 T_r 显著高于自然降水下的值(图 9.5c 和图 9.5d,P=0.05)。不同降水处理下 ψ_l 值的差异表明,梭梭的水分状况受到降水变化的影响。然而,自然降水下的 T_r 值没有明显的季节变化(图 9.4d),暗示着梭梭具有较强的气孔控制能力。

（2）不同降水处理下多枝柽柳与梭梭的个体形态变化

不同降水处理对多枝柽柳小枝生物量和叶面积的季节变化没有显著影响。小枝生长速率的峰值发生在 7 月下旬,在时间上的变化与光合作用和蒸腾作用一致。叶面积随时间而增加,7 月叶面积增量占生长季总增量的近一半。降水变化显著影响着梭梭小枝生物量的积累,自然降水下,枝条生长速率的峰值出现在 7 月初,与光合作用一致;同化器官面积随时间而稳定增加,8 月

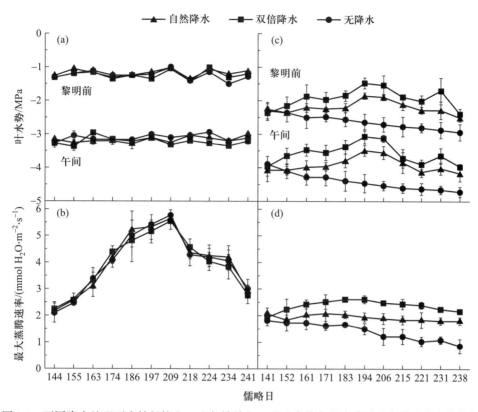

图 9.4 不同降水处理下多枝柽柳(a,b)与梭梭(c,d)叶水势与最大蒸腾速率的季节变化特征

中旬,小枝生物量累积逐渐停止。双倍降水下,枝条生长速率和同化器官面积均高于另两个处理。生长季内没有降水,梭梭枝条生物量的累积受到严重抑制,随着土壤水分的耗竭,枝条生长速率下降,6 月下旬,生长速率呈负值,表示同化器官开始脱落。

不同降水处理后期的根系调查表明,降水变化对多枝柽柳吸收根分布亦没有显著影响(图 9.5)。自然降水下的调查结果与根系本底调查相似:主根伸展的平均深度是 2.79 m,接近上限为 3.1 m 深的地下潜水层;0.3 m 以上的土壤中没有发现吸收根,仅有 5% 的侧根吸收面积分布在地表下 1 m 深的土层中;在 0.3 ~ 3.1 m 深土层内分布的吸收根,有 50% 以上(以表面积计算)分布在地表以下 2.3 ~ 3.1 m。该结果表明吸收根在干土层中萎蔫并在水分状态较好的土壤中萌生,从而调节根系结构以适应土壤水分的变化。

不同降水处理对梭梭吸收根分布产生了显著影响(图 9.6)。自然降水下的调查结果与根系本底调查相似,梭梭主根平均深度为 3.32 m,远离地下水位(5.2 m)。90% 以上的吸收根分布在 0 ~ 0.9 m 深土层中,1 ~ 3 m 深土层中有极少量侧根分布,3.5 m 以下的土层中没有吸收根分布(图 9.6a)。根系大部分聚集在浅土层,这表明梭梭以降水为主要水源。双倍降水处理下,0.5 m 以下土层中根系分布特征与自然降水下没有显著差异,而 0 ~ 0.5 m 深土层中根系表面积显著增多,约占总面积的 80%(图 9.6b)。无降水的处理下,0 ~ 0.7 m 深土层中根系大量萎缩,几乎没有活跃吸收根存在(图 9.6c);1.6 ~ 2.7 m 深土层中根系表面积显著增多,约占总面积 85%,吸收根有向着 3.5 ~ 4.5 m 深土层伸展的趋势。

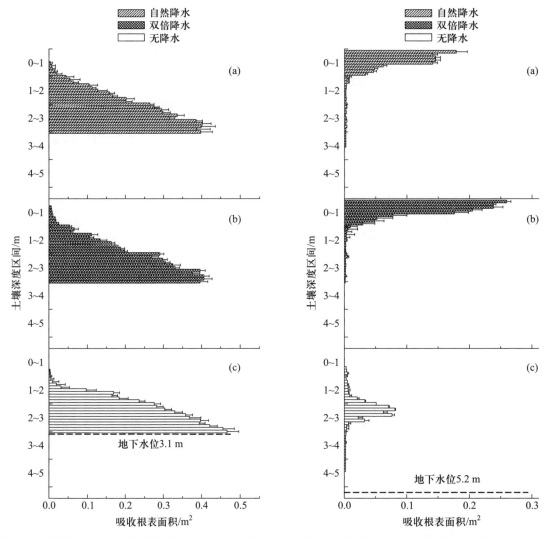

图 9.5 不同降水处理下多枝柽柳根系分布的变化特征   图 9.6 不同降水处理下梭梭根系分布的变化特征

（3）叶片水平调节与个体形态适应的关系

将叶片与个体水平实验数据相结合进行分析,结果表明,不同水平的调节适应机制之间存在着一定的内在协调性。多枝柽柳的 T_r 值与大气蒸发力(E)呈高度正相关,而瞬时 WUE 与 E 呈负相关。P_s 季节变化表现出与 T_r 相似的趋势。小枝生长速率和叶面积均随着 P_s 的增加呈指数增长。

对梭梭而言,在整个生长季,梭梭光合作用与 ψ_m 的相关性在统计学上不显著;地上生物量的累积与 ψ_m 存在正相关。WUE 与 ψ_m 之间存在显著负相关,表示随着干旱胁迫的加重,WUE 增加。

9.2.2 荒漠植物群落个体对降水变化的响应与适应

本研究于 2009—2012 年对古尔班通古特沙漠南缘梭梭、白梭梭群落分布区的草本层片设置非生长季积雪处理(2009—2011 年,4 个水平:0%,无积雪,50%,积雪量减半,100%,自然积雪量,200%,积雪加倍)和全年的降水处理(2011—2012 年,3 个水平:0%,自然降水,15%,增加 15% 降水量,30%,增加 30% 降水量),探讨草本层萌发、生长和发育对积雪厚度变化的响应与适应机制;揭示降水变化对草本层水分利用效率的影响机制。其研究结果为荒漠植被对特殊生境和环境变化的适应机制以及荒漠生态系统的保育提供科学依据(Huang et al., 2017)。

(1)积雪厚度变化对草本层萌发、生长和发育的影响

积雪消融初期,表层土壤(0~5 cm)含水量受积雪厚度的影响,处理间差异显著。随着积雪量的增多,表层土壤含水量增加。受水分的制约,草本层幼苗的数量跟积雪厚度呈正相关关系,积雪越多,单位面积出土的幼苗数量越多。除 200% 积雪处理,三年间相比其他处理,单位面积幼苗数量没有显著差异(P>0.05)。

在草本植物生长旺盛通过野外调查发现,积雪变化对成年植物密度影响显著(P<0.05),积雪越多,最后成活的个体数越多,三年间的趋势相同(图 9.7a)。跟草本植物密度变化动态相似,受积雪处理的影响,其盖度在积雪处理间的差异显著(P<0.05),积雪的厚度增加,草本层片的盖度增加(图 9.7b)。

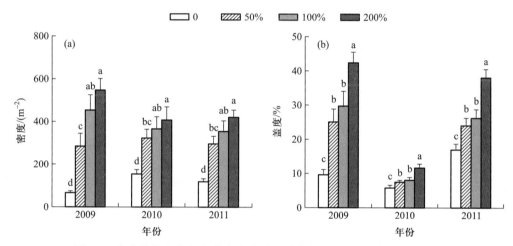

图 9.7 草本植物密度(a)、盖度(b)对积雪变化的响应(均值 ± 标准误)
注:不同字母代表 P<0.05 水平上处理间差异显著。

在草本植物生长旺盛期对整个草本层片进行了高度测量,结果显示,草本植物层片的高度对积雪增多响应为负相关。积雪越多,层片高度反而越低,0% 积雪处理的高度却与期望的相反,高度最高。虽然年内草本层片和优势种高度对积雪增多表现为负相关,但年际间相同积雪处理的高度仍然存在差异。

(2)不同积雪处理对草本层初级生产力的影响

通过收获法测定的草本层片地上生物量显示,单位面积地上平均生物量各处理之间差异不显著(P>0.05)(图 9.8)。地上生物量可以显示植物的净初级生产力,草本层片地上生物量的稳定性在一定程度上预示着该区在积雪量短期发生强烈变化的条件下,仍然能够维持层片尺度净初级生产力的相对稳定。虽然草本层的地上生物量在各个积雪处理间的差异不显著,但是年际间的波动较大。

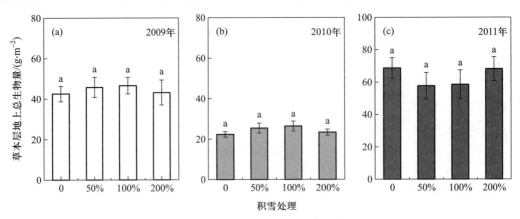

图 9.8　草本层地上总生物量（均值 ± 标准误）

注：不同字母代表 $P<0.05$ 水平上差异显著。

（3）降水变化对草本层水分利用效率的影响

草本层片生态系统水分利用效率（WUE_{GEP}）对降水变化的响应特征如图 9.9a 所示，降水量增加 15% 和 30%，对 WUE_{GEP} 有显著影响，计算降水处理年份 WUE_{GEP} 的平均值，表明降水量增加 15%，WUE_{GEP} 增加 13.1%，降水量增加 30%，WUE_{GEP} 增加 34.1%。依据草本层片的物种组成，将草本层片的生长季划分为两个阶段：短命植物阶段和一年生长营养期植物阶段。由草本层片生物量调查数据可知，降水处理显著的增加草本层片的总生物量和短命植物的生物量，但其比例没有发生变化，短命植物生物量占草本层片总生物量的 70% 以上（图 9.9b 和 c）。由此可以推断，降水量增加，尤其是在较为湿润的年份（生长季降水比例高），可以提高草本层片的盖度和生物量，减少降水通过土壤蒸发回到大气中的比例，最终提高草本层片生态系统水分利用效率。

9.2.3　荒漠植物群落对降水变化的响应与适应

本研究采用涡度相关观测技术对荒漠植物群落进行长期连续的观测，利用 2002—2012 年荒漠植物群落碳水通量数据集，在确定深根系木本植物以深层土壤水或地下水维持生理活动的前提下，探讨降水格局与植物群落结构变化对荒漠植物群落碳通量的影响。其研究结果为准确评价荒漠生态系统碳源 / 汇功能提供科学依据，并为荒漠生态系统碳水过程模型在大区域及长时间尺度的模拟提供科学基础（Liu et al., 2012, 2016）。

（1）两个极端降水年份碳水通量的比较研究

选取两个极端降水年份 2006 年和 2007 年分析碳水通量的变化特征。从图中可以看出，在干旱年份，最大二氧化碳日吸收强度为 0.4 g C·m^{-2}·d^{-1}，而湿润年份为 1.6 g C·m^{-2}·d^{-1}，是干旱年份的 4 倍；生长季长度在干旱年份和湿润年份分别为 120 d 和 160 d。从 NEE、GEP 和 R_{eco} 的年累积变化来看，在干旱年份，R_{eco} 与 GEP 相当，群落表现为碳平衡；而在湿润年份，GEP 大于 R_{eco}，群落表现为二氧化碳的固定（图 9.10）。

两个年份的灌木层盖度基本相同，而湿润年份草本层盖度是干旱年份的 3.5 倍。计算植被水分利用效率和生态系统水分利用效率，其植被水分利用效率在两个年份没有明显变化，而生态系统水分利用效率在干旱年份为 0.03 g C/kg H$_2$O，而在湿润年份为 0.15 g C/kg H$_2$O。研究结果表明，引起荒漠植物群落碳收支年际波动的原因是湿润年份，尤其是生长季前期的充足降水量，促进草本层片的大量萌发，充分利用降水，提高群落的生产力和水分利用效率（Liu et al., 2016）。

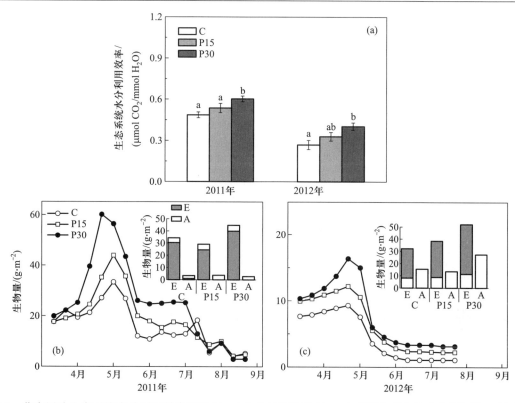

图 9.9 草本层片生态系统水分利用效率（WUE$_{GEP}$）(a) 与生物量(b～c)对降水变化的响应（均值 ± 标准误）

注：E，短命植物；A，一年生草本植物；C，自然降水；P15，增加 15% 降水；P30，增加 30% 降水。不同字母代表 $P<0.05$ 水平上处理间差异显著。

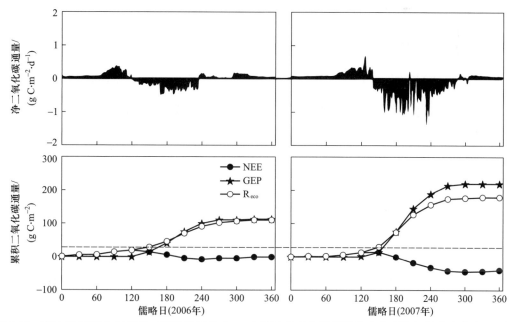

图 9.10 两个极端降水年份净二氧化碳通量（NEE）的季节变化及其组分生态系统初级生产力（GEP）和生态系统呼吸（R$_{eco}$）的年累积变化特征

（2）降水格局的变化对荒漠植物群落二氧化碳通量的影响

为了进一步研究降水格局与植物群落结构变化对荒漠生态系统二氧化碳通量的影响，利用 11 年（2002—2012 年）的碳水通量数据，结合降水，植被盖度调查的数据研究发现，湿润年份和干旱年份的降水量分配差异在生长季前期的降水量，湿润年份的草本层盖度是干旱年份的 3 倍，而灌木层片的盖度基本没有变化。湿润年份群落净二氧化碳通量（NEE）、初级生产力（GEP）和生态系统呼吸（R_{eco}）的日变化量显著高于干旱年份（图 9.11）。

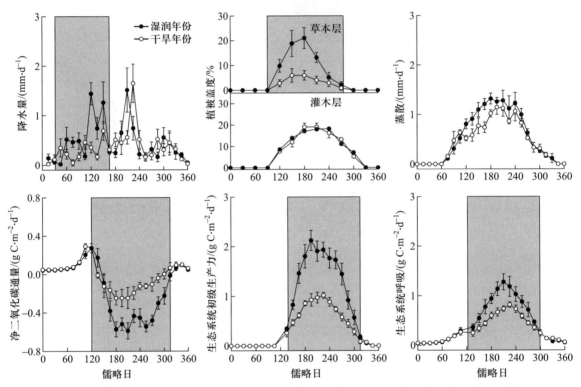

图 9.11　湿润年份与干旱年份降水分配、植被盖度、蒸散、净二氧化碳通量及其组分的比较

降水格局的变化与群落二氧化碳通量的关系表明：增加生长季前期降水量，荒漠植物群落固定二氧化碳的量增加。生长季的降水频率决定生态系统初级生产力（GEP）和生态系统呼吸（R_{eco}），生长季降水频率的增加，GEP 和 R_{eco} 越大，但在丰水年份，GEP 的增加量大于 R_{eco} 的增加量，因此，荒漠植物群落表现为碳的吸收。

相较于其他陆地生态系统，荒漠生态系统结构简单，其抵御外界干扰的能力明显弱于其他生态系统，因而荒漠生态系统将很快地表现出对环境变化的响应与反馈。荒漠生态系统在长期应对干旱、高温等环境因子限制的过程中发展出一系列特殊的水分平衡和碳收支适应机制。在这样一类严重受到水分限制的生态系统中，降水的效应必定是格外突出的；与降水的关系亦必定是优势物种存活和繁衍的关键。然而，荒漠植物在应对水分变化时，从叶片、个体、层片到群落都表现出强烈的缓冲能力，并且整个荒漠植物群落能从水分条件剧烈波动中受益。

叶片与个体水平——生理稳定性与个体形态调整：多枝柽柳和梭梭用水策略迥异，不同的根系功能型决定了前者的生存依赖地下水,后者生存依靠直接大气降水。深根系与气孔调节是多枝柽柳碳水平衡适应环境水分状况的关键机制;极为有效的形态调节和较强的气孔控制是梭梭维持光合能力以及适应水分变化的主要机制。

层片水平的变与不变——生物量调节:积雪处理改变草本植物的密度、盖度和高度,但对草本层片的物种构成未发生明显影响。同时,在生长过程中通过层片自身的调节最终实现了初级生产力的相对稳定。降水处理不影响叶片水平的水分利用效率,但通过改变草本层片中短命植物的生物量,提高草本层片生态系统水分利用效率。

群落水平的利与不利——植物群落结构调整:荒漠植物群落对水分变化的响应是通过植物群落结构和用水策略的调整来实现。年际间的降水波动对荒漠植物群落是有利的,即:降水量多的年份,大量草本植物萌发,更多的降水被草本层片利用,提高荒漠植物群落的生产力与水分利用效率;在降水量较少的年份则与之相反。

9.3 准噶尔盆地荒漠生态系统结构、功能及其维持机制

9.3.1 准噶尔盆地荒漠生态系统类型

准噶尔盆地是从蒙古高原荒漠到哈萨克斯坦荒漠的过渡地带,属典型的温带荒漠生态系统,它也是灌木荒漠亚带在亚洲由伊朗一直延伸到鄂尔多斯的重要组成部分(胡式之,1963)。

在山前洪积 – 冲积平原和冲积扇,地下水埋深大,淋溶和地表径流条件优越,发育的棕钙土含盐量低,该区域没有盐生植被发育,只有在一些季节性流水沟侧边有轻度盐渍土,发育有盐生假木贼群落。冲积扇缘至细土平原,潜水位升高,以盐化草甸土和草甸盐土为主,与之相适应的植被是以中生耐盐植物所形成的各种盐化草甸群落类型。古尔班通古特沙漠,地下水埋深大,以风沙土为主,盐分含量低,普遍发育有白梭梭群落、梭梭群落,其间,发育有短命植物和类短命植物群落。在古尔班通古特沙漠,有短命植物 68 种,约占沙漠全部植物总数的 1/3(张立运,2002)。

梭梭和白梭梭是两种非常著名的植物,是古尔班通古特沙漠的建群种植物,也是我国荒漠生态系统中个体最大,生物量和生产量最高的物种。它们具有超旱生的特性,又是荒漠中十分罕见的小乔木树种。梭梭是典型的荒漠种类,它的生态幅度较宽,可以生长于石质低山、丘陵,更多分布于山麓洪积扇、冲洪积平原、盐碱地、固定沙丘沙地、戈壁等干旱荒漠环境,而几乎不生长于流动、半流动的沙丘、沙地。白梭梭是一种典型的沙生荒漠植物,多生长于流动、半流动和半固定的沙丘顶部及中上部,从不进入低山、丘陵、盐碱地和砂砾石戈壁。

9.3.2 准噶尔盆地荒漠生态系统植物群落结构及其组成变化

由于大面积的农业开垦和化肥施用,温带荒漠区的氮沉降量逐渐增加,加之荒漠地区氮素含量的背景浓度偏低,诸多生态过程在水分充足下,表现为氮素限制,大气氮沉降增加成为影响荒

漠生态系统结构和功能的重要因素之一。为此,我们开展了一系列的模拟降水增加和氮素增加的控制试验,对荒漠灌木、草本层片、生物土壤结皮和土壤微生物在降水增加和氮素增加情况下的响应规律进行了系统研究。

（1）荒漠草本植物群落结构对氮增加的响应

季节、氮添加和两者的交互作用强烈影响了植物群落结构。在三年中,植物在晚春达到最大的丰富度,其中短命植物是群落丰富度的主要贡献者,夏季,群落丰富度最低。在2009年春季中旬,各氮处理之间的丰富度没有显著差异,但自2010年春季中旬开始,24 g N·m^{-2}的添加显著减少了物种丰富度,在2011年夏,6 g N·m^{-2}和24 g N·m^{-2}的添加在物种丰富度上具有明显的负效应,并且丰富度随着添氮量增加表现出逐渐减少的趋势（图9.12）。

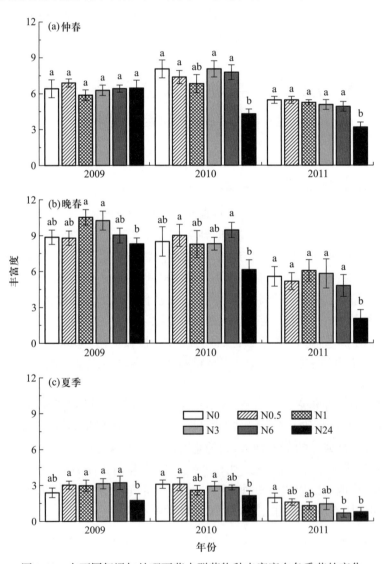

图9.12　在不同氮添加处理下草本群落物种丰富度在各季节的变化

注：N0,无氮素添加；N0.5, 0.5 g N·m^{-2}添加处理；N1, 1 g N·m^{-2}添加处理；N3, 3 g N·m^{-2}添加处理；N6, 6 g N·m^{-2}添加处理；N24, 24 g N·m^{-2}添加处理。

季节和氮添加及二者的交互作用显著影响了植物密度和生物量。在 2010 年春季中旬，3 g N·m^{-2} 增加了密度，在 2011 年，在氮添加量和植物密度之间表现出明显的负相关关系，并且在 2011 年夏季最为显著。地上生物量在 2009 年春季中旬对氮添加没有响应，在 2009 年晚春氮添加对生物量表现为正效应。在 2009 年夏季，24 g N·m^{-2} 添加处理对生物量不再具有促进效应。在整个 2010 年，氮添加对地上生物量上的效应并不一致。在 2011 年春季中旬，中等程度的氮添加对生物量具有促进效应，而 24 g N·m^{-2} 添加对生物量具有抑制效应。

（2）梭梭群落氮素回收率对增水、增氮的响应

以双标记的 $^{15}NH_4^+$ 和 $^{15}NO_3^-$（30 kg N·hm^{-2}·年$^{-1}$ 和 60 kg N·hm^{-2}·年$^{-1}$）作为示踪物，追踪氮素在自然降水和增加降水（60 mm·年$^{-1}$）条件下在梭梭灌木群落中的去向。草本层中大量的氮被保留于短命植物之中，约占整个草本层氮保留的 86%。草本植物和短命植物的氮保留对于水分和氮添加展示了相似的反应。地上和地下的氮保留在 0.04 ~ 0.3 kg·hm^{-2} 和 0.002 ~ 0.016 kg·hm^{-2} 变化，在干旱年份是 3.7 ~ 8.6 kg·hm^{-2}，在湿润年份是 0.10 ~ 0.16 kg·hm^{-2}。草本层地上和地下的氮保留在年际间差异显著。水分添加显著增强了干旱年份和湿润年份的地上氮保留，而氮添加在湿润年份对于地上和地下氮保留具有显著影响。水分添加在 2 年中没有显著增加地下氮保留。

在梭梭同化枝、茎和根中 ^{15}N 在 2 年中的保留各自是 0.6 ~ 1.5 kg·hm^{-2}，1.2 ~ 3.2 kg·hm^{-2} 和 0.8 ~ 2 kg·hm^{-2}，大量的氮被保留在茎中。水分添加和氮素添加对梭梭氮保留具有显著的交互作用（图 9.13）。

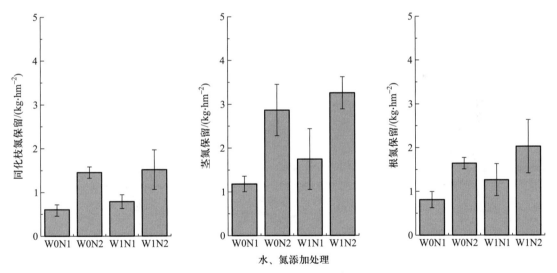

图 9.13 梭梭不同器官氮保留对水、氮添加的响应

注：W0N1，自然降水、30 kg N·hm^{-2}·年$^{-1}$；W0N2，自然降水、60 kg N·hm^{-2}·年$^{-1}$；W1N1，增加降水、30 kg N·hm^{-2}·年$^{-1}$；W1N2，增加降水、60 kg N·hm^{-2}·年$^{-1}$。

0 ~ 30 cm 土壤中，^{15}N 标记的累积保留量在 2015 年和 2016 年分别是 1.8 ~ 4.5 kg·hm^{-2} 和 20.1 ~ 52.7 kg·hm^{-2}。土壤中超过 50% 的 ^{15}N 保留发生在 0 ~ 5 cm 的土层中，而整个 0 ~ 30 cm 土层中土壤氮保留对水分和氮添加的响应和顶部土壤是相同的。2015 年氮添加显著增加了 0 ~ 5 cm 的氮保留，但水分添加没有显著作用。水分添加和氮添加对于下层土壤的氮保留没有显著影响。

在湿润的 2016 年,上部和下部土壤的氮保留对于氮添加反应显著,并且顶部土壤的氮保留随水分添加显著增加。水分和氮添加的交互作用对于上部和下部土壤的氮保留影响不显著。

试验表明,与灌丛梭梭相比,草本植物是更大的 ^{15}N 回收库,其回收量随着水添加和氮添加而显著增加,与生长季的降水量显著相关。梭梭不同部位的回收量显著不同,以茎秆最多,同化枝次之。土壤作为最大的 ^{15}N 回收库,绝大部分的氮素集中在表层土壤。平均来说整个荒漠生态系统的回收率是 52%,显著低于温带森林。整个系统的氮素回收率随着降水的增加而显著增加,但是随着氮素添加的增加而显著降低。在未来气候变化情景下,以梭梭为建群种的荒漠生态系统回收率将显著提高,极大地降低氮素损失到环境中造成的环境风险(Cui et al., 2017)。

(3)荒漠生物土壤结皮碳通量对降水的响应

生物结皮广泛分布于干旱、半干旱区,是土壤碳循环过程的重要组成部分,然而,现有荒漠生态系统土壤碳通量测定和碳循环模型中往往忽略了生物结皮的作用。以古尔班通古特沙漠发育良好的藻类、地衣和苔藓结皮覆盖土壤为研究对象,采用红外气体分析的方法,观测了野外自然环境特征中的土壤碳通量在不同时间尺度上的变异特征,包括天、季节和年际;同时,水分作为主要的调节因子,通过模拟不同大小的降水(0 mm、2 mm、5 mm 和 15 mm),连续观测生物结皮发育土壤,去除生物结皮土壤的净通量和暗呼吸动态特征(Su et al., 2013)。

在温度相对较高的 6 月和 8 月,生物结皮覆盖土壤的碳通量显著高于去除生物结皮覆盖土壤的碳通量(图 9.14)。6 月生物结皮覆盖土壤和去除生物结皮土壤的碳通量分别为 0.27 $\mu mol \cdot m^{-2} \cdot s^{-1}$ 和 0.11 $\mu mol \cdot m^{-2} \cdot s^{-1}$,8 月二者分别为 0.18 $\mu mol \cdot m^{-2} \cdot s^{-1}$ 和 0.11 $\mu mol \cdot m^{-2} \cdot s^{-1}$,而在温度相对较低的 10 月,生物结皮的存在与否对土壤碳通量无显著影响,约为 $-0.0016 \mu mol \cdot m^{-2} \cdot s^{-1}$。

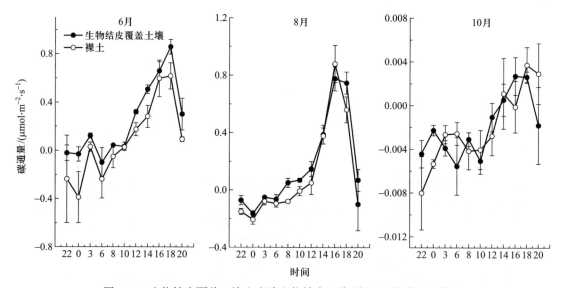

图 9.14　生物结皮覆盖土壤和去除生物结皮土壤(裸土)的碳通量特征

生物结皮覆盖土壤碳通量的最低值出现在 10 月,最高值出现在 5 月。如果仅考虑碳通量出现的最大值和最小值,碳通量的年内变化特征似乎与温度变化一致。当考虑 6 月、7 月和 8 月的碳通量和温度时,它们的碳通量均显著小于 5 月的观测值。土壤水分的最大值出现在 4 月,最小值出现在 5—9 月,并且 5 月、6 月、7 月、8 月以及 9 月的土壤水分无显著差异。

苔藓结皮、蓝菌–地衣混生结皮发育土壤和裸土的净通量分别为 $-0.28 \pm 0.14 \sim 1.18 \pm 0.09\ \mu mol \cdot m^{-2} \cdot s^{-1}$、$-0.18 \pm 0.02 \sim 1.20 \pm 0.07\ \mu mol \cdot m^{-2} \cdot s^{-1}$ 和 $-0.38 \pm 0.20 \sim 1.17 \pm 0.12\ \mu mol \cdot m^{-2} \cdot s^{-1}$。净通量的日变化呈单峰曲线，最大值出现在 14：00—16：00。在一天中，生物结皮发育土壤和裸土的净通量通常呈正值，在夜间偶有负值出现。碳通量随气温升高呈指数增加。与此不同，蛇麻黄（*Ephedra distachya*）生长点在白天呈现碳素吸收，夜间呈现碳素释放。一天中，碳通量的变化范围为 $-2.21 \pm 0.27 \sim 0.46 \pm 0.03\ \mu mol \cdot m^{-2} \cdot s^{-1}$。土壤含水量的上限值出现在 4 月和 10 月，下限值出现在 7 月。

生物结皮发育土壤和裸土的月净通量均表现出碳释放，结皮发育土壤为 $-0.0021 \sim 0.49\ \mu mol \cdot m^{-2} \cdot s^{-1}$，裸土为 $-0.001 \sim 0.44\ \mu mol \cdot m^{-2} \cdot s^{-1}$，然而，蛇麻黄生长点的净通量表现出吸收碳素的特征，量值为 $-0.58 \sim 0.09\ \mu mol \cdot m^{-2} \cdot s^{-1}$（图 9.15）。净通量在植被覆盖类型间表现出显著差异，观测时间也显著影响着碳通量。当土壤含水量低于 3%，净通量与土壤含水量呈线性正相关性。而当土壤含水量超过 3%，碳通量不再随着土壤含水量的增加而增加。

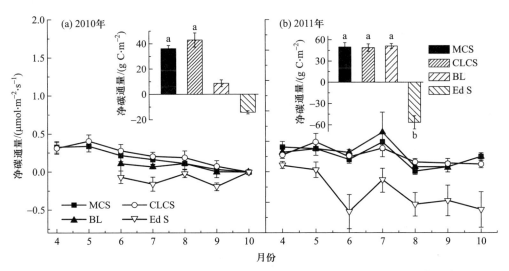

图 9.15　2010 年（a）和 2011 年（b）苔藓结皮发育土壤（MCS）、蓝菌–地衣结皮发育土壤（CLCS）、裸土（BL）和蛇麻黄（Ed S）发育土壤的净通量月际变化

注：不同小写字母表示观测值在土壤类型之间 $P=0.05$ 水平上差异显著。

（4）短命植物层片对水分和氮添加的响应

针对荒漠短命植物的生长特征，对其在生态系统碳通量和养分特征中的作用进行了研究（Huang et al., 2015）。NEE 和 GEP 在年际间具有显著变化。2011 年，NEE 和 GEP 在 4—5 月达到最大峰值，在 8 月达到第二个峰值，而在 2012 年仅在 5 月达到峰值，ER 在年际间无显著的波动（图 9.16）。降水和 NEE 具有显著的交互效应。在 2011 年，增加降水增加了 NEE 41.2%，从对照样地的 $-0.58\ \mu mol\ CO_2 \cdot m^{-2} \cdot s^{-1}$ 至增水样地的 $-0.34\ \mu mol\ CO_2 \cdot m^{-2} \cdot s^{-1}$，而在 2012 年，增加降水增加了 NEE13.3%，从对照样地的 $-0.88\ \mu mol\ CO_2 \cdot m^{-2} \cdot s^{-1}$ 至增水样地的 $-1.01\ \mu mol\ CO_2 \cdot m^{-2} \cdot s^{-1}$（图 9.16）。同对照相比，增加降水显著增加的 GEP 约 2 倍。2012 年增加降水显著影响了 ER，使其增加了 27%，但对 2011 年的 ER 没有显著影响。氮添加对 NEE、GEP 和 ER 没有显著影响。增加降水和氮添加对 NEE、GEP 和 ER 也没有显著的交互作用（图 9.16）。NEE 和 GEP 在灌下显著高于灌间，其效应独立于水分和氮添加处理。

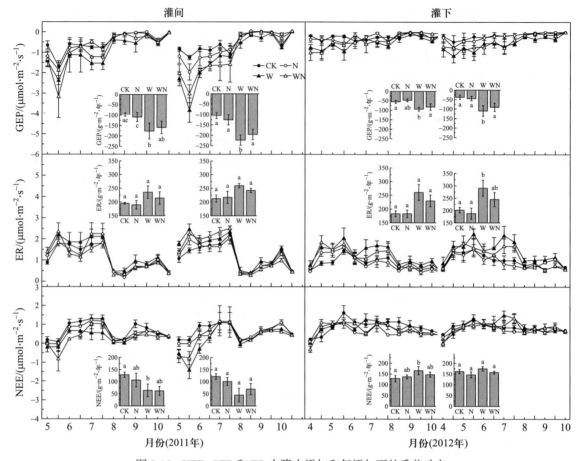

图 9.16　NEE、GEP 和 ER 在降水添加和氮添加下的季节动态

　　NEE 和 ER 在短命植物生长季随着温度的增加线性增加,而在 2011 年其他季节,NEE 和 ER 同土壤温度则没有显著的相关关系。在整个生长季,NEE 和 GEP 随着土壤水分的增加而线性增加。逐步回归分析表明,在短命植物生长季的 2011 年和 2012 年,土壤温度和水分分别解释了 NEE 的 64% 和 45%,GEP 的 34% 和 37%。在短命植物生长季后,土壤温度和水分分别解释了 NEE 的 19% 和 40%,GEP 的 35% 和 31%。在 2011 年和 2012 年,土壤温度解释了整个生长季 ER 的 36% 和 39%。

　　在 2011—2013 年连续测定了春季短命植物和土壤微生物氮、磷吸收的季节动态,并同步跟踪了土壤无机氮、有效磷、氮素淋溶。5 个草本植物的氮吸收动态显著不同。尖喙牻牛儿苗具有最大的氮吸收,在 2011 年、2012 年和 2013 年分别为 913 mg·m^{-2}、95 mg·m^{-2} 和 392 mg·m^{-2}。夏季一年生植物在 3—6 月具有低的氮吸收,在短命植物死亡之后,加速其氮的吸收。在 3—6 月,短命植物的氮吸收量达到草本层总氮吸收量的 65%。

　　MBN 和 MBP 具有显著的季节动态。MBN 和 MBP 在积雪融化后开始增加,至 5 月达到最大值。年平均 MBN 和 MBP 是 0.24 ~ 5.67 g·m^{-2} 和 0.1 ~ 1.0 g·m^{-2}。土壤微生物的净氮吸收在 2011 年、2012 年和 2013 年分别是 2.6 g·m^{-2}, -2.0 g·m^{-2} 和 -2.0 g·m^{-2}。微生物的氮累积在 2011 年和 2013 年是短命植物氮吸收量的 2.7 倍和 4.5 倍,而在 2012 年土壤微生物具有显著的氮释放。整个三年,土壤氮素流失达到了 17.5 ~ 58.6 mg·m^{-2},显著低于短命植物的氮吸收量(图 9.17)。

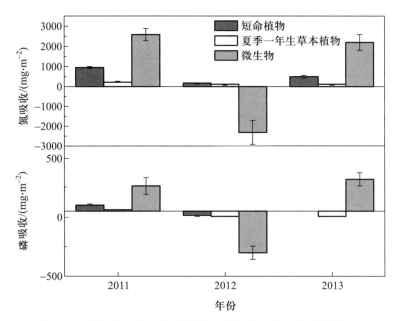

图 9.17　微生物、短命植物和夏季一年生草本植物氮、磷吸收量

本研究表明,在生长季,短命植物层片是一个大的养分库,在正常降水年份(160 mm,2011年和2013年)氮和磷的净吸收分别为 0.49~0.94 g·m^{-2} 和 0.05~0.09 g·m^{-2}。并且,短命植物层片死亡之后,仅半年的时间便可释放枯落物中 35% 的氮和 60% 的磷,为后继灌木和一年生草本植物生长提供了养分;同时,土壤微生物的氮和磷累积也不可忽略,分别是当季短命植物的 3.6 倍和 4.5 倍,然而,在干旱年份(2012年)它却是养分的净释放者。研究证实了荒漠短命植物在生态系统养分保持和提高系统养分吸收率中扮演着重要角色,但它与土壤微生物的相对贡献依赖于年降水量,在正常降水年份,土壤微生物较短命植物具有更高的养分保持能力,在干旱年份,早春短命植物则更重要。

通过对 9 种古尔班通古特沙漠广泛分布的荒漠植物成熟和衰老叶片氮、磷含量进行测定,结果说明,早春短命植物和灌木通过增加养分吸收而非改变养分的内循环,对水分和氮素增加作出响应,因此,这是一种保守性的养分适应策略(Huang et al.,2018)。

9.3.3　荒漠生态系统水分来源研究

(1)梭梭和白梭梭水分利用来源

梭梭和白梭梭小枝木质部水的 δ^{18}O 随降水而波动。梭梭和白梭梭木质部水的 δ^{18}O 4 月最低,梭梭为 –10.74‰,白梭梭为 –13.24‰,之后均随时间而上升。地下水的 δ^{18}O 较稳定,为 –10.21‰。白梭梭木质部水的 δ^{18}O 显著低于梭梭。梭梭和白梭梭的木质部水 δ^{18}O 分别为 –9.89‰ 和 –12.02‰,地下水的月平均 δ^{18}O 为 –10.21‰。同白梭梭相比,梭梭木质部水的 δ^{18}O 更接近于地下水(Dai et al.,2015)。

梭梭和白梭梭对各水源的利用比例存在明显的转化(图 9.18)。4 月,梭梭对浅层土壤水的利用比例占主导,为 62%~95%,对中层、深层土壤水和地下水的利用比例分别为 0~8%、0~15%

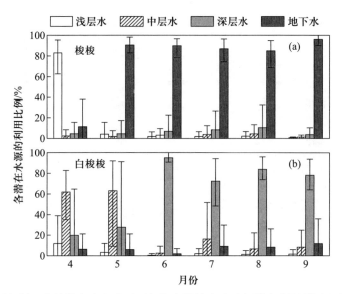

图 9.18　丘间低地的梭梭（a）和沙丘顶部的白梭梭（b）对各潜在水源利用比例的月变化

和 0～38%。5—9 月，梭梭对地下水的利用比例占主导，为 68%～100%。4 月和 5 月，白梭梭对中层土壤水的利用占主导，利用比例分别为 35%～83% 和 9%～92%；对深层土壤水的利用变化范围大，利用比例分别为 0～65% 和 0～91%；对地下水的利用比例均为 0～21%。6—9 月，白梭梭对中层土壤水的利用比例下降，而对深层土壤水的利用占主导，利用比例为 48%～100%，对地下水的利用比例为 0～36%。

（2）古尔班通古特沙漠 6 种 C_3 和 C_4 灌木水分来源的种间、种内差异

所有灌木具有相似的季节性水分吸收模式，即在早春期间植物首先利用融雪水补给的浅层土壤水，而在极其干旱的夏季转移到更深层的水源（图 9.19）。这一研究结果表明所有的灌木具有双根系统，使它们能够在时间和空间上获得不同的水源。但这些灌木确切的吸水深度存在群落间与物种间差异。我们对不同植物水分来源的研究结果显示，不同植物水分吸收因根系特征和水分利用空间差异而存在差异，同时也有些生长在同一生境中的灌木表现出相似的水分利用和根系功能性特征（图 9.19）。

梭梭和多枝柽柳生长在不同水分条件的生境时采取不同的水分利用模式，揭示两种灌木根在不同水分环境条件下表现出极大的可塑性。灌木小枝水势之间显著的种间、种内和季节差异表明 6 种灌木经历了不同程度的水分胁迫，尤其梭梭和多枝柽柳即使水分吸收之间没有明显差异，但水势间的极显著差异表明两种灌木完全相反的小枝生理、形态特征和水力特性。因此，古尔班通古特沙漠不同灌木在水分胁迫和适应环境中表现出不同的种功能多样性和复杂性（Bahejiayinaer et al., 2018）。

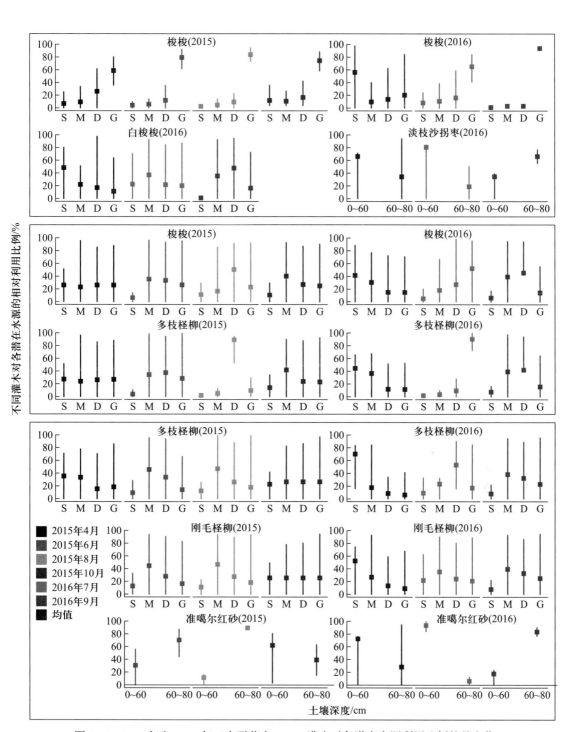

图 9.19 2015 年和 2016 年三个群落中 C_3、C_4 灌木对各潜在水源利用比例的月变化

注：S,浅层水；M,中层水；D,深层水；G,地下水。

9.3.4 梭梭的生物量分配与死亡机制

认识梭梭幼苗水力构建、非结构性碳化合物动态、形态调整、生物量分配,理论上有助于理解幼苗死亡过程的作用机制,实践上为种群的更新、恢复与重建提供科学依据。利用温室盆栽梭梭实生苗检验干旱胁迫和对照组梭梭幼苗与碳水相关的生理指标(同化枝水势、光合速率、暗呼吸、导水度、非结构性碳水化合物)在整个生长季的变化,结果表明幼苗地下部分根系存活时间(干旱后 70 d 死亡)是地上部分枝干存活时间的 2 倍(干旱后 35 d 死亡)(图 9.20)。

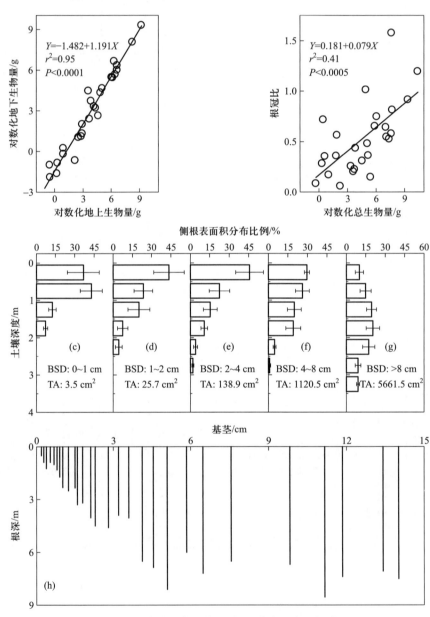

图 9.20 梭梭生物量分配、侧根分布和主根深度

注:BSD,基茎;TA,侧根总表面积。

　　根系和枝干存活时间的差异归因于干旱胁迫下持续增加对根系非结构性碳水化合物的投入维持根系的呼吸。此外,干旱胁迫下增加的非结构性碳水化合物根系投入有助于复水后萌枝。基于实验结果,提出梭梭死亡标准。干旱胁迫下梭梭幼苗生理生态性状在时序上发生的节点变化揭示干旱改变碳在枝干和根系的分配并且改变了其不同碳库的流通(生长、呼吸或存储)。碳水相互作用过程决定了受干旱胁迫梭梭幼苗的生死存亡。研究结果揭示"根系保护"策略在决定梭梭存活和萌枝中起到关键性作用,并且提供了碳水动态变化对树木死亡效应的新视角。

　　通过野外调查梭梭死亡率分布格局,开展梭梭不同大小植株生物量和形态测量,结合干旱期间对不同大小植株水分状况、气体交换特征、水力结构和非结构性碳水化合物测定,评估上述性状在观测到的依赖个体大小的U形死亡率分布格局中的作用。研究发现在持续干旱期间梭梭幼苗因极低的叶水势导致其死于水分传导失效;对于年长的梭梭,光合产物在叶片和根系分配的失衡,伴随非结构性碳水化合物储量的降低,导致其死于碳饥饿(图9.21)。

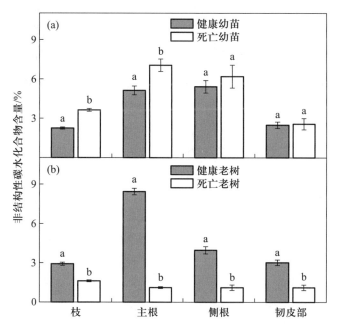

图 9.21　死亡/存活梭梭幼苗和成年植株非结构性碳水化合物含量

　　梭梭的抗旱策略是生物量优先地下分配以优化土壤水分获取。对幼苗而言,抗旱策略不完全发育,水分传导失效是干旱期间幼苗死亡的主导驱动因子;对于年长的个体,在干旱期间以牺牲叶面积为代价的根系生长导致其死于碳饥饿。研究结果表明对于这种旱生树种其抗旱策略同其生死存亡紧密相连:抗旱策略完全发育意味着植物可以保持存活,抗旱策略不完全发育或过度发育意味着植物死亡。

9.4　区域生态系统重要生态学问题及其过程机制

　　绿洲具有系统性、对水的依赖性、高比照性、尺度性、高效性、脆弱性、演化性等本质特性,其中对水的依赖性及脆弱性是其最为显著的特点。如何更好地利用绿洲,维持一定规模及开发强度,将是绿洲系统可持续利用的重要命题。人类的开发活动对绿洲的发展与维护具有双面性,一方面逐步完善绿洲的灌溉系统,改进了绿洲的植被类型,提高了生物多样性,增加了植被盖度,使绿洲系统更为稳定。但另一方面,在对绿洲改造的过程中也对原有自然演化的绿洲生态系统造成了破坏和干扰,一些盲目、过度的开发甚至危及绿洲的存在,如甘肃民勤绿洲的消失、河西走廊绿洲的萎缩、塔河滨河绿洲的减少等,一些无序的开发,造成地下水严重超采,河道径流被大量占用,生态流量的不足,都将对绿洲区本身及河流下游绿洲和河流消散尾闾区域造成可怕的灾难。因此,结合绿洲降水的空间分布,充分利用降水资源,大力推行高效节水灌溉农业,科学合理确定水资源开发利用规划,适度引用河川径流,保证河道生态流量,保持人类对资源的消耗与绿洲资源再生能力相平衡,才能最大程度维持绿洲生态系统稳定与可持续发展,人类才能从中受益。

9.4.1　干旱内陆河小流域山地－盆地垂直带生态系统

　　准噶尔盆地介于阿尔泰山、准噶尔界山和天山之间,位于东北侧的阿尔泰山,主峰友谊峰海拔 4374 m,位于南侧的天山山脉东段主峰博格达峰海拔 5445 m,位于西北侧的准噶尔界山海拔 2000～4000 m,盆地中部是古尔班通古特沙漠,海拔 300～500 m。从山地到盆地的垂直带生态系统,气候、地貌和植被景观均具有明显的分异性。

(1)垂直带降水空间变化特征

　　从山地到盆地,降水量随海拔高程变化,具有显著的垂直变化规律,在海拔 3000 m 以下随高程下降而减少,天山北坡西段垂直递减率 40～60 mm/100 m,天山北坡中段和准噶尔西部山区为 30～35 mm/100 m,阿尔泰山区为 25～30 mm/100 m(周聿超,1999)。

　　为了进一步研究垂直带上的降水时空变化规律,在三工河流域依据地统计方法计算监测点样本数并实地布设监测网,根据研究区水系特点,沿水磨河、三工河及四工河流域设置三条观测线,测点从天池景区延伸至古尔班通古特沙漠腹地,根据地貌景观特点布设自记式雨量器 26 部。

　　根据三工河流域 2007—2014 年多年 5—8 月的月均降水量序列分析了山地、绿洲、荒漠三种地貌单元降水的空间变异性。全流域,6 月降水空间异质性最为显著,8 月空间变化最小,这与变异系数相吻合;降水在南北方向(0°)和东南—西北方向(135°)变异性最强。图 9.22 是三工河流域多年平均情况下 5—8 月及夏季降水量空间分布图(徐利岗等,2016)。

(2)垂直带土壤和植被景观变化

　　从山地到盆地不同海拔高度,依次分布有高山和亚高山草甸土、中山森林土、山地栗钙土、山地棕钙土和灰棕荒漠土(任美锷,2004)。高山草甸土在阿尔泰山和准噶尔盆地以西山地中,一般分布在海拔 2800～3000 m,在天山北坡大部分分布在海拔 2800～3000 m,部分分布在 3300 m,成土母质通常以坡积物、残积物为主,部分为冰渍物或冰水沉积物,高山草甸土的形成过程有生草过程、有机质累积过程、淋溶过程、沉积过程和冻融过程等(崔文采,1996)。在洪积冲积扇,多

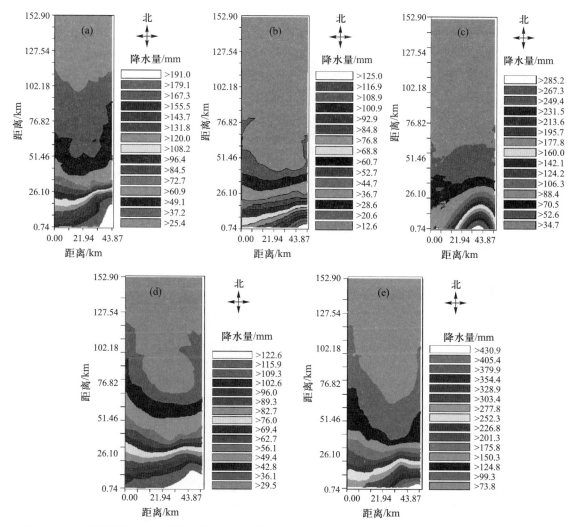

图 9.22　三工河流域 5—8 月及夏季降水量空间分布图:(a)5 月;(b)6 月;(c)7 月;(d)8 月;(e)夏季

为砾石戈壁,坡度 1/100~1/200,年降水量 200~250 mm,土壤有机质含量低、地下水位深,土壤无盐碱化问题;冲积扇边缘,为泉水溢出带,主要为沙质黏土,土层深厚,年降水量 200 mm。地面坡降 1/200~1/1000,为老绿洲集中发育地带,地下水位高,排水不畅,土壤有沼泽化和轻度盐渍化;冲积平原,地面坡降 1/1000~1/3000,年降水量 140~160 mm,土层深厚,颗粒变细,为新垦绿洲区,土壤盐渍化较重(任美锷,2004)。

从山地到盆地不同海拔高度,依次分布有高山垫状植被、高山亚高山草甸草原、山地森林、森林草原、低山丘陵灌木草原、平原灌木荒漠植被。山区植被受海拔高度不同引起的水热条件显著差异的影响,平原区植被主要受荒漠生境土壤的盐分和水分条件控制。在阿尔泰山 3000 m 以上、天山北坡 3000~3500 m,发育着耐寒性强、根系发达、植株低矮、以垫状为主要生活型的植被。阿尔泰山有黑穗薹草(*Carex atrata*)、少花廷胡奈(*Corydalis Pauciflora*)等,天山北坡有虎耳草(*Saxifraga stolonifera*)、红景天属(*Rhoaiola*)、委陵菜(*Potentilla chinensis*)、点地梅(*Androsace umbellate*)、马先蒿属(*Pedicularis*)等。在阿尔泰山和天山北坡的高山、亚高山山区,分布着以嵩草属(*Kobresia*)、珠芽蓼(*Polygonum viviparum*)、薹草属(*Carex*)、早熟禾属(*Poa*)等为主的浓密草层。阿尔泰山 1200 ~ 2400 m,天山北坡 1750 ~ 2500 m 的中山带,均为山地森林,阿尔泰山的灰色森林土上发育着以新疆落叶松(*Larix sibirica*)为主的明亮针叶林,其次为新疆五针松(*Pinus sibirica*)、新疆云杉(*Picea obovata*)、新疆冷杉(*Abies sibirica*),天山发育有以雪岭云杉(*Picea schrenkiana*)和天山云杉(*Picea schrenkiana* var. *tianschnica*)为主的阴暗针叶林。荒漠灌木广泛分布在广大洪积 – 冲积平原上,为准噶尔盆地的主要植被景观,在受洪水浸润冲刷的低地平原,常有梭梭、柽柳出现,在大片灰漠土上,琵琶柴常呈纯群,荒漠灌木下伴生植物主要有刺木蓼(*Atraphaxis spinosa*)、白刺(*Nitraria tangutorum*)、骆驼刺。盐化荒漠植物在平原上广泛分布,盐穗木分布的土壤以氯盐为主,盐琐琐分布的土壤以氯化物 – 硫酸盐为主,沼泽盐土指示植物以盐角草为主,碱化盐土指示植物以假木贼属和木碱蓬为主(崔文采,1996)。

9.4.2 人工绿洲安全与外围自然荒漠的关系

人工绿洲的建立和发展是人工渠道代替天然河流、人工水库代替自然湖泊、人工耕作土壤代替自然土壤、人工栽培植被代替自然植被和人工控制生态系统代替自然生态系统的过程(邓铭江和石泉,2014)。长期水资源过度无序开发和低效利用,部分地区农业灌溉规模已经超过水资源承载力,经济社会与自然生态系统之间用水竞争不断加剧,生态用水被大量挤占,生态环境日趋恶化(邓铭江等,2011,2017)。由于灌溉面积过度扩张和农业用水大量增加,将大量地表水截留在人工绿洲内部,造成"河湖结构"组成的天然水循环系统急剧萎缩,"渠库结构"规模越来越庞大,平原水库比例过高,普遍缺乏控制性山区水库,同时,地下水开发利用快速增长,超采现象未得到有效遏制,使得地下水最后一道防线处于崩溃边缘,可能带来无法弥补的生态灾难(邓铭江等,2011)。一方面人工绿洲面积的扩展是以替换天然绿洲面积为代价,另一方面上游灌区引水过量以及水库和渠系渗漏严重,地下水位上升,引起绿洲内部土壤次生盐渍化,而下游和外围地区地下水位下降(樊自立等,2011;王玉刚等,2009;Wang et al., 2010;王玉刚和李彦,2010;Wang and Li, 2013;Wang et al., 2017)。然而,伴随着大型农耕机械和膜下滴灌等节水灌溉方式的普及和原有粗放灌溉方式的终结,使得淋洗盐分的排水环节缺失,绿洲土壤盐分不断累积(王海江等,2010),已不再产生可以作为生态用水的农业尾水(徐海亮等,2016)。于是,介于人工绿洲和荒漠之间的作为绿洲"卫士"的天然植被正在缩小、变窄,甚至不复存在,大面积耕地被废弃,土壤风蚀沙埋加剧,荒漠化面积逐渐扩大,土壤盐渍化从内部而荒漠化从外部正在危害着绿洲安全(徐海亮等,2016)。最终农业用地膨胀,生态用水消减,作为天然防护林的外围灌丛大量消失,即使仍然存在一些灌丛植被,但由于补给消失,地下水位下降,造成幼苗更新困难且生存状态堪忧。

例如,柽柳属为建群种的盐生荒漠灌丛群落,曾广泛分布于我国西北乃至亚洲中部干旱区天然绿洲外围,是典型的由于浅层地下水而存在的隐域性潜水植被类型(Xu and Li, 2006, 2009;Xu et al., 2007, 2011)。近年来,由于河流断流和山洪消失,农业尾水锐减使浅层地下水补给减少,同时过度土地开垦,使柽柳荒漠灌丛大量消失(Xu et al., 2011)。研究表明:多枝柽柳在浅层地下水埋深 3.3 m 的绿洲外围地区生长良好,根系平均深度为 3.19 m,超过 63% 的水平拓展根分布于 2.5 ~ 3.1 m,近地表 0 ~ 0.5 m 没有发现有活性的吸收根,这表明多枝柽柳能够吸收地下水作为水源,可能对降水引起的浅层土壤水波动并不响应(Xu and Li, 2006)。Wu 等(2014)研究表明多枝柽柳潜在水源 90% 来自深层土壤和地下水 (Wu et al., 2014)。

梭梭属植物广泛分布于亚非大陆温带和亚热带荒漠地区,可以在流动、半固定沙丘以及砾质和盐渍化程度高的土壤中生长良好 (秦海波等, 2012; 戴岳等, 2013)。在我国主要分布有梭梭和白梭梭两种小乔木或灌木,两者广泛分布于西北干旱区,以准噶尔盆地分布面积最广,在古尔班通古特沙漠成为建群种和优势种 (李彦和许皓, 2008)。前者主要分布于沙漠南部的垄间低地和沙垄下半部,后者广布于沙垄顶部 (Zhou et al., 2012)。梭梭应对水分胁迫的一个重要策略是稳定的气孔开度与有效的形态调节 (Xu et al., 2007; 许皓等, 2007)。在水分条件较好时,具有高的光合速率、气孔导度和蒸腾速率;水分匮乏时则选择落叶并进入休眠,生长减缓或停滞 (Xu and Li, 2006)。与形态调整相对应,即使在水分匮乏时,留存的绿色部分仍然能够保持基本正常的生理活性,光合与气孔开度等基本维持不变 (Xu and Li, 2006; Xu et al., 2007; 许皓等, 2007)。

于是,当时猜测梭梭可能主要利用当季降水为主,对地下水的需求并非必需。然而,后续研究显示:4 月梭梭水分的确来自 0 ~ 0.4 m 浅层土,然而,在 5—9 月,地下水为梭梭贡献了近 100% 的水源,表明在干旱少雨甚至无雨的生长季后期,地下水是主要水源甚至唯一水源 (Dai et al, 2015)。研究还显示,梭梭对土壤水的吸收在降水前后没有显著差异,仍然维持在极低水平上,表明表层根系活性存在极大的变化区间,后期由于长期干旱上层根系死亡凋萎,水分吸收功能丧失 (戴岳等, 2014)。梭梭这种上下两层根系,保证了对当期降水和以往降水及农业尾数供给的地下水的两头下注,大大减缓了水分匮缺对梭梭生长生活的不利影响 (Dai et al., 2015)。但地下水并非对梭梭生活可有可无,绿洲农业灌溉方式的转变对地下水埋深的影响,很可能会对自然梭梭灌丛地产生不良后果,进而危及绿洲生态安全和存续。

其实在准噶尔盆地绿洲外围还分布着其他类型重要灌丛林地,这些灌丛林地的主要维持水源是否与浅层地下水密切相关,还不得而知。在全球变化背景下,中纬度地区降水增多 (陈春艳等, 2015),绿洲外围大量灌丛地却面临深刻的生存危机,这关乎新疆乃至中亚内陆地区自然生态安全、社会经济的可持续发展及当地人民的福祉。研究荒漠灌丛植物水分关系及荒漠灌丛维持机制,对新疆生态环境建设和社会可持续发展具有紧迫的现实意义。

9.4.3　水盐运移与植被演替过程

(1) 不同淋洗模式下土壤的水盐运移特征

室外土柱模拟淋洗试验,选择间歇灌溉与连续灌溉两种淋洗模式,灌水总量分别设定为:15 L、10 L、6 L。各灌水总量分别设定灌水频次 1 ~ 3 次,分析不同灌水总量和不同灌水频次相互组合条件下盐渍土的改良效果。

不同灌水处理的脱盐效果随灌溉次数和灌溉量的不同而有所差别,从整体的脱盐效果看,所有土柱 0 ~ 60 cm 土层基本脱盐,而土柱底层为积盐层。在灌水总量一定时,分多次间歇灌溉淋洗的脱盐率要高于一次连续灌溉淋洗。灌水量相同情况下,间歇灌溉淋洗的淋洗效率始终高于连续淋洗;相比连续淋洗,间歇淋洗滤出液排盐浓度较高,但随着时间的推移,两种淋洗方式的排盐浓度均呈降低趋势。灌水量不同情况下,滤出液随着灌水量的增加而增多,灌水量越大盐分淋洗效果越好。淋洗结束后,土壤 pH 较淋洗前均有下降,与土壤盐分有相似的变化趋势。在本试验中,盐分淋洗效果以最大灌水量 15 L 分 3 次灌水的间歇淋洗方式最优,淋洗效率为 11.58 g·L^{-1},土壤 pH 由 8.42 下降到 8.07 (罗雪园等, 2017)。

（2）不同土地利用方式下土壤盐分的统计特征

三工河流域耕地分布的面积最大,占区域总面积的 31.14%,其次为草地,最小的为人工林地,仅为 1.59%（表 9.1）。

表 9.1　三工河流域不同土地利用类型土壤盐分统计特征

利用类型	面积 /hm²	比例 /%	样本数 / 个	盐分 / (g·kg⁻¹)	变异系数 /%
耕地	29337.3	31.14	141	6.10 ± 0.83ᵃ	158
草地	25842.96	27.43	47	10.96 ± 1.90ᵃᵇ	119
人工林地	1496.34	1.59	26	10.89 ± 2.73ᵇ	96
灌木林地	12677.13	13.46	35	19.87 ± 2.73ᶜ	81
盐碱地	5998.41	6.37	17	20.01 ± 0.39ᶜ	81
全流域	94216.86	100	308	9.33 ± 0.74	153

注:盐分为平均数 ± 标准误;数值后不同小写字母表示不同土地利用类型间差异显著（$P<0.05$,LSD 检验）。

研究区总体上属于重盐土类型（含盐量大于 4 g·kg⁻¹）,表明土壤高度盐渍化是制约绿洲农业生产的重要因素。整个流域空间土壤含盐量具有强的空间变异性（表 9.1）,在不同的景观中表现不同,耕地和草地为强变异性,而人工林地、灌木林地和盐碱地为中等变异性,造成土壤含盐量的空间变异较大的原因在于研究区不同的地质结构、地形、人为活动、灌溉管理制度以及灌溉方式等多种因素。当农业绿洲土地利用方式由耕地向人工林地和草地变化时,土壤盐分含量增加,而且分布区间也由低值区向高值区转变。随着流域内退耕还林（草）的实施,以及绿洲内普遍发生的弃耕、撂荒现象,其土壤盐渍化的程度必然提高。

（3）流域不同景观单元盐分的迁移 – 聚积特征

一个生长季为周期,冲洪积扇和冲洪积平原区不同景观的土壤盐分累积具有明显的特征,在冲洪积扇区,灌溉景观与非灌溉景观中,0~10 cm 与 10~20 cm 土层盐分累积数量相似（$P<0.05$）,并且自然降水和人工灌溉具有一定洗盐作用,使得表层土壤盐分含量减少,表明当前的灌溉制度不会引起地表积盐的发生。在冲洪积平原区,非灌溉景观土壤盐分累积明显,表现为积盐性（$P<0.05$）,灌溉景观与冲洪积扇灌溉景观具有相似的盐分聚积特征,表现为减少。

在流域空间尺度上,上、下游景观空间单元之间,存在上游排盐,下游积盐的普遍模式特征（图 9.23）。在三工河流域绿洲中,1982 年相对距离 12.34 km 和相对高程 –120.6 m 位置为排盐区与积盐区的分界,即 0 ~ 12.34 km 和相对高程 –120.6 m 以上区域为排盐区,以下区域为积盐区。2015 年边界位置在 11.07 km 和相对高程 –114.9 m 位置。在长期区域土地利用变化背景下,流域空间盐分迁移与聚积区域边界位置向流域上部移动,表明排盐区面积减小,而积盐区面积扩大。同时,也说明流域盐分迁移特征。1982—2015 年,不同区域土壤盐分在灌溉景观与自然景观中的聚积具有明显的不同。排盐区,灌溉景观盐分聚积近 0.75 kg·m⁻²,但在积盐区达 1.42 kg·m⁻²;而自然非灌溉景观,盐分聚积在排盐区为 0.96 kg·m⁻²,积盐区为 1.59 kg·m⁻²。总体上,灌溉景观比自然非灌溉景观的盐分聚积强度低 0.06 ~ 0.22 kg·m⁻²,但整个流域空间,排盐区与积盐区的积盐强度均增加,表明区域土壤盐渍化程度有所加剧,尤其是自然景观转变为灌溉景观后,显著影响区域积盐强度的时空格局（Wang et al.,2018）。

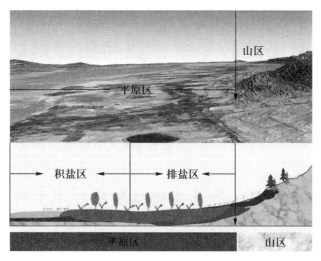

图 9.23　盐分迁移的累积分区图

（4）盐碱荒地开垦对表层土壤盐分的影响

开垦对盐碱荒地土壤可溶性总盐具有显著的影响（图 9.24），随开垦历史的延长，土壤可溶盐总量呈逐渐减少的趋势。原始荒地表层土壤可溶性盐总量从 26.62 g·kg^{-1} 下降到开垦 100 年耕地的 2.31 g·kg^{-1}。开垦时间和土壤盐分含量之间，符合负指数函数关系。原始荒地在平均开垦 50 年之后，土壤盐分降低至 4.78 g·kg^{-1}。撂荒地土壤可溶性盐总量为 3.14 g·kg^{-1}，与开垦达百年的老耕地接近。

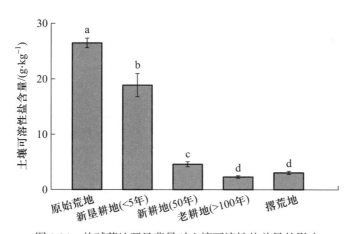

图 9.24　盐碱荒地开垦背景对土壤可溶性盐总量的影响

开垦使土壤中盐分离子含量也发生了变化，原生盐碱荒地土壤中的阴离子是 Cl$^-$ 居多，SO$_4^{2-}$ 次之，CO$_3^{2-}$、HCO$_3^-$ 含量较少。原生盐碱荒地表现为 SO$_4^{2-}$–Cl$^-$ 盐土，而开垦耕地表现为 Cl$^-$–SO$_4^{2-}$ 盐土。在土壤表层 0~30 cm，除 SO$_4^{2-}$ 和 Ca^{2+} 外，开垦耕地的所有盐基离子浓度较盐碱荒地均显著下降；在 30~60 cm 土层，开垦耕地的 CO$_3^{2-}$、HCO$_3^-$、Cl$^-$、SO$_4^{2-}$、Mg^{2+} 浓度较盐碱荒地均增加，而 Ca^{2+} 和 K$^+$、Na$^+$ 浓度降低；在 60~100 cm 土层，开垦耕地的所有盐基离子浓度较盐碱荒地均增加。

9.5　退化生态系统修复与生态系统管理

干旱地区的土地开垦利用,在促进区域社会与经济发展的同时,也面临着巨大的生态环境保护压力。大规模的农垦引起的自然植被退化和土壤次生盐渍化等问题,使荒漠生态系统受到破坏,可持续发展面临挑战。结合准噶尔盆地受损生态系统的修复,阜康站开展了一系列的试验研究和示范推广工作。

9.5.1　耐盐小麦的选育及其在盐碱地改良利用中的示范推广

自 20 世纪 90 年代以来,阜康站科研人员针对绿洲农田土壤盐渍化问题,培育的耐盐冬小麦新品系 101,在 2005 年 2 月 21 日通过了新疆农作物品种审定委员会的审定,定名为新冬 26 号,这标志着自治区第一个耐盐小麦品种的诞生,填补了新疆耐盐小麦育种的空白。此后,分别在2010 年和 2015 年又先后培育出耐盐小麦新品种新冬 34 号和新冬 47 号。3 个耐盐小麦系列品种目前在南北疆盐碱地上累计种植面积超过 200 万亩,其中新冬 26 号超过 150 万亩,新冬 34 号超过 40 万亩,新冬 47 号超过 10 万亩。耐盐小麦新冬 26 号已在青海、宁夏盐碱地上试种成功,并于 2016 年在乌兹别克斯坦和哈萨克斯坦的盐碱地上试种成功,为盐碱地的生物改良利用探索出了新方法。

（1）新冬 26 号的性状、品质与栽培技术要点

基本性状:株高 60~80 cm,秸秆粗壮,弹性较好,抗倒伏性强。叶片短,叶色黄绿。穗长 6–8 cm,纺锤形,小穗密集,平均小穗数 15~19 个,穗粒数 40~55,小穗籽粒 2~5 个,千粒重 39~45 g。籽粒白色、半角质。亩成穗数可达 50 万。落黄好。全生育期 275 d 左右。单产 300~650 kg·亩$^{-1}$(随土地盐渍化程度及土壤肥力状况变化而变化)。

耐盐特性:在硫酸盐为主的盐渍化土地上,含盐量 0.8%~1.2% 时,保苗率可达 95% 以上;在硫酸盐 – 氯化物土壤上,含盐量 0.4%~0.8% 时保苗率 85% 以上。因此,在一般含盐量 1.5%以下的新垦荒地,可以直接种植。在低产盐渍化地上种植产量可达 350 kg 以上,在肥力较高的土地上种植产量可达 400~650 kg·亩$^{-1}$。适合南北疆盐渍化地及中上等肥力土地和各类型作物换茬土地种植。

品质:蛋白质含量 16%,沉淀值 24.7 mL,湿面筋含量 35.5%,总出粉率 75.5%,面粉吸水率60.4%,面团形成时间 2 min,面团稳定时间 1.7 min,面团延伸性 175 mm。品质属中弱筋类型。

栽培技术要点:① 在复垦撂荒地及新垦荒地的盐渍化地上直接种植,要求土地平整,在北疆采取"水打滚"形式播种。播种期:9 月 15—20 日,南疆 9 月 23—28 日。播种量 18~20 kg·亩$^{-1}$。② 在低产盐渍地上种植,8 月前翻耕土地晒垡,之后平整土地,播种后灌水(或灌水后播种),播种量16~18 kg·亩$^{-1}$,播种期同前。③ 在中上等肥力土地上种植,播种量 16 kg·亩$^{-1}$,播种期同前,灌水与常规小麦一样。

（2）新冬 34 号的性状、品质与栽培技术要点

基本性状:在土壤盐分含量低于 1.1% 的盐碱地上生育期为 278 d 左右,株高 65~87 cm,穗长 7~10 cm,穗粒数 45~55 粒,籽粒白色,饱满度好,半硬质,千粒重 39~47 g,容重 767.5 g·L^{-1},

该品系苗期叶色浅绿,株型紧凑,穗行整齐,穗纺锤形,分蘖性中等,耐盐性与新冬 26 号相近。该品系中抗(条、叶)锈病;免疫高抗白粉病,黑胚率较低,抗倒伏能力较强,生长势较好。

耐盐特性:在硫酸盐为主的盐渍化土地上,含盐量 0.8% ~ 1.0% 时,保苗率可达 95% 以上;在硫酸盐 – 氯化物土壤上,含盐量 0.3% ~ 0.6% 时保苗率 85% 以上。因此,在一般含盐量 1.1% 以下的低产盐渍化地上种植产量可达 300 kg 以上,在肥力较高的土地上种植产量可达 350 ~ 400 kg·亩$^{-1}$。适应南北疆盐渍化地种植。

品质:蛋白质含量 16.2%,湿面筋含量 33.1%,出粉率 67.5%,面粉吸水率 60.1%,面团稳定时间 4.8 min,面团弱化度 70 B.U,面团最大拉伸阻力 202 B.U,面团延伸性 202 mm,拉伸曲线面积 58.6 cm^2。该品系属中筋类型小麦。

栽培技术要点:① 在复垦撂荒地及新垦荒地的盐碱地上直接种植,要求土地平整,在北疆采取"水打滚"形式播种。播种期:九月中下旬时期早播。播种量 20 ~ 23 kg·亩$^{-1}$。② 在低产盐渍地上种植,8 月前翻耕土地晒垡,之后平整土地,播种后灌水(或灌水后播种),播种量 18 ~ 20 kg·亩$^{-1}$,播种期同前。③ 在中上等肥力土地上种植,播种量 16 ~ 18 kg·亩$^{-1}$,播种期同前,灌水与常规小麦一样。

(3)新冬 47 号的性状、品质与栽培技术要点

基本性状:株高 60 ~ 75 cm,秸秆粗壮,弹性较好,抗倒伏性强。叶片短,叶色黄绿。穗长 6.5 ~ 9 cm,纺锤形,小穗密集,平均小穗数 13 ~ 17 个,穗粒数 45 ~ 55,小穗籽粒 2 ~ 5 个,千粒重 41 ~ 45 g。籽粒白色、角质。亩成穗数可达 60 万。落黄好。全生育期 265 d 左右。单产 400 ~ 650 kg·亩$^{-1}$(随土地盐渍化程度及土壤肥力状况变化而变化)。

耐盐特性:在硫酸盐为主的盐渍化土地上,含盐量 0.6% ~ 0.8% 时,保苗率可达 95% 以上;在硫酸盐 – 氯化物土壤上,含盐量 0.3% ~ 0.5% 时保苗率 85% 以上。因此,在一般含盐量 1.2% 以下的盐碱低产地,可以直接种植。在低产盐渍化地上种植产量可达 300 kg 以上,在肥力较高的土地上种植产量可达 450 ~ 650 kg·亩$^{-1}$。适合南北疆中低产盐碱地及中上等肥力土地和各类型作物换茬土地种植。耐盐能力略低于新冬 26 号。

品质:蛋白质含量 17.1%,湿面筋含量 34.2%,出粉率 67%,面粉吸水率 60.1%,面团稳定时间 4.5 min,面团弱化度 75B.U,面团最大拉伸阻力 205 B.U,面团延伸性 208 mm,拉伸曲线面积 61.6 cm^2。该品系属中筋类型小麦。

栽培技术要点:① 在低产盐渍地上种植,8 月前翻耕土地晒垡,之后平整土地,播种后灌水(或灌水后播种),播种量 18 ~ 23 kg·亩$^{-1}$,播种期同前。② 在中上等肥力土地上种植,播种量 18 kg·亩$^{-1}$,播种期同前,灌水与常规小麦一样。

9.5.2 免灌荒漠植被种植技术在准噶尔盆地生态修复中的应用

准噶尔盆地冬季寒冷,冷湖效应显著,稳定积雪期长达 4 个月以上,普遍存在逆温层,雾凇天气可达 40 ~ 70 d,是我国雾凇持续时间最长的地区。冬季积雪具有低蒸发、高储存的特点,雾凇凝结水量约占冬季降水量的 21.8% ~ 24.1%,古尔班通古特沙漠冬季雪融水转化为土壤水分的比例为 78.8% ~ 92.0%,积雪消融后的春季是准噶尔盆地土壤水分最丰富的时期(周宏飞等,2009,2010)。

由于准噶尔盆地平原区多年平均降水量只有 100 ~ 150 mm,不足以维持大部分植物的需水量,植被恢复一般需要灌溉。为了防治沙漠化危害,保护人工绿洲稳定,在准噶尔盆地绿洲外围防护植被种植实践中,相继总结出了丘间集水栽植旱生植物(肖笃志,1991)、堆雪融渗栽植旱生植物、深栽或袋栽旱生灌木(新疆生物土壤沙漠研究所,1979)、灌溉建造片林等方法。

在前人的实践基础上,利用冬季积雪在春季集中融化的水分开展植被种植试验,通过堆雪、翻耕和修垄等措施,使雪融水在土壤中得到有效储存,同时,结合对主要荒漠建群种植物耗需水规律的研究结果,筛选适合的荒漠植物品种以及种植时间、种植密度,形成了免灌恢复植被的栽培技术,充分利用了雪融水和隐匿降水,为雨雪水的资源化利用开辟了新途径,为受损生态系统植被恢复提供了新方法。

"引额济乌"工程是国家和新疆维吾尔自治区的一项重大水利工程,通过将额尔齐斯河水引到乌鲁木齐,来缓解随着社会经济发展而带来的工农业和人民生活用水短缺的矛盾,引水工程明渠的 168 km 通过我国第二大沙漠古尔班通古特沙漠,工程的建设不可避免地对沙漠地表植被和土壤造成破坏和扰动。为了确保引水工程沙漠段的输水畅通,修复因为施工对渠道两侧植被造成的破坏,在明渠沙漠段进行了免灌人工生物防护体系建立的研究、示范和推广工作。

科技人员在明渠两侧建立了长 45 km,两侧各宽 200 m 的免灌人工生物防护示范带,该区地下水埋深 30 m 以下,年降水量 130 mm 左右,所以选择耗水低的梭梭、沙拐枣等灌木为主,辅之以播撒短命、类短命草本植物种子,植物成活率达到 85%,防护和景观效果良好,起到了恢复被工程建设破坏的环境和保护沙漠段明渠施工与运行安全的双重作用,效果显著。其余 123 km 的沙漠段明渠,根据试验示范区总结制定的栽培技术规程,渠道管理单位完成了免灌人工生物防护带的建设,目前,经过 10 余年的运行,荒漠灌木防护带植被生长良好,生物多样性增加,已经形成稳定的植物群落,保证了输水工程的安全运行。

9.6 展　　望

我国内陆干旱区的自然特点是高山环抱盆地,荒漠包围绿洲,发源于山地的河流孕育了平原绿洲,平原绿洲是人类主要的活动和生存场所,也是生态演变最为剧烈的区域。通过对干旱内陆河流域垂直带生态系统水资源的形成、转化、消耗、蓄积和排泄过程驱动下的土壤盐分、养分以及植被变化等过程的监测与研究,弄清不同生态系统的结构、功能及其相互作用关系,提出山地 – 绿洲 – 荒漠复合生态系统的建设与管理措施,提高干旱区山地 – 绿洲 – 荒漠复合生态系统的承载力和稳定性,实现人类与自然的融合发展。

在监测方面,阜康站将坚持绿洲和荒漠(沙漠)并重的方针,开展水、土、气、生各要素的监测。将重点围绕内陆河小流域——三工河流域开展垂直带生态变化监测,同时开展古尔班通古特沙漠北沙窝地区的沙漠生态演替监测,增加监测点位。垂直带生态系统的监测要素方面,突出山地、绿洲、荒漠等不同景观单元降水、土壤水分、地下水位与水化学参数监测,突出土壤盐分、样分、碳汇监测,突出灌溉与非灌溉单元植被变化的监测。在自然沙漠生态系统监测方面,将重点监测人类活动对植被演替的影响,包括大气氮沉降、气候变暖、变湿等对植被变化的影响。

在研究方向上,上一阶段的重点放在碳循环、全球变化生态学方向,下一阶段将研究力量主要集中于三个重点领域:① 干旱区可持续发展亟待解决的生态环境问题,如地下水与荒漠植被关系、农业节水灌溉形势下的绿洲农田生态系统土壤盐渍化等;② 荒漠环境中植物的演化与进化生态学,极端环境微生物领域,探求荒漠植被(植物)的根本特质,以及这些特质与历史环境、现代环境的关系;③ 以沙漠－绿洲共生体为核心的山地－绿洲－荒漠复合生态系统研究以及垂直带生态系统研究。此外,拓展草地、森林比较生态学方向,探索方向是荒漠、草地、森林植被的本质性异同。

在示范与服务方面,依托阜康站在荒漠植物用水策略、盐生植物利用、耐盐小麦品种培育、绿洲农田水盐运移等方面的试验研究成果,在准噶尔盆地受损荒漠生态系统植被的恢复、耐盐小麦新品种的推广、盐生经济植物利用及绿洲生态系统盐分调控等方面开展示范推广工作。开展青少年生态科学知识普及与实践活动,为政府和企业提供绿洲生态系统管理、沙漠公园以及沙漠产业发展的技术咨询工作。

参 考 文 献

曹建标,张小雷,杜宏茹,等 . 2011. 天山北坡经济带城市化发展的空间差异 . 中国科学院研究生院学报 , 28: 195–201.

陈春艳,赵克明,阿不力米提江·阿布力克木,等 . 2015. 暖湿背景下新疆逐时降水变化特征研究 . 干旱区地理 , 38(4): 692–702.

陈煜,孙慧 . 2014. 天山北坡经济带碳排放空间差异性及生态补偿研究 . 地域研究与开发 , 33: 136–141.

崔文采 . 1996. 新疆土壤 . 北京 : 科学出版社 , 23–29,381–400.

戴新刚,汪萍,张凯静 . 2013. 近 60 年新疆降水趋势与波动机制分析 . 物理学报 , 62: 527–537.

戴岳,郑新军,李彦,等 . 2013. 古尔班通古特沙漠梭梭和白梭梭树干茎流特征 . 干旱区研究 , 30(5): 867–872.

戴岳,郑新军,唐立松,等 . 2014. 古尔班通古特沙漠南缘梭梭水分利用动态 . 植物生态学报 , 38(11): 1214–1225.

邓铭江,黄强,张岩,等 . 2017. 额尔齐斯河水库群多尺度耦合的生态调度研究 . 水利学报 , 12: 1387–1398.

邓铭江,李湘权,龙爱华,等 . 2011. 支撑新疆经济社会跨越式发展的水资源供需结构调控分析 . 干旱区地理 , 34(3): 379–390.

邓铭江,石泉 . 2014. 内陆干旱区水资源管理调控模式 . 地球科学进展 , 29(9): 1046–1054.

樊自立,艾力西尔,王亚俊,等 . 2006. 新疆人工灌溉绿洲的形成和发展演变 . 干旱区研究 , 23: 410–418.

樊自立,马英杰,季方,等 . 2011. 塔里木盆地水资源利用与绿洲演变及生态平衡 . 自然资源学报 , 1: 22–27.

樊自立,穆桂金,马英杰,等 . 2002. 天山北麓灌溉绿洲的形成和发展 . 地理科学 , 22: 184–189.

樊自立,吴世新,吴莹,等 . 2013. 新中国成立以来的新疆土地开发 . 自然资源学报 , 28: 713–720.

胡式之 . 1963. 中国西北地区的梭梭荒漠 . 植物学生态学与地植物学丛刊 , 1: 81–109.

黄培祐,李启剑,袁勤芬 . 2008. 准噶尔盆地南缘梭梭群落对气候变化的响应 . 生态学报 , 28: 6051–6059.

贾宝全 . 1996. 绿洲景观若干理论问题的探讨 . 干旱区地理 , 19: 58–65.

贾宝全,慈龙骏,韩德林,等 . 2000. 干旱区绿洲研究回顾与问题分析 . 地球科学进展 , 15: 381–388.

李江风 . 1991. 新疆气候 . 北京 : 气象出版社 , 259–269.

李彦,许皓 . 2008. 梭梭对降水的响应与适应机制——生理、个体与群落水平碳水平衡的整合研究 . 干旱区地理 , 31(3): 313–323.

罗格平,陈曦,周可法,等 . 2002. 三工河流域绿洲时空变异及其稳定性研究 . 中国科学(D 辑:地球科学), 32: 521–528.

罗雪园，周宏飞，柴晨好，等 . 2017. 不同淋洗模式下干旱区盐渍土改良效果分析 . 水土保持学报，31（2）：322–326.

穆桂金，刘嘉麒 . 2000. 绿洲演变及其调控因素初析 . 第四纪研究，20: 539–547.

秦海波，郑新军，李彦，等 . 2012. 荒漠灌木梭梭同化枝相对生长速率对温度升高响应的不确定性 . 中国沙漠，32（5）：1335–1341.

任美锷 . 2004. 中国自然地理纲要 . 北京：商务印书馆，348–369.

王丹，吴世新，张寿雨 . 2017. 新疆 20 世纪 80 年代以来耕地与建设用地扩张分析 . 干旱区地理，40: 188–196.

王海江，崔静，王开勇，等 . 2010. 绿洲滴灌棉田土壤水盐动态变化研究 . 灌溉排水学报，29（1）：136–138.

王让会，张慧芝，卢新民 . 2002. 新疆绿洲空间结构特征分析 . 干旱地区农业研究，20: 109–113.

王雪芹，蒋进，雷加强，等 . 2004. 短命植物分布与沙垄表层土壤水分的关系——以古尔班通古特沙漠为例 . 应用生态学报，15: 556–560.

王雪芹，张元明，蒋进，等 . 2006. 古尔班通古特沙漠南部沙垄水分动态——兼论积雪融化和冻土变化对沙丘水分分异作用 . 冰川冻土，28（2）：262–268.

王永兴 . 2000. 绿洲生态系统及其环境特征 . 干旱区地理，23: 7–12.

王玉刚，李彦 . 2010. 灌区间盐分变迁与耕地安全特征——以三工河流域农业绿洲为例 . 干旱区地理，33（6）：896–903.

王玉刚，李彦，肖笃宁 . 2009. 土地利用对天山北麓土壤盐渍化的影响 . 水土保持学报，23（5）：179–183.

吴莹，吴世新，张娟，等 . 2014. 基于多重时空数据的新疆绿洲研究 . 干旱区地理，37: 333–341.

向秀蓉，潘韬，吴绍洪，等 . 2016. 基于生态足迹的天山北坡经济带生态承载力评价与预测 . 地理研究，35: 875–884.

肖笃志 . 1991. 龟裂地犁沟栽植梭梭的研究 . 新疆植物学研究文集 . 北京：科学出版社，19–25.

徐海亮，樊自立，禹朴家，等 . 2010. 新疆玛纳斯河流域生态补偿研究 . 干旱区地理，33: 775–783.

徐海亮，张沛，赵新风，等 . 2016. 河水漫溢干扰对土壤盐分的影响——以塔里木河下游为例。水土通报，5: 1–6.

徐利岗，周宏飞，潘锋，等 . 2016. 三工河流域山地 – 绿洲 – 荒漠系统降水空间变异性研究 . 地理学报，71（5）：731–742.

许皓，李彦，邹婷，等 . 2007. 梭梭（*Haloxylon ammodendron*）生理与个体用水策略对降水改变的响应 . 生态学报，27（12）：5019–5028.

杨荣金，孟伟，段宁，等 . 2017. 天山北坡经济带生态文明建设战略研究 . 中国工程科学，19: 40–47.

张科，田长彦，李春俭，等 . 2010. 新疆阜康盐生植物园植物简介 . 干旱区研究，27（3）：474–479.

张立运 . 2002. 新疆的短命植物（二）——物种多样性及生态分布 . 植物杂志，2: 4–5.

张立运，夏阳，邹韫 . 1993. 内亚的盐生植物和盐生植物群落 . 干旱区资源与环境，7: 87–94.

张豫芳，杨德刚，张小雷，等 . 2008. 天山北坡城市群地域空间结构时空特征研究 . 中国沙漠，28: 795–801.

赵丽，杨青，韩雪云，等 . 2014. 1961—2009 年新疆极端降水事件时空差异特征 . 中国沙漠，34: 550–557.

周宏飞，李彦，汤英，等 . 2009. 古尔班通古特沙漠的积雪及雪融水储存特征 . 干旱区研究，26（3）：312–317.

周宏飞，周宝佳，代琼 . 2010. 古尔班通古特沙漠植物雾凇凝结实验研究 . 水科学进展，21（1）：56–62.

周聿超 . 1999. 新疆河流水文水资源 . 乌鲁木齐：新疆科技卫生出版社，14–30.

新疆生物土壤沙漠研究所 . 1979. 新疆沙漠和改造利用 . 乌鲁木齐：新疆人民出版社，82–95.

Bahejiayinaer T, Min X J, Zang Y X, et al. 2018. Water use patterns of co-occurring C_3 and C_4 shrubs in the Gurbantonggut desert in northwestern China. Science of the Total Environment, 634(1): 341–354.

Cui X, Yue P, Gong Y, et al. 2017. Impacts of water and nitrogen addition on nitrogen recovery in *Haloxylon ammodendron* dominated desert ecosystems. Science of the Total Environment, 601–602: 1280–1288.

Dai Y, Zheng X J, Tang L S, et al. 2015. Stable oxygen isotopes reveal distinct water use patterns of two *Haloxylom* species in the Gurbantonggut Desert. Plant Soil, 389: 73–87.

Donovan L A, Ehleringer J R. 1994. Water stress and use of summer precipitation in a Great Basin shrub community. Functional Ecology, 8: 289–297.

Huang G, Li Y. 2015. Phenological transition dictates the seasonal dynamics of ecosystem carbon exchange in a desert steppe. Journal of Vegetation Science, 26(2): 337–347.

Huang G, Li Y, Mu X H, et al. 2017.Water-use efficiency in response to simulated increasing precipitation in a temperate desert ecosystem of Xinjiang, China. Journal of Arid Land, 9(6): 823–836.

Huang G, Li Y, Padilla F M. 2015. Ephemeral plants mediate responses of ecosystem carbon exchange to increased precipitation in a temperate desert. Agricultural and Forest Meteorology, 201: 141–152.

Huang G, Su Y G, Mu X H, et al. 2018. Foliar nutrient resorption responses of three life-form plants to water and nitrogen additions in a temperate desert. Plant and Soil, 424: 479–489.

Huxman T E, Snyder K A, Tissue D, et al. 2004. Precipitation pulses and carbon fluxes in semiarid and arid ecosystems. Oecologia, 141: 254–268.

Liu R, Cieraad E, Li Y, et al. 2016. Precipitation pattern determines the inter-annual variation of herbaceous layer and carbon fluxes in a phreatophyte-dominated desert ecosystem. Ecosystems, 19: 601–614.

Liu R, Pan L P, Jenerette G D, et al. 2012. High efficiency in water use and carbon gain in a wet year for a desert halophyte community. Agricultural and Forest Meteorology, 162–163: 127–135.

Schwinning S, Ehleringer J R. 2001. Water use trade-offs and optimal adaptations to pulse-driven arid ecosystems. Journal of Ecology, 89: 464–480.

Su Y G, Wu L, Zhou Z B, et al. 2013. Carbon flux in deserts depends on soil cover type: A case study in the Gurbantunggute desert, North China. Soil Biology and Biochemistry, 58: 332–340.

Wang Y G, Deng C Y, Liu Y, et al, 2017. Identifying change in spatial accumulation of soil salinity in an inland river watershed, China. Science of the Total Environment, 621: 177–185.

Wang Y, Deng C, Liu Y, et al. 2018. Identifying change in spatial accumulation of soil salinity in an inland river watershed, China. Science of the Total Environment, 621: 177–185.

Wang Y, Li Y. 2013.Land exploitation resulting in soil salinization in a desert-oasis ecotone. Catena, 100: 50–56.

Wang Y, Li Y, Ye X, et al. 2010. Profile storage of organic/inorganic carbon in soil: From forest to desert. Science of the Total Environment, 408: 1925–1931.

Wu Y, Zhou H, Zheng X J, et al. 2014. Seasonal changes in the water use strategies of three co-occurring desert shrubs. Hydrologic Process, 28: 6265–6275.

Xu G Q, Li Y, Xu H. 2011. Seasonal variation in plant hydraulic traits of two co-occurring desert shrubs, *Tamarix ramosissima* and *Haloxylon ammodendron*, with different rooting patterns. Ecological Research, 26: 1071–1080.

Xu G Q, Li Y. 2009. Root distribution of three co-occurring desert shrubs and their physiological response to precipitation. Sciences in Cold and Arid Regions, 1(2): 0120–0127.

Xu H, Li Y. 2006. Water-use strategy of three central Asian desert shrubs and their response to rain pulse events, plant soil, 285: 5–17.

Xu H, Li Y, Xu G Q, et al. 2007.Ecophysiological response and morphological adjustment of two Central Asian desert shrubs towards variation in summer precipitation. Plant, Cell & Environment, 30: 399–409.

Zhou H F, Zheng X J, Zhou B, et al. 2012.Sublimation over seasonal snowpack at the southeastern edge of a desert in central Eurasia. Hydrologic Process, 26: 3911–3920.

第 10 章 塔里木盆地荒漠生态系统过程与变化[*]

塔里木盆地是中国最大的内陆盆地,地处新疆维吾尔自治区南部,位于天山、帕米尔高原、昆仑山和阿尔金山之间,是一个四周为高山环绕的内陆盆地。盆地东西长 1500 km,南北宽约 600 km,面积 53 万 km²,大体呈菱形。盆地地势西高东低,平均海拔 1000 m 左右。盆地的中部是著名的塔克拉玛干沙漠,面积 33 万 km²,边缘为山麓、戈壁和绿洲(冲积平原)。由于深处大陆内部,盆地内降水稀少,气候十分干旱,沙漠、戈壁成为盆地内主要景观。绿洲镶嵌其中,生态系统极为脆弱。盆地内荒漠生态系统过程与变化是影响绿洲人类社会环境和经济发展最重要的生态过程之一,具有极高的学术研究价值。

中国科学院策勒沙漠研究站始建于 1983 年。建站前沙漠前沿距策勒县城仅 1.5 km。为应对沙临城下和南疆环塔里木盆地 1400 km 风沙线绿洲面临的严峻沙漠化治理形势,新疆维吾尔自治区人民政府和中国科学院在策勒县召开现场联合办公会议,决定建立策勒沙漠研究站。策勒站 2001 年被纳入国家林业局荒漠化监测网络,2003 年加入中国科学院生态系统研究网络(CERN),2005 年加入国家生态系统研究网络站,定名为新疆策勒荒漠草地生态系统国家野外科学观测研究站(以下简称策勒站)。

10.1 策勒站概况

10.1.1 区域概况与环境特征

塔里木盆地属于暖温带荒漠气候,年均温 9~11℃,无霜期超过 200 d,年降水量不足 100 mm,大多在 50 mm 以下,极为干旱。盆地中部的塔克拉玛干沙漠,是中国最大沙漠、世界第二大流动沙漠。发源于天山、昆仑山的河流到沙漠边缘就逐渐消失,只有叶尔羌河、和田河、阿克苏河等较大河流能维持较长流程。自然灾害主要是风沙和干热风,以东北风和西北风为主,南部沙暴天气每年达 30~40 d,盆地边缘沙丘南移现象严重。塔里木盆地中石油、天然气资源蕴藏量十分丰富,分别约占全国油、气资源蕴藏量的 1/6 和 1/4。塔里木盆地是我国一带一路南下巴基斯坦、印度洋,西出中亚的交通要道,在国家发展战略中具有非常重要的地位。

策勒站地处塔里木盆地南缘,南依昆仑山,北临我国最大的沙漠——塔克拉玛干沙漠

---

* 本章作者为中国科学院新疆生态与地理研究所曾凡江、李向义、鲁艳、李磊、薛杰。

（80°43′45″E，37°00′57″N，），海拔 1318 m，站区面积 130 hm²，距乌鲁木齐 1500 km，距北京 4500 km。区域气候极端干旱，属于典型内陆暖温带荒漠气候，年均温 11.9℃，极端最高气温 41.9℃，极端最低气温 –23.9℃；水资源短缺，年均降水量 35.1 mm，年潜在蒸发量 2595.3 mm；水资源补给以昆仑山区融雪河流为主；地表径流洪枯悬殊，春季占 9.3%、夏季占 76.8%。全年盛行西北风，风沙灾害频繁，年均沙尘暴 20 天，扬沙、浮尘 240 天；生态系统脆弱，沙漠、戈壁面积达 95%，自然植被以多年生荒漠植物为主，盖度小于 15%（图 10.1）。

图 10.1　策勒沙漠景观（参见书末彩插）

10.1.2　区域代表性

策勒站地处以昆仑山脉为界的青藏高寒区和世界第二大流动沙漠——塔克拉玛干沙漠之间。植物稀少，土壤贫瘠，沙漠戈壁广布，绿洲散布其间。生态系统结构简单，稳定性差，在我国乃至世界陆地生态系统中极具独特性和典型性，也是世界上最为脆弱的生态区之一。在塔里木盆地南缘 1400 km 风沙线上，策勒站是唯一一个列入该生态区的中国生态系统网络野外研究站。由于受环境制约和风沙危害，该区域大部分县市属国家级贫困县市。

策勒站区域和学科代表性主要表现在以下方面：世界唯一的中纬度内陆极端干旱区；亚洲中部沙尘暴的主要策源地之一；中国西部地区最典型的生态脆弱区；国家级贫困县市最为集中连片分布区域之一。

10.1.3　总体目标和研究方向

（1）总体目标

围绕极端干旱区的生态与环境特征，结合当地生态建设和经济社会发展的科技需求，开展恢复生态、风沙环境和绿洲生态的试验示范研究，构建绿洲防护体系、荒漠植被可持续管理、绿洲农田稳产高产、荒漠生态产业发展的技术体系和模式，为区域可持续发展提供理论依据和技术支撑。建立监测、研究、示范、服务四位一体的极端干旱荒漠生态系统试验研究、开放共享平台，积累陆地生态系统研究基础资料；阐明荒漠生态系统生态过程、演变规律和发展趋势，界定荒漠生态系统的基本功能；揭示荒漠生态系统和绿洲生态系统相互作用过程，提出绿洲 – 荒漠过渡带的合理结构；解析绿洲农田高产稳产与绿洲稳定性机理，研发绿洲农田高产稳产技术与荒漠生态产业开发关键技术，建立生态系统优化管理示范模式和技术体系，服务于该区域的社会经济可持续发展和生态文明建设；建成具有国际影响力的干旱区试验研究基地。

（2）主要研究方向

① 风沙危害过程及防沙治沙技术集成与示范。以绿洲生态安全的持续维护为目标，系统研究绿洲不同区域（绿洲近外围、沙漠－绿洲过渡带、沙漠前沿）风沙运移（风蚀、风积、沙丘移动）的动态过程及其与不同下垫面的关系，揭示典型区域风沙危害的规律和趋势。在此基础上，通过区域植被及其生境因子调查与防护屏障功能分析，研发集成生物、物理、化学防沙治沙的技术体系，构建不同生态类型区域和不同水资源利用方式下的综合防护屏障结构模式，为干旱风沙区防沙治沙技术的推广应用提供科技支撑和示范样板。

② 荒漠植物逆境适应策略与可持续管理模式。综合运用景观生态学、种群生态学、生理生态学和分子生态学的理论依据和技术方法，从形态、生理、分子等不同水平，基于对多年生优势植物幼苗定居过程中的逆境适应特征、维持过程的光合水分生理特征和养分利用机制、种群繁殖的水分调控策略和群落稳定分布的生态学基础的长期系统观测实验，从经济学和生态学角度提出多年生优势植被可持续管理的技术措施，为区域荒漠植物的有效保护和合理利用提供科技支撑。

③ 绿洲农田高产稳产技术与绿洲稳定性机制。研究绿洲农田大气降水、地表水、土壤水、地下水的相互转化关系与耗散规律以及绿洲生态系统水量平衡与水分转化效率，阐明绿洲生态系统水量平衡与生态功能的关系，为绿洲农田生产过程中水资源的合理配置提供理论依据和基础数据；应用系统动力学和物质平衡原理，利用数值模拟技术和方法，研究绿洲农田水量平衡、水盐平衡及其与作物生长发育特征和生产力形成规律的关系，揭示绿洲农田的水、土、气、生过程及其相互作用机理，为绿洲农田生态系统的稳定、健康、高质发展提供理论依据。

④ 荒漠生态产业关键技术研发与规模化应用。以生态屏障建设和生态产业发展的需要为目标，针对干旱荒漠区的环境条件，以特色林果、药草、饲草等经济植物的物种配置技术为突破口，开发集成基于生物多样性理论、生态效益和经济效益平衡及多种技术组合的荒漠－绿洲过渡带生态产业发展的物种配置、植被恢复和经济型生态屏障建设、工程化种植和规模化应用等技术体系，构建基于当地资源特点的植被恢复和经济型生态屏障建设的优化模式，促进绿洲生态屏障的可经营性，提高植被恢复的有效性和过渡带的生态功能。

围绕上述总体目标和学科方向，策勒站将不懈努力，通过平台建设、理论创新、技术突破、科技服务等，将策勒站建设成为具有国际影响力的干旱区试验研究基地、新疆南疆贫困地区科技扶贫示范基地和国家级科普教育基地。

10.1.4 台站基础设施

策勒站自 1983 年建站，经过 30 多年的发展建设，目前站区面积 130 hm²，布置有荒漠试验区、农田试验区、林果试验区、植物引种育苗区、荒漠生态产业技术实验区等研发区 15 个，深根植物研究平台 4 个，绿洲农田水－肥控制试验平台 2 个，植物逆境适应性研究平台 2 个，绿洲防护技术研发平台 6 个，建有包括绿洲生态系统和荒漠生态系统在内的综合观测场和气象综合观测场 6 个。此外，策勒站在中昆仑山北坡新建了山地－绿洲－荒漠观测样带（海拔 1350~3500 m），为研究昆仑山北坡山地－绿洲－荒漠复合生态系统在全球变化中的响应提供了监测平台和研究平台，拓展了策勒站的研究区域和研究领域。同时，策勒站拥有完善的水、土、气、生监测仪器设备 50 余台（套），实验办公楼（400 m²）、专家公寓（1500 m²）、餐厅（150 m²）、道路、车辆等用于工作和生活的基础设施完备，功能齐全。

10.1.5　成果简介和人才队伍

（1）主要研究成果

自建站以来，策勒站先后取得了一系列重大科研成果，其中包括联合国环境规划署"全球土地退化与荒漠化防治成功业绩奖"两项大奖（1995 年），中国十大科技进展"在新垦沙荒地上连续三年棉花单产世界纪录"（2001 年），为国家和地方发展做出了重要贡献。近 5 年来，在 *New Phytologist*、*Environmental and Experimental Botany*、*Journal of Hydrology*、*Plant and Soil*、*Agricultural and Forest Meteorology* 和《中国科学》等国内外知名学术期刊发表研究论文 300 余篇，出版专著 6 部。获得国家授权专利 18 项，其中发明专利 12 项；计算机软件登记 12 项。获得新疆维吾尔自治区科技进步奖 5 项，包括 2011 年度新疆科技进步奖特等奖 1 项，2014 年和 2018 年度新疆科技进步奖一等奖各 1 项，2011 年和 2013 年度新疆科技进步奖二等奖各 1 项。

（2）人才队伍

策勒站通过平台建设和学科发展，形成了一支以荒漠生态系统修复和绿洲生态系统稳定研究为核心的科研团队。团队成员 26 人，包括研究员 7 人，"青年千人计划"学者 3 人，美国、加拿大、德国、澳大利亚等国外客座研究员 5 人。研究团队紧紧围绕区域社会发展和生态建设中的关键科学问题和重大技术问题，在干旱区退化生态系统修复、绿洲生态屏障建设、精准扶贫等方面发挥着骨干和引领作用。近 10 年来，策勒站共培养博士 28 名，硕士 45 名（国外博士和硕士各 2 名），为地方培养相关技术人员 500 余人。

10.2　植物对环境胁迫的生理生态响应和适应

适应是生物有机体与其环境之间的关系特征。Bradshaw 和 Hardwick（1989）在研究有机体与环境的关系后认为："进化是对环境压力的一个几乎不可避免的结果"。每一种荒漠植物都有其复杂的生存机制，以确保其能够在特定的环境中生存和发展。塔克拉玛干沙漠生境条件严酷，环境极端干旱；这里植被稀疏，植物种类稀少。研究植物对环境胁迫的生理生态响应和适应，不仅是揭示植物的适应策略与植物种分布限制规律的重要途径，也是植被恢复重建和可持续管理中不可或缺的内容。

10.2.1　植物对水分胁迫的生理生态响应与适应

骆驼刺（*Alhagi sparsifolia*）是塔克拉玛干沙漠南缘荒漠 – 绿洲过渡带上的主要建群种之一，在维护绿洲生态安全方面发挥着重要作用（曾凡江等，2002）。然而，在自然生境条件下骆驼刺的实生苗很少。骆驼刺主要靠地茎进行营养繁殖。种子繁殖方式对骆驼刺植被的更新贡献微乎其微（李向义等，2004；郭海峰等，2008）。骆驼刺虽有一定生境适应性，但是对水分条件的依赖性较强，其分布范围受水源的限制，而且易受到干扰和破坏（Gries et al.，2005）。因此，针对骆驼刺植被修复过程中的关键生态学问题进行系统研究，揭示不同灌溉处理条件下骆驼刺幼苗生长的生物生态学特性,阐明骆驼刺在生长和维持过程中的响应途径和适应机制,对骆驼刺植被保护和恢复具有重要意义。

（1）不同水分处理条件下骆驼刺幼苗的可塑性特征

表 10.1 反映了不同水分处理下骆驼刺幼苗对不同土壤水分条件的基本适应特征。随着干旱强度的增加,其株高、冠幅、叶片数量、地上分枝数明显减小,但不同生长阶段又有所差异。幼苗生长的早期阶段,即幼苗出土后干旱初期（处理 45 d）,不同水分处理对株高、冠幅的影响达到显著水平（$P<0.05$）,对叶片数量和地上分枝数的影响不显著,说明株高和冠幅对水分条件的反应较为敏感。因此,采用基本形态学指标反映骆驼刺幼苗对水分条件的响应状况时,株高和冠幅是比叶片数量和地上分枝数更加敏感的判断指标。在这一阶段,随着干旱强度的增加,株高、冠幅、叶片数量及地上分枝数的减少幅度分别为 11.79% ~ 21.13%、26.74% ~ 33.48%、15.53% ~ 36.78% 和 0.26% ~ 10.84%。与对照（W, 100%FW）相比,各个水分处理（W_1, 80%FW; W_2, 60%FW; W_3, 45%FW）显著降低了骆驼刺的株高、冠幅和叶片数（$P<0.05$）,但对地上分枝数没有显著性影响;W_1 与 W_2 处理间各指标差异不显著,W_2 与 W_3 处理间差异也不显著。

表 10.1 不同水分处理条件下骆驼刺幼苗生长特性

处理时间/d	处理	株高 /cm	冠幅 /cm	叶片数量 / 个	地上一级分枝数 / 个	地上二级分枝数 / 个
45	W	8.958 ± 1.064^a	11.41 ± 3.22^a	50.56 ± 20.7^a	3.79 ± 0.58^a	/
	W_1	7.902 ± 2.102^{ab}	7.59 ± 1.61^b	42.71 ± 18.5^{ab}	3.78 ± 0.99^a	/
	W_2	6.625 ± 1.702^b	5.56 ± 0.80^{bc}	27.00 ± 3.49^b	3.37 ± 0.48^a	/
	W_3	5.225 ± 1.732^b	3.94 ± 1.43^c	29.25 ± 4.03^{ab}	3.25 ± 0.96^a	/
65	W	12.904 ± 4.35^a	14.50 ± 1.43^a	92.99 ± 43.1^a	3.17 ± 0.37^a	3.64 ± 1.6^a
	W_1	9.739 ± 0.33^b	10.81 ± 1.63^b	64.73 ± 13.5^{ab}	3.08 ± 0.96^a	1.16 ± 0.3^b
	W_2	12.063 ± 3.73^{ab}	9.00 ± 3.08^b	53.75 ± 17.7^b	2.63 ± 0.75^a	0.75 ± 1.2^b
	W_3	5.979 ± 2.217^b	3.25 ± 0.54^c	19.50 ± 7.23^b	2.08 ± 0.83^a	0.00^b
85	W	13.615 ± 4.62^a	17.24 ± 1.93^a	128.3 ± 13.6^a	2.79 ± 0.46^a	7.52 ± 1.9^a
	W_1	11.729 ± 2.06^{ab}	16.20 ± 4.83^a	90.21 ± 19.0^b	2.71 ± 0.21^b	5.00 ± 0.7^b
	W_2	9.438 ± 2.860^b	15.03 ± 4.70^a	87.38 ± 25.3^b	3.75 ± 0.96^a	2.13 ± 1.6^c
	W_3	6.437 ± 2.816^b	4.86 ± 1.71^b	30.88 ± 3.96^c	2.13 ± 0.37^a	0.63 ± 0.3^c

注:表中不同小写字母代表同一生长阶段不同处理间差异显著。

随着水分处理时间的延长（处理 65 d）,不同的水分处理对骆驼刺幼苗叶片数量的影响也达到了显著性水平（$P<0.05$）,对幼苗地上一级分枝数的影响仍然不显著,对其地上二级分枝数的影响达到显著水平（$P<0.05$）。在这一阶段,随着干旱强度的增加,株高、冠幅、叶片数量、地上一级分枝数及地上二级分枝数的减少幅度分别为 19.29% ~ 38.61%、16.74% ~ 63.89%、16.96% ~ 63.71%、2.84% ~ 22.40% 和 25.63% ~ 100%。W_1 和 W_3 处理下株高显著低于对照组,W_2

和 W₃ 处理下叶片数量显著低于对照组，W₁、W₂、W₃ 处理下的冠幅、地上二级分枝数显著低于对照组（$P<0.05$），地上一级分枝数对照组和处理组之间无显著差异。

　　骆驼刺幼苗持续受到 85 天的水分处理后，不同处理对株高、冠幅、叶片数量及地上分枝数的影响均达到显著水平（$P<0.05$）。在这一阶段，随着干旱强度的增加，株高、冠幅、叶片数量、地上一级分枝数及地上二级分枝数的减少幅度分别为 13.85%~31.80%、6.03%~67.71%、3.14%~64.66%、2.87%~43.20% 和 33.51%~70.42%。Turkey 检验结果显示：W₂ 和 W₃ 处理下的株高显著地低于对照组，W₁、W₂、W₃ 处理下的叶片数量和地上二级分枝数显著低于对照组，W₃ 处理下的冠幅显著地低于其他处理组（$P<0.05$）。

（2）不同水分处理下骆驼刺幼苗叶片性状及叶片养分特征

　　比叶面积（SLA）和叶片干物质含量（LDMC）是重要的植物叶片性状，往往与植物的生长和生存对策有紧密的联系，能反映植物获取资源的能力。图 10.2 为不同水分处理下骆驼刺幼苗不同生长阶段比叶面积和叶片干物质含量的变化特点，可以看出，不同土壤水分条件和不同生长阶段骆驼刺的 SLA 和 LDMC 存在差异。

　　图 10.2a 显示：SLA 在水分处理的整个过程中均表现出随土壤含水量的增大而降低的趋势，从 199.79 cm²·g⁻¹ 缓慢降低到 143.67 cm²·g⁻¹。在水分处理初期（45 d）SLA 最大，比水分处理 85 天的 SLA 分别增大 19.84%、25.99%、25.10% 和 17.42%，比处理中期（处理 65 d）的 SLA 分别增大 4.78%、15.47%、12.03% 和 5.86%，说明 W₂ 和 W₃ 处理下骆驼刺叶片获得资源的能力显著大于 W₁ 和 W₄ 的处理。对不同水分处理和不同处理阶段的 SLA 进行单变量双因素方差分析（Two-Way ANOVA）结果显示：不同处理阶段 SLA 有显著性差异（$P<0.05$）。处理初期（45 d），对照与 W₃ 处理下的 SLA 差异显著（$P<0.05$），其余处理间差异不显著；处理中期（65 d），SLA 在处理间均不显著；处理后期（85 d），对照与 W₁、W₂ 和 W₃ 差异显著（$P<0.05$），其余均不显著。

　　图 10.2b 为不同处理阶段不同水分处理间叶片干物质含量（LDMC）的变化特点，其 LDMC 的变化与 SLA 相反，即：随着水分胁迫的加强，LDMC 在 0.151~0.189 g·g⁻¹ 的范围内逐渐变小。处理早期（45 d）LDMC 比处理后期（85 d）分别降低 13.41%、9.90%、9.57% 和 −0.79%，比处理中

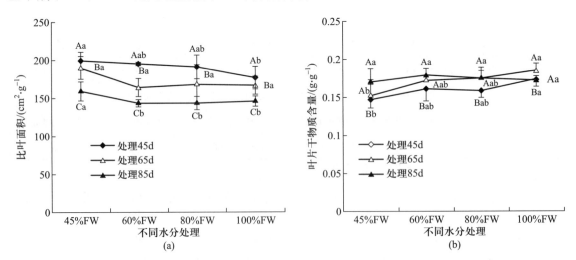

图 10.2　不同水分处理下骆驼刺幼苗比叶面积（a）和叶片干物质含量（b）的变化

注：不同大写字母表示 SLA 和 LCMD 在不同阶段差异显著；不同小写字母表示同一阶段不同处理间差异显著。

期（65 d）分别降低 3.14%、6.36%、9.42% 和 6.44%，较 SLA 变化幅度小。对不同水分处理和不同处理阶段的 LDMC 进行单变量双因素方差分析结果显示：处理初期的 LDMC 与中期和后期之间有显著性差异（$P<0.05$）。处理后期各个水分处理间差异不显著，处理初期和中期，对照与 W_3 之间差异显著（$P<0.05$），其余处理间差异不显著。

　　图 10.3 给出了不同水分处理阶段骆驼刺幼苗的 SLA 和 LDMC 的散点分布。从图上可以看出，SLA 和 LDMC 呈线性负相关。为了更进一步说明 SLA 和 LDMC 之间的相关关系，表 10.2 显示出骆驼刺幼苗 SLA 和 LDMC 的 Pearson 相关系数，相关系数在 $-0.739 \sim -0.873$。这说明不同水分处理对骆驼刺幼苗的影响较为显著。在土壤含水量低的情况下骆驼刺幼苗的 SLA 高于水分含量较好时的 SLA，引起这种变化的原因可能与养分差异有关（张晓蕾等，2010）。

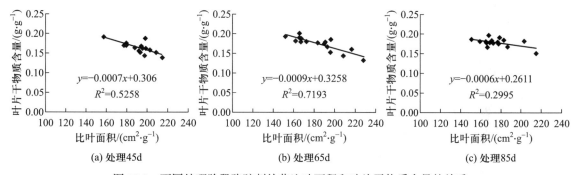

图 10.3　不同处理阶段骆驼刺幼苗比叶面积和叶片干物质含量的关系

表 10.2　比叶面积和叶干物质含量之间的 Pearson 相关性分析

处理阶段	自由度	相关系数
处理初期（45d）	19	-0.768^{**}
处理中期（65d）	19	-0.873^{**}
处理后期（85d）	19	-0.739^{**}

注：** 表示差异极显著。

10.2.2　植物对盐分胁迫的生理生态响应和适应

　　塔里木盆地南缘的植被带内，地表水 pH 较高，钠盐含量丰富，地表以下 1 ~ 16 m 的地下水呈中等矿化度，Na^+ 和 Cl^- 是主要的离子，这些都是制约植物生长的因素（Arndt et al., 2004）。耐盐植物的筛选和应用为盐碱地区植被的恢复与重建提供了重要的物质基础，只有在对植物的抗盐生理有比较确切了解的前提下，生物改良措施才能较好地完成，因此，研究植物的耐盐性及其机理具有重要的理论与现实意义。本研究以干旱区常见 5 种防风固沙木本植物大白刺（*Nitraria roborowskii*）、梭梭（*Haloxylon ammodendron*）、多枝柽柳（*Tamarix ramosissima*）、头状沙拐枣（*Calligonum caput-medusae*）和胡杨（*Populus euphratica*）为材料，通过分析 5 种植物光合生理参数在不同 NaCl 处理梯度下变化情况，阐明盐分胁迫对植物的毒害机理，揭示植物适应盐分胁迫的耐性机制，为干旱区盐渍土治理过程中耐盐植物资源筛选及利用提供理论依据。

由图 10.4 可知,低浓度的 NaCl(50 mmol·L^{-1})处理促进光合速率(P_n)增加,随着 NaCl 浓度升高 P_n 呈现减少趋势,其中大白刺、胡杨和头状沙拐枣 P_n 在 NaCl 浓度 ≥ 100 mmol·L^{-1} 时较对照显著减少;梭梭 P_n 在 NaCl 浓度 ≥ 200 mmol·L^{-1} 时较对照显著减少;多枝柽柳 P_n 在 NaCl 浓度为 400 mmol·L^{-1} 时较对照显著减少。当 NaCl 浓度为 400 mmol·L^{-1} 时大白刺、梭梭、多枝柽柳、胡杨和头状沙拐枣 P_n 较对照分别减少 59.6%、49.3%、46.6%、80.2% 和 73.9%。

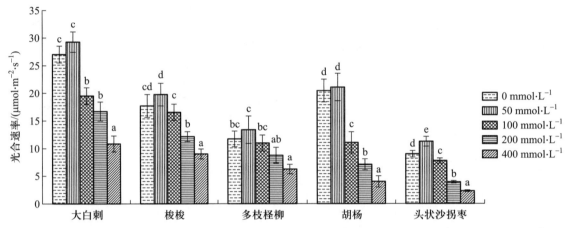

图 10.4　不同浓度 NaCl 处理下 5 种植物叶片(同化枝)光合速率的变化,不同字母表示处理间差异显著 (P<0.05),下同

由图 10.5 可知,低浓度的 NaCl(50 mmol·L^{-1})处理促进蒸腾速率(T_r)增加,随着 NaCl 浓度升高,T_r 呈现减少趋势,大白刺、胡杨和头状沙拐枣 T_r 在 NaCl 浓度 ≥ 100 mmol·L^{-1} 时较对照显著减少;梭梭 T_r 在 NaCl 浓度 ≥ 200 mmol·L^{-1} 时较对照显著减少;多枝柽柳 T_r 在 NaCl 浓度为 400 mmol·L^{-1} 时较对照显著减少。当 NaCl 浓度为 400 mmol·L^{-1} 时,大白刺、梭梭、多枝柽柳、胡杨和头状沙拐枣 T_r 较对照分别减少 64.3%、59.5%、65.4%、33.2% 和 19.8%。

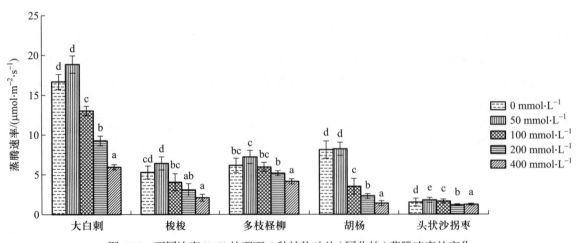

图 10.5　不同浓度 NaCl 处理下 5 种植物叶片(同化枝)蒸腾速率的变化

由图 10.6 可知,低浓度的 NaCl(50 mmol·L^{-1})处理促进气孔导度(g_s)增加,随着 NaCl 浓度升高 g_s 呈现减少趋势,其中大白刺、胡杨和头状沙拐枣 g_s 在 NaCl 浓度 ≥ 100 mmol·L^{-1} 时较对照显著减少;梭梭 g_s 在 NaCl 浓度 ≥ 200 mmol·L^{-1} 时较对照显著减少;多枝柽柳 g_s 在 NaCl 浓度为 400 mmol·L^{-1} 时较对照显著减少。当 NaCl 浓度为 400 mmol·L^{-1} 时大白刺、梭梭、多枝柽柳、胡杨和头状沙拐枣 g_s 较对照分别减少 70.0%、43.6%、43.9%、75.6% 和 78.4%。

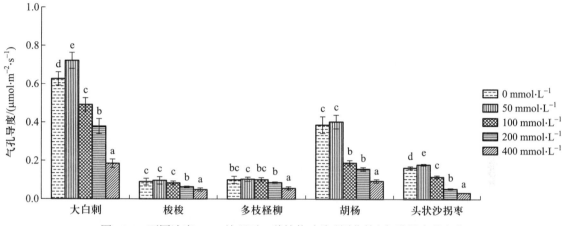

图 10.6 不同浓度 NaCl 处理下 5 种植物叶片(同化枝)气孔导度的变化

由图 10.7 可知,低浓度的 NaCl(50 mmol·L^{-1})处理没有影响大白刺、多枝柽柳和胡杨胞间二氧化碳(C_i)值得变化,高浓度的 NaCl 胁迫下 C_i 值增加,其中梭梭 C_i 值在 NaCl 浓度 ≥ 50 mmol·L^{-1} 时较对照显著增加;大白刺和胡杨 C_i 值在 NaCl 浓度 ≥ 100 mmol·L^{-1} 时较对照显著增加;多枝柽柳 C_i 值在 NaCl 浓度为 400 mmol·L^{-1} 时较对照显著增加;头状沙拐枣 C_i 值在 NaCl 浓度为 400 mmol·L^{-1} 时较对照增加不显著。当 NaCl 浓度为 400 mmol·L^{-1} 时大白刺、梭梭、多枝柽柳、胡杨和头状沙拐枣 C_i 值较对照分别增加 17.7%、49.9%、22.6%、20.2% 和 7.8%。

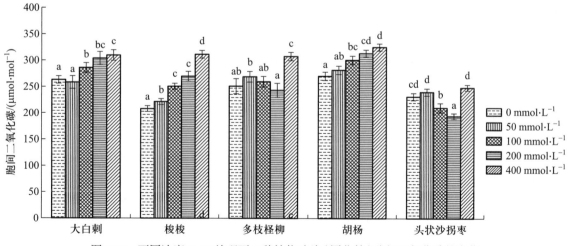

图 10.7 不同浓度 NaCl 处理下 5 种植物叶片(同化枝)胞间二氧化碳的变化

由图 10.8 可知,低浓度的 NaCl(50 mmol·L^{-1})处理没有影响水分利用效率(WUE),随 NaCl 浓度升高 WUE 呈现增加趋势,其中梭梭、多枝柽柳、胡杨和头状沙拐枣 WUE 在 NaCl 浓度 ≥ 100 mmol·L^{-1} 时较对照显著增加;大白刺 WUE 在 NaCl 浓度 ≥ 200 mmol·L^{-1} 时较对照显著增加。当 NaCl 浓度为 400 mmol·L^{-1} 时大白刺、梭梭、多枝柽柳、胡杨和头状沙拐枣 WUE 较对照分别增加 14.5%、24.8%、54.9%、10.0% 和 19.4%。

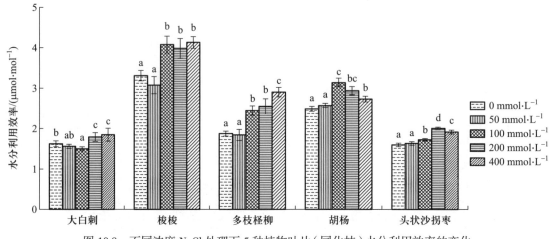

图 10.8　不同浓度 NaCl 处理下 5 种植物叶片(同化枝)水分利用效率的变化

Mediavilla 等(2002)报道,P_n 降低主要有两方面的原因:气孔限制和非气孔限制。C_i 值的大小是评判气孔限制和非气孔限制的依据,当 P_n 下降时,如果 C_i 和 g_s 同时下降,则说明光合作用能力下降的限制因子是气孔限制,相反,当 P_n 下降的同时 C_i 上升,则说明光合作用能力下降的限制因子是非气孔所致。NaCl 处理下,植物的 P_n、g_s 和 T_r 随土壤中 NaCl 处理浓度的增加而降低的同时伴随着 C_i 的升高,这表明在 NaCl 胁迫条件下,5 种植物 P_n 随着胁迫浓度的提高而下降主要是由非气孔限制所致。表明 NaCl 胁迫下 5 种植物叶片光合作用的降低不仅是由于 g_s 下降所导致 CO_2 供应减少,更主要是由于非气孔因素阻碍了 CO_2 的利用,从而造成细胞间 CO_2 积累。气孔关闭减少蒸腾引起的水分散失,在盐胁迫下 g_s 减少是植物的一种自我保护措施,有利于保水,从而导致 WUE 的增加。

10.2.3　植物对弱光胁迫的生理生态响应和适应

光作为植物进行光合作用碳固定的能量来源,光照强度不仅影响着植物的生长而且还影响着植物光合器官的发育。植物对不同光照强度条件有不同的适应机制。不同光强条件下叶绿素含量(Bailey and Horton,2001)、叶绿体超微结构、酶活性、生理和光化学反应(Clijsters and Van,1985,Ohnishi et al.,2005;Jiang et al.,2011)已被广泛研究。PSII 对于植物的能量转化和调节分子氧化还原机制的信号转导来适应外界环境具有重要的作用。通过 Strasser 的生物膜能量流动理论以及其后续研究结论(Strasser et al.,2010;Li et al.,2016),可以在叶绿素荧光参数和 PSII 电子传递之间建立一种联系:能量能级自被 PSII 天线色素吸收开始,经过光能的捕获,传递至 PSI 电子受体侧用来还原电子受体。光抑制是指植物吸收的光能超过植物自身的利用能力,过多的光能抑制了光合作用,对植物的光合器官造成伤害(Quiles and Lopez,2004)。对策勒绿洲 –

沙漠过渡带自然生长的骆驼刺进行了光适应研究,设置不同光照强度水平(100%、50% 光强水平),进行光照强度处理。遮阳网木架高 2 m,四周及上部用遮阳网覆盖,四周遮阳网高 1.7 m,样方边缘 0.5 m 内生长的骆驼刺定义为无效植株。8 月测定植株叶片生理参数。

(1)骆驼刺幼苗光合作用对弱光胁迫的响应

在遮阴导致光强变化的情况下,植物光响应曲线是研究植物光合能力的一种重要手段。由表 10.3 可以看出,20% 光组叶的最大净光合效率高于自然光组,而光补偿点、光饱和点和暗呼吸速率低于后者。自然光组和 20% 光组叶的暗呼吸速率、光饱和点和光补偿点差异显著(P<0.05);最大净光合速率和表观量子效率差异不显著(P>0.05),但分别较自然光组提高了14.16% 和 8.57%。

表 10.3　不同光强下骆驼刺光响应模型参数的比较(n=4,平均值 ± 标准差)

处理	暗呼吸速率 /($\mu mol \cdot m^{-2} \cdot s^{-1}$)	表观量子效率 /($mol \cdot mol^{-1}$)	最大净光合速率 /($\mu mol \cdot m^{-2} \cdot s^{-1}$)	光补偿点 /($\mu mol \cdot m^{-2} \cdot s^{-1}$)	光饱和点 /($\mu mol \cdot m^{-2} \cdot s^{-1}$)
20% 光组	2.39 ± 0.33^a	0.04 ± 0.004	19.12 ± 1.72	52.40 ± 8.65^a	1683 ± 160.9^a
自然光组	3.43 ± 0.31	0.04 ± 0.004	17.61 ± 0.96	95.33 ± 13.6	2071 ± 91.81

注:不同小写字母代表差异显著,P<0.05。

遮阴叶片的光补偿点低于自然光叶片,是由于其暗呼吸速率小于后者,遮阴叶以较少的净光能合成使净 CO_2 收支为 0。植物光补偿点和光饱和点的高低直接反映了植物对弱光的利用能力,是植物耐阴性评价的重要指标。遮阴叶片较低的光饱和点和光补偿点,表明骆驼刺遮阴叶具有部分阴生叶的特性,其叶片具有较强的利用弱光的能力。

降低叶片接收的外界光合有效辐射是导致遮阴组叶片光合效率低的主要原因。植物叶片有效调节叶表温度的途径往往以蒸腾潜热耗散的形式为主。生长在高温和强光下的植物大多具有旺盛蒸腾作用,由于蒸腾而使叶片温度比气温低。但当荒漠植物夏季正午处在强辐射和干旱环境时,叶片气孔导度往往会降低,甚至气孔关闭,使得蒸腾速率下降,植物失去蒸腾散热能力,使得叶片温度急剧上升,有时叶片温度可以达 37℃以上,远超出骆驼刺最适温度。正午 14:00 左右限制自然光骆驼刺叶片光合速率的主要因子是非气孔因素,而不是气孔关闭所致。

(2)骆驼刺幼苗光系统 II 活性对弱光胁迫的响应

两种光强条件下,捕获、传递、还原电子传递链末端受体侧电子的量子产额如图 10.9 所示。弱光下,骆驼刺 PSII 最大光化学效率(φ_{Po}=TR/ABS)和反应中心捕获的激子中用来推动电子传递到电子传递链中超过 Q_A 的其他电子受体的激子占用来推动 Q_A 还原激子的比率(ψ_{Eo}=ET/TR)高于正常光强条件;反应中心捕获的激子中还原电子受体的比率(δ_{Ro}=RE/ET)明显低于正常光强条件(图 10.9)。同样,用于电子传递的量子产额(φ_{Eo}=ET/ABS)和用于还原受体末端的量子产额(φ_{Ro}=RE/ABS)呈相似的规律。弱光条件下骆驼刺叶片 PSII 参数 φ_{Po}、ψ_{Eo}、φ_{Eo} 的值均高于正常光强条件(图 10.9 和图 10.10)。结果表明:弱光条件下 PSII 依赖光的反应(light-dependent reaction)和初级醌受体(Q_A^-)至次级醌受体(Q_B^-)之间的电子流动加强(Strasser et al., 2010)。弱光条件下,骆驼刺 PSII 活性比正常光强条件下增加。

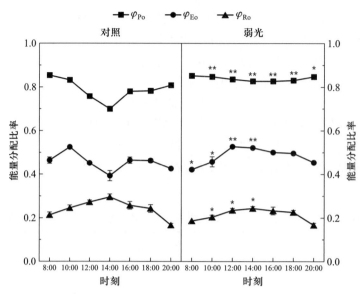

图 10.9　正常光强和弱光条件下骆驼刺光系统 II 能量分配比率的变化特征

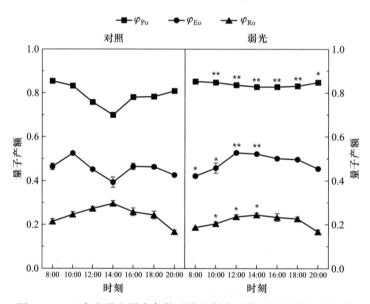

图 10.10　正常光强和弱光条件下骆驼刺光系统 II 量子产额的变化

　　在 PSI 受体侧,电子载体被传递至用于还原 PSII 电子链的受体末端的比率(δ_{Ro}=RE/ET)和用于还原 PSII 电子链末端的量子产额(φ_{Ro}=RE/ABS)和 φ_{Po}、ψ_{Eo}、φ_{Eo} 的趋势相反:弱光下,骆驼刺 PSII 参数 δ_{Ro} 和 φ_{Ro} 的值低于正常光强(图 10.9 和图 10.10)。上述结果表明:弱光下,虽然骆驼刺的 PSII 的电子传递加强,但在电子自 PSII 末端传递至 PSI 受体侧时发生了堵塞,即自 PSII 中的质体蓝素(PC, plastocyanin)向 PSI 反应中心色素传递时发生了堵塞,一部分能量没有能够成功传递至 PSI,传递过程中被转化热量耗散掉。这可能是导致弱光下植物光合固定产物较低,生物量降低的原因(Li Lei et al., 2015)。然而,我们需要直接测定 PSI 参数,来进一步分析骆驼刺弱光下生物量降低的原因。

10.3　生态系统结构、功能及其维持机制

沙漠－绿洲过渡带处在生态系统中沙漠化和绿洲化的前沿,这两类极具冲突与对立的生态过程导致沙漠－绿洲过渡带是整个荒漠生态系统中最为敏感、脆弱和动态变化最为强烈的地区,它们构成了绿洲和沙漠系统相互转化最活跃的空间(李向义等,2004;张希明和 Michael,2006)。研究沙漠－绿洲过渡植被的分布组成和演替变化、植物群落的更新维持和植被的生产力,以及植物的水分和养分来源的稳定构成,对于了解沙漠－绿洲过渡带地区生态系统的结构、功能及其维持机制具有不可替代的作用。这种研究也为植被的恢复重建、人工防护体系建设、植被的可持续管理和利用提供了科学基础和理论支撑,具有非常重要的意义。

10.3.1　绿洲外围植被的分布与地下水

地下水对地表植被的影响一直是干旱地区植物与环境关系研究的热点(张希明和 Michael,2006;Li et al.,2010)。在塔克拉玛干沙漠南缘,由于年均降水量不足 40 mm,在绿洲外围地区,地下水对过渡带天然植被具有重要的生态调控功能。研究策勒绿洲不同地下水埋深地段主要植物的分布特点和群落特征,对于探讨绿洲外围地下水埋深变化对植被自然分布和组成的影响具有重要的理论意义,同时对于绿洲外围的植被恢复建设具有指导价值。

(1) 绿洲外围植被在环境中的分布

植物群落和环境之间存在着一定的相互关系,环境既是形成群落的要素,也是群落存在的条件。环境对植物群落的组成、结构、功能、成因、动态分布等都有影响(宋永昌,2001),同时植物群落也影响着环境。策勒绿洲北部过渡带地区(30°00′N—37°06′N,80°39′E—80°50′E)自西向东,地下水水位逐渐升高。区域西北部地下水埋深在 15~12 m,东北部靠近地下水溢出带,地下水埋深在 2~3 m。植被主要为骆驼刺(*Alhagi sparsifolia*)、花花柴(*Karelinia caspia*)、拐轴鸦葱(*Scorzonera divaricata*)、柽柳(*Tamarix chinensis*)、胡杨(*Populus euphratica*)、芦苇(*Phragmites australis*)、苦豆子(*Sophora alopecuroides*)等植物形成的群落(表 10.4)。随着地下水位的升高,土壤含水、含盐量增加,土壤类型也随之发生变化。在地下水埋深 15~6 m 地区,土壤类型主要为风沙土、棕漠土。地下水埋深较浅地段的土壤类型主要为盐土。土壤有机质十分匮乏,平均含量约为 1.015%。

(2) 绿洲外围环境和潜水埋深对植被分布的影响

植物和环境存在着一定的相互关系,环境对植物群落的组成、结构、功能、成因、动态分布等都有影响。在策勒绿洲外围荒漠－绿洲过渡带,随着地下水埋深的变化,植物在分布格局变化上表现出一定的规律。在地下水埋深最深的地区,出现的是骆驼刺占优势的群落,随着地下水位的升高,柽柳出现,形成柽柳占优势的群落,地下水位进一步升高后出现了胡杨占优势的群落,水位较浅的地区则形成了芦苇、苦豆子占优势的群落(表 10.4)。群落随地下水埋深在空间格局上的变化特点为:多年生草本群落、灌木群落、乔木群落、灌木－草本群落、草本群落。群落随地下水埋深的变化特点和温带荒漠山区有森林的地带植被类型随海拔降水的变化出现的规律类似。

在大的空间格局上,策勒绿洲外围地下水埋深变化对植物群落在空间演替上的影响,和额济纳绿洲、塔里木河等荒漠地区的研究结果一致(张武文等,2000;刘加珍等,2004),都是从高水位的草本群落向乔木、灌木群落演替。但是,在极端干旱地区,绿洲外围植物群落的结构和物种组成更加单一,且地下水埋深极深地段和额济纳等地区不同,分布的是潜水生植物群落(李向义等,2009),而不是典型的梭梭、红砂等旱生植物群落。地下水降低引起的植物群落演替的终点也不是灌木、小灌木群落,而是多年生草本植物群落。

表 10.4　策勒绿洲外围不同地下水埋深地区植物样地概况表

地下水埋深 /m	地理坐标	群落类型	地貌特征	土壤类型	植物种类
15.7	37°01′31″N 80°43′59″E	骆驼刺优势群落	地势平坦、半固定沙地	风沙土	骆驼刺、芦苇、花花柴、拐轴鸦葱
11.7	37°01′37″N 80°42′52″E	骆驼刺–柽柳–花花柴群落	丘间地、分布高大沙丘、沙地半流动	风沙土	骆驼刺、柽柳、花花柴、拐轴鸦葱
8.8	37°02′36″N 80°40′33″E	柽柳包形成的单一柽柳群落	风蚀地、地势平坦、分布柽柳包	风沙土	柽柳
6.3	37°04′28″N 80°44′29″E	柽柳优势群落	固定沙地、有较大柽柳包,但高度较低	风沙土	骆驼刺、柽柳、花花柴、拐轴鸦葱、芦苇
6	37°04′53″N 80°44′42″E	胡杨形成的单一群落	地势平坦、风蚀迹象明显,周围有大沙丘	风沙土	胡杨
4.7	37°04′36″N 80°44′49″E	胡杨优势群落	固定沙地、地势平坦	棕漠土	胡杨、柽柳、花花柴
3.3	37°02′33″N 80°40′34″E	柽柳–芦苇群落	河岸阶地	棕漠土	柽柳、胡杨、芦苇、蒿子、拐轴鸦葱
2.1	37°04′52″N 80°49′06″E	芦苇–柽柳群落	碱滩、盐化草甸地段、地势平坦	盐土	柽柳、骆驼刺、芦苇、苦豆子、黑果枸杞
1.2	37°02′34″N 80°40′33″E	柽柳–芦苇群落	河道冲积阶地	盐土	柽柳、芦苇、拐轴鸦葱、胡杨、蒿子、羊角草、黑果枸杞等
0.9	37°04′54″N 80°48′56″E	苦豆子–芦苇群落	地下水溢出带、附近盐化草甸地段	盐土	苦豆子、芦苇、柽柳

注:地下水埋深为观测平均值,地理坐标为观测井位置。

10.3.2　绿洲外围植被的水分来源

　　亚洲中部的塔克拉玛干沙漠是严重干旱的地区,在其南缘的策勒绿洲,平原区多年降水量只有 40 mm 左右,水分成为影响植物分布和生长最重要的限制因子。在该地区,植物对干旱的忍耐与抵抗以及它获得水分供给的稳定程度是决定植被能否存在的关键,因而研究塔克拉玛干沙漠南缘沙漠 – 绿洲过渡带植被可持续管理的生态学基础,以维护绿洲脆弱的生态平衡,这对植物水分关系的研究十分必要,同时这种研究也为合理利用有限水资源进行植被恢复更新提供了理论上的依据(Thomas et al., 2000; Li et al., 2002)。

（1）过渡带主要植物的水分生理特征

清晨水势(ψ_{p})和正午水势(ψ_{A})的变化可以反映植物水分亏缺在生长季节中发展的状况,用来判断植物受干旱胁迫的程度(Tyree et al., 1978; Li et al., 2002)。骆驼刺、多枝柽柳、胡杨、头状沙拐枣这四种多度带优势自然和人工植物清晨水势(ψ_{p})的变化有较好的一致性。

从生长季节初期到7月,ψ_{p} 都呈下降的趋势,8月后有较明显的回升。ψ_{p} 值的变化幅度不大,为53.8%~22.3%,骆驼刺最大达到148.5%,但最低仅为 –0.59 MPa(图 10.11ψ_{p}),植物水分亏缺的发展并不严重。四种植物的正午水势在 7—8 月达到了生长季节中的最低值,和气候因子的胁迫程度在这两个月达到最大一致。骆驼刺和胡杨的 ψ_{A} 和 ψ_{p} 的变化有很好的对应,相关系数分别达到 0.92 和 0.87,说明这两种植物夜间水分的恢复状况和日间受到水分胁迫的程度密切相关。多枝柽柳 ψ_{p} 和 $\prod_{p}$ 季节变化的相关性很高(0.95),而头状沙拐枣 $\prod_{p}$ 和 ψ_{A} 变化的一致性较高(0.78)。另外,多枝柽柳的 ψ_{A} 和 ψ_{p} 值是四种植物中最低的,骆驼刺的 ψ_{p} 值最高,但 ψ_{A} 值最高的却是头状沙拐枣(图 10.11ψ_{A})。

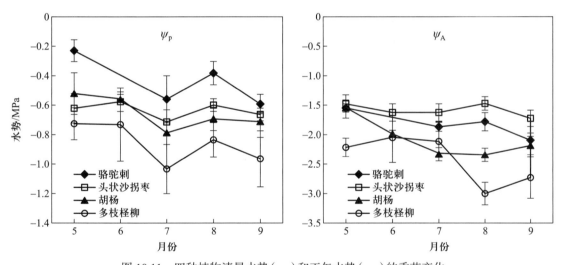

图 10.11　四种植物清晨水势(ψ_{p})和正午水势(ψ_{A})的季节变化

从清晨水势、正午水势和膨压消失点渗透势的季节变化过程分析,四种植物的水分胁迫状况并不明显。和一般的看法有所不同,干旱引起的水分胁迫并不是威胁到沙漠 – 绿洲过渡带这四种植物群落存在的主因。骆驼刺、头状沙拐枣和胡杨的饱和枝条渗透势 $\prod_{o}$ 在生长季节中大多高于 –1.6 MPa,$\prod_{p}$ 大多数时间都在 –2.0 MPa 左右,正午水势要稍低一些(图 10.12)。多枝柽柳除了极值外,渗透势和正午水势的范围也大致如此。$\prod_{o}$、$\prod_{p}$ 和 ψ_{A} 的极值分别为 –2.41 MPa、–2.71 MPa 和 –3.02 MPa,但极值只在一个月中出现过。考虑到多枝柽柳盐土植物的特点,这一极值并非很低。根据 Larcher 等(1997)对木本和灌木渗透势和水势的描述,四种植物的渗透势和水势要高于典型温带荒漠植物,其水势特征属于中生植物的范畴。

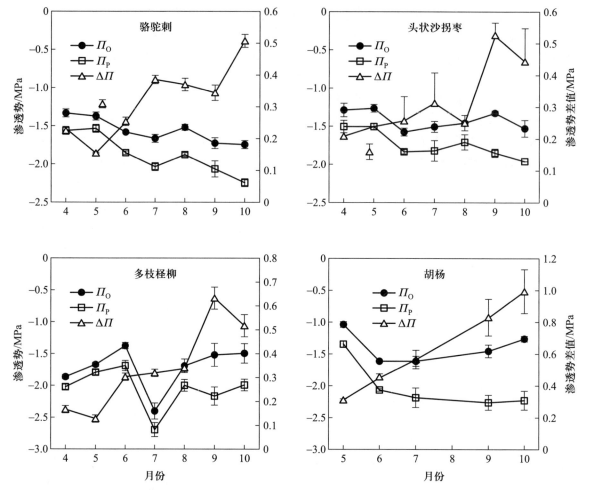

图 10.12　四种植物饱和枝条和膨压消失点渗透势（Π_o、Π_p）及其差值（$\Delta\Pi$）的季节变化

（2）灌溉效果和水分维持来源

夏季的洪水是策勒绿洲用来进行植被恢复的主要水源，也是地下水的重要补充。灌溉前，骆驼刺、头状沙拐枣和多枝柽柳样地表层到 3.5 m 处的平均含水量非常低，小于 3%（容积比），胡杨样地 2 m 以上土层的含水量也很低，小于 5%。植物在生长季节中较好的清晨水势恢复，渗透势的平稳变动和土壤中的低水分含量形成了反差（图 10.11，图 10.12）。

通常情况下，土壤水分含量与植物的水势、含水率等密切相关。但四种植物水分参数的变化和土壤含水率之间并无联系，尤其是从某种程度上代表土壤水分状况的清晨水势（Li et al.，2002）和土壤含水率之间没有相关性（表 10.5），这和土壤上层含水量太低植物难以利用有关。从 ψ_p 值分析，四种植物根系有效吸收范围内的土壤水分要远远好于上层土壤的水分，植物应从更深层的土壤中获得了水分的供应。Gries 对样地生物量与水分利用效率的研究也证明，土壤上层水分不足以供应植物的生产需要（Gries et al.，2005），这同样支持植物利用地下水的结论。

表 10.5 灌水前后部分 PV 参数、水势的变化和比较

物种	灌溉	Π_o	Π_p	WC_{sat}	RWC_p	ψ_p	ψ_A
Al	BI	-1.59 ± 0.03	-1.85 ± 0.02	245.3 ± 7.9	0.91 ± 0.03	缺失	缺失
	AI	-1.65 ± 0.06	$-2.05 \pm 0.05^*$	281.8 ± 5.0	0.83 ± 0.01	-0.56 ± 0.14	-1.86 ± 0.07
Ca	BI	-1.58 ± 0.05	-1.84 ± 0.03	164.9 ± 0.3	0.87 ± 0.04	-0.71 ± 0.09	-1.63 ± 0.15
	AI	-1.50 ± 0.06	-1.82 ± 0.13	$220.1 \pm 16.3^*$	0.88 ± 0.01	$-0.61 \pm 0.05^{**}$	$-1.47 \pm 0.13^{**}$
Ta	BI	-2.41 ± 0.12	-2.71 ± 0.12	160 ± 16.2	0.90 ± 0.01	-1.04 ± 0.16	-2.12 ± 0.35
	AI	$-1.69 \pm 0.10^*$	-2.02 ± 0.1	$214.9 \pm 14.0^*$	0.90 ± 0.01	-0.83 ± 0.11	$-3.02 \pm 0.20^*$
Po	BI	-1.62 ± 0.08	-2.2 ± 0.14	168.0 ± 10.2	0.88 ± 0.03	-0.79 ± 0.08	-2.32 ± 0.14
	AI	-1.47 ± 0.10	-2.3 ± 0.12	181.4 ± 9.1	0.86 ± 0.02	-0.69 ± 0.09	-2.36 ± 0.12

注: *, $P<0.05$; **, $P<0.01$; Al,骆驼刺; Ca,头状沙拐枣; Ta,多枝柽柳; Po,胡杨; BI,灌溉前; AI,灌溉后。

四种植物之所以没有发生明显的水分胁迫,和地下水发生了联系应是主要的原因。这种情况也对灌溉效果形成了影响。骆驼刺、胡杨的水势和主要的 PV 参数在灌溉后依然降低,或保持原有趋势,表明灌溉对骆驼刺和胡杨水分状况的好转和水分胁迫程度的减少没有帮助(表 10.5)。除了一次性灌溉的强度、水分的渗透与持续时间外,土壤上层长期缺水对植物浅层根系发育的制约,同样影响了灌溉的效果。对骆驼刺根系的观测也证实植株未能有效利用增加的土壤水分。作为引种的植物,头状沙拐枣在 $60 \sim 120$ cm 分布有较多的水平根系,灌溉对改善植物的水分状况有一定效果。但夏季一次性的灌溉对骆驼刺、多枝柽柳、胡杨植被水分状况的恢复基本没有帮助,因而,保持地下水位的稳定成为保护这些过渡带天然植被长期存在的关键,这一点对同样需要地下水维持的头状沙拐枣人工植被也很重要。根据 Wickens 和 Larcher 等对植物适应类型的描述,在干旱期间能获得大量水分的植物,例如根系深达地下潜水层的地下水湿生植物,属于躲避干旱胁迫的类型(Wickens, 1998; Gries et al., 2005),四种植物对干旱环境的适应特点也显示它们属于这种类型。

10.3.3 植物群落的更新与维持

植物的更新繁衍对植物种群、群落的维持非常重要。沙漠 – 绿洲过渡带关键植物中,除多枝柽柳外,能够通过有性繁殖而成功扩散的种非常罕见。在野外调查中,没有发现骆驼刺幼苗。相反,多枝柽柳似乎是所研究的植物种类中仅有的、不存在更新繁殖困难的种。洪水后,在策勒河河床的某些地方多枝柽柳幼苗的密度甚至达到约 3000 株·m^{-2}。在野外调查发现,种子更新困难的植物种似乎能够通过克隆繁殖的方式得到一定的补偿。挖掘骆驼刺和胡杨的根系,常常能够观察到地下根茎覆盖几十米的现象。生长在策勒河河床边的骆驼刺种群的地下系统就是一个克隆生长的例子。这些植株有大于 10 m 的地下系统(胡杨的根系可以达到 44 m 以上)。

(1)植物的克隆范围

研究在策勒北部一个利用灌溉处理的样方内进行。叶样品采自为做积沙试验和研究种群生态所标记的 10 m × 10 m 样点内的所有植株,在 100 m^2 样点内所有(40 株)植株都被取样做标记分析,并被精确定位。我们也沿每个样点横断面 8 个方向向外延伸至 100 m 范围取了另外的样。

为了比较,还在约 8 km 范围内相互隔离的其他地点中采样。在骆驼刺采样点,采用了类似的取样设计,唯一的区别是在 10 m × 10 m 样地仅选取了 21 个个体。

AFLP 分析的结论是胡杨生长发育在一个半径至少为 100 m 的巨大的无性系中。而骆驼刺的无性系范围是大于 5 m 而小于 100 m。它暗示即使在相似的环境条件下,无性系的距离也是具有高度物种特异性的。

胡杨的这种约 100 m 的无性系半径,相当于一个大约 4 hm^2 的无性系范围。然而,由于没有在超过这个圆周的范围取样,其空间范围有可能更大。胡杨有可能是地球上迄今为止达到相似大小无性繁殖范围最大的有机体。

（2）植物的自然更新方式

DNA 指纹鉴定结果支持野外观察和再生实验的结论。确定了在自然条件下胡杨、骆驼刺由种子繁殖成功并定居是极为少见的。

胡杨和骆驼刺的克隆丰度（R）为 0.11 ~ 0.66,而柽柳一直为 1.0,说明在最小的样地距离下（例如 >5 m）形成无性系的能力很弱。胡杨的平均克隆尺寸为 29.8 hm^2,最大克隆尺寸为 121 hm^2。骆驼刺和柽柳的平均克隆尺寸为 1.62 hm^2 和 20 m^2。所有物种的杂合性（He）为 0.197 ~ 0.335,多样性比例（Pp）为 0.539 ~ 0.857,化学分子（M）变异范围为 0.095 ~ 0.148。平均地下水位为 3.36 ~ 17.52 m。样地内地下水位变化为 1.10 ~ 8.0 m。

研究显示最小的地下水位和克隆多样性有着显著的关系。胡杨和骆驼刺的地下水位的最小距离对克隆丰度（R）没有明显的影响（$P=0.119$）,但是物种和最小地下水位之间有明显的关系。对于胡杨而言,克隆丰度随着最小地下水位的增加而明显减小（$P=0.045$）,但是骆驼刺的克隆丰度却随之明显增加（$P=0.033$）（图 10.13a）。辛普森系数表现出类似的趋势,在物种水平上,胡杨的辛普森系数随着最小地下水位的增加而减小（$P=0.061$）,而骆驼刺的辛普森系数却随之增大（$P=0.051$,图 10.13b）。

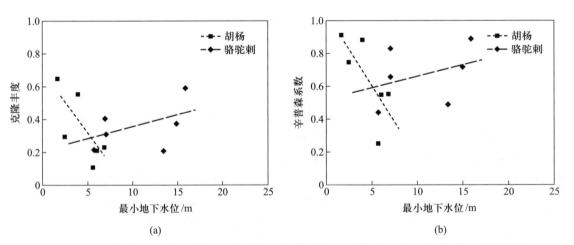

图 10.13　两种植物骆驼刺和胡杨的克隆丰度（a）和辛普森系数（b）与最小地下水位之间的关系
（回归模型的斜率和截距由 ANCOVA 获得）

毫无疑问,在绿洲外围,自然植物群落恢复中主要的形式是营养繁殖。胡杨林最大的可能是一株幼苗在数百或数千年以前定居,然后生长到今天变成整个森林。骆驼刺也有可能在很早以前由一株或几株幼苗形成了现在的群落。克隆繁殖对于绿洲前沿自然植物群落的繁衍更新具有非常重要的意义。

10.3.4　植物群落生产力关键种的生物量和产量

分布于塔克拉玛干沙漠南缘绿洲前沿的自然植被和人工植被可以保护绿洲边缘的生态环境,削弱、控制以至消除流沙对绿洲边缘农田和村落的侵袭。长期以来,这些植被被当地居民通过不同的方式高度利用。然而,为了防止过度利用植被造成的破坏,利用应当被严格限制在一定的范围和强度之内。这种一般性的限制原则是:允许利用的生物量,不能超过同一时期植被能够新形成的生物量。因此,需要知道关键种的年产量,为限制收割量和放牧强度提供资料(Gries et al., 2005)。

(1)关键植物种的生物量和产量

在靠近绿洲稠密单一的骆驼刺种群中,既没有洪水也没有被砍伐,1999 年 8 月末的生物量是 2.1~3.85 Mg·hm^{-2};2000 年 8 月只有 1.5~1.7 Mg·hm^{-2}(表 10.6)。头状沙拐枣的木质生物量在稠密的没有干扰的种群中是 9.1~15.3 Mg·hm^{-2}(表 10.6)。在年龄相同的 22 年生的胡杨种群中叶面积指数是 2.2~2.9,木质生物量为 22.4~33.5 Mg·hm^{-2},可用茎的体积是 38~62 m^3,年木材产量为 0.9~3.1 Mg·hm^{-2},对应着 1.7~6.5 m^3 的体积增量,总生物量生产包括叶子是 3.1~6.1 Mg·hm^{-2}。多枝柽柳稠密的未受干扰的种群中木质生物量为 4.8~7.8 Mg·hm^{-2},年木材产量是 0.71~3.1 Mg·hm^{-2},总生物量生产包括"叶子"(同化短枝)是 3.1~7.2 Mg·hm^{-2}。

表 10.6　绿洲前缘没有受实验处理影响的典型群落的生物量和产量

项目	木质生物量 /(Mg·hm^{-2})	木材产量 /(Mg·hm^{-2})	总生物量 /(Mg·hm^{-2})
骆驼刺			2.1~3.85(1999 年 8 月)
			1.5~1.7(2000 年 8 月)
头状沙拐枣	9.1~15.3	1.4~6.5	4.4~11.3(未受干扰群落)
	3.6~3.9	0.9~0.92	2.1~2.3(成排的种植群落)
胡杨	22.4~33.5	0.9~3.1	3.1~6.1(生物量)
	38~62	1.7~6.5	(可用茎干体积)
多枝柽柳	4.8~7.8	0.71~3.1	3.1~7.2(未受干扰的群落)
	2.0~2.4	0.36~0.73	1.6~1.7(沙丘上的群落)

研究显示绿洲外围典型种群的生物量和叶面积指数都比预期的极端干旱沙漠地区高。木质生物量和总生物量生产高得令人吃惊,完全不像是在依靠降水的沙漠里。最大值与温带地区的植被相差不多。这么高的产量绝不是由低于 35 mm 的年降水量所能支撑形成的,这将需要不可想象的极高的水分利用效率。因此,产生了这样的问题:这些植物从哪里得到水分。TDR 测量结果表明,从地表向下到 8 m 深的土壤中水分含量有限(李向义等,2004)。那么在这种极端干旱的气候中高产量的唯一解释就是这些植物的根向下生长到达了地下水位,这样就可以保证持久的水分供应。由于这一地区的植被完全依靠地下水,地下水位的降低,会导致绿洲前沿自然植物群落的衰亡,因此应该避免绿洲农业超量利用地下水。

（2）利用对群落生物量的影响

在 1999 年 8 月末被砍伐的骆驼刺种群中，产量由 1999 年的 3.85 Mg·hm⁻² 显著降低到 2000 年的 1.54 Mg·hm⁻²。在对照样地中生物量在同时期并没有显著降低（2.1 Mg·hm⁻² 和 1.7 Mg·hm⁻²）（表 10.7）。头状沙拐枣在没有间伐的样地中个体被标记的枝条生长显著降低，相对生物量增量从 1999 年的 85% 降到 2000 年的 28%。在间伐的样地中相对生物量增量在同时期没有降低（1999 年 30%，2000 年 41%）。

未间伐样地胡杨的半径增长从 99 年的 1.11 mm 降到 2000 年的 0.88 mm，但 1999 年 10 月间伐过的样地中半径增长从 1.22 mm 增加到 1.31 mm（表 10.7）。多枝柽柳枝条基部面积增加量（61%，25%）和相对生物量增量（77%，28%）都是在间伐样地中高。间伐过后会提高产量是可能的，因为光竞争减少；还有可能是枝条间的水分竞争减弱，因为这些枝条处在克隆植物同一个供水系统中。骆驼刺种群没有间伐而是全部割掉；割掉后第二年它的生长减弱可能是由于割掉的枝条的生长季至少少了一个月，因此光合作用所合成的碳减少，转移到根系的有机态氮和碳也较少。看起来间伐对于骆驼刺产量的作用与其他种群相似，因为种群密度与个体枝条密度负相关（Siebert et al.，2004）。

表 10.7　砍伐对 2000 年不同植物产量的影响（骆驼刺全部被砍伐，其他种间伐）

物种	结果	备注
骆驼刺	样地产量	
未砍伐样地	1.7 Mg·hm⁻²	与 1999 年的 2.1 Mg·hm⁻² 的生物量相比，没有显著降低
砍伐样地	1.54 Mg·hm⁻²	与 1999 年未砍伐前的 3.85 Mg·hm⁻² 生物量相比有明显降低
头状沙拐枣	个体枝条的相对生物量增量	
未间伐样地	28%	比 1999 年的 85% 有明显下降
间伐样地	41%	与 1999 年的 30% 相比有上升趋势
胡杨	半径生长量	
未间伐样地	0.88 mm	小于 1999 年的 1.11 mm
间伐样地	1.31 mm	高于 1999 年的 1.22 mm
多枝柽柳	个体枝条的相对生物量增量	
未间伐样地	28%	枝条基部面积增加 25%
间伐样地	77%	枝条基部面积增加 61%

在这个极端干旱地区具有超乎寻常的高产量只有一个解释，就是植物可以源源不断地吸收地下水。因为绿洲前缘植被完全依赖于地下水，所以必须避免农业上超量利用地下水造成地下水位大幅降低。根系结构、土壤物理结构和缺少一年生植被表明自然洪水对植被的直接水分供应不占主要地位。木本种移走的生物量可以被部分补偿，有选择的有限制的收割也可行。现行的骆驼刺收割模式需要改进。

10.4 区域生态系统重要生态学问题及其过程机制

策勒绿洲位于新疆塔里木盆地南缘中段,昆仑山北麓,隶属策勒县。东与于田绿洲相邻,西与洛浦绿洲毗邻,面积较小,仅 120 km²。其中,沙漠–绿洲过渡带主要分布有多枝柽柳、花花柴、骆驼刺、盐生草等旱生天然植被。天然降水对绿洲农业生产和绿洲边缘自然植被的形成几乎没有实际意义,绿洲的形成和发展完全依赖于昆仑山北麓的策勒河。策勒河流经策勒绿洲,为绿洲内部的生产与生活提供水源,也是策勒绿洲唯一灌溉水源。而策勒河流域属于西北干旱区典型的高山–绿洲–荒漠生态系统格局,具有复杂的生态环境演变过程。依托策勒国家野外站的长期监测,系统开展了高山(昆仑山)–绿洲(策勒绿洲)–荒漠(塔克拉玛干沙漠)生态系统"水–土–气–生"过程的研究。

10.4.1 绿洲水资源变化特征与综合管理

(1)重建高山区气象数据并量化其径流模拟的不确定性

策勒绿洲的存在和发展主要依赖于策勒河流域高山产流的供给。由于高山区气象数据很难获得,缺资料或无资料现象非常严重。气象数据的短缺与不足严重影响了模拟流域水文变化的研究。基于相似性原理,利用修正的 Delta 方法和昆仑山北部的 12 个站点数据对策勒河流域高山区喀尔塔什站和策勒国家野外站的气象数据进行了气候重建(表 10.8),同时利用 TL–FNN–BP

表 10.8 昆仑山北坡 12 个国家气象站与策勒河流域两目标站及气象水文站信息

类型	站点	纬度(N)	经度(E)	海拔 /m	时间 / 年
气象站	岳普湖	76°47′	39°15′	1208	1961—2010
	泽普	77°16′	38°12′	1275	1961—2010
	英吉沙	76°10′	38°56′	1299	1961—2010
	策勒	80°48′	37°01′	1337	1961—2010
	洛浦	80°10′	37°05′	1349	1961—2010
	叶城	77°24′	37°55′	1360	1961—2010
	莎车	77°16′	38°26′	1232	1961—2010
	阿克陶	75°57′	39°09′	1325	1961—2010
	和田	79°56′	37°08′	1375	1961—2010
	皮山	78°17′	37°37′	1376	1961—2010
	民丰	82°43′	37°04′	1411	1961—2010
	于田	81°39′	36°51′	1423	1961—2010
目标站	喀尔塔什站	80°25′	36°16′	2800	1992—1996
	策勒国家野外站	80°44′	37°01′	1319	2005—2010
水文站	策勒水文站	80°48′	36°52′	1557	1961—2010

模型分析了径流模拟的不确定性。结果表明,相比重建的月降水数据,重建的月平均气温和月蒸发量数据精度相对较高。虽然利用多数据集合理论能有效减小径流模拟的不确定性,但由于重建数据的不确定性和模型结构不确定性的叠加,径流的模拟仍然具有很大的不确定性(Xue et al., 2016a)(图 10.14)。

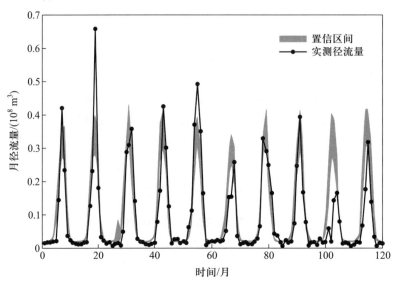

图 10.14　月径流量模拟及其 95% 的置信区间

(2)径流对气象因子响应的线性和非线性特征

通过不同的方法分析了策勒河流域径流对气象因子响应的线性和非线性特征。在线性特征中,平均气温在年和季节尺度上具有显著的增长趋势,而降水和径流表现出了下降趋势;通径分析表明降水对径流在年和夏季尺度上具有正向的驱动力,而气温对径流在年和夏季尺度上表现出相反的作用。在非线性特征中,平均气温、降水和径流分别在 1997 年、1987 年和 1995 年发生了显著的突变现象(图 10.15);同时关联维数法和 R/S 法分别揭示了径流对气温、降水具有混沌动态特征和分形记忆特征(Xue and Gui., 2015a)。

(3)量化支持绿洲生态系统服务功能的生态需水量

大量的文献提出了确定绿洲生态需水量的方法。然而以内陆河流为重要水供给的干旱绿洲区却忽略了下游天然绿洲生态系统的健康和稳定。Xue 等针对策勒绿洲提出了绿洲生态需水量的概念,包括河流最小流量和天然绿洲生态需水量,以及荒漠 – 绿洲过渡带地下水位恢复需水量。基于相应的遥感和水文数据量化了该区的绿洲生态需水量。研究结果表明,策勒绿洲区所需的生态需水量占河流流量的 50% 左右。其中,地下水恢复需水量占相对最高的比例(Xue et al., 2015b)(图 10.16)。然而,策勒绿洲农田的大量扩张加剧了农业和天然绿洲生态系统之间的用水冲突。所以,协调和缓解这两大系统用水已成为策勒绿洲亟须解决的重要问题之一。面对这一现状,利用贝叶斯模型建立了具有三要素的绿洲生态需水量决策系统,确定了最适绿洲生态需水量。根据决策分析,策勒绿洲最适生态需水量分别在丰水年、平水年和干旱年应为策勒河流量的 50.24%、49.71% 和 48.73%(Xue et al., 2016b)。仅仅单纯考虑农业经济发展或生态保护都可能会造成策勒绿洲水资源分配不合理的问题。通过经济补偿手段提出了一个贝叶斯网络协调

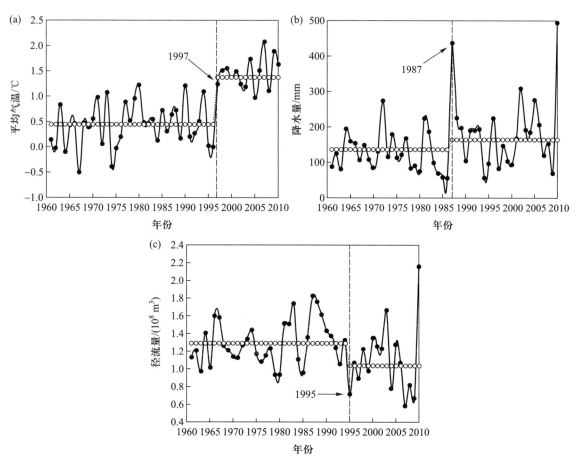

图 10.15　策勒河流域平均气温、降水量与径流量的突变分析

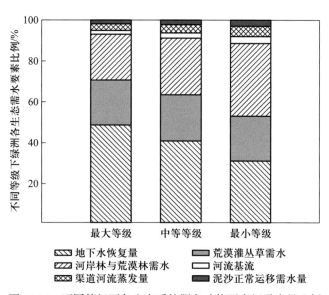

图 10.16　不同等级下各生态系统服务功能要素间需水量比例

体系,结果表明协调农业用水与生态需水间的经济补偿依赖于可利用的供水和不同程度的生态需水量。尽管经济作物具有更高的经济补偿标准,但更多的农业灌溉应提供给粮食作物以保障粮食安全(Xue et al., 2017a)。

（4）耦合生态系统服务功能的绿洲水资源综合管理

综合自然与社会因素的跨学科性和不同用水部门利益相关者的参与性是综合水资源管理的两个基本要素。其目的是为了实现人类活动用水与维护生态系统健康需水之间的权衡与协调,使得生态系统服务提供给人类的福利最大化。根据策勒绿洲用水结构和特征提出了支持生态系统服务功能的综合水资源管理系统,通过构建参与式贝叶斯网络模型,结合模拟结果提出了可持续的水资源管理方案及建议。结果表明,建立水库是缓解春季灌溉不足最有效的措施,但建立水库导致下游绿洲区生态需水严重缺乏(表 10.9),这就需要科学地在策勒河上游按照下游绿洲区不同季节需水量排放一部分河水支持生态需水;强烈建议利益相关者之间通过互相合作共同处理用水之间的冲突,特别是建立水权机制,提高农业灌溉节水效率,将农业节水的一部分水用于绿洲生态需水(Xue et al., 2017b)。

表 10.9　情景模拟下的管理模式

管理变量	各要素需水对目标变量的效应						
	BI	GS	DS	GD	LD	AI	SS
修建水库	−2.9	−2.7	0	0	−3.2	+2.3	0
打井	0	−12.7	0	+3.2	+7.6	+0.2	0
地下水抽水计划	0	−16.2	0	+4.4	+10.1	+0.2	0
三条红线执行度	0	0	0	0	0	−1.2	0
水价政策	0	0	0	0	0	−1.2	−1.4
建水库资金	−1.8	−1.7	0	0	−1.9	+1.4	0
建水库政策与计划	−0.8	−0.8	0	0	−0.9	+0.6	0
灌溉技术培训补贴	0	0	0	0	0	+1.4	−1.8
经济补偿政策	0	0	0	0	0	+4.5	−1.8
引水工程	0	0	0	0	0	0	0
饮水工程与设备	0	0	+36.5	0	0	0	0
节水工程	0	0	0	0	0	+3.7	−4.6
放牧	0	0	0	+17.9	0	0	0
排盐排水系统	0	0	0	0	0	0	+22.7

注: BI 表示生物多样性;GS 表示地下水安全;DS 表示饮水安全;GD 表示草地退化;LD 表示土地沙漠化;AI 表示农作物收入;SS 表示土壤盐碱化;"+"与"−"分别代表正效应与负效应。

10.4.2 沙漠–绿洲不同下垫面地表风沙活动特征及其规律

（1）沙漠–绿洲不同下垫面地表风沙活动特征

通过策勒沙漠–绿洲野外长期观测和数据整理，系统分析了策勒不同下垫面（流沙地、半固定沙地、固定沙地和绿洲内部）的风动力、输沙势、输沙通量、地表蚀积变化、沙物质粒度、风沙流结构等指标的时空差异性，并对绿洲–沙漠过渡带地表风沙活动的强度进行了评价。研究结果表明，沿主风向方向从流动沙地前沿至绿洲内部，随着植被盖度的增加，平均风速、起沙风频次、输沙势和输沙通量等同步逐渐降低，而粗糙度和摩阻风速也迅速增加；绿洲内部夏季沙尘暴天气近地表粗糙度比春季地表粗糙度增加较为显著；越接近绿洲内部，地表沙粒平均粒径有变细的趋势，沙漠–绿洲过渡带裸平沙地地表沙物质比流动沙丘前沿地表沙物质平均粒径细 30 μm（毛东雷，2015）。

流动沙地地表表现出强烈的地表风蚀并伴随流沙前移，半固定沙地由于高大柽柳、梭梭、骆驼刺灌丛沙堆地形的影响，地表整体表现为大量风积，植被覆盖度与高度越高，其单位面积风积量也就越大、风蚀量越小。风蚀主要发生在灌丛沙堆的上风向、侧翼、背风风向的裸低凹沙地表面，较高沙堆侧翼的地表风蚀量最大。除了植被覆盖度外，植株类型、排列方式、地形等都会对地表风积量产生一定的影响（毛东雷，2015）。

（2）评估风沙流输沙量垂直廓线

风沙流输沙量垂直廓线的可靠估计对输沙率的确定和抵御风蚀的工程设计至关重要。通过对塔克拉玛干沙漠南缘流沙地的 17 次风沙活动的测量，利用五个模型再次对风沙流输沙量垂直廓线进行了评估。研究结果表明，在 0.05 ~ 2.00 m 内，其输沙量垂直廓线不是符合指数模型或幂模型，而是符合五参数的指数函数与幂函数叠加的混合模型（图 10.17）；在 0 ~ 0.05 m，由于复杂的风沙反馈运动，没有具体的规律，所以将其 0.05 ~ 2.00 m 的规律进行外推到 0 ~ 0.05 m 是非常不可靠的（Xue et al., 2015c）。

10.4.3 绿洲化过程中农田土壤粒径分异性特征

绿洲化直接或间接导致了荒漠绿洲土壤环境变化。其中，土壤粒径分布性状的研究是反映绿洲化进程最重要的指标之一。通过对绿洲大面积农田土壤的调查取样和试验田的定位观测，利用分形理论估算农田土壤粒径分布体积分维值，并通过数量生态学中排序算法分析各影响因素对土壤粒径分布分异的贡献率，从而全面揭示策勒绿洲化进程中农田土壤粒径分异特征及其规律。研究结果表明，策勒绿洲近 30 年来，绿洲扩张进程非常明显，绿洲扩张不仅表现为包括绿洲荒漠带在内的绿洲总面积的增加，而且更体现为绿洲农田不断向绿洲外围过渡带延伸。因此，农田面积的增加致使绿洲外围过渡带的面积显著减少，而绿洲总面积基本上无显著的变化。

策勒绿洲农田扩张进程中，不同农田表层土壤的粒径分布明显表现出不同的差异，位于绿洲内部的农田土壤粒径性状更优于位于绿洲边缘近期垦殖农田。其中，积极管理模式有助于土壤粒径性状的改善，临时性撂荒的耕作模式会导致土壤显著退化。农田耕种年限与不同空间位置风蚀的差异性是土壤粒径分异的主要因素，其中农田耕种年限为最重要的主导因素。随着农田耕种年限的增加，土壤粒径形状有趋于改善的趋势，耕种年限大于 30 年以上农田粒径性状无显著性差异，即逐渐趋于稳定状态。从绿洲化视角分析，绿洲扩张及其发展过程中农田耕种年限愈久土壤粒径状况愈好，并逐渐趋向于稳定（桂东伟，2010）。

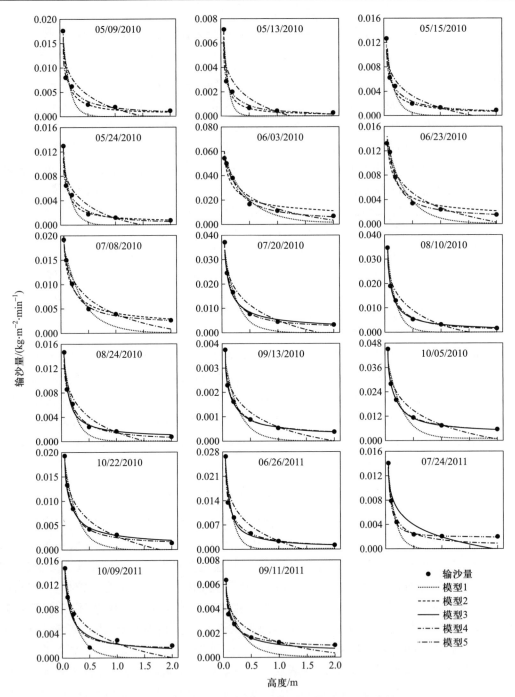

图 10.17　基于五个模型模拟的风沙流输沙量垂直廓线

10.4.4　绿洲小气候效应及其对降尘作用的影响

（1）绿洲小气候效应

基于策勒沙漠 – 绿洲野外气象数据观测，分析了策勒不同下垫面（流沙地、半固定沙地、固定沙地和绿洲内部）四个观测点的风速、气温、相对湿度、太阳辐射能、光合有效辐射等气象因子变化，进而揭示了绿洲小气候差异并初步探讨产生差异的原因。结果表明，不同空间的下垫面性质与植被盖度对小气候影响明显不同。在夏季，半固定沙地、固定沙地和绿洲内部与流沙地前沿相比，日平均风速在 2 m 高处分别依次降低了 42.69%、50.71% 和 94.32%，这表明植被覆盖度越大，防风阻沙效果越好。夏季植被具有显著的降温增湿效应。在冬季，绿洲内部在 0.5 m 高处日平均温度依次高于流沙地、半固定沙地、固定沙地 1.47℃、1.20℃、2.74℃，这也反映了绿洲在寒冷季节具有增温效应。夏季晴天在晚上 8 点至早上 9 点左右，近地表层会出现逆温现象。冬季晴天白天午后易出现大于起沙风的阵风，从流沙前沿到绿洲内部气温逐渐升高，大气相对湿度先降低后逐渐增加（毛东雷等，2013，2017；Mao et al.，2014，2016）。

（2）绿洲小气候效应对降尘的影响

针对绿洲小气候效应对降尘的影响，对策勒绿洲沙尘浓度变化、绿洲内外沙尘尘降的时空分布、绿洲内部尘源的二次释放与沉降等进行了监测采样与数据分析，探讨了绿洲小气候效应影响下的降尘机制。研究结果表明，绿洲植被，尤其高大的树木对风速的削弱促进了贴地层的沙尘沉降；夏季和秋季浮尘天气下的绿洲小气候是导致绿洲内部降尘大于外部的主要因素；绿洲内部沙尘的二次释放和沉降促进了局部地段的大气降尘，包括植物叶面滞尘的脱落和人类活动释放的沙尘再次沉降。绿洲小气候的降尘作用主要发生在浮尘天气。在粒径组成方面，绿洲小气候效应致使沙尘颗粒平均粒径相对更细，呈显著的偏细分布，分选性更差（Xu et al.，2016a，2016b）。

绿洲防护林在小气候效应中不仅减少了风速与风蚀量，同时也影响了近地层的大气降尘。对策勒绿洲新疆杨防护林庇护区 0.5 m 和 3 m 高度的降尘野外观测表明，当防护林疏透度大于 0.47 时，防护林对降尘空间分布没有明显影响，0.5 m 高度降尘量大于 3 m 高度；当防护林疏透度从 0.47 下降到 0.2 时，防护林可以明显影响林后降尘量，0.5 m 和 3 m 高度降尘量变化趋势相似且平均降尘量差距减小，0.5 m 高度的高降尘区滞后于 3 m 高度。因此，防护林在防护林疏透度在 0.2~0.47 时明显影响了林后水平和垂直方向大气降尘量，从而导致了林后出现高降尘区，减小了 0.5 m 和 3 m 两个高度降尘量的差距（徐立帅等，2017）。

10.5　退化生态系统修复与生态系统管理

塔里木盆地塔克拉玛干沙漠周边的绿洲是我国生态环境极其脆弱、经济发展基础相对薄弱的地区，也是"一带一路"的核心区域。这里社会经济的发展以绿洲经济为基础，而绿洲经济建立在脆弱生态系统之上。因此脆弱生态系统的有效修复、优化管理和稳定维持对国土安全、区域社会经济稳定、可持续发展和精准扶贫至关重要。荒漠 - 绿洲过渡带自然植被和绿洲外围防护带是绿洲环境和生态系统稳定的重要屏障。目前荒漠 - 绿洲过渡带自然植被退化和绿洲生态防护屏障构成单一、脆弱、自维持能力差是绿洲生态安全面临的主要问题。研发集成过渡带退化植被的修复技术（骆驼刺、柽柳等特色资源植物的自然修复或人工辅助修复技术）；植被合理利用技术和经济型生态屏障建设技术，提高过渡带植被修复的有效性和自我维持功能是实现绿洲环境和生态功能稳定的重要保障。

10.5.1　荒漠-绿洲过渡带生态屏障可持续管理技术体系与模式构建

（1）骆驼刺的诱导生长和适度利用技术

①　骆驼刺在不同水分诱导和刺激条件下，表现出不同的分株趋势和生长特征。充足水分处理下在第一年开始出现根系分株，第二年有开花结果现象（图10.18）（曾凡江等，发明专利 ZL201110183592.1）。适度水分处理下在第二年开始出现根系分株，第三年有开花结果现象（图10.19）。

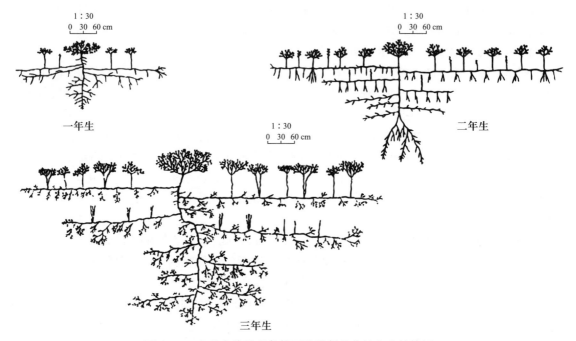

图 10.18　充足水分处理条件下骆驼刺的分株和生长特征

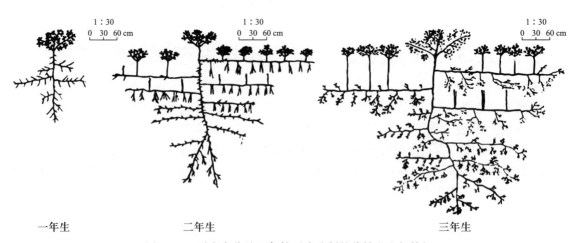

图 10.19　适度水分处理条件下骆驼刺的分株和生长特征

② 基于骆驼刺的生长特点和风沙活动规律,提出了骆驼刺的适度利用技术。在骆驼刺的生长末期(秋末),在沙漠 – 绿洲过渡带通过小块状砍伐的方式对骆驼刺进行适度利用。小块的面积一般为 3 m×3 m;各小块之间的间隔分布距离是:垂直于主风向间隔 5 m、平行于主风向间隔 10 m。小块的布设按照垂直于主风向的位置进行布设。采用这种方式对骆驼刺进行适度砍伐利用的好处是:骆驼刺生物量的积累比较高,满足饲草的需要;风沙活动较弱,不会产生风积风蚀现象;保留的骆驼刺植株可对来年的风沙起到防护作用。在绿洲近外围通过窄条带砍伐方式对骆驼刺进行适度利用。窄条带的面积一般为 2 m×5 m(窄条带的长边,即 5 m 长的边垂直于主风向);各窄条带之间的间隔分布距离是:垂直于主风向间隔 3 m、平行于主风向间隔 5 m。窄条带的布设按照垂直于主风向的位置进行布设。采用这种方式对骆驼刺进行适度砍伐利用的好处是:由于砍伐的骆驼刺数量较多,可以收获更多的骆驼刺生物量,满足饲草的需要;由于距离绿洲较近,受绿洲的保护作用,在来年不至于产生严重风积风蚀现象(曾凡江等,发明专利 ZL201110200518.6)。

(2)沙拐枣的更新改造技术

沙拐枣是一种优良的防风固沙植物。在生长早期,沙拐枣植物对土壤水分的要求较为严格。但是在成活以后,特别是在生长的中期和后期,沙拐枣植物对土壤水分的要求不很严格,即多年不灌溉或偶尔灌溉都能满足其生存的需要。正是依据这一特点对处于生长后期的沙拐枣植物进行改造利用。本技术的特色是:通过砍伐和种植相结合的方法,对原有的沙拐枣成熟林进行改造利用。即在风沙前沿保留一定宽度的沙拐枣林带,分别在从沙漠前沿到绿洲边缘的沙拐枣采伐带间依次种植不同类型的经济植物。沙拐枣的保留带可以对这些经济植物的早期生存和生长起到较好的保护作用。待这些经济植物成活和成熟之后,在对保留的沙拐枣进行平茬,这样既可以收获一定数量的沙拐枣生物量,又可以实现沙拐枣与其他经济植物之间水分的合理分配及有效利用。其技术特点是基于生物多样性和土壤水分合理利用的防护物种与经济物种的配置技术、灌木物种与乔木物种的配置技术在沙拐枣林的改造利用中得到了有机结合(曾凡江等,发明专利 ZL2011110183628.6)。

10.5.2 不同区域类型的试验示范区和技术推广区建设与效益分析

在塔里木盆地南缘洪灌条件较差的策勒县风沙区建立了不同物种配置类型的试验示范区 550 亩,技术推广区达 2500 亩。试验示范区配置得植物种主要有固沙经济树种柽柳、红枣、沙枣、杨树、核桃、沙漠桑以及固沙植物骆驼刺等物种,在保持绿洲防护体系防护能力的前提下,使技术示范推广区特色林果、药草、饲草等的经济产出达到 600 元·亩$^{-1}$。

在塔里木盆地南缘洪灌条件相对较好的墨玉县风沙区建立了不同物种配置类型的试验示范区 500 亩,技术推广区达 3000 亩。植物种的配置模式主要包括柽柳 – 梭梭 – 核桃 – 沙漠桑 – 杏树 – 沙拐枣等。即在风沙危害相对较重的风沙前沿带,采用新疆杨与沙枣株间混交模式进行防护屏障建设;在风沙危害相对较小、但是立地条件较差(地下水位较高,3~4 m,盐碱化较重)的地段配置片状生态林(发展柽柳 – 管花肉苁蓉、梭梭 – 荒漠肉苁蓉等),形成经济型生态屏障中第一道经济产出带;在立地条件相对较好(地下水位较低,7~8 m,盐碱化较轻)的地段配置相关的经济物种(核桃、杏树等),形成经济型生态屏障中第二道经济产出带(图 10.20 和图 10.21)。

在塔里木盆地北缘洪灌条件较好的尉犁县盐碱区建成了不同物种配置类型的试验示范区 300 亩,技术推广区 3000 亩。树种类型包括防护林树种的胡杨和经济林树种的香梨。

图 10.20　林果 – 林草型生态防护屏障(新疆杨 – 红枣 – 骆驼刺配置模式)

图 10.21　林药 – 林草型生态防护屏障(新疆杨 – 肉苁蓉 – 苜蓿配置模式)

10.6　展　　望

策勒站是研究荒漠生态系统、绿洲生态系统与干旱区山地 – 绿洲 – 荒漠复合生态系统的结构、功能及其演变过程并进行长期综合观测、试验、示范的理想场所。观测数据和研究成果对于解读极端干旱地区绿洲 – 荒漠生态系统生态过程及稳定性具有重要的科学价值,对于优化新疆南疆地区生态系统管理和促进社会经济可持续发展具有重要的意义。未来策勒站将围绕国家站建设目标在监测、研究、示范、服务等方面开展以下工作。

(1)常规监测工作方面

① 持续开展规范有序、有质有量、稳定的监测工作,形成信息丰富、内容翔实、可用性强的数据集,逐步完善和优化策勒站的数据平台,为科研人员提供详实可靠的基础数据,为 CERN 台站网络数据平台建设做出应有的贡献。② 以策勒站为基点,将塔克拉玛干南缘区域的荒漠化监测工作做大做好,力争使荒漠化监测工作成为策勒站的一个特色点。③ 在监测工作的基础上,依靠昆仑山和塔里木盆地这种山盆结构的大背景,把阿克苏国家野外站(以水为主做工作)和塔中沙

漠研究站（以沙漠化防治为主做工作）的监测和研究工作结合起来,做到资源共享、优势互补,逐步形成塔里木盆地的生态研究网络监测平台。

（2）科学研究工作方面

① 进一步强化干旱区荒漠植物逆境适应策略与可持续管理模式研究。研究对荒漠优势植物定居和维持过程中的光合水分生理特征和养分利用机制、种群拓展过程中的水分调控策略和群落稳定分布的生态学基础,以期从经济学和生态学角度提出多年生优势植被可持续管理的技术措施,为区域荒漠植物的有效保护和合理利用提供科技支撑。② 进一步拓展绿洲农田高产稳产技术与绿洲稳定性机制研究。研究绿洲农田"四水"的相互转化关系与耗散规律,阐明绿洲生态系统水量平衡与生态功能的关系,为绿洲农田生产过程中水资源的合理配置和农田生态系统的稳产高产提供理论依据和基础数据。

（3）科技服务工作方面

依托中国科学院科技服务网络计划（STS）项目,结合新疆维吾尔自治区"访民情、惠民生、聚民心"活动和中国科学院新疆分院驻村工作队的相关工作,围绕"精准扶贫、科技扶贫、生态扶贫"的总体思路,重点开展以下方面的科技服务工作:① 开展林果种植 – 林下养殖型村农牧民增收的技术模式研究与示范;② 开展草牧经营型村农牧民增收的技术模式研究与示范;③ 开展设施农业型村农牧民增收的技术模式研究与示范;④ 开展循环经济型村农牧民增收的技术模式研究与示范;⑤ 开展生态产业型村农牧民增收的技术模式研究与示范。

参 考 文 献

桂东伟 . 2010. 绿洲化进程中农田土壤粒径分布分异特征研究——以塔里木盆地南缘策勒绿洲为例 . 北京 : 中国科学院大学, 博士学位论文 .

郭海峰, 曾凡江, Arndt S K, 等 . 2008. 洪水灌溉对策勒绿洲优势植物及生境的影响 . 科学通报 , 53（s2）:140.

李向义, 林丽莎, 赵强, 2009. 策勒绿洲外围不同地下水埋深下主要优势植物的分布和群落特征 . 干旱区地理, 32（6）: 906–911.

李向义, 张希明, 何兴元, 等 . 2004. 沙漠 – 绿洲过渡带四种多年生植物水分关系特征 . 生态学报 , 24（6）:1164–1171.

刘波, 曾凡江, 郭海峰, 等 . 2009. 骆驼刺幼苗生长特性对不同地下水埋深的响应书 . 生态学杂志 , 28（2）:237–242.

刘加珍, 陈亚宁, 李卫红, 等 . 2004. 塔里木河下游植物群落分布与衰退演替趋势分析 . 生态学报 , 24（2）:379–383.

鲁艳, 雷加强, 曾凡江, 等 . 2014. NaCl 处理对梭梭生长及生理生态特征的影响 . 草业学报 , 23（3）:152–159.

鲁艳, 雷加强, 曾凡江, 等 . 2015. NaCl 处理对胡杨生长及生理生态特征的影响 . 干旱区研究 , 32（2）:279–285.

毛东雷 . 2015. 新疆策勒绿洲 – 沙漠过渡带地表风沙活动特征研究 . 北京 : 中国科学院大学, 博士学位论文 .

毛东雷, 蔡富艳, 雷加强, 等 . 2017. 新疆策勒沙漠 – 沙漠 – 绿洲典型下垫面小气候空间变化分析 . 地理科学 , 37（4）: 630–640.

毛东雷, 雷加强, 李生宇, 等 . 2013. 策勒绿洲 – 沙漠过渡带小气候的空间差异 . 中国沙漠, 33（5）: 1501–1510.

宋永昌 . 2001. 植被生态学 . 上海 : 华东师范大学出版社, 22–192.

徐立帅, 穆桂金, 孙琳, 等 . 2017. 防护林疏透度对近地层大气降尘的影响——以新疆策勒为例 . 中国沙漠, 37:

57–64.

曾凡江,郭海峰,刘波,等.2009.疏叶骆驼刺幼苗根系生态学特性对水分处理的响应.干旱区研究,26（6）:852–858.

曾凡江,雷加强,穆桂金.2013.一种干旱区多年生植物骆驼刺的利用方法,发明专利（ZL201110200518.6）,国家知识产权局（2013 年 3 月 20 日授权）.

曾凡江,雷加强,穆桂金.2013.一种干旱区沙拐枣成树林的改造利用方法,发明专利（ZL2011110183628.6）,国家知识产权局（2013 年 3 月 20 日授权）.

曾凡江,刘波,刘镇.2013.一种多年生深根植物根系生长的控制灌溉诱导方法,发明专利（ZL201110183592.1）,国家知识产权局（2013 年 3 月 20 日授权）.

曾凡江,张希明,李小明.2002.骆驼刺植被及其资源保护与开发的意义.干旱区地理（汉文版）,25（3）:286–288.

张武文,马秀珍,谭志刚.2000.额济纳平原植被分布与地下水关系的研究.干旱区资源与环境,（s1）:32–36.

张希明,Michael Runge.2006.塔克拉玛干沙漠边缘植被可持续管理的生态学基础.北京:科学出版社,31–144.

张晓蕾,曾凡江,刘波,等.2010.不同土壤水分处理对疏叶骆驼刺幼苗光合特性及干物质积累的影响.干旱区研究,27（4）:649–655.

Arndt S K, Arampatsis C, Foetzki A, et al. 2004. Contrasting patterns of leaf solute accumulation and salt adaptation in four phreatophytic desert plants in a hyperarid desert with saline groundwater. Journal of Arid Environments, 59(2):259–270.

Bailey S, Horton P. 2001. Acclimation of *Arabidopsis thaliana* to the light environment: The existence of separate low light and high light responses. Planta, 213(5):794–801.

Bradshaw A D,Hardwick K. 1989. Evolution and stress-genotypic and phenotypic components. Biological Journal of Linnean Society, 37:137–155.

Clijsters H, Van A F. 1985. Inhibition of photosynthesis by heavy metals. Photosynthesis Research, 7(1):31–40.

Gries D, Foetzki A, Arndt S K, et al. 2005. Production of perennial vegetation in an Oasis-desert transition zone in NW China—Allometric estimation, and assessment of flooding and use effects. Plant Ecology, 181(1):23–43.

Jiang C D, Wang X, Gao H Y, et al. 2011. Systemic regulation of leaf anatomical structure, photosynthetic performance, and high-light tolerance in Sorghum. Plant Physiology, 155(3):1416–1424.

Larcher W. Zhai Z X, Guo Y H, et al. 1997.Plant Ecophysiology. 5th ed. Beijing: China Agriculture University Press, 173–193.

Li L, Li X Y, Zeng F J, et al. 2016. Chlorophyll a fluorescence of typical desert plant *Alhagi sparsifolia* Shap. at two light levels. Photosynthetica, 54(3):351–358.

Li L, Xu X W, Zeng F J. 2015. Sensitivity of growth and biomass llocation patterns to different irradiance for desert plant *Alhagi sparsifolia* Shap.. Vegetos—An International Journal of Plant Research, 28(1):179–183.

Li X Y, Lin L S, Zhang X M, et al. 2010. Influence of groundwater depth on species composition and community structure in the transition zone of *Cele oasis*. Journal of Arid Land, 2(4): 235–242.

Li X, Zhang X, Zeng F, et al. 2002. Water Relations on *Alhagi sparsifolia* in the Southern fringe of Taklamakan. Acta Botanica Sinica, 44(10):1219–1224.

Lu Y, Lei J Q, Zeng F J, et al. 2017. Effect of NaCl-induced changes in growth, photosynthetic characteristics, water status and enzymatic antioxidant system of *Calligonum caput-medusae* seedlings. Photosynthetica, 55(1):96–106.

Mao D L, Lei J Q, Li S Y, et al. 2014. Characteristics of meteorological factors over different landscape types during dust storm events in Cele, Xinjiang, China. Journal of Meteorological Research, 28: 576–591.

Mao D L, Lei J Q, Zhao Y, et al. 2016. Effects of variability in landscape types on the microclimate across a desert oasis region on the southern margins of the Tarim Basin, China. Arid Soil Research & Rehabilitation, 30: 89–104.

Mediavilla S, Santiago H, Escudero A. 2002. Stomatal and mesophyll limitations to photosynthesis in one evergreen and one deciduous Mediterranean oak species. Photosynthetica, 40(4):553–559.

Ohnishi N, Allakhverdiev S I, Takahashi S, et al.2005. Two-step mechanism of photodamage to photosystem II: Step 1 occurs at the oxygen-evolving complex and step 2 occurs at the photochemical reaction center. Biochemistry, 44(23):8494–8499.

Quiles M J, Lopez N I. 2004. Photoinhibition of photosystems I and II induced by exposure to high light intensity during oat plant growth. Effects on the chloroplast NADH dehydrogenase complex. Plant Science, 166(3):815–823.

Siebert S, Gries D, Zhang X, et al. 2004. Non-destructive dry matter estimation of *Alhagi sparsifolia* vegetation in a desert oasis of Northwest China. Journal of Vegetation Science, 15(3):365–372.

Strasser R J, Tsimilli Michael M, Qiang S, et al. 2010. Simultaneous in vivo recording of prompt and delayed fluorescence and 820-nm reflection changes during drying and after rehydration of the resurrection plant *Haberlea rhodopensis*. Biochimica et Biophysica Acta(BBA)—Bioenergetics, 1797:1313–1326.

Thomas F M, Arndt S K, Bruelheide H, et al. 2000. Ecological basis for a sustainable management of the indigenous vegetation in a Central-Asian desert: Presentation and first results. Journal of Applied Botany, 74:212–219.

Tyree M T, Cheung Y N S, Macgregor M E, et al. 1978. The characteristics of seasonal and ontogenetic changes in the tissue-water relations of *Acer*, *Populus*, *Tsuga*, and *Picea*. Canadian Journal of Botany, 56(6):635–647.

Wickens G E. 1998. Ecophysiology of Economic Plants in Arid and Semi-arid Lands. New York: Springer-Verlag, 105–113.

Xu L S, Mu G J, Ren X, et al. 2016a. Spatial distribution of dust deposition during dust storms in Cele Oasis, on the southern margin of the Tarim Basin. Arid Soil Research & Rehabilitation, 30: 25–36.

Xu L S, Mu G J, Ren X, et al. 2016b. Oasis microclimate effect on the dust deposition in Cele Oasis at southern Tarim Basin, China. Arabian Journal of Geosciences, 9: 1–7.

Xue J, Gui D W, Lei J Q, et al. 2016a. Reconstructing meteorological time series to quantify the uncertainties of runoff simulation in the ungauged Qira River Basin using data from multiple stations. Theoretical & Applied Climatology, 126: 1–16.

Xue J, Gui D W, Lei J Q, et al. 2017a. A hybrid Bayesian network approach for trade-offs between environmental flows and agricultural water using dynamic discretization. Advances in Water Resources, 540: 1209–1222.

Xue J, Gui D W, Lei J Q, et al. 2017b. Model development of a participatory Bayesian network for coupling ecosystem services into integrated water resources management. Journal of Hydrology, 554: 50–65.

Xue J, Gui D W, Zhao Y, et al. 2015b. Quantification of environmental flow requirements to support ecosystem services of oasis areas: A case study in Tarim Basin, Northwest China. Water, 7: 5657–5675.

Xue J, Gui D W, Zhao Y, et al. 2016b. A decision-making framework to model environmental flow requirements in oasis areas using Bayesian networks. Journal of Hydrology, 540: 1209–1222.

Xue J, Gui D W. 2015a. Linear and nonlinear characteristics of the runoff response to regional climate factors in the Qira River basin, Xinjiang, Northwest China. Peerj, 3: e1104.

Xue J, Lei J Q, Li S Y, et al. 2015c. Re-evaluating the vertical mass-flux profiles of aeolian sediment at the southern fringe of the Taklimakan Desert, China. Journal of Arid Land, 7: 765–777.

索　引

图 2.1 中国科学院内蒙古草原生态系统定位研究站

图 2.2 内蒙古站主要实验平台:(a)长期养分添加实验平台;(b)火因子调控实验平台;(c)生物多样性与生态系统功能实验平台;(d)长期放牧实验平台;(e)降水实验平台;(f)凋落物实验平台

图 3.15　高寒草地退化地表特征:(a)禾草 – 矮生嵩草群落;(b)矮生嵩草群落;
(c)矮生嵩草 – 小嵩草镶嵌斑块;(d)小嵩草群落;(e)小嵩草群落草毡表层加厚期;
(f)小嵩草群落草毡表层开裂期;(g)"黑土滩"退化草地;(h)"剥蚀型"退化草地

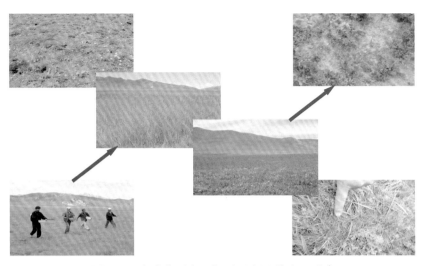

图 3.21　杂类草"黑土滩"次生裸地的人工重建

图 4.1　那曲站周边典型草甸

图 4.2　那曲站基建设施

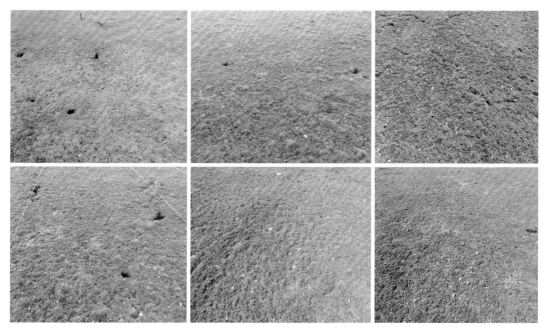

图 4.8　围栏封育实验平台

图 5.1　科尔沁沙地主要景观图片

(a)	(b)
(c)	(d)

图 5.2　奈曼站主要设施和站区景观:(a)站区鸟瞰图;(b)站区景观鸟瞰图;
(c)主要基础设施;(d)植物-土壤系统观测室

图 6.1　鄂尔多斯沙地草地生态研究站

图 6.2　鄂尔多斯生态站综合观测场

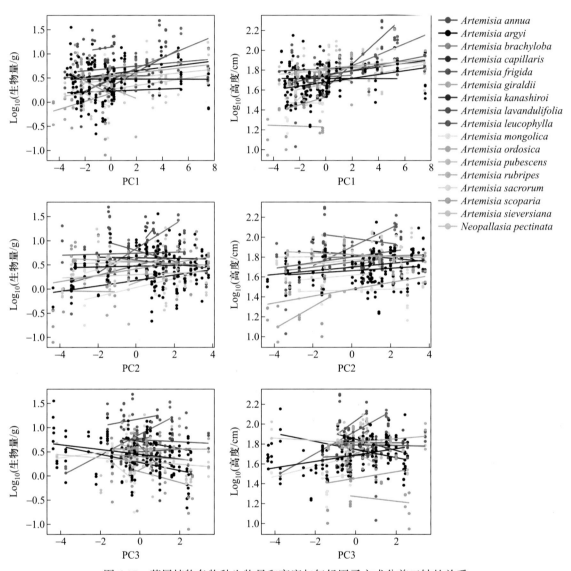

图 6.17 蒿属植物各物种生物量和高度与气候因子主成分前三轴的关系

图 6.22　人工种植沙葱示范地

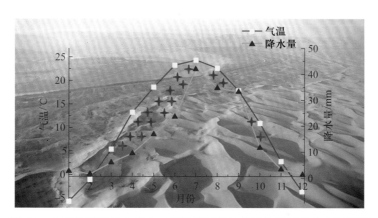

图 7.1　包兰铁路沙坡头段人工固沙植被防护体系和沙坡头生态气候图

| (a) | (b) | (c) |

图 7.4　真藓持续干旱处理条件下的形态变化:(a)干旱处理 2 h;(b)干旱处理 3 d;
(c)干旱处理 7 d

图 9.1　阜康荒漠生态系统观测试验站

图 9.2　降水频率和降水量模拟样地

图 10.1　策勒沙漠景观